U0095380

按摩包房平面布置图

办公桌

脚踏

单人床

按摩床

八仙桌

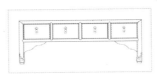

古典桌子

接待台1

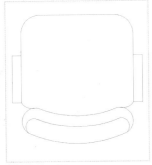

办公椅

接待台

家庭影院

壁灯

室内家具布置图

餐厅桌椅

办公座椅主视图

电脑桌椅

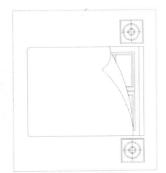

床和床头柜1

地毯

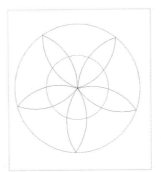

装饰盘

床和床头柜

L 餐桌和椅子

L 床

L 雨伞

L 小便器

L 方凳立面图

L 沙发1

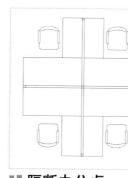

L 隔断办公桌

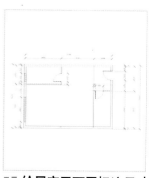

L 给居室平面图标注尺寸

L 豪华包房平面布置图

L 更衣柜

L 玫瑰椅

L 居室家具布置平面图

L 会议桌

L 盥洗盆

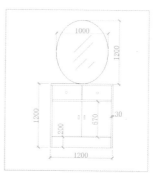

L 古典梳妆台

L 客房组合柜

行李架

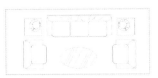

沙发茶几

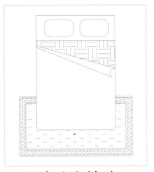

双人床和地毯

酒瓶

会议桌椅

西式沙发

双人床1

四人餐桌

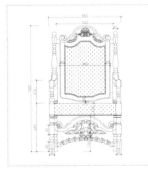

太师椅

居室家具布置平面图

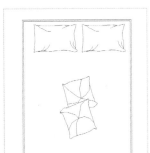

简易椅子

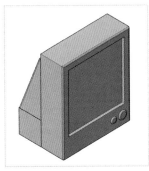

电视机

脚手架

小水桶

写字台

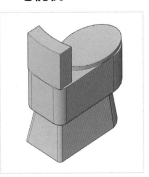

马桶

几案

饮水机

┖ 沙发

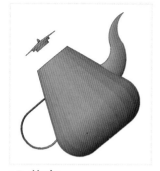

┖ 茶壶

┖ 石桌

┖ 石凳

┖ 手柄

┖ 茶几

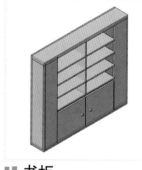

┖ 书柜

┖ 靠背椅

┖ 双人床

┖ 公园长椅

┖ 回形窗

┖ 花篮

┖ 办公椅

┖ 台灯

┖ 办公桌

┖ 小闹钟

清华社"视频大讲堂"大系

CAD/CAM/CAE技术视频大讲堂

# AutoCAD 2012中文版家具设计从入门到精通

**71集（段）高清多媒体教学视频+100个中小型实例实践+5大不同类型家具的设计方法**

CAD/CAM/CAE技术联盟 编著

清华大学出版社

北 京

# 内容简介

《AutoCAD 2012中文版家具设计从入门到精通》一书结合各种家具设计实例讲述了利用AutoCAD进行家具设计的基本方法和技巧。全书讲解细致完善，共分4篇13章，其中第1篇为基础知识篇，包括第1~5章，分别讲述家具设计基本理论、AutoCAD 2012入门、二维绘图命令、二维编辑命令和辅助工具的使用。第2篇为典型家具设计篇，包括第6~10章，分别讲述椅凳类家具、床类家具、桌台类家具、贮存类家具和古典家具的设计方法。第3篇为三维家具设计篇，包括第11~12章，分别讲述家具三维造型的绘制和编辑方法。第4篇为家具设计综合案例篇，讲述家具设计在室内设计工程中的具体应用。本书各章之间紧密联系，前后呼应形成一个整体。

本书适合入门级读者学习使用，也适合有一定基础的读者参考使用，还可用作职业培训、职业教育的教材。

本书除利用传统的纸面讲解外，随书还配送了多功能学习光盘。光盘具体内容如下：

1. 71段大型高清多媒体教学视频（动画演示）
2. 4套AutoCAD绘图技巧、快捷命令速查手册等辅助学习资料
3. 40个常用家具图块和3套不同居室的室内装潢设计图
4. 全书实例的源文件和素材

**图书在版编目（CIP）数据**

AutoCAD 2012中文版家具设计从入门到精通/CAD/CAM/CAE技术联盟编著. —北京：清华大学出版社，2012.8

（清华社"视频大讲堂"大系 CAD/CAM/CAE技术视频大讲堂）

ISBN 978-7-302-28930-2

I. ①A… II. ①C… III. ①家具－计算机辅助设计－AutoCAD软件 IV. ①TS664.01-39

中国版本图书馆CIP数据核字（2012）第111008号

责任编辑：赵洛育
封面设计：李志伟
版式设计：文森时代
责任校对：张彩凤
责任印制：何　芊

出版发行：清华大学出版社
　　　　网　　　址：http://www.tup.com.cn，http://www.wqbook.com
　　　　地　　　址：北京清华大学学研大厦 A 座　　　　邮　　编：100084
　　　　社 总 机：010-62770175　　　　邮　　购：010-62786544
　　　　投稿与读者服务：010-62776969，c-service@tup.tsinghua.edu.cn
　　　　质 量 反 馈：010-62772015，zhiliang@tup.tsinghua.edu.cn
印 刷 者：北京密云胶印厂
装 订 者：北京市密云县京文制本装订厂
经　销：全国新华书店
开　　本：203mm×260mm　印　张：28.5　彩　插：3　字　数：802 千字
　　　　（附 DVD 视频光盘 1 张）
版　　次：2012 年 8 月第 1 版　　　　印　　次：2012 年 8 月第 1 次印刷
印　　数：1~5000
定　　价：69.80 元

产品编号：044105-01

# 前言
Preface

中国的历史悠久，家具的历史也非常悠久，夏、商、周时期已经开始有了箱、柜、屏风等家具。家具设计是用图形（或模型）和文字说明等方法，表达家具的造型、功能、尺度与尺寸、色彩、材料和结构。家具设计既是一门艺术，又是一门应用科学，主要包括造型设计、结构设计及工艺设计 3 个方面。设计的整个过程包括收集资料、构思、绘制草图、评价、试样、再评价、绘制生产图。

AutoCAD 不仅具有强大的二维平面绘图功能，而且具有出色的、灵活可靠的三维建模功能，是进行家具设计最为有力的工具之一。使用 AutoCAD 进行家具设计，不仅可以利用人机交互界面实时地进行修改，快速地把各方意见反映到设计中去，而且可以感受修改后的效果，从多个角度任意进行观察，大大提高了工作效率。

## 一、本书特色

鉴于 AutoCAD 强大的功能和深厚的工程应用底蕴，我们力图开发一套全方位介绍 AutoCAD 在各个工程行业应用实际情况的书籍。具体就每本书而言，我们不求将 AutoCAD 的知识点全面讲解清楚，而是针对本专业或本行业需要，利用 AutoCAD 大体知识脉络作为线索，以实例作为"抓手"，帮助读者掌握利用 AutoCAD 进行本行业工程设计的基本技能和技巧。

## 二、本书特点

☑ **专业性强**

家具设计是一种传统的、经验性很强的行业，在现代家具设计产业中，为了克服家具设计的这种随意性，国家制定和发布了相关标准。本书在编写过程中所采用的实例的尺寸严格遵守这些标准，以培养读者遵守规范的工程习惯。

☑ **涵盖面广**

本书在有限的篇幅内，包罗了 AutoCAD 各种常用功能及其在家具设计中的实际应用，内容涵盖家具设计基本理论、AutoCAD 绘图基础知识以及椅凳类、床类、桌台类、贮存类等不同类型家具设计的知识和技巧，另外还介绍了常见家具三维造型的绘制和编辑方法，最后通过住宅室内平面图中家具的配置，综合介绍了 AutoCAD 2012 在家具设计中的具体应用和绘制技巧。

☑ **实例典型**

书中不仅有透彻的讲解，还有非常典型的工程实例。这些实例都来自家具设计工程实践，典型、实用，通过作者精心提炼和改编，不仅保证读者能够学会知识点，更重要的是能帮助读者掌握实际的操作技能，找到一条学习 AutoCAD 家具设计的终南捷径。可以说，只要本书在手，AutoCAD 家具设计知识全精通。

☑ **突出技能提升**

本书结合典型的家具设计实例详细讲解 AutoCAD 2012 家具设计知识要点以及各种典型家具设计方案的设计思想和思路分析，让读者在学习案例的过程中潜移默化地掌握 AutoCAD 2012 软件操作技巧，同时培养工程设计实践能力。

## 三、本书光盘

### 1．71 段大型高清多媒体教学视频（动画演示）

为了方便读者学习，本书对大多数实例，专门制作了 70 多段多媒体图像、语音视频录像（动画演示），读者可以先看视频，像看电影一样轻松愉悦地学习本书内容。

### 2．4 套 AutoCAD 绘图技巧、快捷命令速查手册等辅助学习资料

本书赠送了 AutoCAD 绘图技巧大全、快捷命令速查手册、常用工具按钮速查手册、AutoCAD 2012 常用快捷键速查手册等多种电子文档，方便读者使用。

### 3．40 个常用家具图块和 3 套不同居室的室内装潢设计图

为了帮助读者拓展视野，本光盘特意赠送 40 个室内设计中常用的家具图块和 3 套不同居室的室内装潢设计图，以及配套的视频文件，总时长达 10 小时。

### 4．全书实例的源文件和素材

本书附带了很多实例，光盘中包含实例和练习实例的源文件和素材，读者可以安装 AutoCAD 2012 软件，打开并使用它们。

## 四、本书服务

有关本书的最新信息、疑难问题、图书勘误等内容，我们将及时发布到网站上，请读者朋友登录 www.thjd.com.cn，找到该书后留言，我们会逐一答复。

## 五、作者团队

本书由 CAD/CAM/CAE 技术联盟主编。赵志超、张辉、赵黎黎、朱玉莲、徐声杰、张琪、卢园、杨雪静、孟培、闫聪聪、万金环、孙立明、李兵、杨肖、康晓平、刘浪、李岚波、王克勇等参与了具体章节的编写或为本书的出版提供了必要的帮助，对他们的付出表示真诚的感谢。

由于时间仓促，加之作者水平有限，疏漏之处在所难免，欢迎读者提出宝贵的批评意见。

编　者

# 目录

Contents

## 第 1 篇　基础知识篇

# 第 2 篇 典型家具设计篇

# 第 3 篇　三维家具设计篇

# 第4篇 综合案例篇

# 基础知识篇

本篇主要介绍利用 AutoCAD 进行家具设计的一些基础知识,包括 AutoCAD 基本知识和家具设计理论等内容。

还介绍了 AutoCAD 应用于家具设计的一些基本功能,为后面的具体设计做准备。

# 第1章

# 家具设计基本理论

家具是人们生活中极为常见且必不可少的器具，其设计经历了一个由经验指导随意设计的手工制作到今天的严格按照相关理论和标准进行工业化、标准化生产的过程。

为了对后面的家具设计实践进行必要的理论指导，本章简要介绍一下家具设计的基本理论和设计标准。

- ☑ 家具设计概述
- ☑ 图纸幅面及格式
- ☑ 标题栏、比例、字体、图线
- ☑ 剖面符号
- ☑ 尺寸注法

## 任务驱动&项目案例

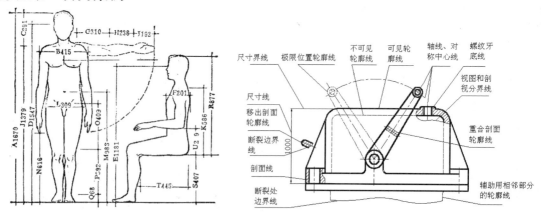

# 1.1 家具设计概述

家具是家用器具的总称，其形式多样、种类繁多，是人类物质文明和日常生活不可或缺的重要组成部分。

家具的产生和发展有着悠久的历史，并随时间的推移不断更新完善。家具在方便人们生活的基础上，也承载着不同地域、不同时代的人们不同的审美情趣，具有丰富的文化内涵。家具的设计材料丰富，结构形式多样，下面对其所涉及的一些基本知识进行简要介绍。

## 1.1.1 家具的分类

家具形式多样，下面按不同的方法对其进行简要的分类。

### 1. 按使用的材料

按使用材料的不同，可以分为以下几种：

- ☑ 木制家具
- ☑ 钢制家具
- ☑ 藤制家具
- ☑ 竹制家具
- ☑ 合成材料家具

### 2. 按基本功能

按基本功能的不同，可以分为以下几种：

- ☑ 支承类家具
- ☑ 储存类家具
- ☑ 辅助人体活动类家具

### 3. 按结构形式

按的结构形式不同，可以分为以下几种：

- ☑ 椅凳类家具
- ☑ 桌案类家具
- ☑ 橱柜类家具
- ☑ 床榻类家具
- ☑ 其他类家具

### 4. 按使用场所

按使用场所的不同，可以分为以下几种：

- ☑ 办公家具
- ☑ 实验室家具
- ☑ 医院家具
- ☑ 商业服务家具
- ☑ 会场、剧院家具
- ☑ 交通工具用家具

☑  民用家具
☑  学校家具

### 5. 按放置形式

按放置形式的不同，可以分为以下几种：
☑  自由式家具
☑  镶嵌式家具
☑  悬挂式家具

### 6. 按外观特征

按外观形式的不同，可以分为以下几种：
☑  仿古家具
☑  现代家具

### 7. 按地域特征

不同地域、不同民族的人群，由于其生活的环境和文化习惯的不同，生产出的家具也具有不同的特色，可以粗略分为以下几种：
☑  南方家具
☑  北方家具
☑  汉族家具
☑  少数民族家具
☑  中式家具
☑  西式家具

### 8. 按结构特征

按结构特征的不同，可以分为以下几种：
☑  装配式家具
☑  通用部件式家具
☑  组合式家具
☑  支架式家具
☑  折叠式家具
☑  多用家具
☑  曲木家具
☑  壳体式家具
☑  板式家具
☑  简易卡装家具

## 1.1.2  家具的尺度

家具的尺度是保证家具实现功能效果的最适宜的尺寸，它是家具功能设计的具体体现。举个例子来说，餐桌较高而餐椅不配套，就会令人坐得不舒服；写字桌过高而椅子过低，就会使人形成趴伏的姿式，缩短了视距，久而久之容易造成脊椎弯曲变形和眼睛近视。为此，日常使用的家具一定要合乎标准。

### 1. 家具尺度确定的原理和依据

不同的家具有不同的功能特性。但不管是什么家具，都是为人的生活或工作服务的，所以其特性必须最大可能地满足人的需要。家具功能尺寸的确定必须符合人体工效学的基本原理，首先必须保证家具尺寸与人体尺度或人体动作尺度相一致。例如，某大学学生食堂提供的整体式餐桌椅的桌面高度只有70cm，而学生坐下后胸部的高度达到了90cm，学校提供的是钢制大餐盘，无法用单手托起，这样学生就必须把餐盘放在桌上弯着腰低头吃饭，让人感觉非常不舒服，这就是一个家具不符合人体尺度的典型例子。从这里我们可以看出，这套整体式餐桌椅设计得非常失败。

据研究，不同性别或不同地区的人的上身长度均相差不大，身高的不同主要在于腿长的差异，因此男子的下身长和横向活动尺寸比女子大。所以在决定家具尺度时应考虑男女身体的不同特点，力求使每一件家具最大限度地适合不同地区的男女人体尺度的需要。比如，有的人盲目崇拜欧式家具，殊不知，欧式家具是按欧洲人的人体尺度设计的，欧洲人的尺度一般比亚洲人的略大一点，花费了大量的金钱购买这样的家具，实际使用效果却并不好。

我国中等人体（长江三角洲地区）的成年人人体各部分的基本尺寸如图1-1和表1-1所示。

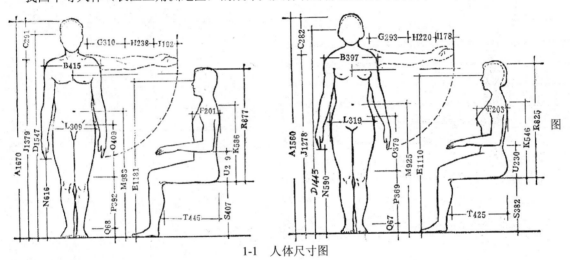

1-1　人体尺寸图

注：本图为中等人体地区（长江三角洲）的成人人体各部的平均尺寸。人体站立时高度加鞋及头发厚度尺寸：男人为1710，女人为1600。（所注尺寸，均以mm为单位）

表1-1　不同地区人体各部分平均尺寸表

| 编号 | 部位 | 较高人体地域（冀、鲁、辽） | | 中等人体地域（长江三角洲） | | 较矮人体地域（四川） | |
|---|---|---|---|---|---|---|---|
| | | 男 | 女 | 男 | 女 | 男 | 女 |
| A | 人体高度 | 1690 | 1580 | 1670 | 1560 | 1630 | 1530 |
| B | 肩宽度 | 420 | 387 | 415 | 397 | 414 | 386 |
| C | 肩峰到头顶高度 | 293 | 285 | 291 | 282 | 285 | 269 |
| D | 正立时眼的高度 | 1573 | 1474 | 1547 | 1443 | 1512 | 1420 |
| E | 正坐时眼的高度 | 1203 | 1140 | 1181 | 1110 | 1144 | 1078 |
| F | 胸部前后径 | 200 | 200 | 201 | 203 | 205 | 220 |
| G | 上臂长度 | 308 | 291 | 310 | 293 | 307 | 289 |

| 编号 | 部位 | 较高人体地域（冀、鲁、辽） | | 中等人体地域（长江三角洲） | | 较矮人体地域（四川） | |
|---|---|---|---|---|---|---|---|
| | | 男 | 女 | 男 | 女 | 男 | 女 |
| H | 前臂长度 | 238 | 220 | 238 | 220 | 245 | 220 |
| I | 手长度 | 196 | 184 | 192 | 178 | 190 | 178 |
| J | 肩峰高度 | 1397 | 1295 | 1379 | 1278 | 1345 | 1261 |
| K | 上身高度 | 600 | 561 | 586 | 546 | 565 | 524 |
| L | 臀部宽度 | 307 | 307 | 309 | 319 | 311 | 320 |
| M | 肚脐高度 | 992 | 948 | 983 | 925 | 980 | 920 |
| N | 指尖至地面高度 | 633 | 612 | 616 | 590 | 606 | 575 |
| O | 上腿长度 | 415 | 395 | 409 | 379 | 403 | 378 |
| P | 下腿长度 | 397 | 373 | 392 | 369 | 391 | 365 |
| Q | 脚高度 | 68 | 63 | 68 | 67 | 67 | 65 |
| R | 坐高 | 893 | 846 | 877 | 825 | 850 | 793 |
| S | 腓骨头的高度 | 414 | 390 | 407 | 382 | 402 | 382 |
| T | 大腿平均长度 | 450 | 435 | 445 | 425 | 443 | 422 |
| U | 肘下尺寸 | 243 | 240 | 239 | 230 | 220 | 216 |

**2. 椅凳类家具尺度的确定**

（1）座高

座高是指座板前沿高，座高是桌椅尺寸中的设计基准，由它决定靠背高度、扶手高度以及桌面高度等一系列的尺寸，所以座高是一个关键尺寸。

座高的决定与人体小腿的高度有着密切的关系。按照人体功效学原理，座高应小于人体坐姿时小腿腘窝到地面的高度（实测腓骨头到地面的高度）。这样可以保证大腿前部不至于紧压椅面，否则会因大腿受压而影响下肢血液循环。同时，决定座高还得考虑鞋跟的高度，所以座高可以按照下式确定：

$$座前高（H_1）＝腓骨头至地面高（H''_1）＋鞋跟厚－适当间隙$$

鞋跟厚一般取 25～35mm，大腿前部下面与座前高之间的适当间隙可取 10～20mm，这样可以保证小腿有一定的活动余地，如图 1-2 所示。

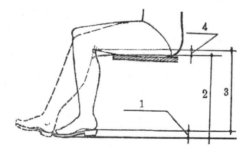

1—鞋跟厚　2—座前高　3—小腿高　4—小腿活动余地

图 1-2　座前高的确定

国家标准规定，椅凳类家具的座面高度可以有 400mm、420mm、440mm 3 个规格。

（2）靠背高

椅子的靠背能使人的身体保持一定的姿态，而且分担部分人体重量。靠背的高度一般在肩胛骨以下为宜，这样可以使背部肌肉得到适当的休息，同时也便于上肢活动，如图 1-3 所示。对于用于坐着操作的工作椅，为了方便上肢活动，靠背以低于腰椎骨上沿为宜。对于专用于休息的椅子，靠背应加高至颈部或头部，以供人躺靠。为了维持稳定的坐姿，缓和背部和颈部肌肉的紧张状态，常在腰椎的弯曲部分增加一个垫腰。实验证明，对大多数人而言，垫腰的高度以 250mm 为佳。

（3）座深

座面的深度对人体的舒适感影响也很大，座面深度的确定通常根据人体大腿水平长度（腘窝至臀部后端的距离）来确定。基本原则是座面深度应小于坐姿时大腿水平长，否则会导致小腿内侧受到压迫或靠背失去作用，如图 1-3 所示。所以座面深度应为：人体处于坐姿时，大腿水平长度的平均值减去椅座前沿到腘窝之间大约 60mm 的空隙。

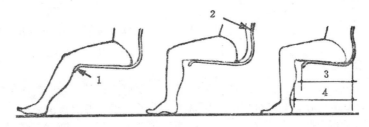

1—小腿内侧受压 2—靠背失去作用 3—座深 4—大腿水平长

图 1-3 座深过长的不良效果及合理座深的确定

一般地，普通椅子在通常就坐的情况下，由于腰椎到盘骨之间接近垂直状态，其座深可以浅一点。对于倾斜度较大的专供休息用的靠椅和躺椅，此时人体腰椎至盘骨也呈倾斜状态，故座深就要加深一些。为了不使肌肉紧张，有时也可以将座面与靠背连成一个曲面。

（4）座面斜度与靠背倾角

座面呈水平或靠背呈垂直状态的椅子，坐和倚靠都不舒服，所以椅子的座面应有一定的后倾角（座面与水平面之间的夹角 $\alpha$），靠背表面也应适当后倾（椅背与水平面之间的夹角 $\beta$，一般大于 90°），如图 1-4 所示。这样便可以使身体稍向后倾，将体重移至背的下半部与大腿部分，从而把身体全部托住，以免身体向前滑动，致使背的下半部失去稳定和支持，造成背部肌肉紧张，产生疲劳。$\alpha$ 和 $\beta$ 这两个角度互为关联，角 $\beta$ 的大小主要取决于椅子的使用功能要求。

（5）扶手的高和宽

休息椅和部分工作椅还应设有扶手，其作用是减轻两臂和背部的疲劳，有助于上肢肌肉的休息。扶手的高度应与人体坐骨节点到自然垂下的肘部下端的垂直距离相近。过高，双肩不能自然下垂；过低，两肘不能自然落在扶手上，两种情况都容易使两肘肌肉活动度增加，使肘部产生疲劳。按照我国人体骨骼比例的实际情况，坐面到扶手上表面的垂直距离以 200～500mm 为宜，同时扶手前端还应稍高一些。随着座面与靠背倾角的变化，扶手的倾斜角度一般为 ±10°～±20°。

为了减少肌肉的活动度，两扶手内侧之间的间距在 420～440mm 之间较为理想。直扶手的前端之间的间隙还应比后端间隙稍宽，一般是两扶手分别向外侧各张开 10° 左右。同时还必须考虑到人体穿着冬衣的宽度而加上一定的间隙，间隙通常为 48mm 左右，再宽则会产生肩部疲劳现象。扶手的内宽确定后，实际上也就将椅子的总宽、座面宽和靠背宽确定了，如图 1-5 所示。

图 1-4　座面斜度与靠背倾角

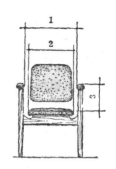

1—扶手内宽　2—座宽　3—扶手高

图 1-5　扶手的高和内宽

（6）其他因素

椅凳设计除了上述功能尺寸外，还应考虑座板的表面形状和软椅的材料及其搭配。

椅子的座板形状应以略呈弯曲或平直为宜，而不宜过弯。因为平直平面的压力分布比过于弯曲座面的压力分布要合理。

要获得舒适的效果，软椅用材及材料的搭配也是一个不可忽视的问题。工作用椅不宜过软，以半软或稍硬些为好。休息用椅软垫弹性的搭配也要合理。为了获得合理的体压分布，有利于肌肉的松弛和便于起坐动作，应该使靠背比座板软一些。在靠背的做法上，腰部宜硬些，背部则要软一些。设计时应以弹性体下沉后最后稳定下来的外部形态作为尺寸计核的依据。

至于沙发类尺寸，国标规定单人沙发座前宽不应小于 480mm，小于这个尺寸，人即使能勉强坐进去，也会感觉狭窄。座面的深度应为 480～600mm，过深则小腿无法自然下垂，腿肚将受到压迫；过浅，就会感觉坐不住。座面的高度应为 360～420mm，过高就像坐在椅子上，感觉不舒服；过低，坐下去再站起来就会感觉困难。

### 3．桌台类家具功能尺寸的确定

（1）桌面高度

因为桌面高（$H_2$）与座面高（$H_1$）关系密切，所以桌面高常用桌椅高差（$H_3$）来衡量。如图 1-6 所示：$H_3＝H_2－H_1$。这一尺寸对于写字、阅读、听讲兼作笔记等作业的人员来说是非常重要的。它应使坐者长期保持正确的坐姿，即躯体正直，前倾角不大于 30°，肩部放松，肘弯近 90°，且能保持 35～40cm 的视距。

合理的高度应等于 1/3 人坐姿时的上体高（$H_4$）的 1/3，所以桌面高（$H_2$）应按下式计算：

$$H_2＝H_1＋H_3＝H_1＋\frac{1}{3}H_4$$

按我国人体坐立时，上体高的平均值约为 873mm，桌椅高差（$H_3$）约为 290mm，即桌面高（$H_2$）应为 700mm，这与国际标准中推荐的尺寸相同。

桌椅过高或过低，将使坐骨与曲肘不能处于合适位置，形成肩部高耸或下垂，从而造成起坐不便，影响视力和健康。据日本学者研究，过高的桌子（740mm）易导致办事人员的肌肉疲劳，而身体各部的疲劳百分比，女人又比男人高两倍左右，显然女人更不适应过高的桌椅。长期使用过高的桌面还会产生脊柱侧弯，视力下降等弊病。对于长年伏案工作的中老年人，甚至会导致颈椎肥大等疾病。

对于桌椅类的高度，国家已有标准规定。其中，桌类家具高度尺寸标准可以有 700mm、720mm、740mm、760mm 4 个规格。

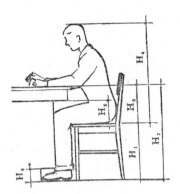

图1-6 桌椅高度的关系

（2）桌面宽度和深度

桌子的宽度和深度是根据人的视野、手臂的活动范围以及桌上放置物品的类型和方式来确定的。手臂的活动范围如图1-7所示。

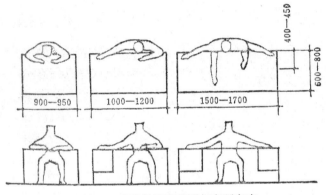

图1-7 手臂的伸展范围与桌面高度

（3）容膝和踏脚空间

正确的桌椅高度应该能使人在坐时保持两个基本垂直：一是当两脚平放在地面时，大腿与小腿能够基本垂直。这时，座面前沿不能对大腿下平面形成压迫。二是当两臂自然下垂时，上臂与小臂基本垂直，这时桌面高度应该刚好与小臂下平面接触。这样就可以使人保持正确的坐姿和书写姿式。如果桌椅高度搭配得不合理，会直接影响人的坐姿，不利于使用者的健康。对容膝空间的尺寸要求是必须保证下腿直立，膝盖不受约束并略有空隙。既要限制桌面的高度，又要保证有充分的容膝空间，那么膝盖以上桌面以下的尺寸就是有限的，其间抽屉的高度必须合适。也就是说，不能根据抽屉功能的要求决定其尺寸，而只能根据有限空间的范围决定抽屉的高度，所以这个抽屉普遍较薄，甚至取消这个抽屉。容膝空间的高度也是以座面高为基准点，以座面高至抽斗底的垂直距离（$H_5$）来表示（见图1-6），要求$H_5$限制在160～170mm之间，不得更小。

腿踏空间主要是身体活动时，腿能自由放置的空间，并无严格规定，一般高（$H_6$）为100mm，深为100mm即可（见图1-6）。

国家标准规定了桌椅配套使用标准尺寸，桌椅高度差应控制在280～320mm范围内。写字桌台面下的空间高不小于580mm，空间宽度不小于520mm，这是为了保证人在使用时两腿能有足够的活动空间。

**4．床的功能尺度的确定**

（1）床的长度

床的长度应以较高的人体作为标准较为适宜，因为对较矮的人床长一点，从生理学的角度来看是毫无影响的。但过长也不适宜，一是浪费材料，二是占地面积大，所以床的长度必须适宜。决定床长的主要因素有如下几点，人体卧姿，应以仰卧为准，因为仰卧时人体比侧卧时要长；人体高度（$H$），应在人体平均身高的基准上再增加5%，即相当于较高人体的身高；人体身高早晚变化尺度（$C$），据观测，在一天中早上最高，傍晚时略缩减10～20mm，$C$ 可适当放大，取 20～30mm；头部放枕头的尺度（$A$），取 75mm；脚端折被长度（$B$），亦取 75mm。所以床内长的计算公式为：

$$L = (1 + 0.05)H + C + A + B$$

（2）床的宽度

床的宽度同人们睡眠的关系最为密切，确定床宽要考虑保持人体良好的睡姿、翻身的动作和熟睡程度等生理和心理因素，同时也得考虑与床上用品，如床单等的规格尺寸相配合。床宽的决定常以仰卧姿态为标准，以床宽（b）为仰卧时肩宽（W）的 2.5～3 倍为宜，即

单人床宽（b）＝2.5～3W

增加的 1.5～2 倍肩宽，主要是用于睡觉时翻身活动所需要的宽度以及放置床上用品的余量。据观测，正常情况下一般人睡在 900mm 宽的床上每晚翻身次数为 20～30 次，有利于进入熟睡；当睡在 500mm 宽的窄床上时，翻身次数则会显著减少。初入睡时，担心掉下来，翻身次数要减少30%，从而大大影响熟睡程度，在火车上睡过卧铺的人都有这种体会。所以单人床的床宽应不小于 700mm，最好是 900mm。双人床的宽度不等于两个单人床的宽度，但也不小于 1200mm，最好是 1350mm 或 1500mm。

（3）床高

床屉面的高度可参照凳椅座面高的确定原理和具体尺寸，即既可睡又可坐，但也要考虑为穿衣穿鞋、就寝起床等活动创造便利条件。对于双层床还必须考虑两层之间的净高不小于 900～1000mm，否则将影响睡下铺的人的正常活动，同时也是考虑到床面弹簧可能的下垂深度。

**5．贮存类家具功能尺度的确定**

贮存类家具主要是指各种橱、柜、箱、架等。对这类家具的一般功能要求是能很好地存放物品，存放数量最充分，存在方式最合理，方便人们的存取，满足使用要求，有利于提高使用效率，占地面积小，又能充分利用室内空间，还要容易搬动，有利于清洁卫生。为了实现上述目的，贮存类家具设计时应注意如下几点。

首先需要明确的是橱柜类家具的尺寸，是以内部贮存空间的尺寸作为功能尺寸。以所存放的物品为原型，先确定内部尺寸，再由里向外推算出产品的外形尺寸。

在确定贮存类家具的功能尺寸以前，还必须确定相应物品的存放方式。如对于衣柜，首先必须确定衣服是折叠平摆还是用衣架悬挂。又如对书刊文献，特别是线装书，还要考虑是平放还是竖放，在此基础上方可决定贮存类家具内部平面和空间尺寸。

有些物品是斜置的，如期刊陈列架或鞋柜。这时要有要求倾斜的程度和物品规格尺寸方可定出搁板的平面尺寸和主体的外形尺寸。

贮存类家具的设计还必须满足不同物品的存放条件和使用要求。如食物的贮存，在没有电冰箱的条件下，一般人家都是用碗柜、菜柜贮存生、熟菜食，这类产品要求通风条件好，防止发馊变质，所以一般是装窗纱而不是装玻璃。又如电视柜除了具备散热条件外，还必须符合电视机的使用条件，便于观看和调整。对于家庭用的电视柜，其高度应符合如下条件，即电视柜屏幕中心至地板表面的垂直

距离等于人坐着时的平均视高 1181mm，然后根据电视机的规格尺寸决定电视机搁板的高度。合理的视距范围，可以避免视力下降。

柜类产品主要尺度的确定方法如下。

（1）高度

柜类产品的高度原则上按人体高度来确定，一般控制最高层应在两手便于到达的高度和两眼合理的视线范围之内。对于不同类的柜子，则有不同的要求。如墙面柜（固定于墙面的大壁柜）高度通常是与室内墙高一致。对于悬挂柜，其下底的高度应比人略高，以便人们在下面有足够的活动空间，如果悬挂柜下面还有其他家具陈设，其高度可适当降低，以方便使用。对于一般不固定的柜类产品，最大高度控制在 1.8m 左右。如果要利用柜子上表面放置生活用品，如放茶杯、热水瓶等，则其最大高度不得大于 1.2～1.3m，否则不方便使用。拉门、拉手、抽屉等零部件的高度也要与人体尺度一致。

挂衣柜类的高度，国家标准规定，挂衣杆上沿至柜顶板的距离为 40～60mm，大了浪费空间；小了则放不进挂衣架；挂衣杆下沿至柜底板的距离，挂长大衣不应小于 1 350mm，挂短外衣不应小于 850mm。

（2）宽度

柜宽是根据存储物品的种类、大小、数量和布置方式决定的。内部宽度决定后，再加上两旁板及中间隔板的厚度，便是产品的外形宽度。对于荷重较大的物品柜，如电视机柜、书柜等，还需根据搁板断面的形状和尺寸、材料的力学性能、载荷的大小等限制其宽度。

（3）深度

柜子的深度主要按搁板的深度而定，搁板的深度又按存放物品的规格形式而定。如果一个柜子内有多种深度规格的搁板，则应按最大规格的深度决定，并使门与搁板之间略有间隙。同时还应考虑柜门反面是否挂放物品，如伞、镜框、领结等，以便适当增加深度。

从使用要求出发，柜深最大不得超过 600～800mm，否则存取物品不便，柜内光线也差。但搁板过深或部分搁板深大于其他搁板时，在存放条件允许的前提下，可将搁板设计成具有一定的倾斜度，达到在有限的深度范围内，既满足存放尺寸较大的物品的需要，又符合视线要求。

衣柜的深度主要考虑人的肩宽因素，一般为 600mm，不应小于 500mm，否则就只有斜挂才能关上柜门。对书柜类也有标准，国标规定搁板的层间高度不应小于 220mm。小于这个尺寸，就放不进 32 开本的普通书籍。考虑到摆放杂志、影集等规格较大的物品，搁板层间高一般选择 300～350mm。

（4）搁板的高度

搁板的高度是根据人体的身高，以及处于某一姿态时，手可能达到的高度位置来确定。例如人站立时可以达到的高度，男子为 2100mm、女子为 2000mm；站立时工作方便的高度，男子为 850mm，女子为 800mm；站立时手能达到的最低限度，男子为 650mm，女子为 600mm。

# 1.2　图纸幅面及格式

图纸幅面及其格式在 GB/T 14689—2008 中有详细的规定，现进行简要介绍。

为了加强我国与世界各国的技术交流，依据国际标准化组织（ISO）制定的国际标准制定了我国国家标准《机械制图》，自 1993 年以来相继发布了"图纸幅面和格式"、"比例"、"字体"、"投影法"、"表面粗糙度符号、代号及其注法"等标准，于 1994 年 7 月 1 日开始实施，并陆续进行了修订更新。

国家标准，简称国标，代号为 GB，斜杠后的字母为标准类型，其后的数字为标准号，由顺序号和发布的年代号组成，如表示比例的标准代号为：GB/T 14690—1993。

## 1.2.1 图纸幅面

绘图时应优先采用表 1-2 规定的基本幅面。图幅代号为 A0、A1、A2、A3、A4，必要时可按规定加长幅面，如图 1-8 所示。

表 1-2 图纸幅面

| 幅面代号 | A0 | A1 | A2 | A3 | A4 |
|---|---|---|---|---|---|
| B×L | 841×1198 | 594×841 | 420×594 | 297×420 | 210×297 |
| e | 20 | | 10 | | |
| c | 10 | | 5 | | |
| a | 25 | | | | |

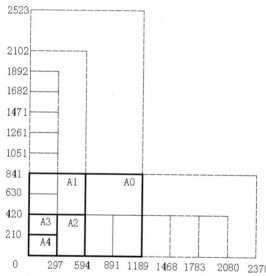

图 1-8 幅面尺寸

## 1.2.2 图框格式

在图纸上必须用粗实线画出图框，其格式分不留装订边（见图 1-9）和留装订边（见图 1-10）两种，具体尺寸如表 1-2 所示。

同一产品的图样只能采用同一种格式。

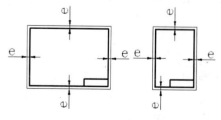

图 1-9 不留装订边图框

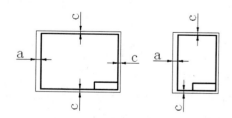

图 1-10 留装订边图框

# 1.3 标 题 栏

国标《技术制图 标题栏》规定每张图纸上都必须画出标题栏,标题栏的位置位于图纸的右下角,与看图方向一致。

标题栏的格式和尺寸由 GB/T 10609.1—2008 规定,装配图中明细栏由 GB/T 10609.2—2009 规定,如图 1-11 所示。

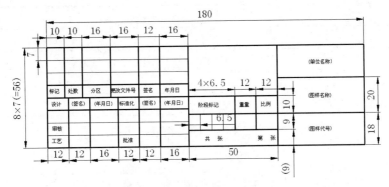

图 1-11 标题栏

在学习过程中,有时为了方便,对零件图和装配图的标题栏、明细栏内容进行简化,使用图 1-12 的格式。

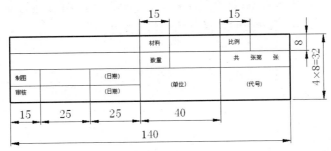

(a) 零件图标题栏

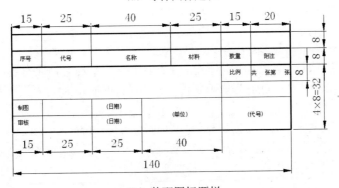

(b) 装配图标题栏

图 1-12 简化标题栏

# 1.4　比　例

　　比例为图样中图形与其实物相应要素的线性尺寸比，分为原值比例、放大比例、缩小比例 3 种。
需要按比例制图时，根据表 1-3 规定的系列中选取适当的比例，必要时也允许选取表 1-4（GB/T
14690—1993）规定的比例。

表 1-3　标准比例系列

| 种　类 | 比　例 |
|---|---|
| 原值比例 | $1:1$ |
| 放大比例 | $5:1$　　$2:1$　　$5\times10^n:1$　　$2\times10^n:1$　　$1\times10^n:1$ |
| 缩小比例 | $1:2$　　$1:5$　　$1:10$　　$1:2\times10^n$　　$1:5\times10^n$　　$1:1\times10^n$ |

注：$n$ 为正整数

表 1-4　可用比例系列

| 种　类 | 比　例 |
|---|---|
| 放大比例 | $4:1$　　$2.5:1$　　$4\times10^n:1$　　$2.5\times10^n:1$ |
| 缩小比例 | $1:1.5$　　$1:2.3$　　$1:3$　　$1:4$　　$1:6$<br>$1:1.5\times10^n$　　$1:2.5\times10^n$　　$1:3\times10^n$　　$1:4\times10^n$　　$1:6\times10^n$ |

　　说明：（1）比例一般标注在标题栏中，必要时可在视图名称的下方或右侧标出。
　　　　　（2）不论采用哪种比例绘制图样，尺寸数值按原值注出。

# 1.5　字　体

　　在家具设计制图的过程中有时需要标注文字，国家标准中对文字的字体的规范也指定相关标准，
下面简要讲述。

## 1.5.1　一般规定

　　按 GB/T 14691—1993 规定，对字体有以下一般要求：
　　（1）图样中书写字体必须做到：字体工整、笔划清楚、间隔均匀、排列整齐。
　　（2）汉字应写成长仿宋体，并应采用国家正式公布推行的简化字。汉字的高度不应小于 3.5mm，
其字宽一般为 $h/\sqrt{2}$（h 表示字高）。
　　（3）字体的号数即字体的高度，其公称尺寸系列为：1.8、2.5、3.5、5、7、10、14、20mm。如
需书写更大的字，其字体高度应按 $\sqrt{2}$ 的比率递增。
　　（4）字母和数字分为 A 型和 B 型。A 型字体的笔划宽度 d 为字高 h 的 1/14；B 型字体对应为 1/10。
同一图样上，只允许使用一种型式。
　　（5）字母和数字可写成斜体和直体。斜体字字头向右倾斜，与水平基准线约成 75° 角。

## 1.5.2　字体示例

1. 汉字——长仿宋体

# 字体工整　笔划清楚　间隔均匀　排列整齐

22 号字

## 横平竖直　注意起落　结构均匀　填满方格

14 号字

技术制图　机械电子　汽车航空　船舶土木　建筑矿山　井坑港口　纺织服装

10.5 号字

螺纹齿轮　端子接线　飞行指导　驾驶舱位　挖填施工　饮水通风　闸阀坝　棉麻化纤

9 号字

2. 拉丁字母

*ABCDEFGHIJKLMNOP*

A 型大写斜体

*abcdefghijklmnop*

A 型小写斜体

*ABCDEFGHIJKLMNOP*

B 型大写斜体

3. 希腊字母

*ΑΒΓΕΖΗΘΙΚ*

A 型大写斜体

αβγδεζηθικ

A 型小写直体

4. 阿拉伯数字

*1234567890*

斜体

**1234567890**

直体

### 1.5.3 图样中书写规定

（1）用作指数、分数、极限偏差、注脚等的数字及字母，一般应采用小一号字体。

（2）图样中的数字符号、物理量符号、计量单位符号以及其他符号、代号应分别符合有关规定。

# 1.6 图 线

GB/T 4457.4—2002中对图线的相关使用规则中进行了详细的规定，现进行简要介绍。

## 1.6.1 图线型式及应用

国标规定了各种图线的名称、型式、宽度以及在图上的一般应用，如表1-5和图1-13所示。

表1-5 图线型式

| 图线名称 | 线 型 | 线 宽 | 主要用途 |
|---|---|---|---|
| 粗实线 | ———————— | b | 可见轮廓线，可见过渡线 |
| 细实线 | ———————— | 约 b/2 | 尺寸线、尺寸界线、剖面线、引出线、弯折线、牙底线、齿根线、辅助线等 |
| 细点划线 | —— — — —— | 约 b/2 | 轴线、对称中心线、齿轮节线等 |
| 虚线 | - - - - - - | 约 b/2 | 不可见轮廓线、不可见过渡线 |
| 波浪线 | ∿∿∿ | 约 b/2 | 断裂处的边界线、剖视与视图的分界线 |
| 双折线 | —⋀⋁— | 约 b/2 | 断裂处的边界线 |
| 粗点划线 | ━━ ━ ━ ━━ | b | 有特殊要求的线或面的表示线 |
| 双点划线 | —— — — — | 约 b/2 | 相邻辅助零件的轮廓线、极限位置的轮廓线、假想投影的轮廓线 |

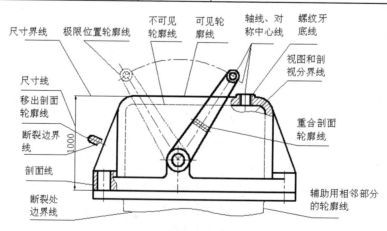

图1-13 图线用途示例

## 1.6.2　图线宽度

图线分粗、细两种，粗线的宽度 b 应按图的大小和复杂程度，在 0.5～2mm 之间选择。

图线宽度的推荐系列为：0.18mm、0.25mm、0.35mm、0.5mm、0.7mm、1mm、1.4mm 和 2mm。

## 1.6.3　图线画法

（1）同一图样中，同类图线的宽度应基本一致。虚线、点划线及双点划线的线段和间隔应各自大致相等。

（2）两条平行线（包括剖面线）之间的距离应不小于粗实线的两倍宽度，其最小距离不得小于 0.7mm。

（3）绘制圆的对称中心线时，圆心应为线段的交点。点划线和双点划线的首末两端应是线段而不是短划。建议中心线超出轮廓线 2～5mm，如图 1-14 所示。

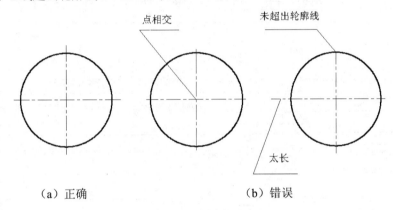

（a）正确　　　　　　　　　　　　　　（b）错误

图 1-14　点划线画法

（4）在较小的图形上画点划线或双点划线有困难时，可用细实线代替。

为保证图形清晰，各种图线相交、相连时的习惯画法如图 1-15 所示。

点划线、虚线与粗实线相交以及点划线、虚线彼此相交时，均应交于点划线或虚线的线段处。虚线与粗实线相连时，应留间隙；虚直线与虚半圆弧相切时，在虚直线处留间隙，而虚半圆弧画到对称中心线为止。如图 1-15（a）所示。

（5）由于图样复制中所存在的困难，应尽量避免采用 0.18mm 的线宽。

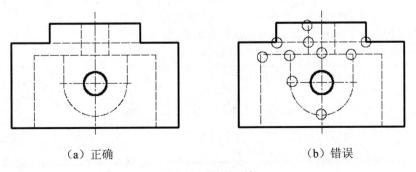

（a）正确　　　　　　　　　　　　　　（b）错误

图 1-15　图线画法

# 1.7 剖面符号

除了传统的木质家具外，现代家具采用各种各样的材质，在绘制剖视和剖面图时，不同的材质应采用不同的符号，这方面国家标准也有详细规定。

在剖视和剖面图中，应采用表1-6中所规定的剖面符号（GB4457.5—1984）。

表1-6 剖面符号

| 金属材料（已有规定剖面符号除外） | | | 纤维材料 | |
| --- | --- | --- | --- | --- |
| 绕圈绕组元件 | | | 基础周围的泥土 | |
| 转子、电枢、变压器和电抗器等迭钢片 | | | 混凝土 | |
| 非金属材料（已有规定剖面符号者除外） | | | 钢筋混凝土 | |
| 型砂、填砂、粉末冶金、砂轮、陶瓷刀片、硬质合金刀片等 | | | 砖 | |
| 玻璃及供观察用的其他透明材料 | | | 格网（筛网、过滤网等） | |
| 木材 | 纵剖面 | | 液体 | |
| | 横剖面 | | | |

注：（1）剖面符号仅表示材料类别，材料的名称和代号必须另行注明。

（2）迭钢片的剖面线方向，应与束装中迭钢片的方向一致。

（3）液面用细实线绘制。

# 1.8 尺寸注法

图样中，除需表达零件的结构形状外，还需标注尺寸，以确定零件的大小。GB/T 4458.4—2003中对尺寸标注的基本方法作了一系列规定，必须严格遵守。

## 1.8.1 基本规定

（1）图样中的尺寸，以毫米为单位时，不需注明计量单位代号或名称。若采用其他单位，则必须标注相应计量单位或名称（如35°30′）。

（2）图样上所注的尺寸数值是零件的真实大小，与图形大小及绘图的准确度无关。

（3）零件的每一尺寸，在图样中一般只标注一次。

（4）图样中标注尺寸是该零件最后完工时的尺寸，否则应另加说明。

## 1.8.2 尺寸要素

一个完整的尺寸，包含下列5个尺寸要素。

### 1. 尺寸界线

尺寸界线用细实线绘制，如图1-16（a）所示。尺寸界线一般是图形轮廓线、轴线或对称中心线的延伸线，超出箭头约2～3mm，也可直接用轮廓线、轴线或对称中心线作尺寸界线。

尺寸界线一般与尺寸线垂直，必要时允许倾斜。

### 2. 尺寸线

尺寸线用细实线绘制，如图1-16（a）所示。尺寸线必须单独画出，不能用图上任何其他图线代替，也不能与图线重合或在其延长线上（如图1-16（b）中尺寸3和8的尺寸线），并应尽量避免尺寸线之间及尺寸线与尺寸界线之间相交。

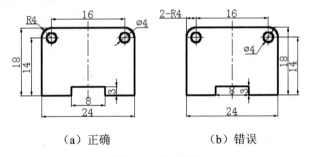

（a）正确　　　　　（b）错误

图1-16 尺寸标注

标注线性尺寸时，尺寸线必须与所标注的线段平行，相同方向的各尺寸线间距要均匀，间隔应大于5mm。

### 3. 尺寸线终端

尺寸线终端有两种形式：箭头或细斜线，如图1-17所示。

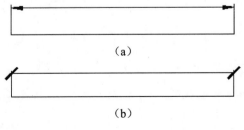

（a）

（b）

图1-17 尺寸线终端

箭头适用于各种类型的图形，箭头尖端与尺寸界线接触，不得超出也不得离开，如图 1-18 所示。

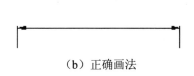

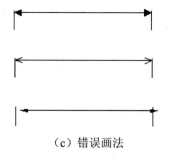

（a）箭头画法　　　　　　　　（b）正确画法　　　　　　　　（c）错误画法

图 1-18　箭头

细斜线其方向和画法如图 1-17 所示。当尺寸线终端采用斜线形式时，尺寸线与尺寸界线必须相互垂直，并且同一图样中只能采用一种尺寸终端形式。

当采用箭头作为尺寸线终端时，若位置不够，允许用圆点或细斜线代替箭头，如表 1-7 狭小部位图所示。

4．尺寸数字

线性尺寸的数字一般注写在尺寸线上方或尺寸线中断处。同一图样内大小一致，位置不够时可引出标注。

线性尺寸数字方向按图 1-19（a）所示方向进行注写，并尽可能避免在图示 30°范围内标注尺寸，当无法避免时，可按图 1-19（b）所示标注。

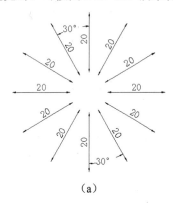

（a）

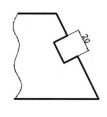

（b）

图 1-19　尺寸数字

5．符号

图中用符号区分不同类型的尺寸：

Φ——表示直径；

R——表示半径；

S——表示球面；

δ——表示板状零件厚度；

□——表示正方形；

∠——表示斜度；

◁——表示锥度；

±——表示正负偏差；

×——参数分隔符，如 M10×1，槽宽×槽深等；

——连字符，如 4-Φ10，M10×1-6H 等。

6. 标注示例

表 1-7 中列出了国标所规定尺寸标注的一些示例。

表 1-7　尺寸标注法示例

| 标注内容 | 图　例 | 说　明 |
|---|---|---|
| 角度 | | (1) 角度尺寸线沿径向引出<br>(2) 角度尺寸线画成圆弧，圆心是该角顶点<br>(3) 角度尺寸数字一律写成水平方向 |
| 圆的直径 | | (1) 直径尺寸应在尺寸数字前加注符号"Φ"<br>(2) 尺寸线应通过圆心，尺寸线终端画成箭头<br>(3) 整圆或大于半圆标注直径 |
| 大圆弧 | | 当圆弧半径过大，在图纸范围内无法标出圆心位置按图（a）形式标注；若不需标出圆心位置按图（b）形式标注 |
| 圆弧半径 | | (1) 半径尺寸数字前加注符号"R"<br>(2) 半径尺寸必须注在投影为圆弧的图形上，且尺寸线应通过圆心<br>(3) 半圆或小于半圆的圆弧标注半径尺寸 |

续表

| 标 注 内 容 | 图 例 | 说 明 |
|---|---|---|
| 狭小部位 | | 在没有足够位置画箭头或注写数字时，可按左图的形式标注 |
| 对称机件 | | 当对称机件的图形只画出一半或略大于一半时，尺寸线应略超过对称中心线或断裂处的边界线，并在尺寸线一端画出箭头 |
| 正方形结构 | | 表示表面为正方形结构尺寸时，可在正方形边长尺寸数字前加注符号"□"，或用 14 ×14 代替□14 |

| 标 注 内 容 | 图 例 | 说 明 |
|---|---|---|
| 板状零件 | δ2 | 标注板状零件厚度时，可在尺寸数字前加注符号"δ" |
| 光滑过渡处 | Ø16<br>24 | （1）在光滑过渡处标注尺寸时，须用实线将轮廓线延长，从交点处引出尺寸界线<br>（2）当尺寸界线过于靠近轮廓线时，允许倾斜画出 |
| 弦长和弧长 | 20　20<br>150　R65　R50　100<br>（a）　（b） | （1）标注弧长时，应在尺寸数字上方加符号"⌒"（见图（a））<br>（2）弦长及弧的尺寸界线应平行该弦的垂直平分线，当弧长较大时，可沿径向引出（见图（b）） |
| 球面 | SØ14　R6<br>SR15<br>（a）　（b）　（c） | 标注球面直径或半径时，应在"Φ"或"R"前再加注符号"S"。对标准件、轴及手柄的端部，在不致引起误解情况下，可省略"S"（见图（c）） |
| 斜度和锥度 | 30°　h　30°　h<br>（a）<br>∠1:50　1:15（α/2=1°54′33″）<br>（b）　（c） | （1）斜度和锥度的标注，其符号应与斜度、锥度的方向一致<br>（2）符号的线宽为h/10，画法如图（a）所示<br>（3）必要时，在标注锥度同时，在括号内注出其角度值（见图（c）） |

# AutoCAD 2012 入门

在本章中，我们开始循序渐进地学习 AutoCAD 2012 绘图的有关基本知识，了解如何设置图形的系统参数、样板图，熟悉建立新的图形文件、打开已有文件的方法等。

- ☑ 操作界面
- ☑ 配置绘图系统
- ☑ 设置绘图环境
- ☑ 文件管理

- ☑ 基本输入操作
- ☑ 图层设置
- ☑ 绘图辅助工具

## 任务驱动&项目案例

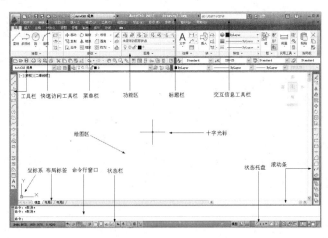

# 2.1 操作界面

AutoCAD 的操作界面是 AutoCAD 显示、编辑图形的区域。启动 AutoCAD 2012 后的默认界面如图 2-1 所示，这个界面是 AutoCAD 2012 以后出现的新界面风格，为了便于学习和使用过 AutoCAD 2012 及以前版本的读者学习本书，我们采用 AutoCAD 经典风格的界面介绍。

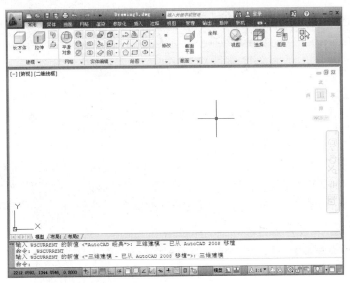

图 2-1　AutoCAD 2012 的默认界面

单击界面左上角的"初始设置工作空间"按钮，打开工作空间选择菜单，从中选择"AutoCAD 经典"选项，如图 2-2 所示，系统即可转换到 AutoCAD 经典界面，如图 2-3 所示。

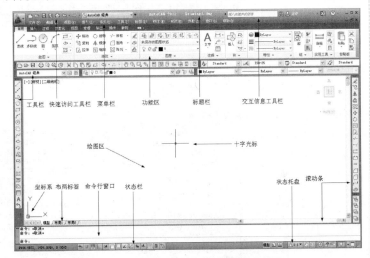

图 2-2　工作空间转换　　　　　　　　图 2-3　AutoCAD 2012 中文版的操作界面

一个完整的 AutoCAD 经典操作界面包括标题栏、绘图区、十字光标、菜单栏、工具栏、坐标系图标、命令行、状态栏、布局标签和滚动条等。

## 2.1.1　标题栏

在 AutoCAD 2012 中文版绘图窗口的最上端是标题栏。在标题栏中，显示了系统当前正在运行的应用程序（AutoCAD 2012 和用户正在使用的图形文件）。在用户第一次启动 AutoCAD 时，在 AutoCAD 2012 绘图窗口的标题栏中，将显示 AutoCAD 2012 在启动时创建并打开的图形文件的名称 Drawing1.dwg，如图 2-4 所示。

图 2-4　第一次启动 AutoCAD 时的标题栏

## 2.1.2　绘图区

绘图区是指标题栏下方的大片空白区域，是用户使用 AutoCAD 2012 绘制图形的区域，设计图形的主要工作都是在绘图区中完成的。

在绘图区中，还有一个作用类似光标的十字线，其交点反映了光标在当前坐标系中的位置。在 AutoCAD 2012 中，将该十字线称为光标，AutoCAD 通过光标显示当前点的位置。十字线的方向与当前用户坐标系的 x 轴和 y 轴方向平行，十字线的长度默认为屏幕大小的 5%，如图 2-5 所示。

### 1.  修改图形窗口中十字光标的大小

光标的长度默认为屏幕大小的 5%，用户可以根据绘图的实际需要更改大小。改变光标大小的方法如下。

在绘图窗口中选择菜单栏中的"工具"→"选项"命令，屏幕上将弹出"选项"对话框。选择"显示"选项卡，在"十字光标大小"文本框中直接输入数值，或者拖动编辑框后的滑块，即可对十字光标的大小进行调整，如图 2-5 所示。

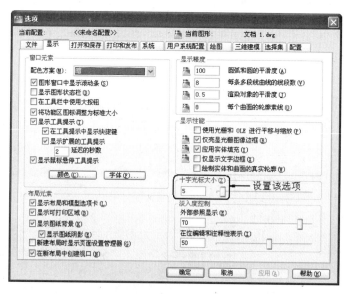

图 2-5　"选项"对话框中的"显示"选项卡

此外，还可以通过设置系统变量 CURSORSIZE 的值，实现对光标大小的更改。命令行提示如下：

```
命令：CURSORSIZE
输入 CURSORSIZE 的新值 <5>：
```

在提示下输入新值即可，默认值为 5%。

**2.　修改绘图窗口的颜色**

在默认情况下，AutoCAD 2012 的绘图窗口是黑色背景、白色线条，这不符合大多数用户的习惯，因此修改绘图窗口颜色是大多数用户都需要进行的操作。

修改绘图窗口颜色的步骤如下。

（1）在如图 2-5 所示的选项卡中单击"窗口元素"区域中的"颜色"按钮，打开如图 2-6 所示的"图形窗口颜色"对话框。

（2）单击"图形窗口颜色"对话框中"颜色"字样下边的下拉箭头，在打开的下拉列表中选择需要的窗口颜色，然后单击"应用并关闭"按钮，此时 AutoCAD 2012 的绘图窗口变成了选择的背景色，通常按视觉习惯选择白色为窗口颜色。

## 2.1.3　坐标系图标

在绘图区域的左下角，有一个箭头指向图标，称为坐标系图标，表示用户绘图时正使用的坐标系形式，坐标系图标的作用是为点的坐标确定一个参照系。根据工作需要，用户可以选择将其关闭。方法是选择"视图"→"显示"→"UCS 图标"→"开"命令，如图 2-7 所示。

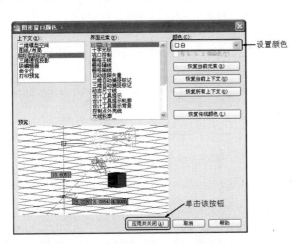

图 2-6　"图形窗口颜色"对话框

图 2-7　"视图"菜单

## 2.1.4　菜单栏

菜单栏位于 AutoCAD 2012 绘图窗口标题栏的下方。同其他 Windows 程序一样，AutoCAD 2012 的菜单也是下拉形式的，并在菜单中包含子菜单。AutoCAD 2012 的菜单栏中包含 12 个菜单："文件"、"编辑"、"视图"、"插入"、"格式"、"工具"、"绘图"、"标注"、"修改"、"参数"、"窗口"和"帮助"，这些菜单几乎包含了 AutoCAD 2012 的所有绘图命令，后面的章节将围绕这些菜单展开讲述。

## 2.1.5 工具栏

工具栏是一组图标型工具的集合，把鼠标光标移动到某个图标，稍停片刻即在该图标一侧显示相应的工具提示，同时在状态栏中显示对应的说明和命令名。此时，单击图标也可以启动相应命令。

在默认情况下，可以看到如图 2-8 所示的绘图区顶部的"标准"工具栏、"样式"工具栏、"特性"工具栏以及"图层"工具栏和如图 2-9 所示的"绘图"工具栏、"修改"工具栏及"绘图次序"工具栏。

图 2-8    "标准"、"样式"、"特性"和"图层"工具栏

图 2-9    "绘图"、"修改"和"绘图次序"工具栏

将光标放在任一工具栏的非标题区，单击鼠标右键，系统会打开单独的工具栏标签列表。用鼠标单击某一个未在界面显示的工具栏名称，系统自动在界面打开该工具栏；反之，则关闭工具栏。

工具栏可以在绘图区"浮动"，如图 2-10 所示。此时显示该工具栏标题，并可关闭该工具栏，用鼠标可以拖动"浮动"工具栏到绘图区边界，使它变为"固定"工具栏，此时该工具栏标题隐藏。也可以把"固定"工具栏拖出，使它成为"浮动"工具栏。

在有些图标的右下角有一个小三角，单击会打开相应的工具栏，将光标移动到某一图标上单击，该图标就成为当前图标。单击当前图标，即可执行相应命令，如图 2-11 所示。

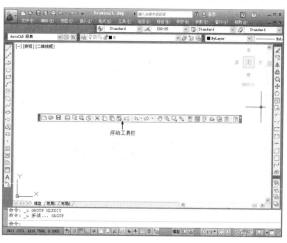

图 2-10    "浮动"工具栏

图 2-11    打开工具栏

## 2.1.6 命令行窗口

命令行窗口是输入命令和显示命令提示的区域，默认的命令行窗口位于绘图区下方，为若干文本行（见图 2-3）。对于命令窗口，有以下几点需要说明。

（1）移动拆分条，可以扩大与缩小命令窗口。

（2）可以拖动命令窗口，将其放置在屏幕上的其他位置。默认情况下，命令窗口位于绘图窗口的下方。

（3）对当前命令窗口中输入的内容，可以按 F2 键用文本编辑的方法进行编辑。AutoCAD 2012 的文本窗口和命令窗口相似，可以显示当前 AutoCAD 进程中命令的输入和执行过程，在 AutoCAD 2012 中执行某些命令时，它会自动切换到文本窗口，列出有关信息，如图 2-12 所示。

（4）AutoCAD 通过命令窗口反馈各种信息，包括出错信息。因此，用户要时刻关注命令窗口中出现的信息。

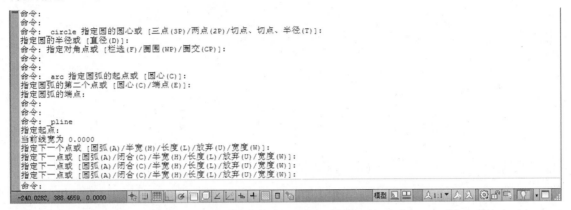

图 2-12　文本窗口

## 2.1.7　布局标签

AutoCAD 2012 系统默认设定一个模型空间布局标签和"布局 1"、"布局 2"两个图纸空间布局标签。

### 1．布局

布局是系统为绘图设置的一种环境，包括图纸大小、尺寸单位、角度设定、数值精确度等，在系统默认的 3 个标签中，这些环境变量都是默认设置。用户可以根据实际需要改变这些变量的值。用户也可以根据需要设置符合自己要求的新标签，具体方法将在后面章节中介绍。

### 2．模型

AutoCAD 2012 的空间分为模型空间和图纸空间。模型空间是通常绘图的环境，而在图纸空间中，用户可以创建称为"浮动视口"的区域，以不同视图显示所绘图形。用户可以在图纸空间中调整浮动视口并决定所包含视图的缩放比例。如果选择图纸空间，则可打印多个视图，也可以打印任意布局的视图。在后面的章节中，将详细地讲解有关模型空间与图纸空间的有关知识，请注意学习体会。

AutoCAD 2012 系统默认打开模型空间，用户可以通过鼠标单击选择需要的布局。

## 2.1.8　状态栏

状态栏位于屏幕的底部，左端显示绘图区中光标定位点的坐标 x、y、z，右端依次有"推断约束"、"捕捉模式"、"栅格显示"、"正交模式"、"极轴追踪"、"对象捕捉"、"三维对象捕捉"、"对象捕捉追踪"、"允许/禁止动态 UCS"、"动态输入"、"显示/隐藏线宽"、"显示/隐藏透明度"、"快捷特征"和"选择循环"14 个功能开关按钮，如图 2-13 所示。单击这些开关按钮，可以实现这些功能的开启和关闭。

状态栏的中部显示的是注释比例，如图 2-14 所示。

通过状态栏中的图标，可以很方便地访问注释比例常用功能。

（1）注释比例：单击注释比例右下角的三角图标，弹出注释比例列表，如图 2-15 所示，可以根据需要选择适当的注释比例。

（2）注释可见性：当图标变亮时，表示显示所有比例的注释性对象；当图标变暗时，表示仅显示当前比例的注释性对象。

图 2-13　状态栏

图 2-14　注释比例状态栏

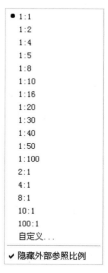

图 2-15　注释比例列

（3）注释比例更改时，自动将比例添加到注释对象。

状态栏的右下角是状态栏托盘，如图 2-16 所示。

通过状态栏托盘中的图标，可以很方便地访问常用功能。右键单击状态栏或左键单击右下角的三角图标可以控制开关按钮的显示与隐藏或更改托盘设置。以下是在状态栏托盘中显示的图标。

① 工具栏/窗口位置锁

可以控制是否锁定工具栏或图形窗口在图形界面上的位置。右键单击位置锁图标，系统弹出工具栏/窗口位置锁右键菜单，如图 2-17 所示。可以选择打开或锁定相关选项位置。

图 2-16　状态栏托盘

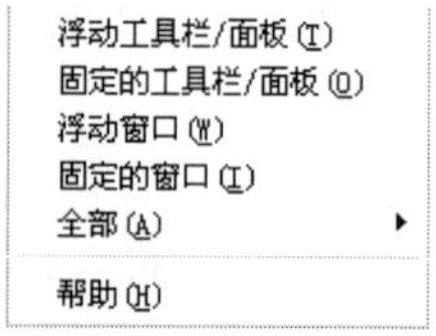

图 2-17　工具栏/窗口位置锁右键菜单

② 全屏显示

可以清除 Windows 窗口中的标题栏、工具栏和选项板等界面元素，使 AutoCAD 的绘图窗口全屏显示。

## 2.1.9　滚动条

在 AutoCAD 2012 的绘图窗口中，在窗口的下方和右侧还提供了用来浏览图形的水平和竖直方向的滚动条。单击或拖动滚动条中的滚动块，用户可以在绘图窗口中按水平或竖直两个方向浏览图形。

## 2.1.10 状态托盘

状态托盘包括一些常见的显示工具和注释工具，包括模型空间与布局空间转换工具，如图 2-18 所示，通过这些按钮可以控制图形或绘图区的状态。

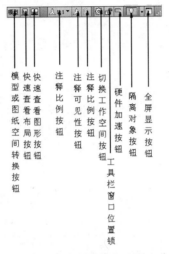

图 2-18 状态托盘工具

## 2.1.11 快速访问工具栏和交互信息工具栏

### 1. 快速访问工具栏

该工具栏包括"新建"、"打开"、"保存"、"另存为"、"放弃"、"重做"和"打印"等常用工具。用户也可以单击本工具栏后面的下拉按钮，设置需要的常用工具。

### 2. 交互信息工具栏

该工具栏包括"搜索"、"Autodesk Online 服务"、"交换"和"帮助"等几个常用的数据交互访问工具。

## 2.1.12 功能区

包括"常用"、"插入"、"注释"、"参数化"、"视图"、"管理"、"输出"、"插件"和"联机"9 个功能区，每个功能区都集成了相关的操作工具。用户可以单击功能区选项后面的 按钮控制功能的展开与收缩。

打开或关闭功能区的操作方式如下。

☑ 命令行：RIBBON 或 RIBBONCLOSE。

☑ 菜单栏："工具"→"选项板"→"功能区"。

## 2.2 配置绘图系统

由于每台计算机所使用的显示器、输入设备和输出设备的类型不同，用户喜好的风格及计算机的目录设置也不同，所以每台计算机都是独特的。一般来讲，使用 AutoCAD 2012 的默认配置就可以绘图，但为了使用定点设备或打印机，提高绘图的效率，建议用户在开始作图前先对绘图系统进行必要的配置。

**1．执行方式**

- ☑ 命令行：PREFERENCES。
- ☑ 菜单："工具" → "选项"。
- ☑ 右键菜单："选项"（单击鼠标右键，系统弹出右键菜单，其中包括一些常用命令，如图 2-19 所示）。

**2．操作步骤**

执行上述命令后，系统自动打开"选项"对话框。用户可以在该对话框中选择有关选项对系统进行配置。下面只对其中主要的几个选项卡进行说明，其他配置选项，在后面用到时再作具体说明。

## 2.2.1　显示

"选项"对话框中的第二个选项卡为"显示"，该选项卡用于控制 AutoCAD 2012 窗口的外观，可设定屏幕菜单、滚动条显示与否、固定命令行窗口中文字行数、AutoCAD 2012 的版面布局设置、各实体的显示分辨率以及 AutoCAD 运行时的其他各项性能参数的设定等。前面已经讲述了屏幕菜单设定、屏幕颜色、光标大小等知识，其余有关选项的设置可参照"帮助"文件学习。

在设置实体显示分辨率时，请务必记住，显示质量越高，即分辨率越高，计算机计算的时间越长，千万不要将其设置太高。显示质量设定在一个合理的程度上是很重要的。

## 2.2.2　系统

"选项"对话框中的第 5 个选项卡为"系统"，如图 2-20 所示。该选项卡用于设置 AutoCAD 2012 系统的有关特性。

图 2-19　右键菜单

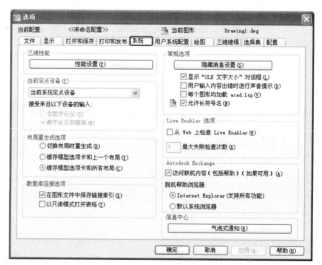

图 2-20　"系统"选项卡

1．"三维性能"选项组

设定当前 3D 图形的显示特性，可以选择系统提供的 3D 图形显示特性配置，也可以单击"性能设置"按钮自行设置该特性。

2．"当前定点设备"选项组

安装及配置定点设备，如数字化仪和鼠标。具体配置和安装方法，请参照定点设备的用户手册。

3．"常规选项"选项组

确定是否选择系统配置的有关基本选项。

4．"布局重生成选项"选项组

确定切换布局时是否重生成或缓存模型选项卡和布局。

5．"数据库连接选项"选项组

确定数据库连接的方式。

6．"live Enabler 选项"选项组

确定在 Web 上检查 Live Enabler 失败的次数。

# 2.3 设置绘图环境

使用 AutoCAD 2012 绘图时，可以根据需要对绘图环境进行设置。

## 2.3.1 绘图单位设置

1．执行方式

☑ 命令行：DDUNITS 或 UNITS。

☑ 菜单栏："格式"→"单位"。

2．操作步骤

执行上述命令后，系统弹出"图形单位"对话框，如图 2-21 所示。该对话框用于定义单位和角度格式。

3．选项说明

（1）"长度"选项组

指定测量长度的当前单位及当前单位的精度。

（2）"角度"选项组

指定测量角度的当前单位、精度及旋转方向，默认方向为逆时针。

（3）"插入时的缩放单位"选项组

控制使用工具选项板（如 DesignCenter 或 i-drop）拖入当前图形的块的测量单位。如果块或图形创建时使用的单位与该选项指定的单位不同，则在插入这些块或图形时，将对其按比例缩放。插入比例是源块或图形使用的单位与目标图形使用的单位之比。如果插入块时不按指定单位缩放，则选择"无单位"选项。

*Note*

（4）"输出样例"选项组

显示当前输出的样例值。

（5）"光源"选项组

用于指定光源强度的单位。

（6）"方向"按钮

单击该按钮，系统显示"方向控制"对话框，如图 2-22 所示。可以在该对话框中进行方向控制设置。

图 2-21　"图形单位"对话框

图 2-22　"方向控制"对话框

## 2.3.2　图形边界设置

### 1. 执行方式

☑　命令行：LIMITS。

☑　菜单栏："格式"→"图形界限"。

### 2. 操作步骤

命令：LIMITS
重新设置模型空间界限。
指定左下角点或 [开(ON)/关(OFF)] <0.0000,0.0000>：（输入图形边界左下角的坐标后回车）
指定右上角点 <12.0000,9.0000>：（输入图形边界右上角的坐标后回车）

### 3. 选型说明

（1）开（ON）

使绘图边界有效。系统将在绘图边界以外拾取的点视为无效。

（2）关（OFF）

使绘图边界无效。用户可以在绘图边界以外拾取点或实体。

（3）动态输入角点坐标

通过动态输入功能可以直接在屏幕上输入角点坐标，输入了横坐标值后，按下","键，接着输入纵坐标值，如图 2-23 所示；也可以根据光标位置直接单击鼠标确定角点位置。

图 2-23　动态输入

# 2.4 文 件 管 理

本节将介绍有关文件管理的一些基本操作方法，包括新建文件、打开已有文件、保存文件、删除文件等，这些都是进行 AutoCAD 2012 操作最基础的知识。另外，在本节中也将介绍安全口令和数字签名等涉及文件管理操作的知识。

## 2.4.1 新建文件

### 1. 执行方式

☑ 命令行：NEW。

☑ 菜单栏："文件"→"新建"。

☑ 工具栏："标准"→"新建" 🗋。

### 2. 操作步骤

执行上述命令后，系统弹出如图 2-24 所示的"选择样板"对话框，在"文件类型"下拉列表框中有 3 种格式的图形样板，后缀分别是.dwt、.dwg 和.dws。

在每种图形样板文件中，系统根据绘图任务的要求进行统一的图形设置，如绘图单位类型和精度要求、绘图界限、捕捉、网格与正交设置、图层、图框和标题栏、尺寸及文本格式、线型和线宽等。

使用图形样板文件绘图的优点在于，在完成绘图任务时不但可以保持图形设置的一致性，而且可以大大提高工作效率。用户也可以根据自己的需要设置新的样板文件。

一般情况下，.dwt 文件是标准的样板文件，通常将一些规定的标准性的样板文件设成.dwt 文件，.dwg 文件是普通的样板文件，而.dws 文件是包含标准图层、标注样式、线型和文字样式的样板文件。

图 2-24 "选择样板"对话框

快速创建图形功能，是创建新图形的最快捷方法。

### 1. 执行方式

☑ 命令行：QNEW。

Note

☑ 菜单栏："文件"→"新建"。

☑ 工具栏："标准"→"新建"。

**2．操作步骤**

执行上述命令后，系统立即从所选的图形样板创建新图形，而不显示任何对话框或提示。

在运行快速创建图形功能之前必须进行如下设置。

（1）将 FILEDIA 系统变量设置为 1；将 STARTUP 系统变量设置为 0，命令行提示如下：

```
命令：FILEDIA
输入 FILEDIA 的新值 <1>:
命令：STARTUP
输入 STARTUP 的新值 <0>:
```

（2）选择"工具"→"选项"命令，在弹出的"选项"对话框中选择默认图形样板文件。方法是在"文件"选项卡下，单击标记为"样板设置"的节点，然后选择需要的样板文件路径，如图 2-25 所示。

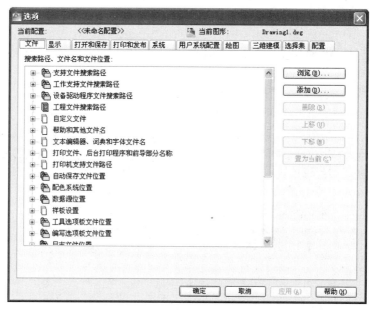

图 2-25　"选项"对话框的"文件"选项卡

## 2.4.2　打开文件

**1．执行方式**

☑ 命令行：OPEN。

☑ 菜单栏："文件"→"打开"。

☑ 工具栏："标准"→"打开"。

**2．操作步骤**

执行上述命令后，系统弹出如图 2-26 所示的"选择样板"对话框，在"文件类型"下拉列表框中可选择.dwg 文件、.dwt 文件、.dxf 文件和.dws 文件。.dxf 文件是用文本形式存储的图形文件，能够被其他程序读取，许多第三方应用软件都支持.dxf 格式。

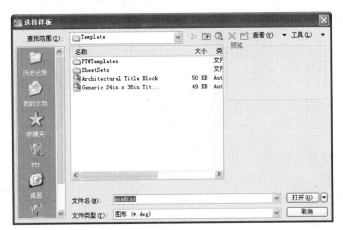

图 2-26　"选择样板"对话框

## 2.4.3　保存文件

### 1. 执行方式

☑　命令行：QSAVE 或 SAVE。

☑　菜单栏："文件"→"保存"。

☑　工具栏："标准"→"保存" 。

### 2. 操作步骤

执行上述命令后，若文件已命名，则 AutoCAD 自动保存；若文件未命名（即为默认名 drawing1.dwg），则系统弹出如图 2-27 所示的"图形另存为"对话框，用户可以命名保存。在"保存于"下拉列表中可以指定保存文件的路径；在"文件类型"下拉列表中可以指定保存文件的类型。

为了防止因意外操作或计算机系统故障导致正在绘制的图形文件丢失，可以对当前图形文件设置自动保存。步骤如下。

（1）利用系统变量 SAVEFILEPATH 设置所有"自动保存"文件的位置，如 C:\HU\。

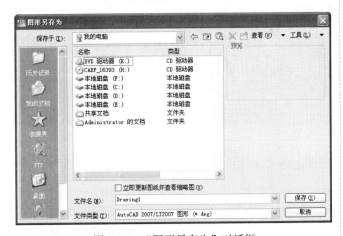

图 2-27　"图形另存为"对话框

（2）利用系统变量 SAVEFILE 存储"自动保存"文件名。该系统变量储存的文件名文件是只读文件，用户可以从中查询自动保存的文件名。

（3）利用系统变量 SAVETIME 指定在使用"自动保存"时多长时间保存一次图形。

## 2.4.4　另存为

### 1. 执行方式

☑　命令行：SAVEAS。

☑ 菜单栏:"文件"→"另存为"。

**2. 操作步骤**

执行上述命令后,系统弹出如图 2-27 所示的"图形另存为"对话框,可以将图形用其他名称保存。

## 2.4.5 退出

**1. 执行方式**

☑ 命令行:QUIT 或 EXIT。

☑ 菜单栏:"文件"→"退出"。

☑ 按钮:"关闭" 。

**2. 操作步骤**

执行上述命令后,若用户对图形所作的修改尚未保存,则会出现如图 2-28 所示的系统警告对话框。单击"是"按钮,系统将保存文件,然后退出;单击"否"按钮,系统将不保存文件。若用户对图形所作的修改已经保存,则直接退出系统。

## 2.4.6 图形修复

**1. 执行方式**

☑ 命令行:DRAWINGRECOVERY。

☑ 菜单栏:"文件"→"图形实用工具"→"图形修复管理器"。

**2. 操作步骤**

执行上述命令后,系统弹出如图 2-29 所示的图形修复管理器,打开"备份文件"列表中的文件,可以将文件重新保存,从而进行修复。

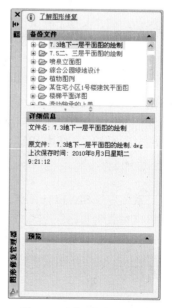

图 2-28 系统警告对话框

图 2-29 图形修复管理器

# 2.5　基本输入操作

在 AutoCAD 2012 中，有一些基本的输入操作方法，这些方法是进行 AutoCAD 绘图的必备知识，也是深入学习 AutoCAD 的前提。

## 2.5.1　命令输入方式

要实现 AutoCAD 交互绘图必须输入必要的指令和参数。AutoCAD 有多种命令输入方式，此处以画直线为例进行介绍。

### 1．在命令窗口输入命令名

命令字符可不区分大小写。例如，命令 LINE。执行命令时，在命令行提示中经常会出现命令选项。在输入绘制直线命令 LINE 后，命令行提示如下：

```
命令：LINE
指定第一点：（在屏幕上指定一点或输入一个点的坐标）
指定下一点或 [放弃(U)]：
```

选项中不带括号的提示为默认选项，因此可以直接输入直线段的起点坐标或在屏幕上指定一点，如果要选择其他选项，则应该首先输入该选项的标识字符，如"放弃"选项的标识字符"U"，然后按系统提示输入数据即可。在命令选项的后面有时还带有尖括号，尖括号内的数值为默认数值。

### 2．在命令窗口输入命令缩写字

如 L（Line）、C（Circle）、A（Arc）、Z（Zoom）、R（Redraw）、M（More）、CO（Copy）、PL（Pline）、E（Erase）等。

### 3．选取绘图菜单中的直线命令

选取该命令后，在状态栏中可以看到对应的命令说明及命令名。

### 4．选取工具栏中的对应图标

选取该图标后，在状态栏中也可以看到对应的命令说明及命令名。

### 5．在命令行打开右键快捷菜单

如果在前面刚使用过要输入的命令，则可以在命令行单击鼠标右键，打开快捷菜单，在"近期使用的命令"子菜单中选择需要的命令，如图 2-30 所示。"近期使用的命令"子菜单中储存最近使用的 6 个命令，如果经常重复使用某个 6 次操作以内的命令，这种方法就比较快速简捷。

图 2-30　快捷菜单

### 6．在绘图区单击鼠标右键

如果用户要重复使用上次使用的命令，可以直接在绘图区右键单击鼠标，系统立即重复执行上次使用的命令，这种方法适用于重复执行某个命令。

## 2.5.2　命令的重复、撤销和重做

### 1．命令的重复

在命令窗口中按 Enter 键可重复调用上一个命令，不管上一个命令是完成了还是被取消了。

### 2．命令的撤销

在命令执行的任何时刻都可以取消和终止命令的执行。其执行方式有以下几种：

☑　命令行：UNDO。

☑　菜单栏："编辑"→"放弃"。

☑　快捷键：Esc。

### 3．命令的重做

已被撤销的命令还可以恢复重做。即恢复撤销的最后一个命令。

其执行方式有以下几种：

☑　命令行：REDO。

☑　菜单："编辑"→"重做"。

该命令可以一次执行多重放弃和重做操作。单击 UNDO 或 REDO
列表箭头，可以选择要放弃或重做的操作，如图 2-31 所示。

图 2-31　多重放弃或重做

## 2.5.3　透明命令

在 AutoCAD 2012 中，有些命令不仅可以直接在命令行中使用，而且还可以在其他命令的执行过程中插入并执行，待该命令执行完毕后，系统继续执行原命令，这种命令称为透明命令。透明命令一般多为修改图形设置或打开辅助绘图工具的命令。

如在绘制圆弧的过程中执行缩放命令，命令行提示如下：

```
命令：ARC
指定圆弧的起点或 [圆心(C)]：'ZOOM （透明使用显示缩放命令 ZOOM）
>>（执行 ZOOM 命令）
正在恢复执行 ARC 命令
指定圆弧的起点或 [圆心(C)]：（继续执行原命令）
```

## 2.5.4　按键定义

在 AutoCAD 2012 中，除了可以通过在命令窗口输入命令、单击工具栏图标或选择菜单命令来完成操作外，还可以使用键盘上的一组功能键或快捷键，快速实现指定功能，如按 F1 键，系统将调用 AutoCAD 帮助对话框。

系统使用 AutoCAD 传统标准（Windows 之前）或 Microsoft Windows 标准快捷键。有些功能键或快捷键在 AutoCAD 的菜单中已经指出，如"粘贴"功能的快捷键为 Ctrl+V，这些只要在使用的过程中多加留意，就会熟练掌握。快捷键的定义参见菜单命令后面的说明。

## 2.5.5　命令执行方式

有的命令有两种执行方式，通过对话框或通过命令行输入命令，如指定使用命令窗口方式，可以

在命令名前加短划线来表示，如"-LAYER"表示用命令行方式执行"图层"命令。而如果在命令行输入 LAYER，系统则会自动打开"图层"对话框。

另外，有些命令同时存在命令行、菜单和工具栏 3 种执行方式，这时如果选择菜单或工具栏方式，命令行会显示该命令，并在前面加一个下划线，如通过菜单或工具栏方式执行"直线"命令时，命令行会显示"_line"，命令的执行过程和结果与采用命令行方式时相同。

## 2.5.6 坐标系统与数据的输入方法

### 1. 坐标系

AutoCAD 采用两种坐标系：世界坐标系（WCS）与用户坐标系。刚进入 AutoCAD 2012 时出现的坐标系统就是世界坐标系，是固定的坐标系统。世界坐标系也是坐标系统中的基准，绘制图形时，多数情况下都是在这个坐标系统下进行的。

执行方式

☑ 命令行：UCS。

☑ 菜单栏："工具" → "工具栏" → AutoCAD → UCS。

☑ 工具栏：UCS → UCS ⌐。

AutoCAD 有两种视图显示方式：模型空间和图纸空间。模型空间是指单一视图显示法，通常使用的都是这种显示方式；图纸空间是指在绘图区域创建图形的多视图。用户可以对其中每一个视图进行单独操作。在默认情况下，当前 UCS 与 WCS 重合。如图 2-32（a）所示为模型空间下的 UCS 坐标系图标，通常放在绘图区左下角处；如当前 UCS 和 WCS 重合，则出现一个 W 字，如图 2-32（b）所示；也可以指定它放在当前 UCS 的实际坐标原点位置，此时出现一个十字，如图 2-32（c）所示。图 2-32（d）所示为图纸空间下的坐标系图标。

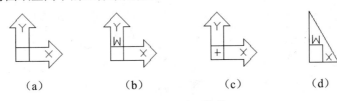

(a)　　　　　(b)　　　　　(c)　　　　　(d)

图 2-32　坐标系图标

### 2. 数据输入方法

在 AutoCAD 2012 中，点的坐标可以用直角坐标、极坐标、球面坐标和柱面坐标表示，每一种坐标又分别具有两种坐标输入方式：绝对坐标和相对坐标。其中直角坐标和极坐标最为常用，下面主要介绍一下它们的输入方法。

（1）直角坐标法：用点的 x、y 坐标值表示的坐标。

例如：在命令行中输入点的坐标提示下，输入"15,18"，则表示输入了一个 x、y 的坐标值分别为15、18 的点，此为绝对坐标输入方式，表示该点的坐标是相对于当前坐标原点的坐标值，如图 2-33（a）所示。如果输入"@10,20"，则为相对坐标输入方式，表示该点的坐标是相对于前一点的坐标值，如图 2-33（c）所示。

（2）极坐标法：用长度和角度表示的坐标，只能用来表示二维点的坐标。

在绝对坐标输入方式下，表示为："长度<角度"，如"25<50"，其中长度表为该点到坐标原点的距离，角度为该点至原点的连线与 x 轴正向的夹角，如图 2-33（b）所示。

在相对坐标输入方式下，表示为："@长度<角度"，如"@25<45"，其中长度为该点到前一点的

距离，角度为该点至前一点的连线与 x 轴正向的夹角，如图 2-33（d）所示。

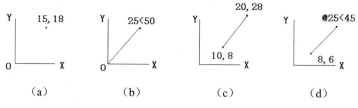

图 2-33　数据输入方法

### 3. 动态数据输入

单击状态栏上的 DYN 按钮，系统弹出动态输入功能，可以在屏幕上动态地输入某些参数数据，例如，在绘制直线时，在光标附近，会动态地显示"指定第一点"，以及后面的坐标框，当前显示的是光标所在位置，可以输入数据，两个数据之间以逗号隔开，如图 2-34 所示。指定第一点后，系统动态显示直线的角度，同时要求输入线段长度值，如图 2-35 所示，其输入效果与"@长度<角度"方式相同。

图 2-34　动态输入坐标值　　　　　　　　　　　图 2-35　动态输入长度值

下面分别介绍点与距离值的输入方法。

（1）点的输入。绘图过程中，常需要输入点的位置，AutoCAD 提供了如下几种输入点的方式。

☑　用键盘直接在命令窗口中输入点的坐标。

直角坐标有两种输入方式：x，y（点的绝对坐标值，如"100,50"）和@x,y（相对于上一点的相对坐标值，如"@50,-30"）。坐标值均相对于当前的用户坐标系。

极坐标的输入方式为：长度<角度（其中，长度为点到坐标原点的距离，角度为原点至该点连线与 X 轴的正向夹角，如"20<45"）或@长度<角度（相对于上一点的相对极坐标，如"@50<-30"）。

☑　用鼠标等定标设备移动光标，单击鼠标在屏幕上直接取点。

☑　用目标捕捉方式捕捉屏幕上已有图形的特殊点（如端点、中点、中心点、插入点、交点、切点、垂足点等）。

☑　直接距离输入：先用光标拖拉出橡筋线确定方向，然后用键盘输入距离。这样有利于准确控制对象的长度等参数，如要绘制一条 10mm 长的线段，命令行提示如下：

```
命令:LINE
指定第一点：（在屏幕上指定一点）
指定下一点或 [放弃(U)]：
```

这时在屏幕上移动鼠标指明线段的方向，但不要单击鼠标确认，如图 2-36 所示，然后在命令行输入 10，这样就在指定方向上准确地绘制了长度为 10mm 的线段。

（2）距离值的输入。在 AutoCAD 命令行中，有时需要提供高度、宽度、半径、长度等距离值。AutoCAD 提供了两种输入距离值的方式：一种是用键盘在命令窗口中直接输入数值；另一种是在屏幕上拾取两点，以两点的距离值定出所需数值。

图 2-36　绘制直线

# 2.6　图　层　设　置

AutoCAD 中的图层如同在手工绘图中使用的重叠透明图纸，如图 2-37 所示，可以使用图层来组织不同类型的信息。在 AutoCAD 2012 中，图形的每个对象都位于一个图层上，所有图形对象都具有图层、颜色、线型和线宽 4 个基本属性。在绘制时，图形对象将创建在当前的图层上。每个 CAD 文档中图层的数量是不受限制的，每个图层都有自己的名称。

## 2.6.1　建立新图层

新建的 CAD 文档中只能自动创建一个名为 0 的特殊图层。默认情况下，图层 0 将被指定使用 7 号颜色、Continuous 线型、"默认"线宽，以及 NORMAL 打印样式。不能删除或重命名图层 0。通过创建新的图层，可以将类型相似的对象指定给同一个图层使其相关联。例如，可以将构造线、文字、标注和标题栏置于不同的图层上，并为这些图层指定通用特性。通过将对象分类放到各自的图层中，可以快速有效地控制对象的显示以及对其进行更改。

1．执行方式

☑　命令行：LAYER。

☑　菜单栏："格式"→"图层"。

☑　工具栏："图层"→"图层特性管理器" ，如图 2-38 所示。

单击此按钮

图 2-37　图层示意图　　　　　　　　　　图 2-38　"图层"工具栏

2．操作步骤

执行上述命令后，系统弹出"图层特性管理器"对话框，如图 2-39 所示。

图 2-39　"图层特性管理器"对话框

单击"图层特性管理器"对话框中的"新建"按钮，建立新图层，默认的图层名为"图层 1"。可以根据绘图需要，更改图层名称，如改为实体层、中心线层或标准层等。

在一个图形中可以创建的图层数以及在每个图层中可以创建的对象数实际上是无限的。图层最长可使用 255 个字符的字母数字命名。图层特性管理器按名称的字母顺序排列图层。

> 注意：如果要建立不只一个图层，无须重复单击"新建"按钮。更有效的方法是：在建立一个新的图层"图层 1"后，改变图层名，在其后输入一个逗号","，这样就会又自动建立一个新图层"图层 1"，依次建立各个图层。也可以按两次 Enter 键，建立另一个新的图层。图层的名称也可以更改，直接双击图层名称，输入新的名称即可。

在图层属性设置中，包括图层名称、关闭/打开图层、冻结/解冻图层、锁定/解锁图层、图层线条颜色、图层线条线型、图层线条宽度、图层透明度、图层打印样式以及图层是否打印等几个参数。下面将分别介绍如何设置这些图层参数。

（1）设置图层线条颜色

在工程制图中，整个图形包含多种不同功能的图形对象，如实体、剖面线与尺寸标注等，为了便于直观地区分它们，就有必要针对不同的图形对象使用不同的颜色，如实体层使用白色、剖面线层使用青色等。

要改变图层的颜色时，单击图层所对应的颜色图标，弹出"选择颜色"对话框，如图 2-40 所示。它是一个标准的颜色设置对话框，可以使用"索引颜色"、"真彩色"和"配色系统"3 个选项卡来选择颜色。系统显示的 RGB 配比，即为 Red（红）、Green（绿）和 Blue（蓝）3 种颜色。

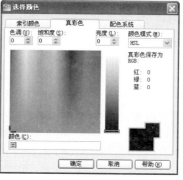

图 2-40 "选择颜色"对话框

（2）设置图层线型

线型是指作为图形基本元素的线条的组成和显示方式，如实线、点划线等。在绘图工作中，常常以线型划分图层，为某一个图层设置适合的线型，在绘图时，只需将该图层设为当前工作层，即可绘制出符合线型要求的图形对象，极大地提高了绘图的效率。

单击图层所对应的线型图标，弹出"选择线型"对话框，如图 2-41 所示。默认情况下，在"已加载的线型"列表框中只添加了 Continuous 线型。单击"加载"按钮，打开"加载或重载线型"对话框，如图 2-42 所示，可以看到 AutoCAD 2012 还提供许多其他的线型，选择所需线型，单击"确定"按钮，即可把该线型加载到"已加载的线型"列表框中，还可以在按住 Ctrl 键时选择几种线型同时加载。

图 2-41 "选择线型"对话框

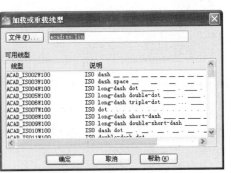

图 2-42 "加载或重载线型"对话框

（3）设置图层线宽

线宽设置，顾名思义就是改变线条的宽度。用不同宽度的线条表现图形对象的类型，也可以提高图形的表达能力和可读性。例如，绘制外螺纹时大径使用粗实线，小径使用细实线。

单击图层所对应的线宽图标，将弹出"线宽"对话框，如图 2-43 所示。选择一个线宽，单击"确定"按钮完成对图层线宽的设置。

图层线宽的默认值为 0.25mm。在状态栏为"模型"状态时，显示的线宽与计算机的像素有关。线宽为 0.00 mm 时，显示为一个像素的线宽。单击状态栏中的"线宽"按钮时，屏幕上显示的图形线宽与实际线宽成比例，如图 2-44 所示，但线宽不随着图形的放大和缩小而变化。"线宽"功能关闭时，不显示图形的线宽，图形的线宽均以默认的宽度值显示。用户可以在"线宽"对话框中选择需要的线宽。

图 2-43 "线宽"对话框

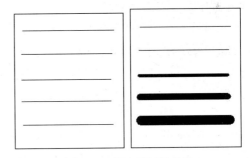

图 2-44 线宽显示效果图

## 2.6.2 设置图层

除了上面讲述的通过图层管理器设置图层的方法外，还有几种其他的简便方法可以设置图层的颜色、线宽、线型等参数。

### 1. 直接设置图层

可以直接通过命令行或菜单设置图层的颜色、线宽、线型。

（1）执行方式

☑ 命令行：COLOR。

☑ 菜单栏："格式"→"颜色"。

*Note*

（2）操作步骤

执行上述命令后，系统弹出"选择颜色"对话框，如图 2-40 所示。

（3）执行方式

☑ 命令行：LINETYPE。

☑ 菜单栏："格式"→"线型"。

（4）操作步骤

执行上述命令后，系统弹出"线型管理器"对话框，如图 2-45 所示。该对话框的使用方法与如图 2-41 所示的"选择线型"对话框类似。

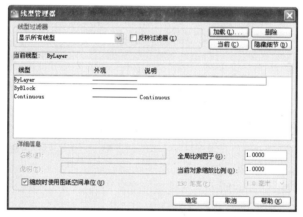

图 2-45  "线型管理器"对话框

（5）执行方式

☑ 命令行： LINEWEIGHT 或 LWEIGHT。

☑ 菜单栏： "格式"→"线宽"。

（6）操作步骤

执行上述命令后，系统弹出"线宽设置"对话框，如图 2-46 所示。该对话框的使用方法与图 2-43 所示的"线宽"对话框类似。

2. 利用"特性"工具栏设置图层

AutoCAD 提供了一个"特性"工具栏，如图 2-47 所示。用户能够控制和使用"特性"工具栏快速地察看和改变所选对象的图层、颜色、线型和线宽等特性。"特性"工具栏上的图层颜色、线型、线宽和打印样式的控制增强了察看和编辑对象属性的命令。在绘图屏幕上选择任何对象都将在工具栏上自动显示它所在图层、颜色、线型等属性。

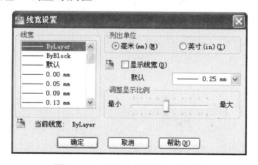

图 2-46  "线宽设置"对话框

图 2-47 "特性"工具栏

也可以在"特性"工具栏上的"颜色"、"线型"、"线宽"和"打印样式"下拉列表中选择需要的参数值。如果在"颜色"下拉列表中选择"选择颜色"选项，如图 2-48 所示，系统就会打开"选择颜色"对话框；同样，如果在"线型"下拉列表中选择"其他"选项，如图 2-49 所示，系统就会打开"线型管理器"对话框，如图 2-45 所示。

**3. 用"特性"工具板设置图层**

（1）执行方式

☑ 命令行：DDMODIFY 或 PROPERTIES。

☑ 菜单栏："修改"→"特性"。

☑ 工具栏："标准"→"特性" 。

（2）操作步骤

执行上述命令后，系统弹出"特性"工具板，如图 2-50 所示。在该工具板中可以方便地设置或修改图层、颜色、线型、线宽等属性。

图 2-48 "选择颜色"选项

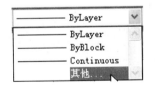

图 2-49 "其他"选项

图 2-50 "特性"工具板

## 2.6.3 控制图层

**1. 切换当前图层**

不同的图形对象需要绘制在不同的图层中，在绘制前，需要将工作图层切换到所需的图层上来。打开"图层特性管理器"对话框，选择图层，单击"当前"按钮 完成设置。

**2. 删除图层**

在"图层特性管理器"对话框中的图层列表框中选择要删除的图层，单击"删除"按钮 即可删除该图层。从图形文件定义中删除选定的图层，只能删除未参照的图层。参照图层包括图层 0 及 DEFPOINTS、包含对象（包括块定义中的对象）的图层、当前图层和依赖外部参照的图层，不包含对象（包括块定义中的对象）的图层、非当前图层和不依赖外部参照的图层都可以删除。

3. 关闭/打开图层

在"图层特性管理器"对话框中，单击"开/关图层"按钮 ，可以控制图层的可见性。当图层打开时，图标小灯泡呈鲜艳的颜色，该图层上的图形可以显示在屏幕上或绘制在绘图仪上；单击该属性图标后，图标小灯泡呈灰暗色时，该图层上的图形不显示在屏幕上，而且不能被打印输出，但仍然作为图形的一部分保留在文件中。

4. 冻结/解冻图层

在"图层特性管理器"对话框中，单击"在所有视口中冻结/解冻"按钮 ，可以冻结图层或将图层解冻。图标呈雪花灰暗色时，该图层是冻结状态；图标呈太阳鲜艳色时，该图层是解冻状态。冻结图层上的对象不能显示，也不能打印，同时不能编辑修改该图层上的图形对象。冻结图层后，该图层上的对象不影响其他图层上对象的显示和打印。例如，在使用 HIDE 命令消隐的时候，被冻结图层上的对象不隐藏其他的对象。

5. 锁定/解锁图层

在"图层特性管理器"对话框中，单击"锁定/解锁图层"按钮 ，可以锁定图层或将图层解锁。锁定图层后，该图层上的图形依然显示在屏幕上并可打印输出，还可以在该图层上绘制新的图形对象，但用户不能对该图层上的图形进行编辑修改操作。可以对当前层进行锁定，也可对锁定图层上的图形进行查询和使用对象捕捉命令。锁定图层可以防止图形被意外修改。

6. 打印样式

在 AutoCAD 2012 中，可以使用一个称为"打印样式"的新的对象特性。打印样式控制对象的打印特性，包括颜色、抖动、灰度、笔号、虚拟笔、淡显、线型、线宽、线条端点样式、线条连接样式和填充样式。使用打印样式使绘图过程更具灵活性，因为用户可以设置打印样式来替代其他对象特性，也可以按需要关闭这些替代设置。

7. 打印/不打印

在"图层特性管理器"对话框中，单击"打印/不打印"按钮 ，可以设置在打印时该图层是否打印，以保证在图形显示可见不变的条件下，控制图形的打印特征。打印功能只对可见的图层起作用，对于已经被冻结或被关闭的图层不起作用。

8. 冻结新视口

控制在当前视口中图层的冻结和解冻。不解冻图形中设置为"关"或"冻结"的图层，在模型空间视口中不可用。

# 2.7　绘图辅助工具

要快速顺利地完成图形绘制工作，有时要借助一些辅助工具，比如用于准确确定绘制位置的精确定位工具和调整图形显示范围与方式的显示工具等。下面将介绍这两种非常重要的辅助绘图工具。

## 2.7.1　精确定位工具

在绘制图形时，可以使用直角坐标和极坐标精确定位点，但是有些点（如端点、中心点等）的坐标我们是不知道的，又想精确地指定这些点，可想而知是很难的，甚至是不可能的。AutoCAD 提供了辅助定位工具，使用这类工具，用户可以很容易地在屏幕中捕捉到这些点，进行精确的绘图。

捕捉可以使用户直接使用鼠标快速地定位目标点。捕捉模式有几种不同的形式，即栅格捕捉、对象捕捉、极轴捕捉和自动捕捉。在下文中将详细讲解。

1. 栅格

AutoCAD 的栅格由有规则的点的矩阵组成，延伸到指定为图形界限的整个区域。使用栅格与在坐标纸上绘图是十分相似的，利用栅格可以对齐对象并直观地显示对象之间的距离。如果放大或缩小图形，可能需要调整栅格间距，使其更适合新的比例。虽然栅格在屏幕上是可见的，但它并不是图形对象，因此它不会被打印成图形中的一部分，也不会影响在何处绘图。

可以单击状态栏上的"栅格"按钮或按 F7 键打开或关闭栅格。启用栅格并设置栅格在 X 轴方向和 Y 轴方向上的间距的方法如下。

（1）执行方式

☑　命令行：DSETTINGS 或 DS，SE 或 DDRMODES。

☑　菜单栏："工具" → "绘图设置"。

☑　快捷菜单："栅格" → "设置"。

（2）操作步骤

执行上述命令，系统弹出"草图设置"对话框，如图 2-51 所示。

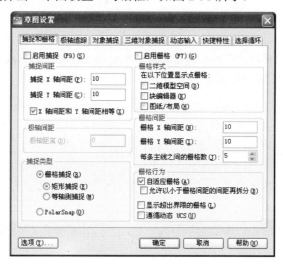

图 2-51　"草图设置"对话框

如果需要显示栅格，选中"启用栅格"复选框。在"栅格 X 轴间距"文本框中输入栅格点之间的水平距离，单位为 mm。如果使用相同的间距设置垂直和水平分布的栅格点，则按 Tab 键；否则，在"栅格 Y 轴间距"文本框中输入栅格点之间的垂直距离。

用户可改变栅格与图形界限的相对位置。默认情况下，栅格以图形界限的左下角为起点，沿着与坐标轴平行的方向填充整个由图形界限所确定的区域。"捕捉"选项区中的"角度"项可决定栅格与相应坐标轴之间的夹角；"X 基点"和"Y 基点"项可决定栅格与图形界限的相对位移。

**注意：** 如果栅格的间距设置得太小，当进行"打开栅格"操作时，AutoCAD 将在文本窗口中显示"栅格太密，无法显示"的信息，而不在屏幕上显示栅格点。或者使用"缩放"命令，将图形缩得很小的，也会出现同样的提示，不显示栅格。

另外，可以使用 GRID 命令通过命令行方式设置栅格，功能与"草图设置"对话框类似，不再赘述。

### 2. 捕捉

捕捉是指 AutoCAD 可以生成一个隐含分布于屏幕上的栅格，这种栅格能够捕捉光标，使光标只能落到其中的一个栅格点上。捕捉可分为"矩形捕捉"和"等轴测捕捉"两种类型。默认设置为"矩形捕捉"，即捕捉点的阵列类似于栅格，如图 2-52 所示，用户可以指定捕捉模式在 X 轴方向和 Y 轴方向上的间距，也可改变捕捉模式与图形界限的相对位置。与栅格不同之处在于，捕捉间距的值必须为正实数 1，捕捉模式不受图形界限的约束。"等轴测捕捉"表示捕捉模式为等轴测模式，此模式是绘制正等轴测图时的工作环境，如图 2-53 所示。在"等轴测捕捉"模式下，栅格和光标十字线成绘制等轴测图时的特定角度。

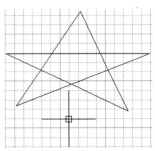

图 2-52 "矩形捕捉"实例

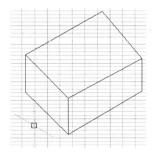

图 2-53 "等轴测捕捉"实例

在绘制图 2-52 和图 2-53 中的图形时，输入参数点时光标只能落在栅格点上。切换两种模式的方法为，打开"草图设置"对话框，选择"捕捉和栅格"选项卡，在"捕捉类型"选项区中通过选中不同的单选按钮切换"矩阵捕捉"模式与"等轴测捕捉"模式。

### 3. 极轴捕捉

极轴捕捉是在创建或修改对象时，按事先给定的角度增量和距离增量来追踪特征点，即捕捉相对于初始点、且满足指定极轴距离和极轴角的目标点。

极轴追踪设置主要是设置追踪的距离增量和角度增量，以及与之相关联的捕捉模式。这些设置可以通过"草图设置"对话框的"捕捉和栅格"选项卡与"极轴追踪"选项卡来实现，如图 2-54 和图 2-55 所示。

图 2-54 "捕捉和栅格"选项

图 2-55 "极轴追踪"选项卡

（1）设置极轴距离

如图 2-56 所示，在"草图设置"对话框的"捕捉和栅格"选项卡中可以设置极轴距离，单位为 mm。绘图时，光标将按指定的极轴距离增量进行移动。

图 2-56　设置极轴角度

（2）极轴角设置

如图 2-55 所示，在"草图设置"对话框的"极轴追踪"选项卡中可以设置极轴角增量角度。设置时，可以使用向下箭头所打开的下拉选择框中 90、45、30、22.5、18、15、10 和 5 的极轴角增量，也可以直接输入指定其他任意角度值。光标移动时，如果接近极轴角，将显示对齐路径和工具栏提示。例如，图 2-56 所示为当极轴角增量设置为 30，光标移动 90 时显示的对齐路径。

"附加角"用于设置极轴追踪时是否采用附加角度追踪。选中"附加角"复选框，通过"新建"按钮或者"删除"按钮来增加、删除附加角度值。

（3）对象捕捉追踪设置

用于设置对象捕捉追踪的模式。如果选中"仅正交追踪"单选按钮，则当采用追踪功能时，系统仅在水平和垂直方向上显示追踪数据；如果选中"用所有极轴角设置追踪"单选按钮，则当采用追踪功能时，系统不仅可以在水平和垂直方向显示追踪数据，还可以在设置的极轴追踪角度与附加角度所确定的一系列方向上显示追踪数据。

（4）极轴角测量

用于设置极轴角的角度测量采用的参考基准，"绝对"则是相对水平方向逆时针测量，"相对上一段"则是以上一段对象为基准进行测量。

4．对象捕捉

AutoCAD 给所有的图形对象都定义了特征点，对象捕捉则是指在绘图过程中，通过捕捉这些特征点，迅速准确地将新的图形对象定位在现有对象的确切位置上，如圆的圆心、线段中点或两个对象的交点等。在 AutoCAD 2012 中，可以通过单击状态栏中"对象捕捉"按钮，或在"草图设置"对话框的"对象捕捉"选项卡中选中"启用对象捕捉"单选按钮，来启用对象捕捉功能。在绘图过程中，对象捕捉功能的调用可以通过以下方式完成。

（1）使用"对象捕捉"工具栏。如图 2-57 所示，在绘图过程中，当系统提示需要指定点位置时，可以单击"对象捕捉"工具栏中相应的特征点按钮，再把光标移动到要捕捉对象上的特征点附近，AutoCAD 会自动提示并捕捉到这些特征点。例如，如果需要用直线连接一系列圆的圆心，可以将"圆心"设置为执行对象捕捉。如果有两个可能的捕捉点落在选择区域，AutoCAD 将捕捉离光标中心最近的符合条件的点。还有可能指定点时需要检查哪一个对象捕捉有效，例如在指定位置有多个对象捕捉符合条件，在指定点之前，按 Tab 键可以遍历所有可能的点。

（2）使用对象捕捉快捷菜单。在需要指定位置时，还可以按住 Ctrl 键或 Shift 键，单击鼠标右键，弹出对象捕捉快捷菜单，如图 2-58 所示。从该菜单上可以选择某一种特征点执行对象捕捉，把光标移动到要捕捉对象上的特征点附近，即可捕捉到这些特征点。

（3）使用命令行。当需要指定点位置时，在命令行中输入相应特征点的关键词，把光标移动到要捕捉对象上的特征点附近，即可捕捉到这些特征点。对象捕捉特征点的关键字如表 2-1 所示。

Note

图 2-57  "对象捕捉"工具栏          图 2-58  "对象捕捉"快捷菜单

表 2-1  对象捕捉模式

| 模　式 | 关　键　字 | 模　式 | 关　键　字 | 模　式 | 关　键　字 |
|---|---|---|---|---|---|
| 临时追踪点 | TT | 捕捉自 | FROM | 端点 | END |
| 中点 | MID | 交点 | INT | 外观交点 | APP |
| 延长线 | EXT | 圆心 | CEN | 象限点 | QUA |
| 切点 | TAN | 垂足 | PER | 平行线 | PAR |
| 节点 | NOD | 最近点 | NEA | 无捕捉 | NON |

**注意**：（1）对象捕捉不可单独使用，必须配合别的绘图命令一起使用。仅当 AutoCAD 提示输入点时，对象捕捉才生效。如果试图在命令提示下使用对象捕捉，AutoCAD 将显示错误信息。
（2）对象捕捉只影响屏幕上可见的对象，包括锁定图层、布局视口边界和多段线上的对象。不能捕捉不可见的对象，如未显示的对象、关闭或冻结图层上的对象或虚线的空白部分。

### 5．自动对象捕捉

在绘制图形的过程中，使用对象捕捉的频率非常高，如果每次在捕捉时都要先选择捕捉模式，将使工作效率大大降低。出于此种考虑，AutoCAD 2012 提供了自动对象捕捉模式。如果启用自动捕捉功能，当光标距指定的捕捉点较近时，系统会自动精确地捕捉这些特征点，并显示出相应的标记以及该捕捉的提示。选择"草图设置"对话框中的"对象捕捉"选项卡，选中"启用对象捕捉追踪"复选框，可以调用自动捕捉，如图 2-59 所示。

图 2-59  "对象捕捉"选项卡

> **注意**：可以设置经常用到的捕捉方式。一旦设置了捕捉方式，在每次运行时，所设定的目标捕捉方式就会被激活，而不是仅对一次选择有效，当同时使用多种方式时，系统将捕捉距光标最近、同时又满足多种目标捕捉方式之一的点。当光标距要获取的点非常近时，按下 Shift 键将暂时不获取对象。

### 6．正交绘图

正交绘图模式下，在命令的执行过程中，光标只能沿 X 轴或 Y 轴移动。所有绘制的线段和构造线都将平行于 X 轴或 Y 轴，因此它们相互垂直成 90°相交，即正交。使用正交绘图，对于绘制水平线和垂直线非常有用，特别是当绘制构造线时经常使用。而且当捕捉模式为等轴测模式时，它还迫使直线平行于 3 个等轴测中的一个。

设置正交绘图可以直接单击状态栏中"正交"按钮或按 F8 键，相应的会在文本窗口中显示开/关提示信息。也可以在命令行中输入 ORTHO 命令，执行开启或关闭正交绘图的操作。

> **注意**："正交"模式将光标限制在水平或垂直（正交）轴上。因为不能同时打开"正交"模式和极轴追踪，因此"正交"模式打开时，AutoCAD 会关闭极轴追踪。如果再次打开极轴追踪，AutoCAD 将关闭"正交"模式。

## 2.7.2　图形显示工具

对于一个较为复杂的图形来说，在观察整幅图形时，往往无法对其局部细节进行查看和操作，而当在屏幕上显示一个细部时又看不到其他部分，为解决这类问题，AutoCAD 提供了缩放、平移、视图、鸟瞰视图和视口命令等一系列图形显示控制命令，可以用来任意地放大、缩小或移动屏幕上的图形显示，或者同时从不同的角度、不同的部位来显示图形。AutoCAD 还提供了重画和重新生成命令来刷新屏幕、重新生成图形。

### 1．图形缩放

图形缩放命令类似于照相机的镜头，可以放大或缩小屏幕所显示的范围，只改变视图的比例，但是对象的实际尺寸并不发生变化。当放大图形一部分的显示尺寸时，可以更清楚地查看这个区域的细节；相反，如果缩小图形的显示尺寸，则可以查看更大的区域，如整体浏览。

图形缩放功能在绘制大幅面机械图，尤其是装配图时非常有用，是使用频率最高的命令之一。这个命令可以透明地使用，即可以在其他命令执行时运行。用户完成透明命令的过程时，AutoCAD 会自动返回到用户调用透明命令前正在运行的命令。执行图形缩放的方法如下。

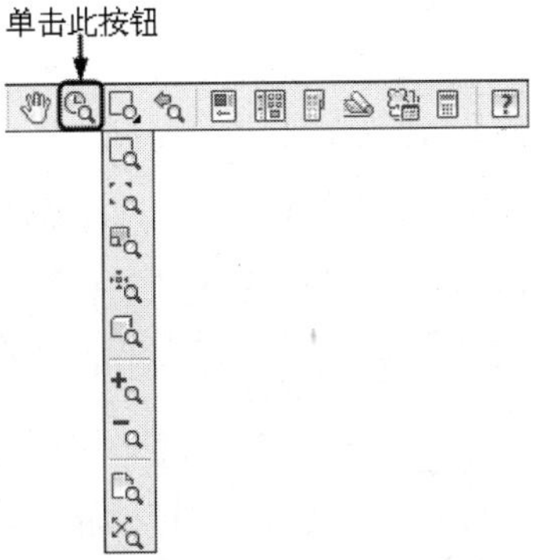

（1）执行方式
☑　命令行：ZOOM。
☑　菜单栏："视图"→"缩放"。
☑　工具栏："标准"→"实时缩放" ，如图 2-60 所示。

图 2-60　"标准"工具栏

（2）操作步骤

执行上述命令后，命令行提示如下：

```
指定窗口的角点，输入比例因子 (nX 或 nXP)，或者
[全部(A)/中心(C)/动态(D)/范围(E)/上一个(P)/比例(S)/窗口(W)/对象(O)] <实时>：
```

（3）操作说明

① 实时

这是"缩放"命令的默认操作，即在输入 ZOOM 命令后，直接按 Enter 键，将自动执行实时缩放操作。实时缩放就是可以通过上下移动鼠标交替进行放大和缩小。在使用实时缩放时，系统会显示一个"＋"号或"－"号。当缩放比例接近极限时，AutoCAD 将不再与光标一起显示"＋"号或"－"号。需要从实时缩放操作中退出时，可按 Enter 键、Esc 键或是从菜单中选择 Exit 命令退出。

② 全部（A）

执行 ZOOM 命令后，在提示文字后输入 A，即可执行"全部（A）"缩放操作。不论图形有多大，该操作都将显示图形的边界或范围，即使对象不包括在边界以内，它们也将被显示。因此，使用"全部（A）"缩放选项，可查看当前视口中的整个图形。

③ 中心（C）

通过确定一个中心点，该选项可以定义一个新的显示窗口。操作过程中需要指定中心点以及输入比例或高度。默认新的中心点就是视口的中心点，默认的输入高度就是当前视口的高度，直接按 Enter 键后，图形将不会被放大。输入比例的数值越大，图形放大倍数也将越大。也可以在数值后面紧跟一个 X，如 3X，表示在放大时图形不按照绝对值变化，而是按相对于当前视口的值缩放。

④ 动态（D）

通过操作一个表示视口的视口框，可以确定需要显示的区域。选择该选项，会在绘图窗口中出现一个小的视口框，按住鼠标左键左右移动可以改变该视口框的大小，定形后释放左键，再按住鼠标左键移动视口框，确定图形中的放大位置，系统将清除当前视口并显示一个特定的视图选择屏幕。这个特定屏幕，由有关当前视口及有效视图的信息构成。

⑤ 范围（E）

可以使图形缩放至整个显示范围。图形的范围由图形所在的区域构成，剩余的空白区域将被忽略。应用这个选项，图形中所有的对象都尽可能地被放大。

⑥ 上一个（P）

在绘制一幅复杂的图形时，有时需要放大图形的一部分以进行细节的编辑。当编辑完成后，有时希望回到前一个视口。这种操作可以使用"上一个（P）"选项来实现。当前视口由"缩放"命令的各种选项或"移动"视图、视图恢复、平行投影或透视命令引起的任何变化，系统都将做保存。每一个视口最多可以保存 10 个视图。连续使用"上一个（P）"选项可以恢复前 10 个视图。

⑦ 比例（S）

该操作提供了 3 种使用方法。一种是在提示信息下，直接输入比例系数，AutoCAD 将按照此比例因子放大或缩小图形的尺寸；另一种是在比例系数后面加一个 X，则表示相对于当前视口计算的比例因子；第三种方法就是相对于图形空间，例如，可以在图纸空间阵列布排或打印出模型的不同视图。为了使每一张视图都与图纸空间单位成比例，可以使用"比例（S）"选项，使每一个视图有单独的比例。

⑧ 窗口（W）

窗口（W）是最常使用的选项。通过确定一个矩形窗口的两个对角来指定所需缩放的区域，对角点可以由鼠标指定，也可以输入坐标确定。指定窗口的中心点将成为新的显示屏幕的中心点。窗口中的区域将被放大或者缩小。调用 ZOOM 命令时，可以在没有选择任何选项的情况下，利用鼠标在绘图窗口中直接指定缩放窗口的两个对角点。

⑨ 对象（O）

缩放以便尽可能大地显示一个或多个选定的对象并使其位于视图的中心。可以在启动 ZOOM 命令前后选择对象。

Note

**注意**：这里所提到的诸如放大、缩小或移动的操作，仅仅是对图形在屏幕上的显示进行控制，图形本身并没有任何改变。

### 2. 图形平移

当图形幅面大于当前视口时，例如使用图形缩放命令将图形放大，如果需要在当前视口之外观察或绘制一个特定区域时，可以使用图形平移命令来实现。平移命令能将在当前视口以外的图形的一部分移动进来以进行查看或编辑，但不会改变图形的缩放比例。执行图形平移的方法如下。

执行方式

- ☑ 命令行：PAN。
- ☑ 菜单栏："视图"→"平移"。
- ☑ 工具栏："标准"→"实时平移" ✋。
- ☑ 快捷菜单："绘图"→"平移"。

激活"平移"命令之后，光标形状将变成一只"小手"，可以在绘图窗口中任意移动，以示当前正处于平移模式。单击并按住鼠标左键将光标锁定在当前位置，即"小手"已经抓住图形，然后，拖动图形使其移动到所需位置上。释放鼠标左键将停止平移图形。可以反复进行上述操作，将图形平移到其他位置上。

平移命令预先定义了一些不同的菜单选项与按钮，它们可用于在特定方向上平移图形，在激活平移命令后，这些选项可以从 "视图"→"平移"→"*"菜单命令中调用。

（1）实时：是平移命令中最常用的选项，也是默认选项，前面提到的平移操作都是指实时平移，通过鼠标的拖动来实现任意方向上的平移。

（2）点：这个选项要求确定位移量，这就需要确定图形移动的方向和距离。可以通过输入点的坐标或用鼠标指定点的坐标来确定位移。

（3）左：该选项移动图形使屏幕左部的图形进入显示窗口。

（4）右：该选项移动图形使屏幕右部的图形进入显示窗口。

（5）上：该选项向底部平移图形后，使屏幕顶部的图形进入显示窗口。

（6）下：该选项向顶部平移图形后，使屏幕底部的图形进入显示窗口。

# 2.8　实践与练习

通过前面的学习，读者对本章知识也有了大体的了解，本节将通过几个操作练习使读者进一步掌握本章知识要点。

## 【实践 1】管理图形文件

### 1. 目的要求

图形文件管理包括文件的新建、打开、保存、退出等。本实践要求读者熟练掌握.dwg 文件的赋名保存、自动保存及打开方法。

### 2. 操作提示

（1）启动 AutoCAD 2012，进入操作界面。

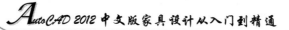

（2）打开一幅已经保存过的图形。

（3）打开图层特性管理器，设置图层。

（4）进行自动保存设置。

（5）尝试在图形上绘制任意图线。

（6）将图形以新的名称保存。

（7）退出该图形。

 【实践 2】显示图形文件

1．目的要求

图形文件显示包括各种形式的放大、缩小和平移等操作。本实践要求读者熟练掌握.dwg 文件的灵活显示方法。

2．操作提示

（1）选择菜单栏中的"文件"→"打开"命令，打开"选择文件"对话框。

（2）打开一个图形文件。

（3）对其进行实时缩放、局部放大等显示操作。

# 第3章

## 二维绘图命令

　　二维图形是指在二维平面空间绘制的图形，主要由一些图形元素组成，如点、直线、圆弧、圆、椭圆、矩形、多边形、多段线、样条曲线、多线等几何元素。AutoCAD 2012 提供了大量的绘图工具，可以帮助用户完成二维图形的绘制。

☑　直线类　　　　　　　　　☑　多段线

☑　圆类图形　　　　　　　　☑　样条曲线

☑　平面图形　　　　　　　　☑　多线

☑　点

## 任务驱动&项目案例

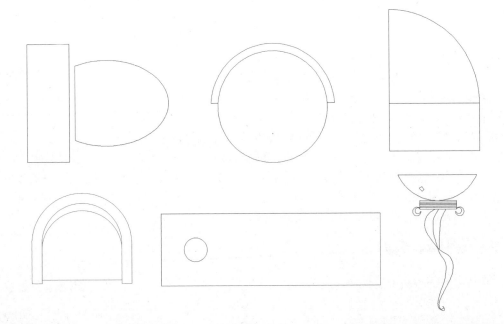

# 3.1 直 线 类

直线类命令主要包括"直线"和"构造线"命令。这两个命令是 AutoCAD 2012 中最简单的绘图命令。

## 3.1.1 绘制线段

不论多么复杂的图形，都是由点、直线、圆弧等按不同的粗细、间隔、颜色组合而成的。其中直线是 AutoCAD 绘图中最简单最基本的一种图形单元，连续的直线可以组成折线，直线与圆弧的组合又可以组成多段线。直线在机械制图中常用于表达物体棱边或平面的投影，在建筑制图中则常用于建筑平面投影。在这里暂时不关注直线段的颜色、粗细、间隔等属性，先简单讲述一下怎样开始绘制一条基本的直线段。

1. 执行方式

☑ 命令行：LINE 或 L。

☑ 菜单栏："绘图"→"直线"。

☑ 工具栏："绘图"→"直线" 。

2. 操作步骤

> 命令：LINE
> 指定第一点：(输入直线段的起点，用鼠标指定点或者给定点的坐标)
> 指定下一点或 [放弃(U)]：(输入直线段的端点，也可以用鼠标指定一定角度后，直接输入直线段的长度)
> 指定下一点或 [放弃(U)]：(输入下一直线段的端点。输入选项 U 表示放弃前面的输入；右击或按 Enter 键，结束命令)
> 指定下一点或 [闭合(C)/放弃(U)]：(输入下一直线段的端点，或输入选项 C 使图形闭合，结束命令)

3. 选项说明

（1）若按 Enter 键响应"指定第一点"的提示，则系统会把上次绘线（或弧）的终点作为本次操作的起始点。特别指出的是，若上次操作为绘制圆弧，按 Enter 键响应后，将绘出通过圆弧终点的与该圆弧相切的直线段，该线段的长度由鼠标在屏幕上指定的一点与切点之间线段的长度确定。

（2）在"指定下一点"的提示下，用户可以指定多个端点，从而绘出多条直线段。但是，每条直线段都是一个独立的对象，可以进行单独的编辑操作。

（3）绘制两条以上的直线段后，若用选项"C"响应"指定下一点"的提示，系统会自动连接起始点和最后一个端点，从而绘出封闭的图形。

（4）若用选项"U"响应提示，则会擦除最近一次绘制的直线段。

（5）若设置正交方式（单击状态栏上的"正交"按钮），则只能绘制水平直线段或垂直直线段。

（6）若设置动态数据输入方式（单击状态栏上的 DYN 按钮），则可以动态输入坐标或长度值。下面的命令同样可以设置动态数据输入方式，效果与非动态数据输入方式类似。除特别需要外（以后不再强调），一般只按非动态数据输入方式输入相关数据。

## 3.1.2 绘制构造线

构造线就是无穷长度的直线，用于模拟手工作图中的辅助作图线。构造线用特殊的线型显示，在图形输出时可不作输出。应用构造线作为辅助线绘制机械图中的三视图是构造线最主要的用途，构造线的应用保证了三视图之间"主、俯视图长对正，主、左视图高平齐，俯、左视图宽相等"的对应关系。

**1. 执行方式**

☑ 命令行：XLINE 或 XL。

☑ 菜单栏："绘图" → "构造线"。

☑ 工具栏："绘图" → "构造线" ↗。

**2. 操作步骤**

> 命令：XLINE
> 指定点或 [水平(H)/垂直(V)/角度(A)/二等分(B)/偏移(O)]：（给出点）
> 指定通过点：（给定通过点2，画一条双向的无限长直线）
> 指定通过点：（继续给点，继续画线，按 Enter 键，结束命令）

**3. 选项说明**

（1）执行选项中有"指定点"、"水平"、"垂直"、"角度"、"二等分"和"偏移"6种方式绘制构造线。

（2）这种线可以模拟手工绘图中的辅助绘图线，用特殊的线型显示，在绘图输出时，可不作输出。常用于辅助绘图。

## 3.1.3 实例——方桌

本实例通过对图层的设置来限定线宽，再利用直线命令绘制连续线段，从而绘制出方桌，绘制流程如图 3-1 所示。

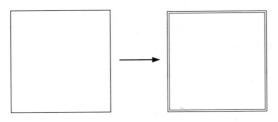

图 3-1 绘制方桌

操作步骤：（光盘\动画演示\第3章\方桌.avi）

（1）创建新图层并命名。单击"图层"工具栏中的"图层特性管理器"按钮 ，弹出"图层特性管理器"对话框如图 3-2 所示。单击"新建"命令，名为"图层1"的新图层就建好了。

（2）重新命名该图层，双击"图层1"3个字所在位置，输入"1"，这样，新的图层就被命名为"1"了。建立新图层，并命名为"2"。

（3）设置图层颜色属性。双击1图层的颜色属性"■白色"，弹出如图 3-3 所示的选择颜色对话框。单击其中的黄色，然后单击"确定"按钮，可以看到在图 3-1 所示的"图层特性管理器"对话框中，1图层的颜色变为黄色。2图层设为绿色。

（4）设置线型属性。在图 3-2 所示的"图层特性管理器"对话框中单击1图层的线型属性Continuous，弹出如图 3-4 所示的"选择线型"对话框。

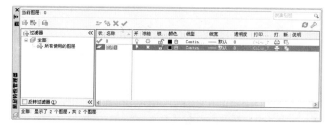

图 3-2 "图层特性管理器"对话框

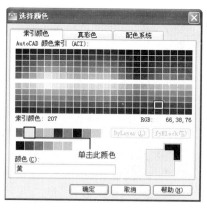

图 3-3 "选择颜色"对话框

图 3-4 "选择线型"对话框

如果要加载一个叫做 CENTER 的线型，单击"加载"按钮，用户可以在该界面下加载需要的线型，本例中的线型均为 Continuous。弹出"加载或重载线型"对话框，如图 3-5 所示，找到线型 CENTER，单击"确定"按钮。该对话框即会加载 CENTER 线型，如图 3-6 所示。

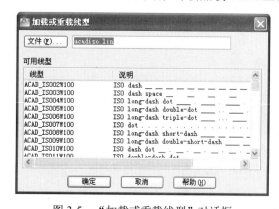

图 3-5 "加载或重载线型"对话框

图 3-6 加载 CENTER 线型

（5）设定线宽属性。单击 1 图层线宽属性"—默认"，弹出如图 3-7 所示的线宽属性对话框。选择 0.30 mm 的线宽，单击"确定"按钮，则粗实线图层的线宽设定为 0.30mm，其颜色为黄色。

图 3-7　线宽属性对话框

（6）设定其他图层。在本例中，一共建立两个图层，其属性如下：

① 1 图层，颜色为黄色，线宽为 0.3mm，其余属性默认；

② 2 图层，颜色为绿色，其余选项默认。

结果如图 3-8 所示，其属性下拉菜单如图 3-9 所示。

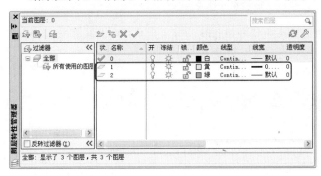

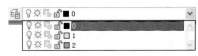

图 3-8　新建图层及其属性　　　　　　　　　　图 3-9　图层属性下拉菜单

（7）将当前图层设为 1 图层，单击"绘图"工具栏中的"直线"按钮，绘制连续线段。命令行提示如下：

```
命令：_line 指定第一点：0,0
指定下一点或 [放弃(U)]：@1200,0
指定下一点或 [放弃(U)]：@0,1200
指定下一点或 [闭合(C)/放弃(U)]：@-1200,0
指定下一点或 [闭合(C)/放弃(U)]：c
```

打开"线宽显示"，线宽显示在绘图界面的下方，单击使其处于按下的状态，如图 3-10 所示，绘制结果如图 3-11 所示。

单击此按钮

图 3-10　线宽显示

图 3-11　绘制连续线段

（8）单击"绘图"工具栏中的"直线"按钮 ，绘制餐桌外轮廓，命令行提示如下：

```
命令：_line 指定第一点：20,20
指定下一点或 [放弃(U)]：@1160,0
指定下一点或 [放弃(U)]：@0,1160
指定下一点或 [闭合(C)/放弃(U)]：@-1160,0
指定下一点或 [闭合(C)/放弃(U)]：c
```

绘制结果如图 3-12 所示。

图 3-12　简易餐桌

（9）单击快速访问工具栏中的"保存"按钮 ，保存图形，命令行提示如下：

```
命令：SAVEAS　（将绘制完成的图形以"方桌.dwg"为文件名保存在指定的路径中）
```

 注意：一般每个命令有 3 种执行方式，这里只给出了命令行执行方式，其他两种执行方式的操作方法与命令行执行方式相同。

# 3.2　圆　类　图　形

圆类命令主要包括"圆"、"圆弧"、"椭圆"、"椭圆弧"以及"圆环"等命令，这几个命令是 AutoCAD 2012 中最简单的圆类命令。

## 3.2.1　绘制圆

圆是最简单的封闭曲线，也是绘制工程图形时经常用的图形单元。

1. 执行方式

☑　命令行：CIRCLE 或 C。

☑　菜单栏："绘图"→"圆"。

☑　工具栏："绘图"→"圆" 。

2. 操作步骤

```
命令：CIRCLE
指定圆的圆心或 [三点(3P)/两点(2P)/切点、切点、半径(T)]：（指定圆心）
指定圆的半径或 [直径(D)]：（直接输入半径数值或用鼠标指定半径长度）
指定圆的直径 <默认值>：（输入直径数值或用鼠标指定直径长度）
```

3. 选项说明

（1）三点（3P）

用指定圆周上三点的方法画圆。

（2）两点（2P）

按指定直径的两端点的方法画圆。

（3）切点、切点、半径（T）

按先指定两个相切对象，后给出半径的方法画圆。

"绘图"→"圆"菜单中多了一种"相切、相切、相切"方法，当选择此方式时，命令行提示如下：

```
指定圆上的第一个点：_tan 到：（指定相切的第一个圆弧）
指定圆上的第二个点：_tan 到：（指定相切的第二个圆弧）
指定圆上的第三个点：_tan 到：（指定相切的第三个圆弧）
```

## 3.2.2　实例——擦背床

本实例利用直线命令绘制矩形轮廓，再用圆命令绘制圆，最后绘制成擦背床，绘制流程如图 3-13 所示。

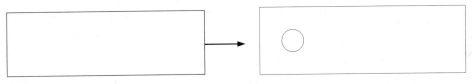

图 3-13　绘制擦背床

操作步骤：（光盘\动画演示\第 3 章\擦背床.avi）

（1）单击"绘图"工具栏中的"直线"按钮，取适当尺寸，绘制矩形外轮廓，如图 3-14 所示。

（2）单击"绘图"工具栏中的"圆"按钮，绘制圆，命令行提示如下：

```
命令：_circle
指定圆的圆心或 [三点(3P)/两点(2P)/切点、切点、半径(T)]：（适当位置指定一点）
指定圆的半径或 [直径(D)]：（用鼠标适当指定一点）
```

绘制结果如图 3-15 所示。

图 3-14　绘制外轮廓

图 3-15　擦背床

（3）单击快速访问工具栏中的"保存"按钮，保存图形，命令行提示如下：

```
命令：SAVEAS　（将绘制完成的图形以"擦背床.dwg"为文件名保存在指定的路径中）
```

## 3.2.3　绘制圆弧

圆弧是圆的一部分。在工程造型中，圆弧的使用比圆更普遍。我们通常强调的"流线形"造型或圆润的造型实际上就是圆弧造型。

### 1.　执行方式

☑　命令行：ARC 或 A。

☑　菜单栏："绘图"→"圆弧"。

☑　工具栏："绘图"→"圆弧"。

**2. 操作步骤**

命令：ARC
指定圆弧的起点或 [圆心(C)]：(指定起点)
指定圆弧的第二点或 [圆心(C)/端点(E)]：(指定第二点)
指定圆弧的端点：(指定端点)

**3. 选项说明**

（1）用命令行方式画圆弧时，可以根据系统提示选择不同的选项，具体功能和用"绘制"菜单中的"圆弧"子菜单提供的 11 种方式的功能相似。

（2）需要强调的是"继续"方式，绘制的圆弧与上一线段或圆弧相切，继续画圆弧段，因此提供端点即可。

## 3.2.4  实例——吧凳

本实例利用圆命令绘制座板，再利用直线与圆弧命令绘制出靠背，绘制流程如图 3-16 所示。

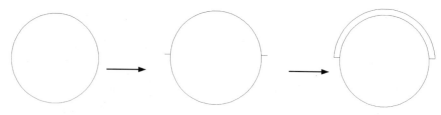

图 3-16  绘制吧凳

操作步骤：（光盘\动画演示\第 3 章\吧凳.avi）

（1）单击"绘图"工具栏中的"圆"按钮 ⊙，绘制一个适当大小的圆，如图 3-17 所示。

（2）激活状态栏上的"对象捕捉"按钮 ▢ 和"对象捕捉追踪"按钮 ∠ 以及"正交"按钮 ⌐。单击"绘图"工具栏中的"直线"按钮 ╱，命令行提示如下：

命令：LINE
指定第一点：(用鼠标在刚才绘制的圆弧上左上方捕捉一点)
指定下一点或 [放弃(U)]：(水平向左适当指定一点)
指定下一点或 [放弃(U)]：
命令：LINE
指定第一点：(将鼠标捕捉到刚绘制的直线右端点，向右拖动鼠标，拉出一条水平追踪线，如图 3-18
所示，捕捉追踪线与右边圆弧的交点)
指定下一点或 [放弃(U)]：(水平向右适当指定一点，使线段的长度与刚绘制的线段长度大概相等)
指定下一点或 [放弃(U)]：

绘制结果如图 3-19 所示。

图 3-17  绘制圆

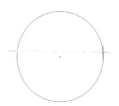

图 3-18  捕捉追踪

（3）单击"绘图"工具栏中的"圆弧"按钮，命令行提示如下：

```
命令：_arc
指定圆弧的起点或 [圆心(C)]：（指定右边线段的右端点）
指定圆弧的第二个点或 [圆心(C)/端点(E)]：e
指定圆弧的端点：（指定左边线段的左端点）
指定圆弧的圆心或 [角度(A)/方向(D)/半径(R)]：（捕捉圆心）
```

绘制结果如图 3-20 所示。

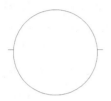

图 3-19　绘制线段

图 3-20　吧凳

## 3.2.5　绘制圆环

1. 执行方式

☑ 命令行：DONUT 或 DO。

☑ 菜单栏："绘图"→"圆环"。

2. 操作步骤

```
命令：DONUT
指定圆环的内径 <默认值>：（指定圆环内径）
指定圆环的外径 <默认值>：（指定圆环外径）
指定圆环的中心点或 <退出>：（指定圆环的中心点）
指定圆环的中心点或 <退出>：（继续指定圆环的中心点，则继续绘制具有相同内外径的圆环。按 Enter
键或空格键或右键单击，结束命令）
```

3. 选项说明

（1）若指定内径为 0，则画出实心填充圆。

（2）用 FILL 命令可以控制是否填充圆环。

```
命令：FILL
输入模式 [开(ON)/关(OFF)] <开>：（选择 ON 表示填充，选择 OFF 表示不填充）
```

## 3.2.6　绘制椭圆与椭圆弧

椭圆也是一种典型的封闭曲线图形（圆在某种意义上可以看成是椭圆的特例）。椭圆在工程图形中的应用不多，只在某些特殊造型，比如室内设计单元中的浴盆、桌子等造型或机械造型中的杆状结构的截面形状等图形中才会出现。

1. 执行方式

☑ 命令行：ELLIPSE。

☑ 菜单栏："绘图"→"椭圆"→"圆弧"。

☑ 工具栏："绘图"→"椭圆"或"绘图"→"椭圆弧"。

**2. 操作步骤**

```
命令：ELLIPSE
指定椭圆的轴端点或 [圆弧(A)/中心点(C)]：
指定轴的另一个端点：
指定另一条半轴长度或 [旋转(R)]：
```

**3. 选项说明**

（1）指定椭圆的轴端点

根据两个端点，定义椭圆的第一条轴。第一条轴的角度确定了整个椭圆的角度。第一条轴既可定义为椭圆的长轴也可定义为椭圆的短轴。

（2）旋转（R）

通过绕第一条轴旋转圆来创建椭圆。相当于将一个圆绕椭圆轴翻转一个角度后的投影视图。

（3）中心点（C）

通过指定的中心点创建椭圆。

（4）圆弧（A）

该选项用于创建一段椭圆弧。与单击"绘图"工具栏中的"椭圆弧"按钮功能相同。其中第一条轴的角度确定了椭圆弧的角度。第一条轴既可定义为椭圆弧长轴也可定义为椭圆弧短轴。选择该项，系统继续提示：

```
指定椭圆弧的轴端点或 [中心点(C)]：（指定端点或输入 C）
指定轴的另一个端点：（指定另一端点）
指定另一条半轴长度或 [旋转(R)]：（指定另一条半轴长度或输入 R）
指定起始角度或 [参数(P)]：（指定起始角度或输入 P）
指定终止角度或 [参数(P)/包含角度(I)]：
```

其中各选项含义如下。

☑ 角度：指定椭圆弧端点的两种方式之一，光标与椭圆中心点连线的夹角为椭圆弧端点位置的角度。

☑ 参数（P）：指定椭圆弧端点的另一种方式，该方式同样是指定椭圆弧端点的角度，通过以下矢量参数方程式创建椭圆弧：

$$p(u)=c+a* \cos(u)+b* \sin(u)$$

其中 c 是椭圆的中心点，a 和 b 分别是椭圆的长轴和短轴，u 为光标与椭圆中心点连线的夹角。

☑ 包含角度（I）：定义从起始角度开始的包含角度。

# 3.2.7　实例——马桶

本实例主要介绍椭圆弧绘制方法的具体应用。首先利用椭圆弧命令绘制马桶外沿，然后利用直线命令绘制马桶后沿和水箱，绘制流程如图 3-21 所示。

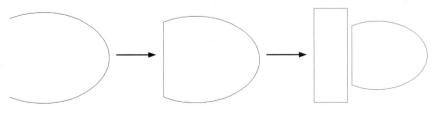

图 3-21　绘制马桶

操作步骤：（光盘\动画演示\第 3 章\马桶.avi）

（1）单击"绘图"工具栏中的"椭圆弧"按钮，绘制马桶外沿，命令行提示如下：

```
命令：_ellipse
指定椭圆的轴端点或 [圆弧(A)/中心点(C)]：_a
指定椭圆弧的轴端点或 [中心点(C)]：c
指定椭圆弧的中心点：(指定一点)
指定轴的端点：(适当指定一点)
指定另一条半轴长度或 [旋转(R)]：(适当指定一点)
指定起点角度或 [参数(P)]：(指定下面适当位置一点)
指定端点角度或 [参数(P)/包含角度(I)]：(指定正上方适当位置一点)
```

绘制结果如图 3-22 所示。

（2）单击"绘图"工具栏中的"直线"按钮，连接椭圆弧两个端点，绘制马桶后沿。结果如图 3-23 所示。

（3）单击"绘图"工具栏中的"直线"按钮，取适当的尺寸，在左边绘制一个矩形框作为水箱。最终结果如图 3-24 所示。

　　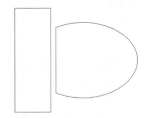

图 3-22　绘制马桶外沿　　　　图 3-23　绘制马桶后沿　　　　图 3-24　绘制水箱

注意：本例中指定起点角度和端点角度的点时不要将两个点的顺序指定反了，因为系统默认的旋转方向是逆时针，如果指定反了，得出的结果可能和预期的刚好相反。

# 3.3　平面图形

简单的平面图形命令包括"矩形"命令和"正多边形"命令。

## 3.3.1　绘制矩形

矩形是最简单的封闭直线图形。在机械制图中常用来表达平行投影平面的面。在建筑制图中常用来表达墙体平面。

### 1. 执行方式

☑　命令行：RECTANG 或 REC。

☑　菜单栏："绘图"→"矩形"。

☑　工具栏："绘图"→"矩形"。

### 2. 操作步骤

```
命令：RECTANG
```

指定第一个角点或 [倒角(C)/标高(E)/圆角(F)/厚度(T)/宽度(W)]:
指定另一个角点或 [面积(A)/尺寸(D)/旋转(R)]:

3. 选项说明

（1）第一个角点

通过指定两个角点来确定矩形，如图 3-25（a）所示。

（2）倒角（C）

指定倒角距离，绘制带倒角的矩形（见图 3-25（b）），每一个角点的逆时针和顺时针方向的倒角可以相同，也可以不同，其中第一个倒角距离是指角点逆时针方向的倒角距离，第二个倒角距离是指角点顺时针方向的倒角距离。

（3）标高（E）

指定矩形标高（Z 坐标），即把矩形画在标高为 Z，且与 XOY 坐标面平行的平面上，并作为后续矩形的标高值。

（4）圆角（F）

指定圆角半径，绘制带圆角的矩形，如图 3-25（c）所示。

（5）厚度（T）

指定矩形的厚度，如图 3-25（d）所示。

（6）宽度（W）

指定线宽，如图 3-25（e）所示。

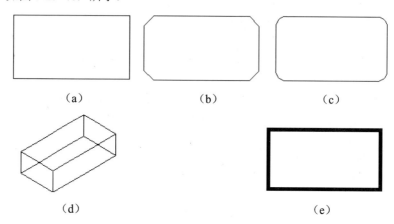

(a)  (b)  (c)

(d)  (e)

图 3-25  绘制矩形

（7）尺寸（D）

使用长和宽创建矩形。第二个指定点将矩形定位在以第一角点为中心的 4 个位置之一处。

（8）面积（A）

通过指定面积和长或宽来创建矩形。选择该项，命令行提示如下：

输入以当前单位计算的矩形面积 <20.0000>:（输入面积值）
计算矩形标注时依据 [长度(L)/宽度(W)] <长度>:（按 Enter 键或输入 W）
输入矩形长度 <4.0000>:（指定长度或宽度）

指定长度或宽度后，系统自动计算出另一个维度后绘制出矩形。如果矩形被倒角或圆角，则在长度或宽度计算中，会考虑此设置，如图 3-26 所示。

（9）旋转（R）

旋转所绘制矩形的角度。选择该项，命令行提示如下：

指定旋转角度或 [拾取点(P)] <135>：（指定角度）
指定另一个角点或 [面积(A)/尺寸(D)/旋转(R)]：（指定另一个角点或选择其他选项）

指定旋转角度后，系统按指定旋转角度创建矩形，如图 3-27 所示。

图 3-26　按面积绘制矩形

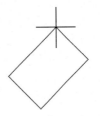

图 3-27　按指定旋转角度创建矩形

## 3.3.2　实例——边桌

本实例主要介绍矩形绘制方法的具体应用。首先利用矩形命令绘制矩形，然后利用圆弧和直线命令完成绘制，绘制流程如图 3-28 所示。

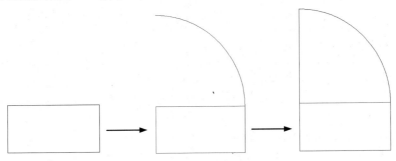

图 3-28　边桌绘制流程

操作步骤：（光盘\动画演示\第 3 章\边桌.avi）

（1）单击"绘图"工具栏中的"矩形"按钮□，绘制初步轮廓线，命令行提示如下：

```
命令：_rectang
指定第一个角点或 [倒角(C)/标高(E)/圆角(F)/厚度(T)/宽度(W)]：（适当指定一点）
指定另一个角点或 [面积(A)/尺寸(D)/旋转(R)]：（适当指定一点）
```

结果如图 3-29 所示。

（2）单击"绘图"工具栏中的"圆弧"按钮，绘制边轮廓线，命令行提示如下：

```
命令：_arc
指定圆弧的起点或 [圆心(C)]：c
指定圆弧的圆心：（捕捉矩形左上角点）
指定圆弧的起点：（捕捉矩形右上角点）
指定圆弧的端点或 [角度(A)/弦长(L)]：a
指定包含角：90
```

结果如图 3-30 所示。

（3）单击"绘图"工具栏中的"直线"按钮，连接圆弧端点和矩形左上角点，完成绘制。结果如图 3-31 所示。

图 3-29  绘制矩形

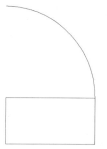
图 3-30  绘制圆弧

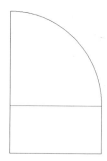
图 3-31  绘制直线

### 3.3.3　绘制正多边形

正多边形是相对复杂的一种平面图形，人类曾经为找到准确的手工绘制正多边形的方法而长期不断求索。伟大的数学家高斯因发现正十七边形的绘制方法而享誉终身，以致他的墓碑被设计成正十七边形。现在利用 AutoCAD 可以轻松地绘制任意边的正多边形。

1. 执行方式

☑　命令行：POLYGON 或 POL。

☑　菜单栏："绘图"→"正多边形"。

☑　工具栏："绘图"→"正多边形"⬠。

2. 操作步骤

> 命令：POLYGON
> 输入侧面数 <4>：（指定多边形的边数，默认值为 4）
> 指定正多边形的中心点或 [边(E)]：（指定中心点）
> 输入选项 [内接于圆(I)/外切于圆(C)] <I>：（指定是内接于圆或外切于圆，I 表示内接于圆，如图 3-32(a)所示，C 表示外切于圆，如图 3-32(b)所示）
> 指定圆的半径：（指定外接圆或内切圆的半径）

3. 选项说明

如果选择"边"选项，则只要指定多边形的一条边，系统就会按逆时针方向创建该正多边形，如图 3-32（c）所示。

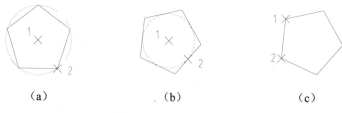

（a）　　　　　　　　　（b）　　　　　　　　　（c）

图 3-32　绘制正多边形

### 3.3.4　实例——八角凳

本实例主要利用正多边形命令绘制八角凳的内轮廓和外轮廓，绘制流程如图 3-33 所示。

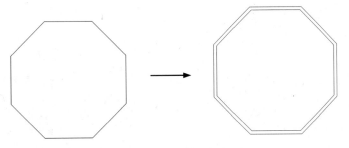

图 3-33　绘制八角凳

操作步骤：（光盘\动画演示\第 3 章\八角凳.avi）

（1）单击"绘图"工具栏中的"正多边形"按钮 ⬠，绘制外轮廓线，命令行提示如下：

> 命令：polygon
> 输入侧面数 <8>：8
> 指定正多边形的中心点或 [边(E)]：0,0
> 输入选项 [内接于圆(I)/外切于圆(C)] <I>：c
> 指定圆的半径：100

绘制结果如图 3-34 所示。

（2）同样方法绘制另一个正多边形，中心点在（0,0）的正八边形，其内切圆半径为 95。绘制结果如图 3-35 所示。

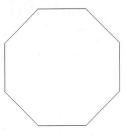

图 3-34　绘制轮廓线图

图 3-35　八角凳

# 3.4　点

点在 AutoCAD 2012 中有多种不同的表示方式，用户可以根据需要进行设置，也可以设置等分点和测量点。

## 3.4.1　绘制点

通常认为，点是最简单的图形单元。在工程图形中，点通常用来标定某个特殊的坐标位置，或者作为某个绘制步骤的起点和基础。为了使点更明显，AutoCAD 为点设置了各种样式，用户可以根据需要来选择。

### 1. 执行方式

☑　命令行：POINT 或 PO。

☑ 菜单栏："绘图"→"点"。

☑ 工具栏："绘图"→"点"  。

2. 操作步骤

命令：POINT
当前点模式：PDMODE=0  PDSIZE=0.0000
指定点：（指定点所在的位置）

3. 选项说明

（1）通过菜单进行操作时（见图 3-36），"单点"命令表示只输入一个点，"多点"命令表示可输入多个点。

（2）可以单击状态栏中的"对象捕捉"开关按钮，设置点的捕捉模式，帮助用户拾取点。

（3）点在图形中的表示样式，共有 20 种。可通过 DDPTYPE 命令或选择菜单栏中"格式"→"点样式"命令，打开"点样式"对话框来设置点样式，如图 3-37 所示。

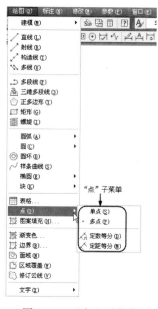

图 3-36  "点"子菜单

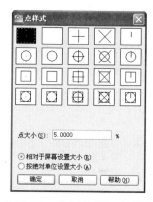

图 3-37  "点样式"对话框

### 3.4.2  绘制等分点

有时需要把某个线段或曲线按一定的份数等分。这一点在手工绘图中很难实现，但在 AutoCAD 中，可以通过相关命令轻松完成。

1. 执行方式

☑ 命令行：DIVIDE 或 DIV。

☑ 菜单栏："绘图"→"点"→"定数等分"。

2. 操作步骤

命令：DIVIDE
选择要定数等分的对象：（选择要等分的实体）
输入线段数目或 [块(B)]：（指定实体的等分数）

**3. 选项说明**

（1）等分数范围为 2～32767。

（2）在等分点处，按当前的点样式设置画出等分点。

（3）在第二行提示选择"块（B）"选项时，表示在等分点处插入指定的块（BLOCK）。

## 3.4.3　绘制测量点

和定数等分类似，有时需要把某个线段或曲线按给定的长度为单元进行等分。在 AutoCAD 中，可以通过相关命令来完成。

**1. 执行方式**

☑　命令行：MEASURE 或 ME。

☑　菜单栏："绘图"→"点"→"定距等分"。

**2. 操作步骤**

> 命令：MEASURE
> 选择要定距等分的对象：（选择要设置测量点的实体）
> 指定线段长度或 [块(B)]：（指定分段长度）

**3. 选项说明**

（1）设置的起点一般是指指定线段的绘制起点。

（2）在第二行提示选择"块（B）"选项时，表示在测量点处插入指定的块，后续操作与上节中等分点的绘制类似。

（3）在测量点处，按当前的点样式设置画出测量点。

（4）最后一个测量段的长度不一定等于指定分段的长度。

## 3.4.4　实例——地毯

本实例主要是执行"矩形"命令绘制轮廓后再利用"点"命令绘制装饰，绘制流程如图 3-38 所示。

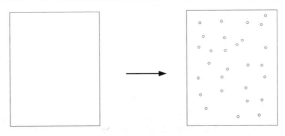

图 3-38　绘制地毯

操作步骤：（光盘\动画演示\第 3 章\地毯.avi）

（1）选择菜单栏中的"格式"→"点样式"命令，在弹出的"点样式"对话框中选择"O"样式。

（2）绘制轮廓线

① 单击"绘图"工具栏中的"矩形"按钮 □，绘制地毯外轮廓线，命令行提示如下：

> 命令：rectang
> 指定第一个角点或 [倒角(C)/标高(E)/圆角(F)/厚度(T)/宽度(W)]：100,100
> 指定另一个角点或 [面积(A)/尺寸(D)/旋转(R)]：@800,1000

绘制结果如图 3-39 所示。

② 单击"绘图"工具栏中的"点"按钮 ，绘制地毯内装饰点，命令行提示如下：

```
命令：point
当前点模式：PDMODE=33  PDSIZE=20.0000
指定点：（在屏幕上单击）
```

绘制结果如图 3-40 所示。

图 3-39　地毯外轮廓线

图 3-40　地毯内装饰点

# 3.5　多　段　线

多段线是一种由线段和圆弧组合而成的、不同线宽的多线，这种线由于其组合形式的多样和线宽的不同，弥补了直线或圆弧功能的不足，适合绘制各种复杂的图形轮廓，因而得到了广泛的应用。

## 3.5.1　绘制多段线

### 1. 执行方式

☑　命令行：PLINE 或 PL。

☑　菜单栏："绘图" → "多段线"。

☑　工具栏："绘图" → "多段线" 。

### 2. 操作步骤

```
命令：PLINE
指定起点：（指定多段线的起点）
当前线宽为 0.0000
指定下一个点或 [圆弧(A)/半宽(H)/长度(L)/放弃(U)/宽度(W)]：（指定多段线的下一点）
```

### 3. 选项说明

多段线主要由不同长度的连续的线段或圆弧组成，如果在上述提示中选"圆弧"命令，则命令行提示如下：

```
[角度(A)/圆心(CE)/方向(D)/半宽(H)/直线(L)/半径(R)/第二个点(S)/放弃(U)/宽度(W)]：
```

## 3.5.2　编辑多段线

### 1. 执行方式

☑　命令行：PEDIT 或 PE。

☑ 菜单栏："修改"→"对象"→"多段线"。

☑ 工具栏："修改Ⅱ"→"编辑多段线" 。

☑ 快捷菜单：选择要编辑的多段线，在绘图区右击，从弹出的快捷菜单中选择"多段线编辑"命令。

2. 操作步骤

命令：PEDIT
选择多段线或 [多条(M)]：（选择一条要编辑的多段线）
输入选项 [闭合(C)/合并(J)/宽度(W)/编辑顶点(E)/拟合(F)/样条曲线(S)/非曲线化(D)/线型生成(L)/反转(R)/放弃(U)]：

3. 选项说明

（1）合并（J）

以选中的多段线为主体，合并其他直线段、圆弧或多段线，使其成为一条多段线。能合并的条件是各段线的端点首尾相连，如图3-41所示。

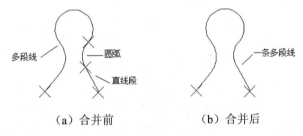

（a）合并前　　　　　（b）合并后

图3-41　合并多段线

（2）宽度（W）

修改整条多段线的线宽，使其具有同一线宽，如图3-42所示。

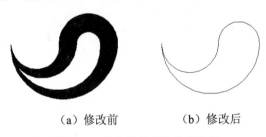

（a）修改前　　　　　（b）修改后

图3-42　修改整条多段线的线宽

（3）编辑顶点（E）

选择该项后，在多段线起点处出现一个斜的十字叉"×"，它为当前顶点的标记，并在命令行出现进行后续操作的提示：

[下一个(N)/上一个(P)/打断(B)/插入(I)/移动(M)/重生成(R)/拉直(S)/切向(T)/宽度(W)/退出(X)] <N>：

这些选项允许用户进行移动、插入顶点和修改任意两点间的线的线宽等操作。

（4）拟合（F）

从指定的多段线生成由光滑圆弧连接而成的圆弧拟合曲线，该曲线经过多段线的各顶点，如图3-43所示。

(a) 修改前　　　　　　　　　(b) 修改后

图 3-43　生成圆弧拟合曲线

（5）样条曲线（S）

以指定多段线的各顶点作为控制点生成 B 样条曲线，如图 3-44 所示。

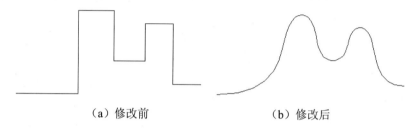

(a) 修改前　　　　　　　　　(b) 修改后

图 3-44　生成 B 样条曲线

（6）非曲线化（D）

用直线代替指定的多段线中的圆弧。对于选择"拟合（F）"选项或"样条曲线（S）"选项后生成的圆弧拟合曲线或样条曲线，删去其生成曲线时新插入的顶点，恢复成由直线段组成的多段线。

（7）线型生成（L）

当多段线的线型为点划线时，控制多段线的线型生成方式开关。选择此项，命令行提示如下：

输入多段线线型生成选项 [开(ON)/关(OFF)] <关>：

选择 ON 时，将在每个顶点处允许以短划开始或结束生成线型，如图 3-45（a）所示；选择 OFF 时，将在每个顶点处允许以长划开始或结束生成线型，如图 3-45（b）所示。"线型生成"不能用于包含带变宽的线段的多段线。

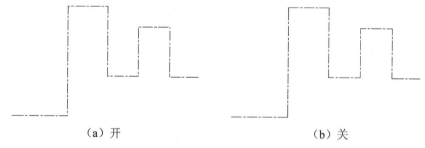

(a) 开　　　　　　　　　(b) 关

图 3-45　控制多段线的线型（线型为点划线时）

## 3.5.3　实例——圈椅

本实例主要介绍多段线绘制和多段线编辑方法的具体应用。首先利用多段线绘制命令绘制圈椅外圈，然后利用"圆弧"命令绘制内圈，再利用"多段线编辑"命令将所绘制线条合并，最后利用"圆弧"和"直线"命令绘制椅垫，绘制流程如图 3-46 所示。

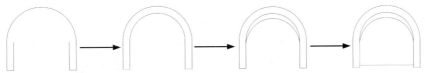

图 3-46　圈椅绘制流程

操作步骤：(光盘\动画演示\第 3 章\圈椅.avi)

(1) 单击"绘图"工具栏中的"多段线"按钮，绘制外部轮廓，命令行提示如下：

```
命令: _pline
指定起点: (适当指定一点)
当前线宽为 0.0000
指定下一点或 [圆弧(A)/半宽(H)/长度(L)/放弃(U)/宽度(W)]: @0,-600
指定下一点或 [圆弧(A)/闭合(C)/半宽(H)/长度(L)/放弃(U)/宽度(W)]: @150,0
指定下一点或 [圆弧(A)/闭合(C)/半宽(H)/长度(L)/放弃(U)/宽度(W)]: 0,600
指定下一点或 [圆弧(A)/闭合(C)/半宽(H)/长度(L)/放弃(U)/宽度(W)]: u(放弃,表示上步操
作出错)
指定下一点或 [圆弧(A)/闭合(C)/半宽(H)/长度(L)/放弃(U)/宽度(W)]: @0,600
指定下一点或 [圆弧(A)/闭合(C)/半宽(H)/长度(L)/放弃(U)/宽度(W)]: a
指定圆弧的端点或[角度(A)/圆心(CE)/闭合(CL)/方向(D)/半宽(H)/直线(L)/半径(R)/第二个
点(S)/放弃(U)/宽度(W)]: r
指定圆弧的半径: 750
指定圆弧的端点或 [角度(A)]: a
指定包含角: 180
指定圆弧的弦方向 <90>: 180
指定圆弧的端点或[角度(A)/圆心(CE)/闭合(CL)/方向(D)/半宽(H)/直线(L)/半径(R)/第二个
点(S)/放弃(U)/宽度(W)]: l
指定下一点或 [圆弧(A)/闭合(C)/半宽(H)/长度(L)/放弃(U)/宽度(W)]: @0,-600
指定下一点或 [圆弧(A)/闭合(C)/半宽(H)/长度(L)/放弃(U)/宽度(W)]: @150,0
指定下一点或 [圆弧(A)/闭合(C)/半宽(H)/长度(L)/放弃(U)/宽度(W)]: @0,600
指定下一点或 [圆弧(A)/闭合(C)/半宽(H)/长度(L)/放弃(U)/宽度(W)]:
```

绘制结果如图 3-47 所示。

(2) 打开状态栏上的"对象捕捉"按钮，单击"绘图"工具栏中的"圆弧"按钮，绘制内圈，命令行提示如下：

```
命令: _arc
指定圆弧的起点或 [圆心(C)]: (捕捉右边竖线上端点)
指定圆弧的第二个点或 [圆心(C)/端点(E)]: e
指定圆弧的端点: (捕捉左边竖线上端点)
指定圆弧的圆心或 [角度(A)/方向(D)/半径(R)]: d
指定圆弧的起点切向: 90
```

绘制结果如图 3-48 所示。

图 3-47　绘制外部轮廓

图 3-48　绘制内圈

（3）选择菜单栏中的"修改"→"对象"→"多段线"命令，命令行提示如下：

```
命令: _pedit
选择多段线或 [多条(M)]:（选择刚绘制的多段线）
输入选项 [闭合(C)/合并(J)/宽度(W)/编辑顶点(E)/拟合(F)/样条曲线(S)/非曲线化(D)/线型
生成(L)/反转(R)/放弃(U)]: j
选择对象:（选择刚绘制的圆弧）
选择对象:
多段线已增加 1 条线段
输入选项 [打开(O)/合并(J)/宽度(W)/编辑顶点(E)/拟合(F)/样条曲线(S)/非曲线化(D)/线型
生成(L)/反转(R)/放弃(U)]:
```

系统将圆弧和原来的多段线合并成一个新的多段线，选择该多段线，可以看出所有线条都被选中，说明已经合并为一体了，如图 3-49 所示。

（4）打开状态栏上的"对象捕捉"按钮 ，单击"绘图"工具栏中的"圆弧"按钮 ，绘制椅垫，命令行提示如下：

```
命令: _arc
指定圆弧的起点或 [圆心(C)]:（捕捉多段线左边竖线上适当一点）
指定圆弧的第二个点或 [圆心(C)/端点(E)]:（向右上方适当指定一点）
指定圆弧的端点:（捕捉多段线右边竖线上适当一点，与左边点位置大约平齐）
```

绘制结果如图 3-50 所示。

（5）单击"绘图"工具栏中的"直线"按钮 ，捕捉适当的点为端点，绘制一条水平线，最终结果如图 3-51 所示。

图 3-49　合并多段线

图 3-50　绘制椅垫

图 3-51　绘制直线

# 3.6　样条曲线

AutoCAD 2012 使用一种称为非一致有理 B 样条（NURBS）曲线的特殊样条曲线类型。NURBS 曲线在控制点之间产生一条光滑的样条曲线，如图 3-52 所示。样条曲线可用于创建形状不规则的曲线，例如，在地理信息系统（GIS）应用或为汽车设计绘制轮廓线。

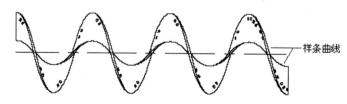

图 3-52　样条曲线

## 3.6.1　绘制样条曲线

### 1. 执行方式

☑　命令行：SPLINE。

☑　菜单栏："绘图"→"样条曲线"。

☑　工具栏："绘图"→"样条曲线" 。

### 2. 操作步骤

命令：SPLINE
指定第一个点或 [对象(O)]：（指定一点或选择"对象(O)"选项）
指定下一点：（指定一点）
指定下一个点或 [闭合(C)/拟合公差(F)] <起点切向>：

### 3. 选项说明

（1）对象（O）

将二维或三维的二次或三次样条曲线的拟合多段线转换为等价的样条曲线，然后（根据 DelOBJ 系统变量的设置）删除该拟合多段线。

（2）闭合（C）

将最后一点定义为与第一点一致，并使它在连接处与样条曲线相切，这样可以闭合样条曲线。选择该项后，命令行提示如下：

指定切向：（指定点或按 ENTER 键）

用户可以指定一点来定义切向矢量，或者通过使用"切点"和"垂足"对象捕捉模式使样条曲线与现有对象相切或垂直。

（3）拟合公差（F）

修改当前样条曲线的拟合公差。根据新的拟合公差，以现有点重新定义样条曲线。拟合公差表示样条曲线拟合时所指定的拟合点集的拟合精度。拟合公差越小，样条曲线与拟合点越接近。公差为 0 时，样条曲线将通过该点。拟合公差大于 0 时，将使样条曲线在指定的公差范围内通过拟合点。在绘制样条曲线时，可以通过改变样条曲线的拟合公差查看效果。

（4）<起点切向>

定义样条曲线的第一点和最后一点的切向。

如果在样条曲线的两端都指定切向，可以通过输入一个点或者使用"切点"和"垂足"对象捕捉模式使样条曲线与已有的对象相切或垂直。如果按 Enter 键，AutoCAD 2012 将计算默认切向。

## 3.6.2　编辑样条曲线

### 1. 执行方式

☑　命令行：SPLINEDIT。

☑　菜单栏："修改"→"对象"→"样条曲线"。

☑　快捷菜单："编辑样条曲线"。

☑　工具栏："修改 II"→"编辑样条曲线" 。

### 2. 操作步骤

命令：SPLINEDIT
选择样条曲线：（选择要编辑的样条曲线。若选择的样条曲线是用 SPLINE 命令创建的，其近似点以夹

点的颜色显示出来；若选择的样条曲线是用 PLINE 命令创建的，其控制点以夹点的颜色显示出来）

输入选项[闭合(C)/合并(J)/拟合数据(F)/编辑顶点(E)/转换为多段线(P)/反转(R)/放弃(U)/退出(X)] <退出>:

3. 选项说明

（1）拟合数据（F）

编辑近似数据。选择该项后，创建样条曲线时指定的各点将以小方格的形式显示出来。

（2）编辑顶点（E）

编辑样条曲线上的当前点。

（3）转换为多段线（P）

将样条曲线转换为多段线。

精度值决定生成的多段线与样条曲线的接近程度。有效值为 0～99 之间的任意整数。

（4）反转（R）

反转样条曲线的方向。

## 3.6.3 实例——壁灯

本实例主要介绍样条曲线的具体应用。首先利用"直线"命令绘制底座，然后利用"多段线"命令绘制灯罩，最后利用"样条曲线"命令绘制装饰物，绘制流程如图 3-53 所示。

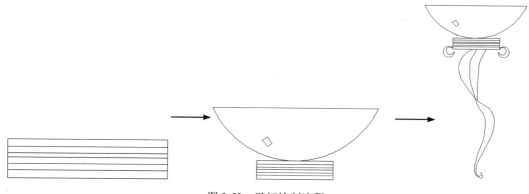

图 3-53 壁灯绘制流程

操作步骤：（光盘\动画演示\第 3 章\壁灯.avi）

（1）单击"绘图"工具栏中的"矩形"按钮□，在适当位置绘制一个 220mm×50mm 的矩形。

（2）单击"绘图"工具栏中的"直线"按钮✏，在矩形中绘制 5 条水平直线。结果如图 3-54 所示。

图 3-54 绘制底座

（3）单击"绘图"工具栏中的"多段线"按钮⌐⊃，绘制灯罩，命令行提示如下：

```
命令: _pline
指定起点:（在矩形上方适当位置）
```

当前线宽为 0.0000

　　指定下一个点或 [圆弧(A)/半宽(H)/长度(L)/放弃(U)/宽度(W)]: a

　　指定圆弧的端点或[角度(A)/圆心(CE)/方向(D)/半宽(H)/直线(L)/半径(R)/第二个点(S)/放弃(U)/宽度(W)]: s

　　指定圆弧上的第二个点:（捕捉矩形上边线中点）

　　指定圆弧的端点:

　　指定圆弧的端点或

　　[角度(A)/圆心(CE)/闭合(CL)/方向(D)/半宽(H)/直线(L)/半径(R)/第二个点(S)/放弃(U)/宽度(W)]: l

　　指定下一点或 [圆弧(A)/闭合(C)/半宽(H)/长度(L)/放弃(U)/宽度(W)]:（捕捉圆弧起点）

重复"多段线"命令，在灯罩上绘制一个不规则四边形，如图 3-55 所示。

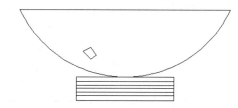

图 3-55　绘制灯罩上的不规则四边形

（4）单击"绘图"工具栏中的"样条曲线"按钮，绘制装饰物，如图 3-56 所示。命令行提示如下：

　　命令: _spline

　　当前设置: 方式=拟合　　节点=弦

　　指定第一个点或 [方式(M)/节点(K)/对象(O)]:

　　输入下一个点或 [起点切向(T)/公差(L)]:

　　输入下一个点或 [端点相切(T)/公差(L)/放弃(U)]:

　　输入下一个点或 [端点相切(T)/公差(L)/放弃(U)/闭合(C)]:

　　输入下一个点或 [端点相切(T)/公差(L)/放弃(U)/闭合(C)]:

　　输入下一个点或 [端点相切(T)/公差(L)/放弃(U)/闭合(C)]:

　　Enter

　　命令: SPLINE

　　当前设置: 方式=拟合　　节点=弦

　　指定第一个点或 [方式(M)/节点(K)/对象(O)]:

　　输入下一个点或 [起点切向(T)/公差(L)]:

　　输入下一个点或 [端点相切(T)/公差(L)/放弃(U)]:

　　输入下一个点或 [端点相切(T)/公差(L)/放弃(U)/闭合(C)]:

　　输入下一个点或 [端点相切(T)/公差(L)/放弃(U)/闭合(C)]:

　　输入下一个点或 [端点相切(T)/公差(L)/放弃(U)/闭合(C)]:

　　输入下一个点或 [端点相切(T)/公差(L)/放弃(U)/闭合(C)]:

　　Enter

　　命令: _spline

　　当前设置: 方式=拟合　　节点=弦

　　指定第一个点或 [方式(M)/节点(K)/对象(O)]:

　　输入下一个点或 [起点切向(T)/公差(L)]:

　　输入下一个点或 [端点相切(T)/公差(L)/放弃(U)]:

　　输入下一个点或 [端点相切(T)/公差(L)/放弃(U)/闭合(C)]:

输入下一个点或 [端点相切(T)/公差(L)/放弃(U)/闭合(C)]:
Enter

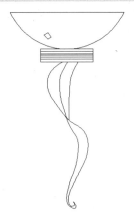

图 3-56　绘制装饰物

（5）单击"绘图"工具栏中的"多段线"按钮，在矩形的两侧绘制月亮装饰，如图 3-53 所示。

# 3.7　多　　线

多线是一种复合线，由连续的直线段复合组成。多线的一个突出优点是能够提高绘图效率，保证图线之间的统一性。

## 3.7.1　绘制多线

多线应用的一个最主要的场合是建筑墙线的绘制，在后面的学习中会通过相应的实例帮助读者慢慢体会。

1．执行方式

☑　命令行：MLINE。

☑　菜单栏："绘图"→"多线"。

2．操作步骤

命令：MLINE
当前设置：对正 = 上，比例 = 20.00，样式 = STANDARD
指定起点或 [对正(J)/比例(S)/样式(ST)]:（指定起点）
指定下一点:（给定下一点）
指定下一点或 [放弃(U)]:（继续给定下一点，绘制线段。输入"ǔ"，则放弃前一段的绘制；右击或按 Enter 键，结束命令）
指定下一点或 [闭合(C)/放弃(U)]:（继续给定下一点，绘制线段。输入"C"，则闭合线段，结束命令）

3．选项说明

（1）对正（J）
该项用于给定绘制多线的基准。共有 3 种对正类型"上（T）"、"无（Z）"和"下（B）"。其中，

"上（T）"表示以多线上侧的线为基准，以此类推。

（2）比例（S）

选择该项，要求用户设置平行线的间距。输入值为 0 时，平行线重合；值为负时，多线的排列倒置。

（3）样式（ST）

该项用于设置当前使用的多线样式。

## 3.7.2 定义多线样式

**1．执行方式**

命令行：MLSTYLE。

**2．操作步骤**

执行该命令后，弹出如图 3-57 所示的"多线样式"对话框。在该对话框中可以对多线样式进行定义、保存和加载等操作。

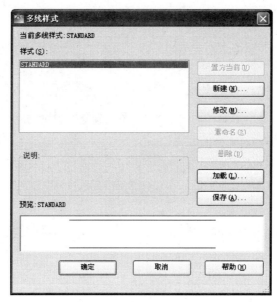

图 3-57 "多线样式"对话框

## 3.7.3 编辑多线

**1．执行方式**

☑ 命令行：MLEDIT。

☑ 菜单栏："修改"→"对象"→"多线"。

**2．操作步骤**

执行该命令后，弹出"多线编辑工具"对话框，如图 3-58 所示。

利用该对话框，可以创建或修改多线的模式。对话框中分 4 列显示了示例图形。其中，第一列管理十字交叉形式的多线，第二列管理 T 形多线，第三列管理拐角接合点和节点形式的多线，第四列管理多线被剪切或连接的形式。

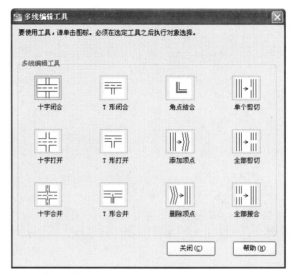

图 3-58 "多线编辑工具"对话框

单击选择某个示例图形，然后单击"关闭"按钮，就可以调用该项编辑功能。

## 3.7.4 实例——墙体

本例利用构造线与偏移命令绘制辅助线，再利用多线命令绘制墙线，最后编辑多线得到所需图形，绘制流程如图 3-59 所示。

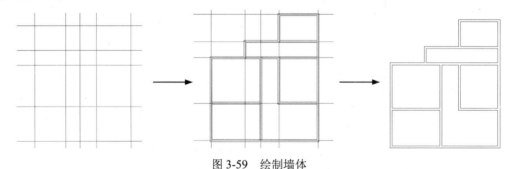

图 3-59 绘制墙体

操作步骤：（光盘\动画演示\第 3 章\墙体.avi）

（1）单击"绘图"工具栏中的"构造线"按钮，绘制出一条水平构造线和一条竖直构造线，组成"十"字形辅助线，如图 3-60 所示。

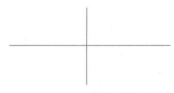

图 3-60 "十"字形辅助线

（2）单击"修改"工具栏中的"偏移"按钮，将水平构造线依次向上偏移 5100、1800 和 3000，偏移得到的水平构造线如图 3-61 所示。重复"偏移"命令，将垂直构造线依次向右偏移 3900、1800、

2100 和 4500，结果如图 3-62 所示。

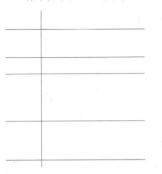

图 3-61 水平构造线

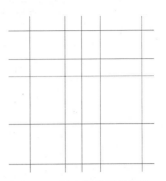

图 3-62 居室的辅助线网格

（3）选择菜单栏中的"格式"→"多线样式"命令，系统打开"多线样式"对话框，在该对话框中单击"新建"按钮，系统打开"创建新的多线样式"对话框，在该对话框的"新样式名"文本框中输入"墙体线"，单击"继续"按钮。

（4）系统弹出"新建多线样式：墙体线"对话框，进行如图 3-63 所示的设置。

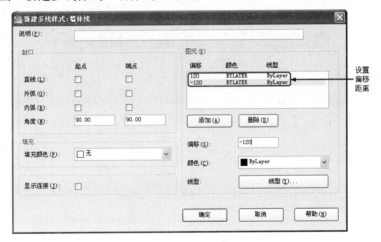

图 3-63 设置多线样式

（5）选择菜单栏中的"绘图"→"多线"命令，绘制多线墙体，命令行提示如下：

```
命令：MLINE
当前设置：对正 = 上，比例 = 20.00，样式 = 墙体线
指定起点或 [对正(J)/比例(S)/样式(ST)]：S
输入多线比例 <20.00>：1
当前设置：对正 = 上，比例 = 1.00，样式 =墙体线
指定起点或 [对正(J)/比例(S)/样式(ST)]：J
输入对正类型 [上(T)/无(Z)/下(B)] <上>：Z
当前设置：对正 = 无，比例 = 1.00，样式 =墙体线
指定起点或 [对正(J)/比例(S)/样式(ST)]：（在绘制的辅助线交点上指定一点）
指定下一点：（在绘制的辅助线交点上指定下一点）
指定下一点或 [放弃(U)]：（在绘制的辅助线交点上指定下一点）
指定下一点或 [闭合(C)/放弃(U)]：（在绘制的辅助线交点上指定下一点）
指定下一点或 [闭合(C)/放弃(U)]：C
```

根据辅助线网格，用相同方法绘制多线，绘制结果如图 3-64 所示。

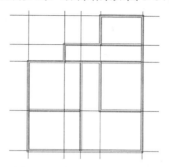

图 3-64  全部多线绘制结果

（6）编辑多线。选择菜单栏中的"修改"→"对象"→"多线"命令，系统弹出"多线编辑工具"对话框，如图 3-65 所示。选择"T 形合并"选项，单击"关闭"按钮后，命令行提示如下：

命令：MLEDIT
选择第一条多线：（选择多线）
选择第二条多线：（选择多线）
选择第一条多线或 [放弃(U)]：

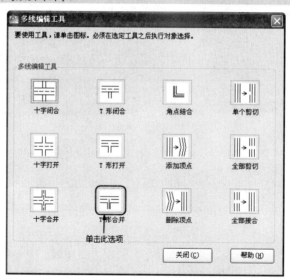

图 3-65  "多线编辑工具"对话框

重复编辑多线命令继续进行多线编辑，最终结果如图 3-66 所示。

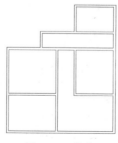

图 3-66  墙体

*Note*

## 3.8　实践与练习

通过前面的学习，读者对本章知识也有了大体的了解，本节通过几个操作练习使读者进一步掌握本章知识要点。

**【实践 1】绘制如图 3-67 所示的圆桌。**

**1．目的要求**

本例图形涉及的命令主要是"圆"命令。通过本实践帮助读者灵活掌握圆的绘制方法。

**2．操作提示**

（1）利用"圆"命令绘制外沿。
（2）利用"圆"命令结合对象捕捉功能绘制同心内沿。

**【实践 2】绘制如图 3-68 所示的椅子。**

**1．目的要求**

本例图形涉及的命令主要是"直线"和"圆弧"。通过本实践帮助读者灵活掌握直线和圆弧的绘制方法。

**2．操作提示**

（1）利用"直线"命令绘制基本形状。
（2）利用"圆弧"命令结合对象捕捉功能绘制一些圆弧造型。

图 3-67　圆桌

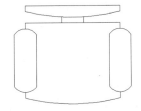

图 3-68　椅子

**【实践 3】绘制如图 3-69 所示的盥洗盆。**

**1．目的要求**

本例图形涉及的命令主要是"矩形"、"直线"、"圆"、"椭圆"和"椭圆弧"。通过本实践帮助读者灵活掌握各种基本绘图命令的操作方法。

**2．操作提示**

（1）利用"直线"命令绘制水龙头图形。
（2）利用"圆"命令绘制两个水龙头旋钮。

（3）利用"椭圆"命令绘制盥洗盆外缘。
（4）利用"椭圆弧"命令绘制盥洗盆内缘。
（5）利用"圆弧"命令完成盥洗盆绘制。

## 【实践4】绘制如图3-70所示的雨伞。

### 1. 目的要求

本例图形涉及的命令主要是"圆弧"、"样条曲线"和"多段线"。通过本实践帮助读者灵活掌握"样条曲线"和"多段线"命令的操作方法。

### 2. 操作提示

（1）利用"圆弧"命令绘制伞的外框。
（2）利用"样条曲线"命令绘制伞的底边。
（3）利用"圆弧"命令绘制伞面辐条。
（4）利用"多段线"命令绘制伞把。

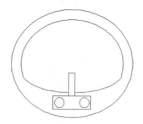

图 3-69　盥洗盆

图 3-70　雨伞

# 第 **4** 章

## 二维编辑命令

　　二维图形的编辑操作配合绘图命令使用可以进一步完成复杂图形对象的绘制工作，并可使用户合理安排和组织图形，保证绘图准确，减少重复，因此，对编辑命令的熟练掌握和使用有助于提高设计和绘图的效率。本章主要内容包括选择对象命令、复制类命令、改变位置类命令、删除及恢复类命令、改变几何特性命令和对象编辑等。

- ☑ 选择对象
- ☑ 删除及恢复类命令
- ☑ 复制类命令
- ☑ 改变位置类命令

- ☑ 改变几何特性类命令
- ☑ 对象编辑
- ☑ 图案填充

## 任务驱动&项目案例

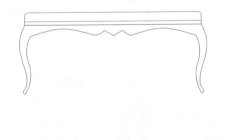

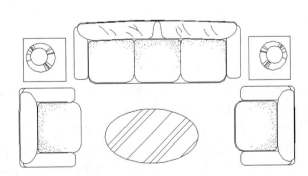

# 4.1 选 择 对 象

选择对象是进行编辑的前提。AutoCAD 提供了多种对象选择方法,如点取方法、用选择窗口选择对象、用选择线选择对象、用对话框选择对象等。

AutoCAD 可以把选择的多个对象组成整体,如选择集和对象组,进行整体编辑与修改。

AutoCAD 提供两种执行效果相同的途径编辑图形:

(1)先执行编辑命令,然后选择要编辑的对象。

(2)先选择要编辑的对象,然后执行编辑命令。

## 4.1.1 构造选择集

选择集可以仅由一个图形对象构成,也可以是一个复杂的对象组,如位于某一特定层上的具有某种特定颜色的一组对象。选择集的构造可以在调用编辑命令之前或之后进行。

AutoCAD 提供以下几种方法来构造选择集:

(1)先选择一个编辑命令,然后选择对象,按 Enter 键,结束操作。

(2)使用 SELECT 命令。在命令提示行输入 SELECT,然后根据选择的选项,出现选择对象提示,按 Enter 键,结束操作。

(3)用点取设备选择对象,然后调用编辑命令。

(4)定义对象组。

无论使用哪种方法,AutoCAD 2012 都将提示用户选择对象,并且光标的形状由十字光标变为拾取框。下面结合 SELECT 命令说明选择对象的方法。

SELECT 命令可以单独使用,也可以在执行其他编辑命令时被自动调用,此时命令行提示如下:

选择对象:

等待用户以某种方式选择对象作为回答。AutoCAD 2012 提供多种选择方式,可以输入"?"查看这些选择方式。选择选项后,命令行提示如下:

需要点或窗口(W)/上一个(L)/窗交(C)/框(BOX)/全部(ALL)/栏选(F)/圈围(WP)/圈交(CP)/编组(G)/添加(A)/删除(R)/多个(M)/前一个(P)/放弃(U)/自动(AU)/单个(SI)/子对象(SU)/对象(O)

各选项的含义如下。

(1)点

该选项表示直接通过点取的方式选择对象。用鼠标或键盘移动拾取框,使其框住要选取的对象并单击,就会选中该对象并以高亮度显示。

(2)窗口(W)

用由两个对角顶点确定的矩形窗口选取位于其范围内部的所有图形,与边界相交的对象不会被选中。在指定对角顶点,时应该按照从左向右的顺序,如图 4-1 所示。

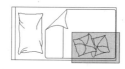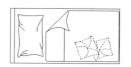

(a)图中深色覆盖部分为选择窗口　　　　　　(b)选择后的图形

图 4-1 "窗口"对象选择方式

（3）上一个（L）

在"选择对象："提示下输入 L 后，按 Enter 键，系统会自动选取最后绘出的一个对象。

（4）窗交（C）

该方式与上述"窗口"方式类似，区别在于它不但选中矩形窗口内部的对象，也选中与矩形窗口边界相交的对象，选择的对象如图 4-2 所示。

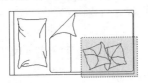
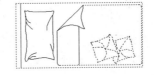

（a）图中深色覆盖部分为选择窗口 （b）选择后的图形

图 4-2 "窗交"对象选择方式

（5）框（BOX）

使用时，系统根据用户在屏幕上给出的两个对角点的位置而自动引用"窗口"或"窗交"方式。若从左向右指定对角点，则为"窗口"方式；反之，则为"窗交"方式。

（6）全部（ALL）

选取图面上的所有对象。

（7）栏选（F）

用户临时绘制一些直线，这些直线不必构成封闭图形，凡是与这些直线相交的对象均被选中。绘制结果如图 4-3 所示。

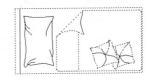

（a）图中虚线为选择栏 （b）选择后的图形

图 4-3 "栏选"对象选择方式

（8）圈围（WP）

使用一个不规则的多边形来选择对象。根据提示，用户顺次输入构成多边形的所有顶点的坐标，最后，按 Enter 键，作出空回答结束操作，系统将自动连接第一个顶点到最后一个顶点的各个顶点，形成封闭的多边形。凡是被多边形围住的对象均被选中（不包括边界）。执行结果如图 4-4 所示。

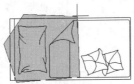
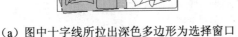
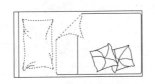

（a）图中十字线所拉出深色多边形为选择窗口 （b）选择后的图形

图 4-4 "圈围"对象选择方式

（9）圈交（CP）

类似于"圈围"方式，在"选择对象："提示后输入 CP，后续操作与"圈围"方式相同。二者区别在于采用该方式时与多边形边界相交的对象也将被选中。

（10）编组（G）

使用预先定义的对象组作为选择集。事先将若干个对象组成对象组，用组名引用。

（11）添加（A）

添加下一个对象到选择集。也可用于从移走模式（REMOVE）向选择模式切换。

（12）删除（R）

按住 Shift 键选择对象，可以从当前选择集中移走该对象。对象由高亮显示状态变为正常显示状态。

（13）多个（M）

指定多个点，正常显示对象。这种方法可以加快在复杂图形上选择对象的过程。若两个对象交叉，两次指定交叉点，则可以选中这两个对象。

（14）上一个（P）

用关键字 P 回应"选择对象："的提示，则把上次编辑命令中的最后一次构造的选择集或最后一次使用 SELECT 或 DDSELECT 命令预置的选择集作为当前选择集。这种方法适用于对同一选择集进行多种编辑操作的情况。

（15）放弃（U）

用于取消加入选择集的对象。

（16）自动（AU）

选择结果视用户在屏幕上的选择操作而定。如果选中单个对象，则该对象为自动选择的结果；如果选择点落在对象内部或外部的空白处，命令行会提示如下：

　　指定对角点：

此时，系统会采取一种窗口的选择方式。对象被选中后，变为虚线形式，并高亮显示。

📢 注意：若矩形框从左向右定义，即第一个选择的对角点为左侧的对角点，矩形框内部的对象被选中，框外部的及与矩形框边界相交的对象不会被选中。若矩形框从右向左定义，矩形框内部及与矩形框边界相交的对象都会被选中。

（17）单个（SI）

选择指定的第一个对象或对象集，而不继续提示进行下一步的选择。

## 4.1.2　快速选择

绘图过程中，有时需要选择具有某些共同属性的对象来构造选择集，如选择具有相同颜色、线型或线宽的对象，当然可以使用前面介绍的方法来选择这些对象，但如果要选择的对象数量较多且分布在较复杂的图形中，将会产生很大的工作量。AutoCAD 2012 提供了 QSELECT 命令来解决这个问题。调用 QSELECT 命令后，打开"快速选择"对话框，利用该对话框可以根据用户指定的过滤标准快速创建选择集。"快速选择"对话框如图 4-5 所示。

1．执行方式

☑　命令行：QSELECT。

☑　菜单栏："工具"→"快速选择"。

☑　快捷菜单："快速选择"（如图 4-6 所示）或"特性"

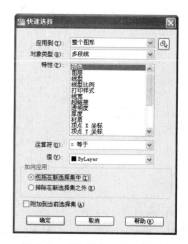

图 4-5　"快速选择"对话框

选项板→快速选择 （见图 4-7）。

图 4-6　快捷菜单　　　　　　　　　　　图 4-7　"特性"选项板

**2. 操作步骤**

执行上述命令后，系统弹出"快速选择"对话框。在该对话框中，可以选择符合条件的对象或对象组。

## 4.1.3　构造对象组

对象组与选择集并没有本质的区别，当我们把若干个对象定义为选择集并想让它们在以后的操作中始终作为一个整体时，为了简捷，可以给这个选择集命名并保存起来，这个命名了的对象选择集就是对象组，它的名字称为组名。

如果对象组可以被选择（位于锁定层上的对象组不能被选择），那么可以通过它的组名引用该对象组，并且一旦组中任何一个对象被选中，那么组中的全部对象成员都被选中。

**1. 执行方式**

☑　命令行：GROUP。

**2. 操作步骤**

执行上述命令后，系统打开"对象编组"对话框。利用该对话框可以查看或修改存在的对象组的属性，也可以创建新的对象组。

# 4.2　删除及恢复类命令

这一类命令主要用于删除图形的某部分或对已被删除的部分进行恢复，包括"删除"、"回退"、"重做"、"清除"等命令。

*Note*

### 4.2.1 删除命令

如果所绘制的图形不符合要求或错绘了图形，则可以使用删除命令 ERASE 把它删除。

1. 执行方式

☑ 命令行：ERASE。

☑ 菜单栏："修改"→"删除"。

☑ 快捷菜单："删除"。

☑ 工具栏："修改"→"删除" 🖉。

2. 操作步骤

可以先选择对象，然后调用删除命令；也可以先调用删除命令，然后再选择对象。选择对象时，可以使用前面介绍的各种对象选择的方法。

当选择多个对象时，多个对象都被删除；若选择的对象属于某个对象组，则该对象组的所有对象都被删除。

### 4.2.2 恢复命令

若误删了图形，则可以使用恢复命令 OOPS 恢复误删除的对象。

1. 执行方式

☑ 命令行：OOPS 或 U。

☑ 工具栏："标准"→"回退" ↩。

☑ 快捷键：Ctrl+Z。

2. 操作步骤

在命令行提示中输入 OOPS，按 Enter 键。

### 4.2.3 清除命令

此命令与删除命令的功能完全相同，可通过快捷键 Del 执行该命令。

# 4.3 复制类命令

本节将详细介绍 AutoCAD 2012 的复制类命令。利用这些复制类命令，可以方便地编辑绘制图形。

### 4.3.1 复制命令

1. 执行方式

☑ 命令行：COPY 或 CO。

☑ 菜单栏："修改"→"复制"。

☑ 工具栏："修改"→"复制" ⬚。

☑ 快捷菜单："复制选择"。

**2. 操作步骤**

> 命令：COPY
> 选择对象：（选择要复制的对象）

用前面介绍的对象选择方法选择一个或多个对象，按 Enter 键，结束选择操作。系统继续提示：

> 当前设置：复制模式=多个
> 指定基点或 [位移(D)/模式(O)] <位移>：

**3. 选项说明**

（1）指定基点

指定一个坐标点后，AutoCAD 2012 把该点作为复制对象的基点，并提示如下：

> 指定第二个点或 [阵列(A)] <使用第一个点作为位移>：

指定第二个点后，系统将根据这两点确定的位移矢量把选择的对象复制到第二点处。如果此时直接按 Enter 键，即选择默认的"用第一点作位移"，则第一个点被当作相对于 X、Y、Z 的位移。例如，如果指定基点为（2,3）并在下一个提示下按 Enter 键，则该对象从它当前的位置开始，在 X 方向上移动 2 个单位，在 Y 方向上移动 3 个单位。复制完成后，命令行提示如下：

> 指定第二个点或 [阵列(A)/退出(E)/放弃(U)] <退出>：

这时，可以不断指定新的第二点，从而实现多重复制。

（2）位移

直接输入位移值，表示以选择对象时的拾取点为基准，以拾取点坐标为移动方向，纵横比移动指定位移后所确定的点为基点。例如，选择对象时的拾取点坐标为（2,3），输入位移为 5，则表示以（2,3）点为基准，沿纵横比为 3∶2 的方向移动 5 个单位所确定的点为基点。

（3）模式

控制是否自动重复该命令。确定复制模式是单个还是多个。

## 4.3.2 实例——洗手盆

本例利用"矩形"、"椭圆"、"圆"和"直线"命令绘制初步图形，再利用"圆"命令绘制一个旋钮，最后利用"复制"命令复制旋钮，绘制流程图如图 4-8 所示。

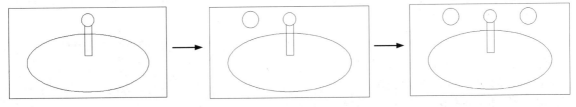

图 4-8 绘制洗手盆

**操作步骤：**（光盘\动画演示\第 4 章\洗手盆.avi）

（1）利用"矩形"命令和"椭圆"命令绘制初步图形，使椭圆圆心大约在矩形中线上，如图 4-9 所示。

（2）利用"圆"命令和"直线"命令配合对象捕捉功能绘制出水口，使其位置大约处于矩形中线上，如图 4-10 所示。

（3）单击"绘图"工具栏中的"圆"按钮 ，以对象追踪功能捕捉圆心与刚绘制的出水口圆的圆心在一条直线上，以适当尺寸绘制左边旋钮，如图 4-11 所示。

（4）单击"修改"工具栏中的"复制"按钮，复制绘制的所有圆，命令行提示如下：

```
命令：_copy
选择对象：（选择刚绘制的圆）
选择对象：
当前设置：复制模式 = 多个
指定基点或 [位移(D)/模式(O)] <位移>：（捕捉圆心）
指定第二个点或 [阵列(A)] <使用第一个点作为位移>：（水平向右大约位置指定一点）
指定第二个点或 [阵列(A)/退出(E)/放弃(U)] <退出>：
```

绘制结果如图 4-12 所示。

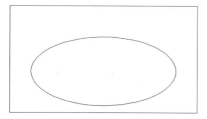

图 4-9　绘制初步图形

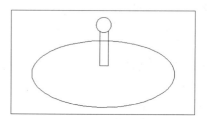

图 4-10　绘制出水口

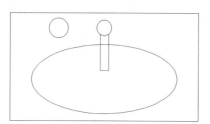

图 4-11　绘制旋钮

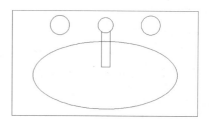

图 4-12　复制旋钮

## 4.3.3　镜像命令

镜像对象是指把选择的对象以一条镜像线为对称轴进行镜像后的对象。镜像操作完成后，可以保留原对象也可以将其删除。

### 1. 执行方式

☑　命令行：MIRROR 或 MI。

☑　菜单栏："修改" → "镜像"。

☑　工具栏："修改" → "镜像" ⚊。

### 2. 操作步骤

```
命令：MIRROR
选择对象：（选择要镜像的对象）
指定镜像线的第一点：（指定镜像线的第一个点）
指定镜像线的第二点：（指定镜像线的第二个点）
要删除源对象？[是(Y)/否(N)] <N>：（确定是否删除原对象）
```

这两点确定一条镜像线，被选择的对象以该线为对称轴进行镜像。包含该线的镜像平面与用户坐标系的 XY 平面垂直，即镜像操作工作在与用户坐标系的 XY 平面平行的平面上。

## 4.3.4　实例——办公椅

首先绘制椅背曲线，然后绘制扶手和边沿，最后通过镜像命令将左侧的图形进行镜像。绘制流程如图 4-13 所示。

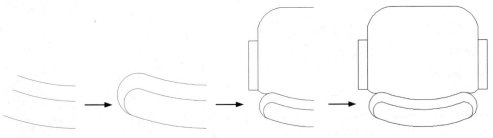

图 4-13　绘制办公椅

**操作步骤：**（光盘\动画演示\第 4 章\办公椅.avi）

（1）利用"圆弧"命令绘制 3 条圆弧，采用"三点圆弧"的绘制方式，使 3 条圆弧形状相似，右端点大约在一条竖直线上，如图 4-14 所示。

（2）利用"圆弧"命令绘制两条圆弧，采用"起点/端点/圆心"的绘制方式，起点和端点均捕捉为刚绘制圆弧的左端点，圆心适当选取，使造型尽量光滑过渡，如图 4-15 所示。

图 4-14　绘制圆弧　　　　　　　　　　　　　　图 4-15　绘制圆弧角

（3）利用"矩形"、"圆弧"、"直线"等命令绘制扶手和外沿轮廓，如图 4-16 所示。

（4）单击"修改"工具栏中的"镜像"按钮，命令行提示如下：

```
命令：MIRROR
选择对象：（选取绘制的所有图形）
选择对象：
指定镜像线的第一点：（捕捉最右边的点）
指定镜像线的第二点：（竖直向上指定一点）
要删除源对象吗？ [是(Y)/否(N)] <N>：
```

绘制结果如图 4-17 所示。

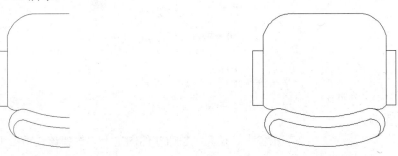

图 4-16　绘制扶手和外沿　　　　　　　　　　　图 4-17　镜像图形

### 4.3.5 偏移命令

偏移对象是指保持选择的对象的形状、在不同的位置以不同的尺寸大小新建的一个对象。

1. 执行方式

☑ 命令行：OFFSET 或 O。

☑ 菜单栏："修改" → "偏移"。

☑ 工具栏："修改" → "偏移" 。

2. 操作步骤

```
命令：OFFSET
当前设置：删除源=否  图层=源  OFFSETGAPTYPE=0
指定偏移距离或 [通过(T)/删除(E)/图层(L)] <通过>：（指定距离值）
选择要偏移的对象，或 [退出(E)/放弃(U)] <退出>：（选择要偏移的对象。按Enter键，会结束操作）
指定要偏移的那一侧上的点，或 [退出(E)/多个(M)/放弃(U)] <退出>：（指定偏移方向）
```

3. 选项说明

（1）指定偏移距离

输入一个距离值，或按 Enter 键，使用当前的距离值，系统把该距离值作为偏移距离，如图 4-18
所示。

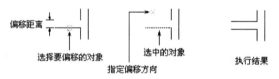

图 4-18　指定偏移对象的距离

（2）通过（T）

指定偏移对象的通过点。选择该选项后出现如下提示：

```
选择要偏移的对象或 <退出>：（选择要偏移的对象，按Enter键，结束操作）
指定通过点：（指定偏移对象的一个通过点）
```

操作完毕后，系统根据指定的通过点绘出偏移对象，如图 4-19 所示。

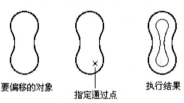

图 4-19　指定偏移对象的通过点

（3）删除（E）

偏移后，将源对象删除。选择该选项后出现如下提示：

```
要在偏移后删除源对象吗？[是(Y)/否(N)]<当前>：
```

（4）图层（L）

确定将偏移对象创建在当前图层上还是源对象所在的图层上。选择该选项后出现如下提示：

```
输入偏移对象的图层选项 [当前(C)/源(S)]<当前>：
```

## 4.3.6  实例——小便器

本例利用"直线"、"圆弧"、"镜像"等命令绘制初步结构，再利用"圆弧"命令完善外部结构，然后利用"偏移"命令绘制边缘结构，最后利用圆弧命令完善细节，绘制流程图如图 4-20 所示。

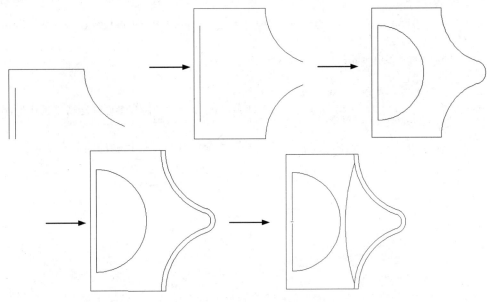

图 4-20  绘制小便器

操作步骤：（光盘\动画演示\第 4 章\小便器.avi）

（1）利用"直线"和"圆弧"命令，结合"正交"、"对象捕捉"、"对象追踪"等功能，绘制初步图形，使两条竖直直线下端点在一条水平线上，如图 4-21 所示。

（2）利用"镜像"命令，以两竖直直线下端点连线为轴线镜像处理前面绘制的图线，结果如图 4-22 所示。

图 4-21  绘制初步图形          图 4-22  镜像处理

（3）单击"绘图"工具栏中的"圆弧"按钮，命令行提示如下：

    命令: _arc
    指定圆弧的起点或 [圆心(C)]：（捕捉下面圆弧端点）
    指定圆弧的第二个点或 [圆心(C)/端点(E)]：e
    指定圆弧的端点：（捕捉上面圆弧端点）
    指定圆弧的圆心或 [角度(A)/方向(D)/半径(R)]：（利用对象追踪功能指定圆弧圆心在镜像对称线上，使圆弧与前面绘制的两圆弧大约光滑过渡）

结果如图 4-23 所示。

（4）选择菜单栏中的"修改"→"对象"→"多段线"命令，命令行提示如下：

```
命令: _pedit
选择多段线或 [多条(M)]:(选择一条圆弧)
选定的对象不是多段线
是否将其转换为多段线？<Y> Y
输入选项 [闭合(C)/合并(J)/宽度(W)/编辑顶点(E)/拟合(F)/样条曲线(S)/非曲线化(D)/线型
生成(L)/反转(R)/放弃(U)]: J
选择对象:(选择另两条圆弧)
选择对象:
多段线已增加 2 条线段
输入选项 [闭合(C)/合并(J)/宽度(W)/编辑顶点(E)/拟合(F)/样条曲线(S)/非曲线化(D)/线型
生成(L)/反转(R)/放弃(U)]:
```

3 条线段被合并成一条多段线，在利用"圆弧"命令结合对象捕捉功能绘制一个半圆，结果如图 4-24 所示。

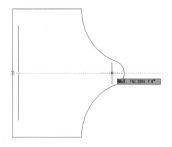
图 4-23　绘制圆弧

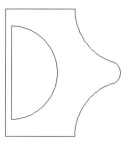
图 4-24　合并多段线

（5）单击"修改"工具栏中的"偏移"按钮，偏移图形。命令行提示如下：

```
命令: _offset
当前设置: 删除源=否  图层=源  OFFSETGAPTYPE=0
指定偏移距离或 [通过(T)/删除(E)/图层(L)] <34.9148>:(在多段线上指定一点)
指定第二点:(适当距离指定一点)
选择要偏移的对象, 或 [退出(E)/放弃(U)] <退出>:(选择多段线)
指定要偏移的那一侧上的点, 或 [退出(E)/多个(M)/放弃(U)] <退出>:(往内指定一点)
选择要偏移的对象, 或 [退出(E)/放弃(U)] <退出>:
```

结果如图 4-25 所示。

（6）利用"圆弧"命令，结合对象捕捉功能适当绘制一条圆弧，最终结果如图 4-26 所示。

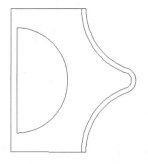
图 4-25　偏移处理

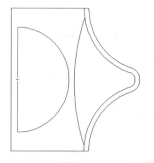
图 4-26　绘制圆弧

## 4.3.7 阵列命令

阵列是指多重复制选择对象并把这些副本按矩形或环形排列。把副本按矩形排列称为建立矩形阵列，把副本按环形排列称为建立极阵列。建立极阵列时，应该控制复制对象的次数和对象是否被旋转；建立矩形阵列时，应该控制行和列的数量以及对象副本之间的距离。

用该命令可以建立矩形阵列、极阵列（环形）和旋转的矩形阵列。

### 1. 执行方式

☑ 命令行：ARRAY 或 AR。

☑ 菜单栏："修改"→"阵列"→"矩形阵列"或"路径阵列"或"环形阵列"

☑ 工具栏："修改"→"矩形阵列" 或"路径阵列"按钮 或"环形阵列"按钮

### 2. 操作步骤

```
命令：ARRAY
选择对象：（使用对象选择方法）
输入阵列类型[矩形(R)/路径(PA)/极轴(PO)]<矩形>：PA
类型=路径 关联=是
选择路径曲线：（使用一种对象选择方法）
输入沿路径的项数或 [方向(O)/表达式(E)] <方向>：（指定项目数或输入选项）
指定基点或 [关键点(K)] <路径曲线的终点>：（指定基点或输入选项）
指定与路径一致的方向或 [两点(2P)/法线(N)] <当前>：（按 Enter 键或选择选项）
指定沿路径的项目间的距离或 [定数等分(D)/全部(T)/表达式(E)] <沿路径平均定数等分(D)>：
（指定距离或输入选项）
    按 Enter 键接受或 [关联(AS)/基点(B)/项目(I)/行数(R)/层级(L)/对齐项目(A)/Z 方向
(Z)/退出(X)] <退出>：按 Enter 键或选择选项
```

### 3. 选项说明

（1）方向（O）

控制选定对象是否将相对于路径的起始方向重定向（旋转），然后再移动到路径的起点。

（2）表达式（E）

使用数学公式或方程式获取值。

（3）基点（B）

指定阵列的基点。

（4）关键点（K）

对于关联阵列，在源对象上指定有效的约束点（或关键点）以用作基点。如果编辑生成的阵列的源对象，阵列的基点保持与源对象的关键点重合。

（5）定数等分（D）

沿整个路径长度平均定数等分项目。

（6）全部（T）

指定第一个和最后一个项目之间的总距离。

（7）关联（AS）

指定是否在阵列中创建项目作为关联阵列对象，或作为独立对象。

（8）项目（I）

编辑阵列中的项目数。

（9）行数（R）

指定阵列中的行数和行间距，以及它们之间的增量标高。

（10）层级（L）

指定阵列中的层数和层间距。

（11）对齐项目（A）

指定是否对齐每个项目以与路径的方向相切。对齐相对于第一个项目的方向。

（12）Z 方向（Z）

控制是否保持项目的原始 Z 方向或沿三维路径自然倾斜项目。

（13）退出（X）

退出命令。

## 4.3.8 实例——行李架

本例利用矩形命令绘制行李架主体，再阵列命令完成绘制，绘制流程如图 4-27 所示。

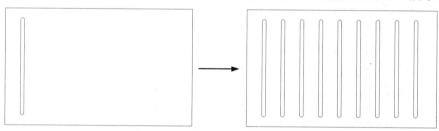

图 4-27 绘制行李架

操作步骤：（光盘\动画演示\第 4 章\行李架.avi）

（1）单击"绘图"工具栏中的"矩形"按钮，命令行提示如下：

```
命令: _rectang
指定第一个角点或 [倒角(C)/标高(E)/圆角(F)/厚度(T)/宽度(W)]: 0,0
指定另一个角点或 [面积(A)/尺寸(D)/旋转(R)]: 1000,600
命令: _rectang
指定第一个角点或 [倒角(C)/标高(E)/圆角(F)/厚度(T)/宽度(W)]: f
指定矩形的圆角半径 <0.0000>: 10
指定第一个角点或 [倒角(C)/标高(E)/圆角(F)/厚度(T)/宽度(W)]: 80,50
指定另一个角点或 [面积(A)/尺寸(D)/旋转(R)]: d
指定矩形的长度 <10.0000>: 20
指定矩形的宽度 <10.0000>: 500
指定另一个角点或 [面积(A)/尺寸(D)/旋转(R)]: (向右上方随意指定一点，表示角点的位置方向)
```

结果如图 4-28 所示。

（2）单击"修改"工具栏中的"矩形阵列"按钮，命令行提示如下：

```
命令: _arrayrect
选择对象: (选择绘制的内部小矩形)
选择对象:
类型=矩形  关联=是
为项目数指定对角点或 [基点(B)/角度(A)/计数(C)] <计数>:
输入行数或 [表达式(E)] <4>: 1
```

输入列数或 [表达式(E)] <4>: 1
指定对角点以间隔项目或 [间距(S)] <间距>:
按 Enter 键接受或 [关联(AS)/基点(B)/行(R)/列(C)/层(L)/退出(X)] <退出>: c
输入 列数 数或 [表达式(E)] <1>: 9
指定 列数 之间的距离或 [总计(T)/表达式(E)] <30>: 100
按 Enter 键接受或 [关联(AS)/基点(B)/行(R)/列(C)/层(L)/退出(X)] <退出>:

最终结果如图 4-29 所示。

图 4-28　绘制矩形

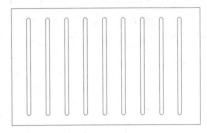

图 4-29　阵列矩形

# 4.4　改变位置类命令

这一类编辑命令的功能是按照指定要求改变当前图形或图形的某部分的位置，主要包括"移动"、"旋转"和"缩放"等命令。

## 4.4.1　移动命令

### 1. 执行方式

☑　命令行：MOVE 或 M。

☑　菜单栏："修改" → "移动"。

☑　快捷菜单："移动"。

☑　工具栏："修改" → "移动" 。

### 2. 操作步骤

命令：MOVE
选择对象：(选择对象)

用前面介绍的对象选择方法选择要移动的对象，按 Enter 键，结束选择，系统继续提示：

指定基点或位移：(指定基点或移至点)
指定基点或 [位移(D)] <位移>: (指定基点或位移)
指定第二个点或 <使用第一个点作为位移>:

命令的选项功能与"复制"命令类似。

## 4.4.2　实例——组合电视柜

本例利用移动命令将电视机图形移动到电视柜的适当位置，从而组成组合电视柜，绘制流程如图 4-30 所示。

图 4-30　绘制组合电视柜

操作步骤：（光盘\动画演示\第 4 章\组合电视柜.avi）

（1）打开"源文件/建筑图库/组合电视柜"图形。

（2）在打开的图形中有如图 4-31 和图 4-32 所示的电视柜及电视机。

（3）单击"修改"工具栏中的"移动"按钮 ，以电视图形外边的中点为基点，电视柜外边中点为第二点，将电视图形移动到电视柜图形上。绘制结果如图 4-33 所示。

图 4-31　电视柜　　　　　　　图 4-32　电视机　　　　　　图 4-33　组合电视柜

## 4.4.3　旋转命令

### 1．执行方式

☑　命令行：ROTATE 或 RO。

☑　菜单栏："修改"→"旋转"。

☑　快捷菜单："旋转"。

☑　工具栏："修改"→"旋转" ⟳。

### 2．操作步骤

```
命令：ROTATE
UCS 当前的正角方向：ANGDIR=逆时针　ANGBASE=0
选择对象：（选择要旋转的对象）
指定基点：（指定旋转的基点。在对象内部指定一个坐标点）
指定旋转角度，或 [复制(C)/参照(R)] <0>：（指定旋转角度或其他选项）
```

### 3．选项说明

（1）复制（C）

选择该项，旋转对象的同时，保留原对象，如图 4-34 所示。

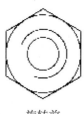　　　　　　　

旋转前　　　　　　　　　　　　旋转后

图 4-34　复制旋转

（2）参照（R）

采用参照方式旋转对象时，命令行提示如下：

```
指定参照角 <0>：（指定要参考的角度，默认值为 0）
指定新角度：（输入旋转后的角度值）
```

操作完毕后，对象被旋转至指定的角度位置。

注意：可以用拖动鼠标的方法旋转对象。选择对象并指定基点后，从基点到当前光标位置会出现一条连线，鼠标选择的对象会动态地随着该连线与水平方向的夹角的变化而旋转，按 Enter 键，确认旋转操作，如图 4-35 所示。

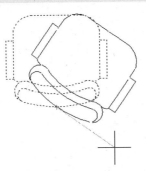

图 4-35　拖动鼠标旋转对象

## 4.4.4　实例——接待台

本例利用"矩形"与"多段线"命令绘制桌面，再进行镜像处理并绘制圆弧细化图形，最后利用"旋转"命令调整图形角度，绘制流程如图 4-36 所示。

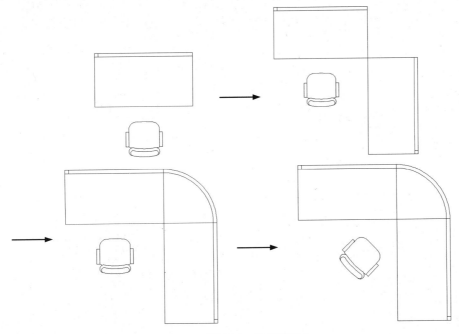

图 4-36　绘制接待台

操作步骤：（光盘\动画演示\第 4 章\接待台.avi）

（1）打开 4.3.4 小节绘制的办公椅图形，将其另存为"接待台.dwg"文件。

（2）利用"矩形"和"直线"命令绘制桌面图形，如图 4-37 所示。

（3）利用"镜像"命令，将桌面图形进行镜像处理，利用"对象追踪"功能将对称线捕捉为过矩形右下角的 45°斜线。绘制结果如图 4-38 所示。

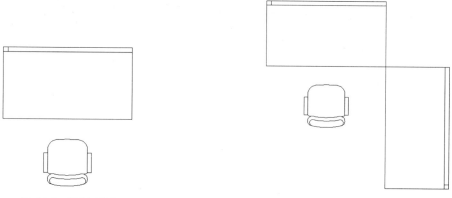

图 4-37　绘制桌面　　　　　　　　　　　图 4-38　镜像处理

（4）利用"圆弧"命令，采取"圆心/端点/端点"的方式，绘制如图 4-39 所示的圆弧。

（5）单击"修改"工具栏中的"旋转"按钮○，旋转绘制的办公椅，命令行提示如下：

```
命令: _rotate
UCS 当前的正角方向: ANGDIR=逆时针  ANGBASE=0
选择对象:（选择办公椅）
选择对象:
指定基点:（指定椅背中点）
指定旋转角度，或 [复制(C)/参照(R)] <0>: -45
```

绘制结果如图 4-40 所示。

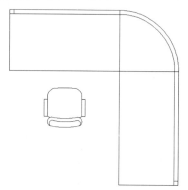
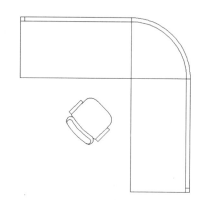

图 4-39　绘制圆弧　　　　　　　　　　　图 4-40　接待台

## 4.4.5　缩放命令

1．执行方式

☑　命令行：SCALE 或 SC。

☑　菜单栏："修改"→"缩放"。

☑　快捷菜单："缩放"。

☑　工具栏："修改"→"缩放"▢。

### 2. 操作步骤

命令：SCALE
选择对象：（选择要缩放的对象）
指定基点：（指定缩放操作的基点）
指定比例因子或 [复制(C)/参照(R)] <1.0000>：

### 3. 选项说明

（1）参照（R）

采用参考方向缩放对象时，系统提示：

指定参照长度 <1>：（指定参考长度值）
指定新的长度或 [点(P)] <1.0000>：（指定新长度值）

若新长度值大于参考长度值，则放大对象；否则，缩小对象。操作完毕后，系统以指定的基点按指定的比例因子缩放对象。如果选择"点（P）"选项，则指定两点来定义新的长度。

（2）指定比例因子

选择对象并指定基点后，从基点到当前光标位置会出现一条线段，线段的长度即为比例大小。鼠标选择的对象会动态地随着该连线长度的变化而缩放，按 Enter 键，确认缩放操作。

（3）复制（C）

选择"复制（C）"选项时，可以复制缩放对象，即缩放对象时，保留原对象，如图 4-41 所示。

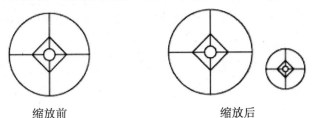

缩放前                          缩放后

图 4-41  复制缩放

## 4.4.6  实例——装饰盘

本例利用圆命令绘制盘外轮廓，再利用圆弧、阵列命令绘制装饰花瓣，最后利用缩放命令绘制盘内装饰圆，绘制流程图如图 4-42 所示。

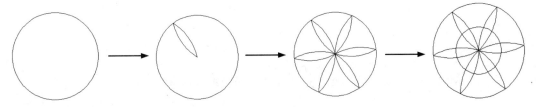

图 4-42  绘制装饰盘

操作步骤：（光盘\动画演示\第 4 章\装饰盘.avi）

（1）单击"绘图"工具栏中的"圆"按钮 ⊘，以（100,100）为圆心，绘制半径为 200 的圆作为盘外轮廓线，如图 4-43 所示。

（2）单击"绘图"工具栏中的"圆弧"按钮 ⌒，绘制花瓣，如图 4-44 所示。

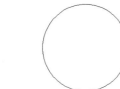

图 4-43  绘制绘制圆形

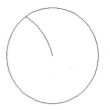

图 4-44  绘制花瓣

（3）单击"修改"工具栏中的"镜像"按钮 ，镜像花瓣。如图 4-45 所示。

（4）单击"修改"工具栏中的"环形阵列"按钮 ，选择花瓣为源对象，以圆心为阵列中心点阵列花瓣，如图 4-46 所示。

图 4-45  镜像花瓣线

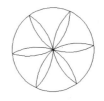

图 4-46  阵列花瓣

（5）单击"修改"工具栏中的"缩放"按钮 ，缩放一个圆作为装饰盘内装饰圆，命令行提示如下：

```
命令：SCALE
选择对象：（选择圆）
指定基点：（指定圆心）
指定比例因子或 [复制(C)/参照(R)]<1.0000>：C
指定比例因子或 [复制(C)/参照(R)]<1.0000>：0.5
```

绘制结果如图 4-47 所示。

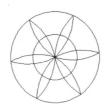

图 4-47  装饰盘图形

# 4.5  改变几何特性类命令

这一类编辑命令在对指定对象进行编辑后，使编辑对象的几何特性发生改变，包括"倒角"、"圆角"、"打断"、"剪切"、"延伸"、"拉长"、"拉伸"等命令。

## 4.5.1  圆角命令

圆角是指用指定的半径决定的一段平滑的圆弧连接两个对象。系统规定可以用圆角连接一对直线段、非圆弧的多段线段、样条曲线、双向无限长线、射线、圆、圆弧和椭圆。可以在使用圆角命令的任何时刻，用圆角连接非圆弧多段线的每个节点。

1．执行方式

☑ 命令行：FILLET 或 F。
☑ 菜单栏："修改"→"圆角"。
☑ 工具栏："修改"→"圆角" ⬜。

2．操作步骤

命令：FILLET
当前设置：模式=修剪，半径=0.0000
选择第一个对象或 [放弃(U)/多段线(P)/半径(R)/修剪(T)/多个(M)]：（选择第一个对象或别的选项）
选择第二个对象，或按住 Shift 键选择要应用角点的对象：（选择第二个对象）

3．选项说明

（1）多段线（P）

在一条二维多段线的两段直线段的节点处插入圆滑的弧。选择多段线后，系统会根据指定的圆弧的半径把多段线各顶点用圆滑的弧连接起来。

（2）修剪（T）

决定在圆角连接两条边时，是否修剪这两条边，如图4-48所示。

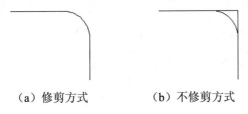

（a）修剪方式　　　（b）不修剪方式

图4-48　圆角连接

（3）多个（M）

可以同时对多个对象进行圆角编辑，不必重新起用命令。

按住 Shift 键并选择两条直线，可以快速创建零距离倒角或零半径圆角。

## 4.5.2　实例——脚踏

本例利用"矩形"和"直线"命令绘制台面，再利用"圆角"命令进边角进行处理，然后利用"多段线"、"直线"和"样条曲线"等命令绘制腿部造型，最后镜像处理，绘制流程图如图4-49所示。

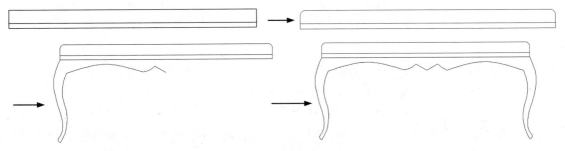

图4-49　绘制脚踏

操作步骤:(光盘\动画演示\第4章\脚踏.avi)

(1)将 AutoCAD 中的捕捉工具栏激活,如图 4-50 所示,以便在绘图过程中使用。

图 4-50 对象捕捉工具栏

(2)单击"绘图"工具栏中的"矩形"按钮 ⬚,绘制一个长 1000、宽 70 的矩形。

(3)单击"绘图"工具栏中的"直线"按钮 ╱,利用"对象捕捉"功能的"捕捉自"命令辅助绘制直线,命令行提示如下:

```
命令: _line
指定第一点: FROM
基点:(捕捉矩形左下角)
<偏移>: @0,20
指定下一点或 [放弃(U)]:(捕捉矩形右边上的垂足,如图 4-51 所示)
指定下一点或 [放弃(U)]:
```

结果如图 4-52 所示。

图 4-51 捕捉垂足　　　　　　　　　　　图 4-52 绘制直线

(4)单击"修改"工具栏中的"圆角"按钮 ⬚,命令行提示如下:

```
命令: _fillet
当前设置: 模式 = 修剪,半径 = 0.0000
选择第一个对象或 [放弃(U)/多段线(P)/半径(R)/修剪(T)/多个(M)]: r
指定圆角半径 <0.0000>: 20
选择第一个对象或 [放弃(U)/多段线(P)/半径(R)/修剪(T)/多个(M)]:(选择矩形左边)
选择第二个对象,或按住 Shift 键选择对象以应用角点或 [半径(R)]:(选择矩形上边)
```

这样矩形左上角就进行了倒圆角,同样方法对矩形右上角就进行倒圆角,结果如图 4-53 所示。

图 4-53 倒圆角

(5)利用"多段线"、"样条曲线"、"直线"等命令绘制脚踏腿部造型,如图 4-54 所示。

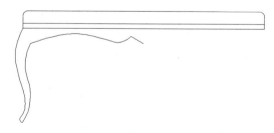

图 4-54 绘制腿部造型

(6)单击"修改"工具栏中的"镜像"按钮 ⚖,将刚绘制的腿部造型以矩形的中线(利用对象捕捉功能)为轴进行镜像处理,结果如图 4-55 所示。

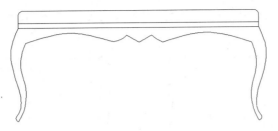

图 4-55　脚踏

## 4.5.3　倒角命令

倒角是指用斜线连接两个不平行的线型对象。可以用斜线连接直线段、双向无限长线、射线和多段线。

### 1. 执行方式

☑　命令行：CHAMFER 或 CHA。

☑　菜单栏："修改"→"倒角"。

☑　工具栏："修改"→"倒角"◇。

### 2. 操作步骤

命令：CHAMFER
（"不修剪"模式）当前倒角距离 1=0.0000，距离 2=0.0000
　　选择第一条直线或 [放弃(U)/多段线(P)/距离(D)/角度(A)/修剪(T)/方式(E)/多个(M)]：（选择第一条直线或别的选项）
　　选择第二条直线，或按住 Shift 键选择要应用角点的直线：（选择第二条直线）

### 3. 选项说明

（1）距离（D）

选择倒角的两个斜线距离。斜线距离是指从被连接的对象与斜线的交点到被连接的两对象的可能的交点之间的距离，如图 4-56 所示。这两个斜线距离可以相同也可以不相同，若二者均为 0，则系统不绘制连接的斜线，而是把两个对象延伸至相交，并修剪超出的部分。

（2）角度（A）

选择第一条直线的斜线距离和角度。采用这种方法斜线连接对象时，需要输入两个参数，即斜线与一个对象的斜线距离和斜线与该对象的夹角，如图 4-57 所示。

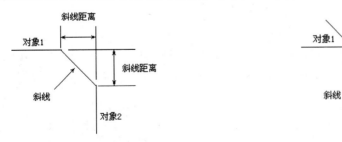

图 4-56　斜线距离　　　　　　　　　　　　　图 4-57　斜线距离与夹角

（3）多段线（P）

对多段线的各个交叉点进行倒角编辑。为了得到最好的连接效果，一般设置斜线是相等的值。系

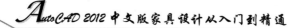

统根据指定的斜线距离把多段线的每个交叉点都作斜线连接，连接的斜线成为多段线新添加的构成部分，如图 4-58 所示。

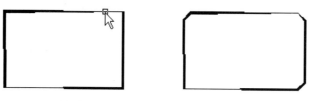

（a）选择多段线　　　　　　　　　（b）倒角结果

图 4-58　斜线连接多段线

（4）修剪（T）

与圆角连接命令 FILLET 相同，该选项决定连接对象后，是否剪切原对象。

（5）方式（M）

决定采用"距离"方式还是"角度"方式来倒角。

（6）多个（U）

同时对多个对象进行倒角编辑。

> 注意：有时用户在执行圆角和倒角命令时，发现命令不执行或执行后没什么变化，那是因为系统默认圆角半径和斜线距离均为 0，如果不事先设定圆角半径或斜线距离，系统就以默认值执行命令，所以看起来好像没有执行命令。

## 4.5.4　实例——洗菜盆

本例利用"直线"命令绘制大体轮廓，再利用"圆"、"复制"命令绘制水龙头和出水口，最后利用倒角命令细化，绘制流程图如图 4-59 所示。

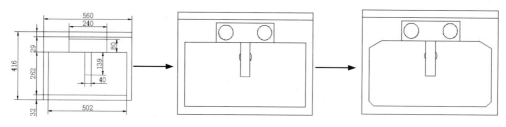

图 4-59　绘制洗菜盆

**操作步骤：**（光盘\动画演示\第 4 章\洗菜盆.avi）

（1）单击"绘图"工具栏中的"直线"按钮，可以绘制出初步轮廓，大约尺寸如图 4-60 所示。

（2）单击"绘图"工具栏中的"圆"按钮，以如图 4-60 所示长 240 和宽 80 的矩形大约左中位置处为圆心，绘制半径为 35 的圆。

（3）单击"修改"工具栏中的"复制"按钮，选择刚绘制的圆，复制到右边合适的位置，完成旋钮绘制。

（4）单击"绘图"工具栏中的"圆"按钮，以如图 4-60 所示长 139 和宽 40 的矩形大约正中位置为圆心，绘制半径为 25 的圆作为出水口。

（5）单击"修改"工具栏中的"修剪"按钮 ，将绘制的出水口圆修剪成如图 4-61 所示。

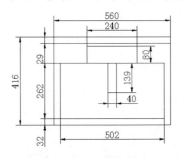

图 4-60　初步轮廓图

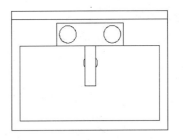

图 4-61　绘制水龙头和出水口

（6）单击"修改"工具栏中的"倒角"按钮 ，绘制水盆四角，命令行提示如下：

命令：CHAMFER
（"修剪"模式）当前倒角距离 1=0.0000，距离 2=0.0000
选择第一条直线或 [放弃(U)/多段线(P)/距离(D)/角度(A)/修剪(T)/方式(E)/多个(M)]：D
指定第一个倒角距离 <0.0000>：50
指定第二个倒角距离 <50.0000>：30
选择第一条直线或 [多段线(P)/距离(D)/角度(A)/修剪(T)/方式(M)/多个(U)]：U
选择第一条直线或 [放弃(U)/多段线(P)/距离(D)/角度(A)/修剪(T)/方式(E)/多个(M)]：（选择左上角横线段）
选择第二条直线，或按住 Shift 键选择要应用角点的直线：（选择右上角竖线段）
选择第一条直线或 [放弃(U)/多段线(P)/距离(D)/角度(A)/修剪(T)/方式(E)/多个(M)]：（选择左上角横线段）
选择第二条直线，或按住 Shift 键选择要应用角点的直线：（选择右上角竖线段）
命令：CHAMFER
（"修剪"模式）当前倒角距离 1=50.0000，距离 2=30.0000
选择第一条直线或 [放弃(U)/多段线(P)/距离(D)/角度(A)/修剪(T)/方式(E)/多个(M)]：A
指定第一条直线的倒角长度 <20.0000>：
指定第一条直线的倒角角度 <0>：45
选择第一条直线或 [放弃(U)/多段线(P)/距离(D)/角度(A)/修剪(T)/方式(E)/多个(M)]：U
选择第一条直线或 [放弃(U)/多段线(P)/距离(D)/角度(A)/修剪(T)/方式(E)/多个(M)]：（选择左下角横线段）
选择第二条直线，或按住 Shift 键选择要应用角点的直线：（选择左下角竖线段）
选择第一条直线或 [放弃(U)/多段线(P)/距离(D)/角度(A)/修剪(T)/方式(E)/多个(M)]：（选择右下角横线段）
选择第二条直线，或按住 Shift 键选择要应用角点的直线：（选择右下角竖线段）

洗菜盆绘制结果如图 4-62 所示。

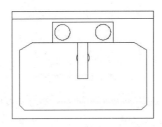

图 4-62　洗菜盆

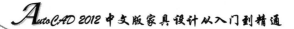

### 4.5.5 剪切命令

**1. 执行方式**

- ☑ 命令行：TRIM 或 TR。
- ☑ 菜单栏："修改" → "修剪"。
- ☑ 工具栏："修改" → "修剪" 。

**2. 操作步骤**

```
命令：TRIM
当前设置：投影=UCS，边=无
选择剪切边...
选择对象或 <全部选择>：（选择用作修剪边界的对象）
```

按 Enter 键，结束对象选择，系统提示：

> 选择要修剪的对象，或按住 Shift 键选择要延伸的对象，或[栏选(F)/窗交(C)/投影(P)/边(E)/删除(R)/放弃(U)]：

**3. 选项说明**

（1）按 Shift 键

在选择对象时，如果按住 Shift 键，系统就自动将"修剪"命令转换成"延伸"命令，"延伸"命令将在下节介绍。

（2）边（E）

选择此选项时，可以选择对象的修剪方式：延伸和不延伸。

- ☑ 延伸（E）：延伸边界进行修剪。在此方式下，如果剪切边没有与要修剪的对象相交，系统会延伸剪切边直至与要修剪的对象相交，然后再修剪，如图 4-63 所示。

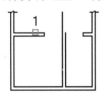 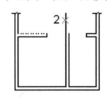 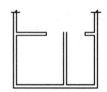

（a）选择剪切边　　　　　（b）选择要修剪的对象　　　　　（c）修剪后的结果

图 4-63　延伸方式修剪对象

- ☑ 不延伸（N）：不延伸边界修剪对象。只修剪与剪切边相交的对象。

（3）栏选（F）

选择此选项时，系统以栏选的方式选择被修剪对象，如图 4-64 所示。

  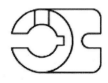

（a）选定剪切边　　　　　（b）使用栏选选定的要修剪的对象　　　　　（c）结果

图 4-64　栏选选择修剪对象

（4）窗交（C）

选择此选项时，系统以窗交的方式选择被修剪对象，如图 4-65 所示。

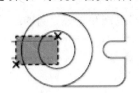 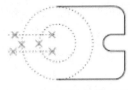 

（a）使用窗交选择选定的边　　（b）选定要修剪的对象　　（c）结果

图 4-65　窗交选择修剪对象

被选择的对象可以互为边界和被修剪对象，此时系统会在选择的对象中自动判断边界。

## 4.5.6　实例——床

本例利用"矩形"命令绘制床的轮廓，再利用"直线"、"圆弧"等命令绘制床上用品，最后利用"修剪"命令将多余的线段删除，绘制流程图如图 4-66 所示。

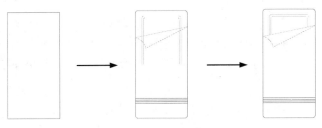

图 4-66　绘制床

操作步骤：（光盘\动画演示\第 4 章\床.avi）

（1）单击"图层"工具栏中的"图层特性管理器"按钮 ，打开"图层特性管理器"对话框，新建 3 个图层，其属性如下。

① 1 图层，将颜色设置为蓝色，其余属性默认。

② 2 图层，将颜色设置为绿色，其余属性默认。

③ 3 图层，将颜色设置为白色，其余属性默认。

（2）将当前图层设为 2 图层，单击"绘图"工具栏中的"直线"按钮 ，绘制坐标点分别为 {（125,1000），（125,1900）}、{（875,1900），（875,1000）}、{（155,1000），（155,1870）}、{（845,1870），（845,1000）}的直线，如图 4-67 所示。

（3）将当前图层设为 3 图层，单击"绘图"工具栏中的"直线"按钮 ，绘制坐标点为（0,280），（@1000,0）的直线。绘制结果如图 4-68 所示。

图 4-67　绘制矩形　　　　　　　　图 4-68　绘制直线

（4）单击"修改"工具栏中的"矩形阵列"按钮，对象为最近绘制的直线，行数为 4，列数 1，行间距设为 30，绘制结果如图 4-69 所示。

（5）单击"修改"工具栏中的"圆角"按钮，将外轮廓线的圆角半径设为 50，内衬圆角半径为 40，绘制结果如图 4-70 所示。

图 4-69　阵列处理　　　　　　　　图 4-70　圆角处理

（6）将当前图层设为 2 图层，单击"绘图"工具栏中的"直线"按钮，绘制坐标点为（0,1500），（@1000,200），（@-800,-400）的直线。

（7）单击"绘图"工具栏中的"圆弧"按钮，绘制起点为（200,1300）第二点为（130,1430）圆弧端点为（0,1500）的圆弧，绘制结果如图 4-71 所示。

（8）单击"修改"工具栏中的"修剪"按钮，修剪图形，绘制结果如图 4-72 所示。

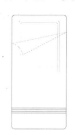

图 4-71　绘制直线与圆弧　　　　　　图 4-72　床

## 4.5.7　延伸命令

延伸对象是指延伸要延伸的对象直至另一个对象的边界线，如图 4-73 所示。

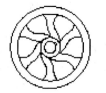

选择边界　　　　　　选择要延伸的对象　　　　　　执行结果

图 4-73　延伸对象

### 1. 执行方式

☑　命令行：EXTEND 或 EX。

☑　菜单栏："修改" → "延伸"。

☑　工具栏："修改"→"延伸" ┈╱。

2．操作步骤

> 命令：EXTEND
> 当前设置：投影=UCS，边=无
> 选择边界的边…
> 选择对象或 <全部选择>：（选择边界对象）

此时可以通过选择对象来定义边界。若直接按 Enter 键，则选择所有对象作为可能的边界对象。

系统规定可以用作边界对象的对象有直线段、射线、双向无限长线、圆弧、圆、椭圆、二维和三维多段线、样条曲线、文本、浮动的视口，区域。如果选择二维多段线作为边界对象，系统会忽略其宽度而把对象延伸至多段线的中心线上。

选择边界对象后，系统继续提示：

> 选择要延伸的对象，或按住 Shift 键选择要修剪的对象，或[栏选(F)/窗交(C)/投影(P)/边(E)/放弃(U)]：

3．选项说明

（1）如果要延伸的对象是适配样条多段线，则延伸后会在多段线的控制框上增加新节点。如果要延伸的对象是锥形的多段线，系统会修正延伸端的宽度，使多段线从起始端平滑地延伸至新的终止端。如果延伸操作导致新终止端的宽度为负值，则取宽度值为 0，如图 4-74 所示。

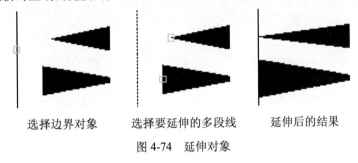

选择边界对象　　　　选择要延伸的多段线　　　　延伸后的结果

图 4-74　延伸对象

（2）选择对象时，如果按住 Shift 键，系统就自动将"延伸"命令转换成"修剪"命令。

## 4.5.8　实例——梳妆凳

本例利用"圆弧"与"直线"命令绘制梳妆凳的初步轮廓，再利用"偏移"命令绘制靠背，接着利用"延伸"命令完善靠背，最后利用"圆角"命令细化图形，绘制流程如图 4-75 所示。

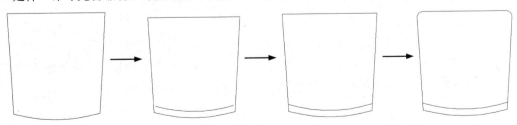

图 4-75　绘制梳妆凳

操作步骤：（光盘\动画演示\第 4 章\梳妆凳.avi）

（1）利用"圆弧"与"直线"命令绘制梳妆凳的初步轮廓，如图 4-76 所示。

（2）单击"修改"工具栏中的"偏移"按钮，将绘制的圆弧向内偏移一定距离，如图 4-77 所示。

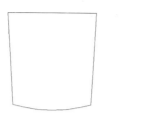
图 4-76　初步图形

图 4-77　偏移处理

（3）单击"修改"工具栏中的"延伸"按钮，命令行提示如下：

```
命令：_extend
当前设置：投影=UCS，边=无
选择边界的边...
选择对象或 <全部选择>：(选择左右两条斜直线)
选择对象：
    选择要延伸的对象，或按住 Shift 键选择要修剪的对象，或[栏选(F)/窗交(C)/投影(P)/边(E)/
放弃(U)]：(选择偏移的圆弧左端)
    选择要延伸的对象，或按住 Shift 键选择要修剪的对象，或[栏选(F)/窗交(C)/投影(P)/边(E)/
放弃(U)]：(选择偏移的圆弧右端)
    选择要延伸的对象，或按住 Shift 键选择要修剪的对象，或[栏选(F)/窗交(C)/投影(P)/边(E)/
放弃(U)]：
```

结果如图 4-78 所示。

（4）单击"修改"工具栏中的"圆角"按钮，以适当的半径对上面两个角进行圆角处理，最终结果如图 4-79 所示。

图 4-78　延伸处理

图 4-79　圆角处理

## 4.5.9　拉伸命令

拉伸对象是指拖拉选择，且形状发生改变后的对象。拉伸对象时，应指定拉伸的基点和移置点。利用一些辅助工具如捕捉、钳夹功能及相对坐标等可以提高拉伸的精度。

1．执行方式

☑　命令行：STRETCH 或 S。

☑　菜单栏："修改"→"拉伸"。

☑　工具栏："修改"→"拉伸"。

### 2. 操作步骤

命令：STRETCH
以交叉窗口或交叉多边形选择要拉伸的对象...
选择对象：C
指定第一个角点：指定对角点：找到 2 个（采用交叉窗口的方式选择要拉伸的对象）
指定基点或 [位移(D)] <位移>：（指定拉伸的基点）
指定第二个点或 <使用第一个点作为位移>：（指定拉伸的移至点）

此时，若指定第二个点，系统将根据这两点决定的矢量拉伸对象。若直接按 Enter 键，系统会把第一个点作为 X 轴和 Y 轴的分量值。

STRETCH 仅移动位于交叉选择内的顶点和端点，不更改那些位于交叉选择外的顶点和端点。部分包含在交叉选择窗口内的对象将被拉伸。

**注意：** 用交叉窗口选择拉伸对象时，落在交叉窗口内的端点被拉伸，落在外部的端点保持不动。

## 4.5.10 实例——把手

本例利用"圆"与"直线"命令绘制把手一侧的连续曲线后利用"修剪"命令将多余的线段删除得到一侧的曲线，再利用"镜像"命令创建另一侧的曲线，最后再利用"修剪"、"圆"、"拉伸"命令创建销空并细化图形，绘制流程如图 4-80 所示。

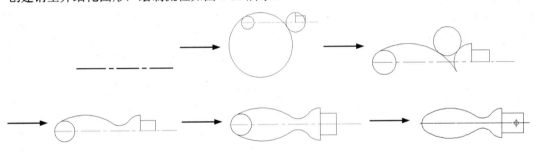

图 4-80　绘制把手

**操作步骤：**（光盘\动画演示\第 4 章\把手.avi）

（1）设置图层。选择菜单栏中的"格式"→"图层"命令，弹出"图层特性管理器"对话框，新建两个图层。

① 第一图层命名为"轮廓线"，线宽属性为 0.3mm，其余属性默认。

② 第二图层命名为"中心线"，颜色设为红色，线型加载为 CENTER，其余属性默认。

（2）将"轮廓线"层设置为当前层。单击"绘图"工具栏中的"直线"按钮 ，绘制坐标分别为（150,150），（@120,0）的直线，结果如图 4-81 所示。

（3）单击"绘图"工具栏中的"圆"按钮 ，以（160,150）为圆心，绘制半径为 10 的圆。重复"圆"命令，以（235,150）为圆心，绘制半径为 15 的圆。再绘制半径为 50 的圆与前两个圆相切，结果如图 4-82 所示。

（4）单击"绘图"工具栏中的"直线"按钮 ，绘制坐标为（250,150），（@10<90），（@15<180）的两条直线段。重复"直线"命令，绘制坐标为（235,165），（235,150）的直线，结果如图 4-83 所示。

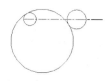

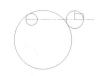

图 4-81　绘制直线　　　　　　　　　图 4-82　绘制圆　　　　　　　　　图 4-83　绘制直线

（5）单击"修改"工具栏中的"修剪"按钮 ，进行修剪处理，结果如图 4-84 所示。

（6）单击"绘图"工具栏中的"圆"按钮 ，绘制半径为 12 的与圆弧 1 和圆弧 2 相切的圆，结果如图 4-85 所示。

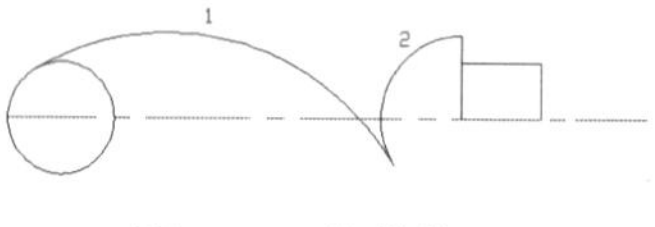

图 4-84　修剪处理 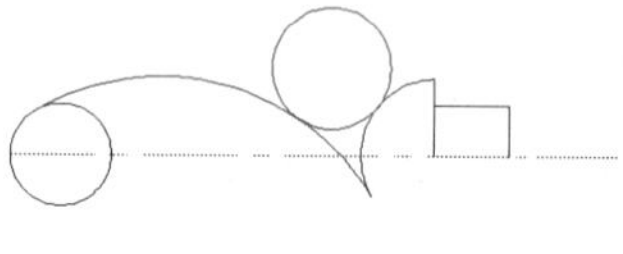　　　　　　　　　　　图 4-85　绘制圆

（7）单击"修改"工具栏中的"修剪"按钮 ，将多余的圆弧进行修剪，结果如图 4-86 所示。

（8）单击"修改"工具栏中的"镜像"按钮 ，以（150,150），（250,150）为两镜像点对图形进行镜像处理，结果如图 4-87 所示。

图 4-86　修剪处理　　　　　　　　　　　图 4-87　镜像处理

（9）单击"修改"工具栏中的"修剪"按钮 ，进行修剪处理，结果如图 4-88 所示。

（10）将"中心线"层设置为当前层。单击"绘图"工具栏中的"直线"按钮 ，在把手接头处中间位置绘制适当长度的竖直线段，作为销孔定位中心线，如图 4-89 所示。

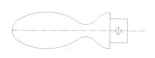
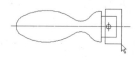

图 4-88　把手初步图形　　　　　　　　图 4-89　销孔中心线

（11）将"轮廓线"层设置为当前层。单击"绘图"工具栏中的"圆"按钮 ，以中心线交点为圆心绘制适当半径的圆作为销孔，如图 4-90 所示。

（12）单击"修改"工具栏中的"拉伸"按钮 ，拉伸接头长度，结果如图 4-91 所示。

图 4-90　销孔　　　　　　　　　图 4-91　指定拉伸对象

## 4.5.11　拉长命令

### 1. 执行方式

☑　命令行：LENGTHEN 或 LEN。

☑ 菜单栏:"修改"→"拉长"。

2. 操作步骤

```
命令: LENGTHEN
选择对象或 [增量(DE)/百分数(P)/全部(T)/动态(DY)]:(选定对象)
当前长度: 30.5001 (给出选定对象的长度,如果选择圆弧则还将给出圆弧的包含角)
选择对象或 [增量(DE)/百分数(P)/全部(T)/动态(DY)]: DE (选择拉长或缩短的方式。如选择"增
量(DE)"方式)
    输入长度增量或 [角度(A)] <0.0000>: 10 (输入长度增量数值。如果选择圆弧段,则可输入选项
"A"给定角度增量)
    选择要修改的对象或 [放弃(U)]:(选定要修改的对象,进行拉长操作)
    选择要修改的对象或 [放弃(U)]:(继续选择,按Enter键,结束命令)
```

3. 选项说明

(1)增量(DE)
用指定增加量的方法来改变对象的长度或角度。
(2)百分数(P)
用指定要修改对象的长度占总长度的百分比的方法来改变圆弧或直线段的长度。
(3)全部(T)
用指定新的总长度或总角度值的方法来改变对象的长度或角度。
(4)动态(DY)
在这种模式下,可以使用拖拉鼠标的方法来动态地改变对象的长度或角度。

## 4.5.12 打断命令

1. 执行方式

☑ 命令行:BREAK 或 BR。
☑ 菜单栏:"修改"→"打断"。
☑ 工具栏:"修改"→"打断" 📋。

2. 操作步骤

```
命令: BREAK
选择对象:(选择要打断的对象)
指定第二个打断点或 [第一点(F)]:(指定第二个断开点或输入F)
```

3. 选项说明

如果选择"第一点(F)"选项,系统将丢弃前面的第一个选择点,重新提示用户指定两个打断点。

## 4.5.13 打断于点

打断于点是指在对象上指定一点,从而把对象在此点拆分成两部分,此命令与打断命令类似。

1. 执行方式

☑ 工具栏:"修改"→"打断于点" 📋。

**2. 操作步骤**

输入此命令后，命令行提示如下：

> 选择对象：（选择要打断的对象）
> 指定第二个打断点或 [第一点(F)]：_f（系统自动执行"第一点(F)"选项）
> 指定第一个打断点：（选择打断点）
> 指定第二个打断点：@（系统自动忽略此提示）

# 4.5.14　分解命令

**1. 执行方式**

☑　命令行：EXPLODE 或 X。

☑　菜单栏："修改"→"分解"。

☑　工具栏："修改"→"分解" 📦。

**2. 操作步骤**

> 命令：EXPLODE
> 选择对象：（选择要分解的对象）

选择一个对象后，该对象会被分解。系统继续提示该行信息，允许分解多个对象。

# 4.5.15　合并命令

可以将直线、圆弧、椭圆弧和样条曲线等独立的对象合并为一个对象，如图 4-92 所示。

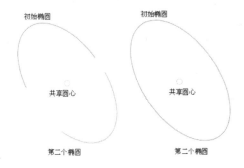

图 4-92　合并对象

**1. 执行方式**

☑　命令行：JOIN。

☑　菜单栏："修改"→"合并"。

☑　工具栏："修改"→"合并" ➡。

**2. 操作步骤**

> 命令：JOIN
> 选择源对象：（选择一个对象）
> 选择要合并到源的直线：（选择另一个对象）
> 找到 1 个
> 选择要合并到源的直线：
> 已将 1 条直线合并到源

## 4.5.16 实例——梳妆台

本例利用"圆弧"与"直线"命令绘制梳妆凳，然后利用"矩形"命令绘制梳妆台，最后利用"圆"和"直线"命令绘制梳妆台上的台灯，绘制流程图如图 4-93 所示。

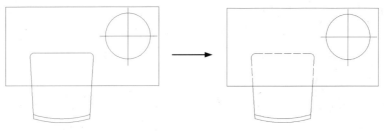

图 4-93 绘制梳妆台

操作步骤：（光盘\动画演示\第 4 章\梳妆台.avi）

（1）打开 4.5.8 小节绘制的梳妆凳图形，将其另存为"梳妆台.dwg"文件。

（2）新建"实线"和"虚线"两个图层，如图 4-94 所示。将"虚线"层的线型设置为 ACAD_ISO02W100。

图 4-94 设置图层

（3）利用"矩形"、"直线"和"圆"命令在梳妆凳图形旁边绘制桌子和台灯造型，如图 4-95 所示。

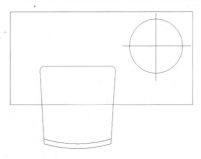

图 4-95 绘制桌子和台灯

（4）单击"修改"工具栏中的"打断于点"按钮，命令行提示如下：

> 命令：_break
> 选择对象：（选择梳妆凳被桌面盖住的侧边）
> 指定第二个打断点 或 [第一点(F)]：_f
> 指定第一个打断点：（捕捉该侧边与桌面的交点）
> 指定第二个打断点：@

用同样的方法打断另一侧的边。打断后，原来的侧边有一条线以打断点为界分成两段线。

（5）选择梳妆凳被桌面盖住的图线，然后单击图层工具栏的下拉按钮，在图层列表中选择"虚线"层，如图 4-96 所示。这时这部分图形的线型就随图层变为虚线了，最终结果如图 4-97 所示。

图 4-96　改变图层

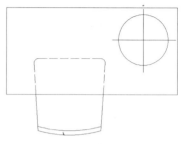

图 4-97　梳妆台

# 4.6　对　象　编　辑

在对图形进行编辑时，还可以对图形对象本身的某些特性进行编辑，从而方便地进行图形绘制。

## 4.6.1　钳夹功能

利用钳夹功能可以快速方便地编辑对象。AutoCAD 在图形对象上定义了一些特殊点，称为夹点，利用夹点可以灵活地控制对象，如图 4-98 所示。

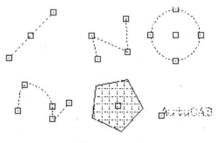

图 4-98　夹点

要使用钳夹功能编辑对象，必须先打开钳夹功能，打开方法是选择"工具"→"选项"命令。

在"选项"对话框的"选择集"选项卡中选中"启用夹点"复选框。在该选项卡中，还可以设置代表夹点的小方格的尺寸和颜色。

也可以通过 GRIPS 系统变量来控制是否打开钳夹功能，1 代表打开，0 代表关闭。

打开了钳夹功能后，应该在编辑对象之前先选择对象。夹点表示了对象的控制位置。

使用夹点编辑对象，要选择一个夹点作为基点，称为基准夹点。然后，选择一种编辑操作，如拉伸拟合点、镜像、移动、旋转和缩放等。可以用空格键、Enter 键等键盘上的快捷键循环选择这些功能。

下面仅就其中的拉伸拟合点操作为例进行讲述，其他操作类似。

在图形上拾取一个夹点，该夹点改变颜色，此点为夹点编辑的基准夹点。这时命令行提示如下：

```
** 拉伸 **
指定拉伸点或 [基点(B)/复制(C)/放弃(U)/退出(X)]:
```

在上述拉伸编辑提示下，输入"镜像"命令或右键单击，在快捷菜单中选择"镜像"命令，如图 4-99 所示。

执行上述操作后系统就会转换为"镜像"操作，其他操作类似。

## 4.6.2 修改对象属性

### 1．执行方式

☑ 命令行：DDMODIFY 或 PROPERTIES。

☑ 菜单栏："修改"→"特性"。

☑ 工具栏："标准"→"特性" 📋 。

### 2．操作步骤

打开"特性"工具面板中，如图 4-100 所示，可以方便地设置或修改对象的各种属性。

图 4-99　右键快捷菜单　　　　　　　图 4-100　"特性"工具面板

不同的对象属性种类和值不同，修改属性值，对象的属性即可改变。

## 4.6.3 实例——吧椅

本例利用"圆"、"圆弧"、"直线"和"偏移"命令绘制吧椅图形，在绘制过程中，利用钳夹功能编辑局部图形，绘制流程如图 4-101 所示。

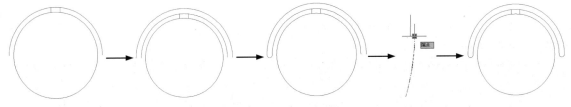

图 4-101　绘制吧椅

操作步骤：（光盘\动画演示\第 4 章\吧椅.avi）

（1）利用"圆"、"圆弧"和"直线"命令绘制初步图形，其中圆弧和圆同心，大致左右对称。

（2）利用"偏移"命令偏移刚绘制的圆弧。

（3）利用"圆弧"命令绘制扶手端部，采用"起点/端点/圆心"的形式，使造型大约光滑过渡。

（4）在绘制扶手端部圆弧的过程中，由于采用的是粗略的绘制方法，放大局部后，可能会出现图线不闭合的情况。这时，双击鼠标左键，选择对象图线，出现钳夹编辑点，移动相应编辑点捕捉到需要闭合连接的相临图线端点。

（5）用相同方法绘制扶手另一端的圆弧造型，结果如图 4-101 所示。

# 4.7　图　案　填　充

当需要用一个重复的图案（pattern）填充某个区域时，可以使用 BHATCH 命令建立一个相关联的填充阴影对象，即所谓的图案填充。

## 4.7.1　基本概念

### 1. 图案边界

当进行图案填充时，首先要确定图案填充的边界。定义边界的对象只能是直线、双向射线、单向射线、多段线、样条曲线、圆弧、圆、椭圆、椭圆弧、面域等对象或用这些对象定义的块，而且作为边界的对象，在当前屏幕上必须全部可见。

### 2. 孤岛

在进行图案填充时，我们把位于总填充域内的封闭区域称为孤岛，如图 4-102 所示。在用 BHATCH 命令进行图案填充时，AutoCAD 允许用户以拾取点的方式确定填充边界，即在希望填充的区域内任意拾取一点，AutoCAD 会自动确定出填充边界，同时也确定该边界内的孤岛。如果用户是以点取对象的方式确定填充边界的，则必须确切地点取这些孤岛，有关知识将在下一节中介绍。

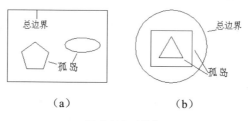

图 4-102　孤岛

### 3. 填充方式

在进行图案填充时，需要控制填充的范围，AutoCAD 系统为用户设置了以下 3 种填充方式，实现对填充范围的控制。

（1）普通方式：如图 4-103（a）所示，该方式从边界开始，从每条填充线或每个剖面符号的两端向里画，遇到内部对象与之相交时，填充线或剖面符号断开，直到遇到下一次相交时再继续画。采用这种方式时，要避免填充线或剖面符号与内部对象的相交次数为奇数。该方式为系统内部的默认方式。

（2）最外层方式：如图 4-103（b）所示，该方式从边界开始，向里画剖面符号，只要在边界内部与对象相交，则剖面符号由此断开，而不再继续画。

（3）忽略方式：如图 4-103（c）所示，该方式忽略边界内部的对象，所有内部结构都被剖面符号覆盖。

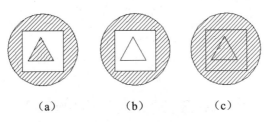

（a）　　　　　（b）　　　　　（c）

图 4-103　填充方式

## 4.7.2　图案填充的操作

### 1. 执行方式

- ☑　命令行：BHATCH。
- ☑　菜单栏："绘图"→"图案填充"。
- ☑　工具栏："绘图"→"图案填充"  或"渐变色" 。

### 2. 操作步骤

执行上述命令后，系统弹出如图 4-104 所示的"图案填充和渐变色"对话框，各选项组和按钮含义如下。

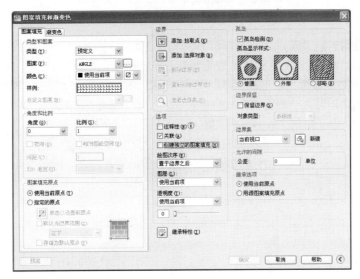

图 4-104　"图案填充和渐变色"对话框

（1）"图案填充"标签

此标签中的各选项用来确定填充图案及其参数。单击此标签后，弹出如图 4-105 所示的左边选项组。其中各选项含义如下。

①　"类型"下拉列表框：此选项用于确定填充图案的类型。在"类型"下拉列表框中，"用户定义"选项表示用户要临时定义填充图案，与命令行方式中的"U"选项作用一样；"自定义"选项表示选用 ACAD.PAT 图案文件或其他图案文件（.PAT 文件）中的填充图案；"预定义"选项表示选用 AutoCAD 标准图案文件（ACAD.PAT 文件）中的填充图案。

②　"图案"下拉列表框：此选项组用于确定 AutoCAD 标准图案文件中的填充图案。在"图案"下拉列表中，用户可从中选取填充图案。选取所需要的填充图案后，在"样例"中的图像框内会显示

· 127 ·

出该图案。只有用户在"类型"下拉列表中选择了"预定义"选项后，此项才以正常亮度显示，即允许用户从 AutoCAD 标准图案文件中选取填充图案。

如果选择的图案类型是"预定义"，单击"图案"下拉列表框右边的□按钮，会弹出如图 4-105 所示的图案列表，该对话框中显示出所选图案类型所具有的图案，用户可从中确定所需要的图案。

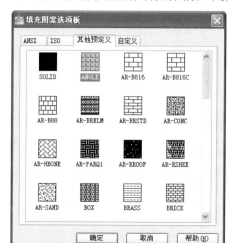

图 4-105　图案列表

③　"样例"图像框：此选项用来给出样本图案。在其右面有一矩形图像框，显示出当前用户所选用的填充图案。可以单击该图像框迅速查看或选取已有的填充图案。

④　"自定义图案"下拉列表框：此下拉列表框用于确定 ACAD.PAT 图案文件或其他图案文件（.PAT）中的填充图案。只有在"类型"下拉列表中选择了"自定义"项后，该项才以正常亮度显示，即允许用户从 ACAD.PAT 图案文件或其他图案件（.PAT）中选取填充图案。

⑤　"角度"下拉列表框：此下拉列表框用于确定填充图案时的旋转角度。每种图案在定义时的旋转角度为 0，用户可在"角度"下拉列表中选择所希望的旋转角度。

⑥　"比例"下拉列表框：此下拉列表框用于确定填充图案的比例值。每种图案在定义时的初始比例为 1，用户可以根据需要进行放大或缩小，方法是在"比例"下拉列表中选择相应的比例值。

⑦　"双向"复选框：该项用于确定用户临时定义的填充线是一组平行线，还是相互垂直的两组平行线。只有在"类型"下拉列表框中选用"用户定义"选项后，该项才可以使用。

⑧　"相对图纸空间"复选框：该项用于确定是否相对图纸空间单位来确定填充图案的比例值。选择此选项后，可以按适合于版面布局的比例方便地显示填充图案。该选项仅仅适用于图形版面编排。

⑨　"间距"文本框：该项用于指定平行线之间的间距，在"间距"文本框内输入值即可。只有在"类型"下拉列表框中选用"用户定义"选项后，该项才可以使用。

⑩　"ISO 笔宽"下拉列表框：此下拉列表框告诉用户根据所选择的笔宽确定与 ISO 有关的图案比例。只有在选择了已定义的 ISO 填充图案后，才可确定它的内容。图案填充的原点可控制填充图案生成的起始位置。填充这些图案（如砖块图案）时需要与图案填充边界上的一点对齐。在默认情况下，所有填充图案原点都对应于当前的 UCS 原点。也可以选择"指定的原点"，通过其下一级的选项重新指定原点。

（2）"渐变色"标签

渐变色是指从一种颜色到另一种颜色的平滑过渡。渐变色能产生光的效果，可为图形添加视觉效果。单击该标签，AutoCAD 弹出如图 4-106 所示的"渐变色"标签，其中各选项含义如下。

Note

①　"单色"单选按钮：应用单色对所选择的对象进行渐变填充。在"图案填充与渐变色"对话框的右上边的显示框中显示用户所选择的真彩色，单击 按钮，系统打开"选择颜色"对话框，如图 4-107 所示。该对话框将在第 5 章中详细介绍，这里不再赘述。

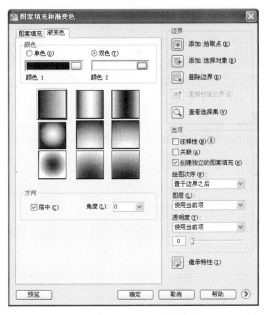

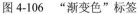

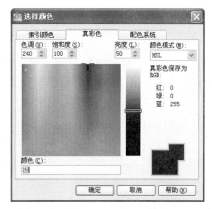

图 4-106　"渐变色"标签　　　　　　　图 4-107　"选择颜色"对话框

②　"双色"单选按钮：应用双色对所选择的对象进行渐变填充。填充颜色将从颜色 1 渐变到颜色 2。颜色 1 和颜色 2 的选取与单色选取类似。

③　"渐变方式"样板：在"渐变色"标签的下方有 9 个"渐变方式"样板，分别表示不同的渐变方式，包括线形、球形和抛物线形等方式。

④　"居中"复选框：该复选框用于决定渐变填充是否居中。

⑤　"角度"下拉列表框：在该下拉列表框中选择角度，此角度为渐变色倾斜的角度。不同的渐变色填充如图 4-108 所示。

（a）单色线形居中 0 角度渐变填充　　　（b）双色抛物线形居中 0 角度渐变填充

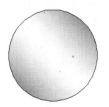

（c）单色线形居中 45°渐变填充　　　（d）双色球形不居中 0 角度渐变填充

图 4-108　不同的渐变色填充

（3）"边界"选项组

① "添加：拾取点"按钮：以拾取点的形式自动确定填充区域的边界。在填充的区域内任意拾取一点，系统会自动确定出包围该点的封闭填充边界，并且以高亮度显示（见图 4-109）。

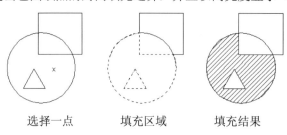

选择一点　　　　填充区域　　　　填充结果

图 4-109　拾取点

② "添加：选择对象"按钮：以选择对象的方式确定填充区域的边界。用户可以根据需要选取构成填充区域的边界。同样，被选择的边界也会以高亮度显示，如图 4-110 所示。

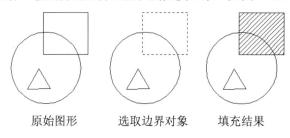

原始图形　　　　选取边界对象　　　　填充结果

图 4-110　选择对象

③ "删除边界"按钮：从边界定义中删除以前添加的所有对象，如图 4-111 所示。

④ "重新创建边界"按钮：围绕选定的填充图案或填充对象创建多段线或面域。

⑤ "查看选择集"按钮：查看填充区域的边界。单击该按钮，AutoCAD 会临时切换到绘图屏幕，将所选择的作为填充边界的对象以高亮度显示。只有通过"拾取点"按钮或"选择对象"按钮选取了填充边界，"查看选择集"按钮才可以使用。

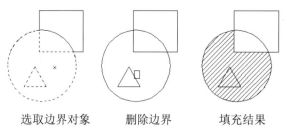

选取边界对象　　　　删除边界　　　　填充结果

图 4-111　删除边界

（4）"选项"选项组

① "注释性"复选框：指定填充图案为注释性。

② "关联"复选框：此复选框用于确定填充图案与边界的关系。若选择此复选框，那么填充图案与填充边界保持着关联关系，即图案填充后，当用钳夹（Grips）功能对边界进行拉伸等编辑操作时，AutoCAD 会根据边界的新位置重新生成填充图案。

③ "创建独立的图案填充"复选框：当指定了几个独立的闭合边界时，用来选择创建单个图案填充对象，或是创建多个图案填充对象，如图 4-112 所示。

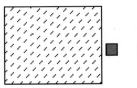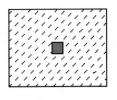

（a）不独立，选中时是一个整体　　　　（b）独立，选中时不是一个整体

图 4-112　独立与不独立

Note

④ "绘图次序"下拉列表框：指定图案填充的顺序。图案填充可以放在所有其他对象之后或之前；图案填充边界之后或之前。

（5）"继承特性"按钮

此按钮的作用是体现图案填充的继承特性，即选用图中已有的填充图案作为当前的填充图案。

（6）"孤岛"选项组

① "孤岛显示样式"列表：该选项组用于确定图案的填充方式。用户可以从中选取所需的填充方式。默认的填充方式为"普通"。用户也可以在右键快捷菜单中选择填充方式。

② "孤岛检测"复选框：确定是否检测孤岛。

（7）"边界保留"选项组

指定是否将边界保留为对象，并确定应用于这些对象的对象类型是多段线还是面域。

（8）"边界集"选项组

此选项组用于定义边界集。当单击"添加：拾取点"按钮以根据拾取点的方式确定填充区域时，有两种定义边界集的方式：一种方式是以包围所指定点的最近的有效对象作为填充边界，即"当前视口"选项，该项是系统的默认方式；另一种方式是用户自己选定一组对象来构造边界，即"现有集合"选项，选定对象通过其上面的"新建"按钮来实现，单击该按钮后，AutoCAD 临时切换到绘图屏幕，并提示用户选取作为构造边界集的对象。此时若选取"现有集合"选项，AutoCAD 会根据用户指定的边界集中的对象来构造一个封闭边界。

（9）"允许的间隙"文本框

设置将对象用作填充图案边界时可以忽略的最大间隙。默认值为 0，此值指定对象必须封闭区域而没有间隙。

（10）"继承选项"选项组

使用"继承特性"创建填充图案时，控制图案填充原点的位置。

## 4.7.3　编辑填充的图案

利用 HATCHEDIT 命令，编辑已经填充的图案。

1. 执行方式

☑　命令行：HATCHEDIT。

☑　菜单栏："修改" → "对象" → "图案填充"。

☑　工具栏："修改 II" → "编辑图案填充"　。

2. 操作步骤

执行上述命令后，命令行提示如下：

选择关联填充对象：

选取关联填充物体后，系统弹出如图 4-113 所示的"图案填充编辑"对话框。

图 4-113 "图案填充编辑"对话框

在图 4-113 中，只有正常显示的选项，才可以对其进行操作。该对话框中各项的含义与"图案填充和渐变色"对话框中各项的含义相同。利用该对话框，可以对已填充的图案进行一系列的编辑修改。

## 4.7.4 实例——沙发茶几

本例利用"二维绘制"和"编辑"命令绘制沙发茶几，然后利用"图案填充"命令填充图形，在绘制过程中，熟练掌握图案填充命令的运用，绘制流程图如图 4-114 所示。

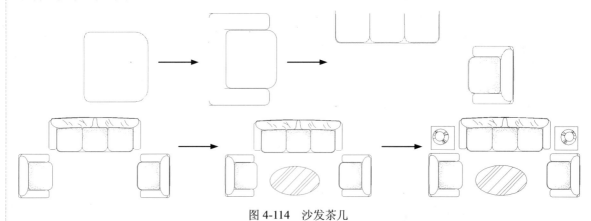

图 4-114 沙发茶几

操作步骤：（光盘\动画演示\第 4 章\沙发茶几.avi）

（1）单击"绘图"工具栏中的"直线"按钮，绘制其中单个沙发造型，如图 4-115 所示。

（2）单击"绘图"工具栏中的"圆弧"按钮，将沙发面 4 条边连接起来，得到完整的沙发面，如图 4-116 所示。

（3）单击"绘图"工具栏中的"直线"按钮，绘制侧面扶手，如图 4-117 所示。

图 4-115　创建沙发面 4 条边　　　　图 4-116　连接边角　　　　图 4-117　绘制扶手

（4）单击"绘图"工具栏中的"圆弧"按钮，绘制侧面扶手弧边线，如图 4-118 所示。

（5）单击"修改"工具栏中的"镜像"按钮，镜像绘制另外一个方向的扶手轮廓，如图 4-119 所示。

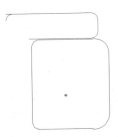

图 4-118　绘制扶手弧边线　　　　　　图 4-119　绘制另外一侧扶手

（6）单击"绘图"工具栏中的"圆弧"按钮和单击"修改"工具栏中的"镜像"按钮，绘制沙发背部扶手轮廓，如图 4-120 所示。

（7）单击"绘图"工具栏中的"圆弧"按钮、"直线"按钮和单击"修改"工具栏中的"镜像"按钮，继续完善沙发背部扶手轮廓，如图 4-121 所示。

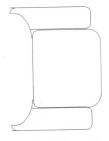

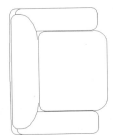

图 4-120　创建背部扶手　　　　　　图 4-121　完善背部扶手

（8）单击"修改"工具栏中的"偏移"按钮，对沙发面造型进行修改，使其更为形象，如图 4-122 所示。

（9）单击"绘图"工具栏中的"点"按钮，在沙发座面上绘制点，细化沙发面造型，如图 4-123 所示，命令行中提示如下：

```
命令：POINT（输入画点命令）
当前点模式：PDMODE=99  PDSIZE=25.0000（系统变量的 PDMODE、PDSIZE 设置数值）
指定点：（使用鼠标在屏幕上直接指定点的位置，或直接输入点的坐标）
```

图 4-122　修改沙发面

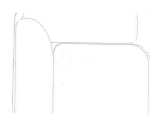

图 4-123　细化沙发面

（10）单击"修改"工具栏中的"镜像"按钮，进一步细化沙发面造型，使其更为形象，如图 4-124 所示。

（11）采用相同的方法，绘制 3 人座的沙发造型，如图 4-125 所示。

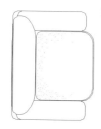

图 4-124　完善沙发面

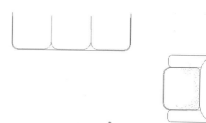

图 4-125　绘制 3 人座沙发

（12）单击"绘图"工具栏中的"直线"按钮、"圆弧"按钮和单击"修改"工具栏中的"镜像"按钮，绘制扶手造型，如图 4-126 所示。

（13）单击"绘图"工具栏中的"圆弧"按钮、"直线"按钮，绘制 3 人座沙发背部造型，如图 4-127 所示。

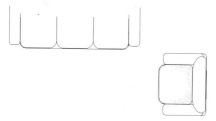

图 4-126　绘制 4 人座沙发扶手

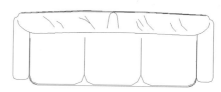

图 4-127　建立 4 人座背部造型

（14）单击"绘图"工具栏中的"点"按钮，对 3 人座沙发面造型进行细化，如图 4-128 所示。

（15）单击"修改"工具栏中的"移动"按钮，调整两个沙发造型的位置，如图 4-129 所示。

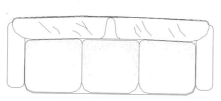

图 4-128　细化 4 人座沙发面

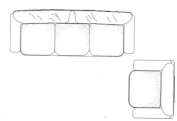

图 4-129　调整沙发位置

（16）单击"修改"工具栏中的"镜像"按钮 ，对单个沙发进行镜像，得到沙发组造型，如图 4-130 所示。

（17）单击"绘图"工具栏中的"椭圆"按钮 ，绘制一个椭圆形建立椭圆型的茶几造型，如图 4-131 所示。

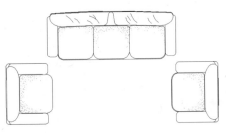

图 4-130　沙发组

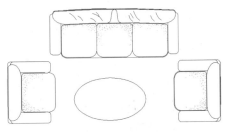

图 4-131　建立椭圆型茶几

（18）单击"绘图"工具栏中的"图案填充"按钮 ，打开"图案填充和渐变色"对话框，设置填充图案为 AR-RROOF，角度为 45，比例为 2，然后对茶几进行填充图案。结果如图 4-132 所示。

（19）单击"绘图"工具栏中的"正多边形"按钮 ，绘制沙发之间的桌面灯造型，如图 4-133 所示。

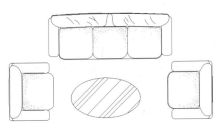

图 4-132　填充茶几图案

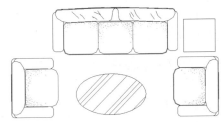

图 4-133　绘制一个正方形

（20）单击"绘图"工具栏中的"圆"按钮 ，绘制两个大小和圆心位置不同的圆形，如图 4-134 所示。

（21）单击"绘图"工具栏中的"直线"按钮 ，绘制随机斜线形成灯罩效果，如图 4-135 所示。

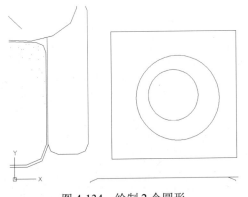

图 4-134　绘制 2 个圆形

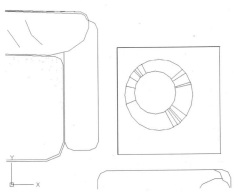

图 4-135　创建灯罩

（22）单击"修改"工具栏中的"镜像"按钮 ，进行镜像得到两个沙发桌面灯造型，如图 4-136 所示。

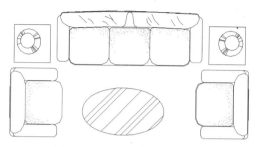

图 4-136　创建另外一侧造型

# 4.8　实践与练习

通过前面的学习，读者对本章知识也有了大体的了解，本节通过几个操作练习使读者进一步掌握本章知识要点。

【实践 1】绘制如图 4-137 所示的办公桌。

### 1．目的要求

本例绘制的是一个简单的办公家具图形，涉及的命令有"矩形"、"复制"和"镜像"。通过本实践，要求读者掌握"复制"和"镜像"命令的使用方法。

### 2．操作提示

（1）利用"矩形"命令在适当位置绘制几个矩形。
（2）利用"复制"命令复制抽屉图形。
（3）利用"镜像"命令完善图形。

【实践 2】绘制如图 4-138 所示的沙发。

### 1．目的要求

本例绘制的是一个沙发图形。涉及的编辑命令有"分解"、"圆角"、"延伸"和"修剪"等。通过本实践，要求读者掌握相关编辑命令的使用方法。

图 4-137　办公桌

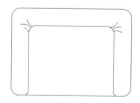

图 4-138　沙发

### 2．操作提示

（1）利用"矩形"命令绘制带圆角的矩形作为沙发的外框。
（2）利用"直线"命令绘制内框。

（3）利用"分解"命令和"圆角"命令，修改沙发轮廓。

（4）利用"延伸"命令，将"圆角"命令去掉的线段补上。

（5）利用"圆角"命令再次进行圆角处理。

（6）利用"修剪"命令进行修剪。

（7）利用"圆弧"命令绘制沙发拐角皱纹。

 【实践 3】绘制如图 4-139 所示的餐厅桌椅。

1．目的要求

本例绘制的是一个餐厅桌椅图形。涉及的编辑命令有"偏移"、"镜像"和"阵列"等。通过本实践，要求读者掌握相关编辑命令的使用方法。

2．操作提示

（1）利用"直线"、"圆弧"和"镜像"命令绘制椅子。

（2）利用"圆"和"偏移"命令绘制桌子。

（3）利用"阵列"命令布置椅子。

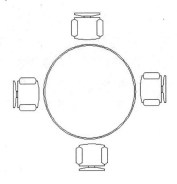

图 4-139　餐厅桌椅

# 第5章

# 辅助工具

文字注释是图形中很重要的一部分内容，在进行各种设计时，通常不仅要绘出图形，还要在图形中标注一些文字。图表在 AutoCAD 图形中也有大量的应用，如明细表、参数表和标题栏等。尺寸标注是绘图设计过程当中相当重要的一个环节。

在绘图设计过程中，经常会遇到一些重复出现的图形（如建筑设计中的桌椅、门窗等），如果每次都重新绘制这些图形，不仅会造成大量的重复工作，而且存储这些图形及其信息也会占据相当大的磁盘空间。

☑ 查询工具　　　　　　☑ 表格
☑ 图块及其属性　　　　☑ 尺寸标注
☑ 文本标注　　　　　　☑ 设计中心与工具选项板

## 任务驱动&项目案例

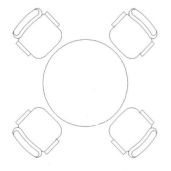

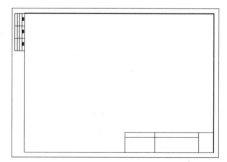

# 5.1 查询工具

为方便用户及时了解图形信息，AutoCAD 提供了很多查询工具，这里简要进行说明。

## 5.1.1 距离查询

1. 执行方式

☑ 命令行：MEASUREGEOM。

☑ 菜单："工具"→"查询"→"距离"。

☑ 工具栏："查询"→"距离" 。

2. 操作步骤

> 命令：MEASUREGEOM
> 输入选项[距离(D)/半径(R)/角度(A)/面积(AR)/体积(V)] <距离>：距离
> 指定第一点：指定点
> 指定第二点或 [多点]： 指定第二点或输入 m 表示多个点
> 输入选项[距离(D)/半径(R)/角度(A)/面积(AR)/体积(V)/退出(X)] <距离>：退出

3. 选项说明

多点：如果使用此选项，将基于现有直线段和当前橡皮线即时计算总距离。

## 5.1.2 面积查询

1. 执行方式

☑ 命令行：MEASUREGEOM。

☑ 菜单："工具"→"查询"→"面积"。

☑ 工具栏："查询"→"面积" 。

2. 操作步骤

> 命令：MEASUREGEOM
> 输入选项[距离(D)/半径(R)/角度(A)/面积(AR)/体积(V)] <距离>：面积
> 指定第一个角点或[对象(O)/增加面积(A)/减少面积(S)/退出(X)] <对象>：选择选项

3. 选项说明

在工具选项板中，系统设置了一些常用图形的选项卡，这些选项卡可以方便用户绘图。

（1）指定角点

计算由指定点所定义的面积和周长。

（2）增加面积

打开"加"模式，并在定义区域时即时保持总面积。

（3）减少面积

从总面积中减去指定的面积。

# 5.2 图块及其属性

把一组图形对象组合成图块加以保存,需要的时候可以把图块作为一个整体以任意比例和旋转角度插入到图中任意位置,这样不仅避免了大量的重复工作,提高了绘图速度和工作效率,而且大大节省了磁盘空间。

## 5.2.1 图块操作

### 5.2.1.1 图块定义

1. 执行方式

☑ 命令行:BLOCK。

☑ 菜单栏:"绘图"→"块"→"创建命令"。

☑ 工具栏:"绘图"→"创建块" 。

2. 操作步骤

执行上述命令,系统弹出如图 5-1 所示的"块定义"对话框,利用该对话框指定定义对象和基点以及其他参数,可定义图块并命名。

图 5-1 "块定义"对话框

### 5.2.1.2 图块保存

1. 执行方式

☑ 命令行:WBLOCK。

2. 操作步骤

执行上述命令,系统弹出如图 5-2 所示的"写块"对话框。利用此对话框可把图形对象保存为图块或把图块转换成图形文件。

图 5-2 "写块"对话框

### 5.2.1.3 图块插入

1. 执行方式

☑ 命令行：INSERT。

☑ 菜单栏："插入"→"块"。

☑ 工具栏："插入"→"插入块"  或"绘图"→"插入块" 。

2. 操作步骤

执行上述命令，系统弹出"插入"对话框，如图 5-3 所示。利用此对话框设置插入点位置、插入比例以及旋转角度可以指定要插入的图块及插入位置。

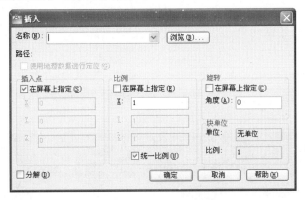

图 5-3 "插入"对话框

## 5.2.2 图块的属性

### 5.2.2.1 属性定义

1. 执行方式

☑ 命令行：ATTDEF。

☑ 菜单栏:"绘图"→"块"→"定义属性"。

**2. 操作步骤**

执行上述命令,系统弹出"属性定义"对话框,如图 5-4 所示。

图 5-4 "属性定义"对话框

**3. 选项说明**

(1)"模式"选项组

☑ "不可见"复选框:选中此复选框,属性为不可见显示方式,即插入图块并输入属性值后,属性值在图中并不显示出来。

☑ "固定"复选框:选中此复选框,属性值为常量,即属性值在属性定义时给定,在插入图块时,AutoCAD 2012 不再提示输入属性值。

☑ "验证"复选框:选中此复选框,当插入图块时,AutoCAD 2012 重新显示属性值让用户验证该值是否正确。

☑ "预设"复选框:选中此复选框,当插入图块时,AutoCAD 2012 自动把事先设置好的默认值赋予属性,而不再提示输入属性值。

☑ "锁定位置"复选框:选中此复选框,当插入图块时,AutoCAD 2012 锁定块参照中属性的位置。解锁后,属性可以相对于使用夹点编辑的块的其他部分移动,并且可以调整多行属性的大小。

☑ "多行"复选框:指定属性值可以包含多行文字。

(2)"属性"选项组

☑ "标记"文本框:输入属性标签。属性标签可由除空格和感叹号以外的所有字符组成。AutoCAD 2012 自动把小写字母改为大写字母。

☑ "提示"文本框:输入属性提示。属性提示是在插入图块时 AutoCAD 2012 要求输入属性值的提示。如果不在此文本框内输入文本,则以属性标签作为提示。如果在"模式"选项组选中"固定"复选框,即设置属性为常量,则不需设置属性提示。

☑ "默认"文本框:设置默认的属性值。可把使用次数较多的属性值作为默认值,也可不设默认值。

其他各选项组比较简单,此处不再赘述。

### 5.2.2.2  修改属性定义

1. 执行方式

☑  命令行：DDEDIT。

☑  菜单栏："修改"→"对象"→"文字"→"编辑"。

2. 操作步骤

命令：DDEDIT

选择注释对象或[放弃(U)]

在此提示下选择要修改的属性定义，AutoCAD 2012 打开"编辑属性定义"对话框，如图 5-5 所示。可以在该对话框中修改属性定义。

图 5-5  "编辑属性定义"对话框

### 5.2.2.3  图块属性编辑

1. 执行方式

☑  命令行：EATTEDIT。

☑  菜单栏："修改"→"对象"→"属性"→"单个"。

☑  工具栏："修改Ⅱ"→"编辑属性"  。

2. 操作步骤

命令：EATTEDIT

选择块：

选择块后，系统弹出"增强属性编辑器"对话框，如图 5-6 所示。该对话框不仅可以编辑属性值，还可以编辑属性的文字选项和图层、线型、颜色等特性值。

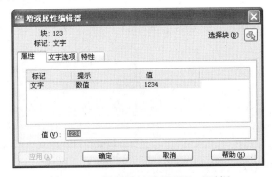

图 5-6  "增强属性编辑器"对话框

## 5.2.3  实例——四人餐桌

本实例主要介绍灵活利用图块快速绘制家具图形的具体方法。首先将已经绘制的圈椅定义成图块并保存，然后绘制桌子，最后将圈椅图块插入到桌子图形中。绘制流程如图 5-7 所示。

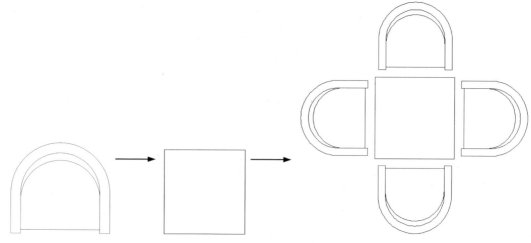

图 5-7　绘制流程

操作步骤：（光盘\动画演示\第 5 章\四人餐桌.avi）

（1）打开 3.5.3 小节绘制的圈椅图形，如图 5-8 所示。

（2）在命令行中输入 WBLOCK 命令，弹出"写块"对话框，如图 5-9 所示。单击"基点"按钮，拾取圈椅前沿的中点为基点，单击"选择对象"按钮，拾取整个圈椅图形为对象，输入图块名称"圈椅图块"并指定路径，确认保存。

图 5-8　圈椅

图 5-9　"写块"对话框

（3）利用"正多边形"命令绘制一个适当大小的正方形餐桌，如图 5-10 所示。

（4）单击"绘图"工具栏中的"插入块"按钮，打开"插入"对话框，单击"浏览"按钮，找到圈椅图块保存的路径，在"角度"文本框中输入 90，选中"在屏幕上指定"和"统一比例"复选框，其他选项按默认设置，如图 5-11 所示，单击"确定"按钮。

图 5-10 餐桌 图 5-11 "插入"对话框

（5）利用"对象捕捉"和"对象追踪"功能，追踪捕捉桌子图形中点左边一个适当距离放置圈椅图块，如图 5-12 所示。

（6）单击"修改"工具栏中的"环形阵列"按钮 ✛，将插入的圈椅图块以桌子的中心为中心进行阵列，命令行提示如下：

```
命令：_arraypolar
选择对象：（选择插入的圈椅图块）
选择对象：
类型=极轴 关联=是
指定阵列的中心点或 [基点(B)/旋转轴(A)]：（捕捉桌子中心）
输入项目数或 [项目间角度(A)/表达式(E)] <4>：
指定填充角度(+=逆时针、-=顺时针) 或 [表达式(EX)] <360>：
按 Enter 键接受或 [关联(AS)/基点(B)/项目(I)/项目间角度(A)/填充角度(F)/行(ROW)/层
(L)/旋转项目(ROT)/退出(X)] <退出>：
```

最终结果如图 5-13 所示。

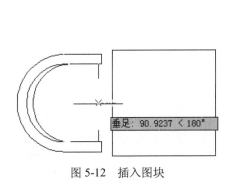

图 5-12 插入图块 图 5-13 阵列处理

# 5.3 文 本 标 注

文本标注是建筑图形的基本组成部分，在图签、说明、图纸目录等地方都要用到文本。本节讲述

*Note*

文本标注的基本方法。

## 5.3.1 设置文本样式

### 1. 执行方式

☑ 命令行：STYLE 或 DDSTYLE。

☑ 菜单栏："格式" → "文字样式"。

☑ 工具栏："文字" → "文字样式" 。

### 2. 操作步骤

执行上述命令，系统弹出"文字样式"对话框，如图 5-14 所示。

利用该对话框可以新建文字样式或修改当前文字样式。如图 5-15～图 5-17 所示为各种文字样式。

图 5-14 "文字样式"对话框

图 5-15 同一字体的不同样式图

图 5-16 文字倒置标注与反向标注

(a)　　　　　　(b)

图 5-17 垂直标注文字

## 5.3.2 单行文本标注

### 1. 执行方式

☑ 命令行：TEXT 或 DTEXT。

☑ 菜单栏："绘图" → "文字" → "单行文字"。

☑ 工具栏："文字" → "单行文字" 。

### 2. 操作步骤

```
命令：TEXT
当前文字样式：Standard 当前文字高度：0.2000
指定文字的起点或[对正(J)/样式(S)]
```

### 3. 选项说明

**（1）指定文字的起点**

在此提示下直接在作图屏幕上点取一点作为文本的起始点，命令行提示如下：

指定高度<0.2000>：（确定字符的高度）
指定文字的旋转角度 <0>：（确定文本行的倾斜角度）
输入文字：（输入文本）
输入文字：（输入文本或回车）

**（2）对正（J）**

在上面的提示下输入 J，用来确定文本的对齐方式，对齐方式决定文本的哪一部分与所选的插入点对齐。执行此选项，命令行提示如下：

输入选项 [对齐(A)/调整(F)/中心(C)/中间(M)/右(R)/左上(TL)/中上(TC)/右上(TR)/左中(ML)/正中(MC)/右中(MR)/左下(BL)/中下(BC)/右下(BR)]：

在此提示下选择一个选项作为文本的对齐方式。当文本串水平排列时，AutoCAD 为标注文本串定义了图 5-18 所示的顶线、中线、基线和底线。各种对齐方式如图 5-19 所示，图中大写字母对应上述提示中各命令。下面以"对齐"为例进行简要说明。

图 5-18 文本串的底线、基线、中线和顶线

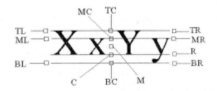

图 5-19 文本的对齐方式

实际绘图时，有时需要标注一些特殊字符，如直径符号、上划线或下划线、温度符号等。由于这些符号不能直接从键盘上输入，AutoCAD 提供了一些控制码，用来实现这些要求。控制码用两个百分号（%%）加一个字符构成，常用的控制码如表 5-1 所示。

表 5-1 AutoCAD 常用控制码

| 符 号 | 功 能 | 符 号 | 功 能 |
|---|---|---|---|
| %%O | 上划线 | \u+0278 | 电相位 |
| %%U | 下划线 | \u+E101 | 流线 |
| %%D | "度"符号 | \u+2261 | 标识 |
| %%P | 正负符号 | \u+E102 | 界碑线 |
| %%C | 直径符号 | \u+2260 | 不相等 |
| %%% | 百分号% | \u+2126 | 欧姆 |
| \u+2248 | 几乎相等 | \u+03A9 | 欧米加 |
| \u+2220 | 角度 | \u+214A | 低界线 |
| \u+E100 | 边界线 | \u+2082 | 下标2 |
| \u+2104 | 中心线 | \u+00B2 | 上标2 |
| \u+0394 | 差值 | | |

### 5.3.3　多行文本标注

#### 1．执行方式

☑　命令行：MTEXT。

☑　菜单栏："绘图"→"文字"→"多行文字"。

☑　工具栏："绘图"→"多行文字" **A** 或 "文字"→"多行文字" **A**。

#### 2．操作步骤

```
命令：MTEXT
当前文字样式：Standard　当前文字高度：1.9122
指定第一角点：（指定矩形框的第一个角点）
指定对角点或 [高度(H)/对正(J)/行距(L)/旋转(R)/样式(S)/宽度(W)]：
```

#### 3．选项说明

（1）指定对角点。

指定对角点后，系统弹出如图 5-20 所示的"文字格式"对话框，可利用此对话框与编辑器输入多行文本并对其格式进行设置。该对话框与 Wrod 界面类似，此外不再赘述。

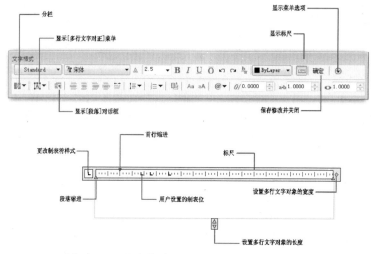

图 5-20　"文字格式"对话框和多行文字编辑器

（2）其他选项。

☑　对正（J）：确定所标注文本的对齐方式。

☑　行距（L）：确定多行文本的行间距，这里所说的行间距是指相邻两文本行的基线之间的垂直距离。

☑　旋转（R）：确定文本行的倾斜角度。

☑　样式（S）：确定当前的文本样式。

☑　宽度（W）：指定多行文本的宽度。

（3）在多行文字绘制区域单击鼠标右键，系统打开右键快捷菜单，如图 5-21 所示。该快捷菜单提供标准编辑选项和多行文字特有的选项。在多行文字编辑器中单击右键以显示快捷菜单。菜单顶层的选项是基本编辑选项——全部选择、选择性粘贴、剪切、复制和粘贴。后面的选项是多行文字编辑器特有的选项。

☑ 插入字段：显示"字段"对话框如图 5-22 所示，从中可以选择要插入到文字中的字段。关闭该对话框后，字段的当前值将显示在文字中。

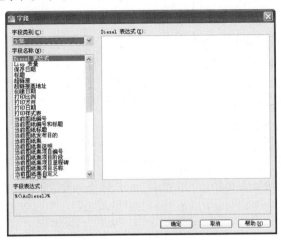

图 5-21 右键快捷菜单　　　　　图 5-22 "字段"对话框

☑ 符号：在光标位置插入符号或不间断空格。也可以手动插入符号。

☑ 输入文字：显示"选择文件"对话框（标准文件选择对话框）。选择任意 ASCII 或 RTF 格式的文件。

☑ 段落对齐：设置多行文字对象的对正和对齐方式。"左上"选项是默认设置。在一行的末尾输入的空格也是文字的一部分，并会影响该行文字的对正。文字根据其左右边界进行居中对正、左对正或右对正。文字根据其上下边界进行中央对齐、顶对齐或底对齐。各种对齐方式与前面所述类似，不再赘述。

☑ 段落：为段落和段落的第一行设置缩进。指定制表位和缩进，控制段落对齐方式、段落间距和段落行距。

☑ 项目符号和列表：显示用于编号列表的选项。

☑ 不分栏：为当前多行文字对象指定"不分栏"。

☑ 改变大小写：改变选定文字的大小写。可以选择"大写"或"小写"。

☑ 自动大写：将所有新输入的文字转换成大写。自动大写不影响已有的文字。要改变已有文字的大小写，请选择文字，单击右键，然后在快捷菜单中选择"改变大小写"命令。

☑ 字符集：显示代码页菜单。选择一个代码页并将其应用到选定的文字。

☑ 全部选择：选择多行文字对象中的所有文字。

☑ 合并段落：将选定的段落合并为一段并用空格替换每段的回车符。

☑ 背景遮罩：用设定的背景对标注的文字进行遮罩。选择该命令，系统弹出"背景遮罩"对话框，如图 5-23 所示。

图 5-23 "背景遮罩"对话框

☑ 删除格式：清除选定文字的粗体、斜体或下划线格式。

☑ 编辑器设置：显示"文字格式"工具栏的选项列表。有关详细信息，请参见编辑器设置。

## 5.3.4 多行文本编辑

### 1. 执行方式

☑ 命令行：DDEDIT。
☑ 菜单栏："修改"→"对象"→"文字"→"编辑"。
☑ 工具栏："文字"→"编辑" 🅰。

### 2. 操作步骤

```
命令：DDEDIT
选择注释对象或 [放弃(U)]：
```

要求选择想要修改的文本，同时光标变为拾取框。用拾取框单击对象，如果选取的文本是用 TEXT 命令创建的单行文本，可直接对其进行修改；如果选取的文本是用 MTEXT 命令创建的多行文本，选取后则打开多行文字编辑器（见图 5-20），可根据前面的介绍对各项设置或内容进行修改。

## 5.3.5 实例——酒瓶

本实例主要介绍文本标注的绘制方法。首先利用多段线绘制酒瓶外轮廓，然后细化酒瓶，最后输入文字标注，绘制流程如图 5-24 所示。

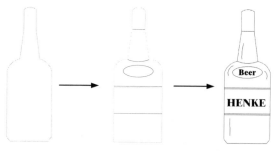

图 5-24 酒瓶

操作步骤：（光盘\动画演示\第 5 章\酒瓶.avi）

（1）单击"图层"工具栏中的"图层"按钮🔲，弹出"图层管理器"对话框，新建以下 3 个图层：
① 1 图层，颜色为绿色，其余属性默认；
② 2 图层，颜色为黑色，其余属性默认；
③ 3 图层，颜色为蓝色，其余属性默认。
（2）选择菜单栏中的"视图"→"缩放"→"圆心"命令，将图形界面缩放至适当大小。
（3）将当前图层设为"3"图层，单击"绘图"工具栏中的"多段线"按钮🔲，命令行提示如下：

```
命令：_pline
指定起点：40,0
当前线宽为 0.0000
指定下一个点或 [圆弧(A)/半宽(H)/长度(L)/放弃(U)/宽度(W)]：@-40,0
指定下一点或 [圆弧(A)/闭合(C)/半宽(H)/长度(L)/ 放弃(U)/宽度(W)]：@0,119.8
指定下一点或 [圆弧(A)/闭合(C)/半宽(H)/长度(L)/放弃(U)/宽度(W)]：a
指定圆弧的端点或[角度(A)/圆心(CE)/闭合(CL)/方向(D)/半宽(H)/直线(L)/半径(R)/第二个
```

点(S)/放弃(U)/宽度(W)]：22,139.6

　　　指定圆弧的端点或[角度(A)/圆心(CE)/闭合(CL)/方向(D)/半宽(H)/直线(L)/半径(R)/第二个
点(S)/放弃(U)/宽度(W)]：l

　　　　指定下一点或 [圆弧(A)/闭合(C)/半宽(H)/长度(L)/放弃(U)/宽度(W)]：29,190.7

　　　　指定下一点或 [圆弧(A)/闭合(C)/半宽(H)/长度(L)/放弃(U)/宽度(W)]：29,222.5

　　　　指定下一点或 [圆弧(A)/闭合(C)/半宽(H)/长度(L)/放弃(U)/宽度(W)]：a

　　　指定圆弧的端点或[角度(A)/圆心(CE)/闭合(CL)/方向(D)/半宽(H)/直线(L)/半径(R)/第二个
点(S)/放弃(U)/宽度(W)]：s

　　　　指定圆弧上的第二个点：40,227.6

　　　　指定圆弧的端点：51.2,223.3

　　　指定圆弧的端点或[角度(A)/圆心(CE)/闭合(CL)/方向(D)/半宽(H)/直线(L)/半径(R)/第二个
点(S)/放弃(U)/宽度(W)]：

　　绘制结果如图 5-25 所示。

　　（4）单击"修改"工具栏中的"镜像"按钮，以（0,0），（0,10）为镜像点，镜像绘制多段线，如图 5-26 所示。

　　（5）单击"绘图"工具栏中的"直线"按钮，绘制坐标点为{（0,94.5），（@80,0）}、{（0,48.6），（@80,0）}、{（29,190.7），（@22,0）}、{（0,50.6），（@80,0）}、{（0,92.5），（@80,0）}的直线，如图 5-27 所示。

图 5-25　绘制多段线　　　　图 5-26　镜像处理　　　　图 5-27　绘制直线

　　（6）单击"绘图"工具栏中的"椭圆"按钮，绘制中心点为（40,120），轴端点为（@25,0），轴长度为（@0,10）的椭圆。单击"绘图"工具栏中的"圆弧"按钮，以三点方式绘制坐标为（22,139.6），（40,136），（58,139.6）的圆弧，如图 5-28 所示。

　　（7）单击"绘图"工具栏中的"多行文字"按钮，指定文字高度为 5，输入文字，如图 5-29 所示。

图 5-28　绘制椭圆　　　　图 5-29　输入文字

# 5.4 表 格

在以前的版本中，要绘制表格必须采用绘制图线或者图线结合偏移或复制等编辑命令来完成，这样的操作过程烦琐而复杂，不利于提高绘图效率。从 AutoCAD 2010 开始，新增加了一个"表格"绘图功能，有了该功能，创建表格就变得非常容易，用户可以直接插入设置好样式的表格，而不用绘制由单独的图线组成的栅格。

## 5.4.1 设置表格样式

### 1. 执行方式

- ☑ 命令行：ABLESTYLE。
- ☑ 菜单栏："格式"→"表格样式"。
- ☑ 工具栏："样式"→"表格样式管理器"。

### 2. 操作步骤

执行上述命令，系统打开"表格样式"对话框，如图 5-30 所示。

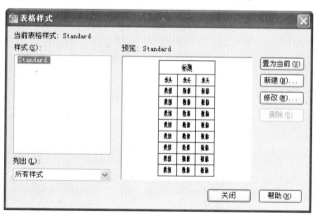

图 5-30 "表格样式"对话框

### 3. 选项说明

（1）"新建"按钮

单击该按钮，系统弹出"创建新的表格样式"对话框，如图 5-31 所示。输入新的表格样式名后，单击"继续"按钮，系统打开"新建表格样式"对话框，如图 5-32 所示。从中可以定义新的表样式，分别控制表格中数据、列标题和总标题的有关参数，如图 5-33 所示。

图 5-31 "创建新的表格样式"对话框

图 5-32 "新建表格样式"对话框

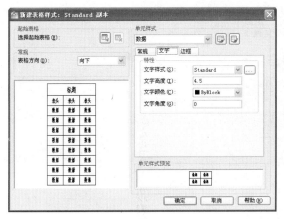 

图 5-33 "新建表格样式"对话框

图 5-34 为数据文字样式为 Standard，文字高度为 4.5，文字颜色为"红色"，填充颜色为"黄色"，对齐方式为"右下"；没有列标题行，标题文字样式为 Standard，文字高度为 6，文字颜色为"蓝色"，填充颜色为"无"，对齐方式为"正中"；表格方向为"上"，水平单元边距和垂直单元边距都为 1.5 的表格样式。

图 5-34 表格示例

（2）"修改"按理
对当前表格样式进行修改的方式与新建表格样式相同。

## 5.4.2 创建表格

### 1. 执行方式

☑ 命令行：TABLE。

☑ 菜单栏："绘图" → "表格"。

☑ 工具栏："绘图" → "表格" 。

### 2. 操作步骤

执行上述命令，系统弹出"插入表格"对话框，如图 5-35 所示。

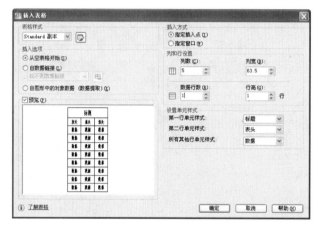

图 5-35 "插入表格"对话框

### 3. 选项说明

（1）表格样式：在要从中创建表格的当前图形中选择表格样式。通过单击下拉列表旁边的按钮，用户可以创建新的表格样式。

（2）插入选项：指定插入表格的方式。

☑ 从空表格开始：创建可以手动填充数据的空表格。

☑ 自数据链接：从外部电子表格中的数据创建表格。

☑ 自图形中的对象数据（数据提取）：启动"数据提取"向导。

（3）预览：显示当前表格样式的样例。

（4）插入方式：指定表格位置。

☑ 指定插入点：指定表格左上角的位置。可以使用定点设备，也可以在命令提示行中输入坐标值。选定此选项时，行数、列数、列宽和行高取决于窗口的大小以及列和行设置。

（5）列和行设置：设置列和行的数目和大小。

☑ 列数：选中"指定窗口"单选按钮并指定列宽时，"自动"选项将被选定，且列数由表格的宽度控制。如果已指定包含起始表格的表格样式，则可以选择要添加到此起始表格的其他列的数量。

☑ 列宽：指定列的宽度。选中"指定窗口"单选按钮并指定列数时，则选定了"自动"选项，且列宽由表格的宽度控制，最小列宽为一个字符。

☑ 数据行数：指定行数。选中"指定窗口"单选按钮并指定行高时，则选定了"自动"选项，且行数由表格的高度控制。带有标题行和表格头行的表格样式最少应有 3 行。最小行高为一个文字行。如果已指定包含起始表格的表格样式，则可以选择要添加到此起始表格的其他数据行的数量。

☑ 行高：按照行数指定行高。文字行高基于文字高度和单元边距，这两项均在表格样式中设置。选中"指定窗口"单选按钮并指定行数时，则选定了"自动"选项，且行高由表格的高度控制。

（6）设置单元样式：对于那些不包含起始表格的表格样式，请指定新表格中行的单元格式。

☑ 第一行单元样式：指定表格中第一行的单元样式。默认情况下，使用标题单元样式。

☑ 第二行单元样式：指定表格中第二行的单元样式。默认情况下，使用表头单元样式。

☑ 所有其他行单元样式：指定表格中所有其他行的单元样式。默认情况下，使用数据单元样式。

在上面的"插入表格"对话框中进行相应设置后，单击"确定"按钮，系统在指定的插入点或窗口自动插入一个空表格，并显示多行文字编辑器，用户可以逐行逐列输入相应的文字或数据，如图 5-36 所示。

图 5-36　多行文字编辑器

### 5.4.3　编辑表格文字

1．执行方式

☑ 命令行：TABLEDIT。

☑ 定点设备：表格内双击。

☑ 快捷菜单：编辑单元文字。

2．操作步骤

执行上述命令，系统打开多行文字编辑器，用户可以对指定表格单元的文字进行编辑。

# 5.5　尺 寸 标 注

尺寸标注相关命令的菜单方式集中在"标注"菜单中，工具栏方式集中在"标注"工具栏中，本节将详细讲述。

### 5.5.1　设置尺寸样式

1．执行方式

☑ 命令行：DIMSTYLE。

☑ 菜单栏："格式"→"标注样式"或"标注"→"样式"。

☑ 工具栏："标注"→"标注样式"。

2．操作步骤

执行上述命令，系统弹出"标注样式管理器"对话框，如图 5-37 所示。利用此对话框可方便直观地定制和浏览尺寸标注样式，包括产生新的标注样式、修改已存在的样式、设置当前尺寸标注样式、样式重命名以及删除一个已有样式等。

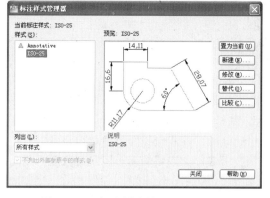

图 5-37　"标注样式管理器"对话框

**3. 选项说明**

（1）"置为当前"按钮

单击此按钮，把在"样式"列表框中选中的样式设置为当前样式。

（2）"新建"按钮

定义一个新的尺寸标注样式。单击此按钮，AutoCAD 弹出"创建新标注样式"对话框，如图 5-38 所示，利用此对话框可创建一个新的尺寸标注样式，单击"继续"按钮，系统弹出"新建标注样式"对话框，如图 5-39 所示，利用此对话框可对新样式的各项特性进行设置。该对话框中各部分的含义和功能将在后面介绍。

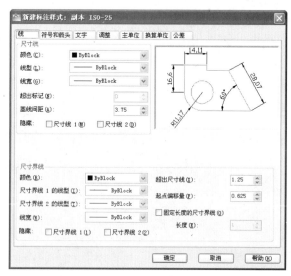

图 5-38　"创建新标注样式"对话框　　　　图 5-39　"新建标注样式"对话框

（3）"修改"按钮

修改一个已存在的尺寸标注样式。单击此按钮，AutoCAD 弹出"修改标注样式"对话框，该对话框中的各选项与"新建标注样式"对话框中完全相同，可以对已有标注样式进行修改。

（4）"替代"按钮

设置临时覆盖尺寸标注样式。单击此按钮，AutoCAD 弹出"替代当前样式"对话框，该对话框中各选项与"新建标注样式"对话框完全相同，用户可改变选项的设置覆盖原来的设置，但这种修改只对指定的尺寸标注起作用，而不影响当前尺寸变量的设置。

（5）"比较"按钮

比较两个尺寸标注样式在参数上的区别或浏览一个尺寸标注样式的参数设置。单击此按钮，AutoCAD 打开"比较标注样式"对话框，如图 5-40 所示。可以把比较结果复制到剪贴板上，然后再粘贴到其他的 Windows 应用软件上。

图 5-40　"比较标注样式"对话框

在图 5-39 所示的"新建标注样式"对话框中有 7 个选项卡，分别说明如下。

☑　线

该选项卡对尺寸的尺寸线、尺寸界线等参数进行设置。包括尺寸线的颜色、线宽、超出标记、基线间距、隐藏等参数。

☑　符号和箭头

该选项卡对箭头和圆心标记等各个参数进行设置。包括箭头的大小、圆心标记的类型和大小等参数。

☑　文字

该选项卡对文字的外观、位置、对齐方式等各个参数进行设置。如图 5-41 所示，包括文字外观的文字样式、颜色、填充颜色、文字高度、分数高度比例、是否绘制文字边框等参数，文字位置的垂直、水平和从尺寸线偏移量等参数。对齐方式有水平、与尺寸线对齐、ISO 标准等 3 种方式。图 5-42 为尺寸文本在垂直方向的放置的 4 种情形，图 5-43 为尺寸文本在水平方向的放置的 5 种情形。

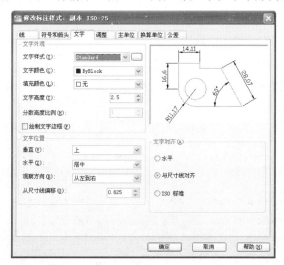

图 5-41　"新建标注样式"对话框的"文字"选项卡

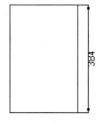

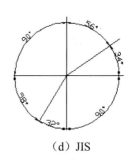

（a）置中 　　（b）上方 　　（c）外部 　　（d）JIS

图 5-42　尺寸文本在垂直方向的放置

（a）置中 　　　　　　　　　　　　（b）第一条尺寸界线

（c）第二条尺寸界线 　　（d）第一条尺寸界线上方 　　（e）第二条尺寸界线上方

图 5-43　尺寸文本在水平方向的放置

☑　调整

该选项卡对调整选项、文字位置、标注特征比例、优化等各个参数进行设置。如图 5-44 所示，包括调整选项选择，文字不在默认位置时的放置位置，标注特征比例选择以及调整尺寸要素位置等参数。如图 5-45 所示为文字不在默认位置时放置位置的 3 种不同情形。

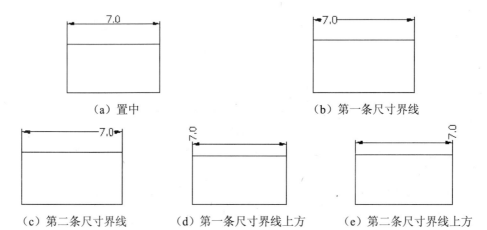

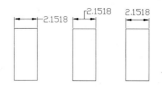

图 5-44　"新建标注样式"对话框的"调整"选项卡　　　　图 5-45　尺寸文本的位置

☑ 主单位

该选项卡用来设置尺寸标注的主单位和精度，以及给尺寸文本添加固定的前缀或后缀。本选项卡含两个选项组，分别对长度型标注和角度型标注进行设置，如图 5-46 所示。

☑ 换算单位

该选项卡用于对替换单位进行设置，如图 5-47 所示。

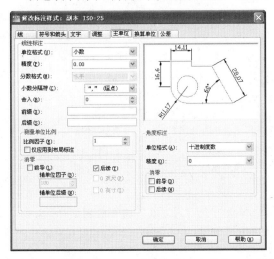

图 5-46 "新建标注样式"对话框的"主单位"选项卡　　图 5-47 "新建标注样式"对话框的"公差"选项卡

☑ 公差

该选项卡用于对尺寸公差进行设置。其中"方式"下拉列表框列出了 AutoCAD 提供的 5 种标注公差的形式，用户可从中选择。这 5 种形式分别是无、对称、极限偏差、极限尺寸和基本尺寸，其中"无"表示不标注公差，即上述常用标注情形。其余 4 种标注情况如图 5-48 所示，可在"精度"、"上偏差"、"下偏差"、"高度比例"、"垂直位置"等文本框中输入或选择相应的参数值。

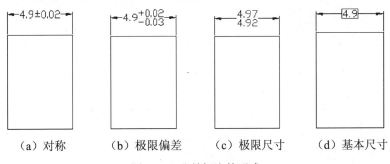

（a）对称　　　（b）极限偏差　　　（c）极限尺寸　　　（d）基本尺寸

图 5-48 公差标注的形式

## 5.5.2 尺寸标注

### 5.5.2.1 线性标注

1. 执行方式

☑ 命令行：DIMLINEAR。

☑ 菜单栏："标注"→"线性"。

☑ 工具栏："标注"→"线性标注" 。

*Note*

### 2. 操作步骤

命令: DIMLINEAR

指定第一条尺寸界线原点或 <选择对象>多段线或 [多条(M)]:

在此提示下有两种选择,直接按 Enter 键选择要标注的对象或确定尺寸界线的起始点,按 Enter 键并选择要标注的对象或指定两条尺寸界线的起始点后,命令行提示如下:

指定尺寸线位置或[多行文字(M)/文字(T)/角度(A)/水平(H)/垂直(V)/旋转(R)]

### 3. 选项说明

(1)指定尺寸线位置:确定尺寸线的位置。用户可移动鼠标选择合适的尺寸线位置,然后按 Enter 键或单击鼠标左键,AutoCAD 则自动测量所标注线段的长度并标注出相应的尺寸。

(2)多行文字(M):用多行文本编辑器确定尺寸文本。

(3)文字(T):在命令行提示下输入或编辑尺寸文本。选择此选项后,命令行提示如下:

输入标注文字 <默认值>:

其中的默认值是 AutoCAD 自动测量得到的被标注线段的长度,直接按 Enter 键即可采用此长度值,也可输入其他数值代替默认值。当尺寸文本中包含默认值时,可使用尖括号"<>"表示默认值。

(4)角度(A):确定尺寸文本的倾斜角度。

(5)水平(H):水平标注尺寸,不论被标注线段沿什么方向,尺寸线均水平放置。

(6)垂直(V):垂直标注尺寸,不论被标注线段沿什么方向,尺寸线均垂直放置。

(7)旋转(R):输入尺寸线旋转的角度值,旋转标注尺寸。

对齐标注的尺寸线与所标注的轮廓线平行;坐标尺寸标注点的纵坐标或横坐标;角度标注标注两个对象之间的角度;直径或半径标注标注圆或圆弧的直径或半径;圆心标记则标注圆或圆弧的中心或中心线,具体由"新建(修改)标注样式"对话框中"尺寸与箭头"选项卡中的"圆心标记"选项组决定。上面所述这几种尺寸标注与线性标注类似,此外不再赘述。

#### 5.5.2.2 基线标注

基线标注用于产生一系列基于同一条尺寸界线的尺寸标注,适用于长度尺寸标注、角度标注和坐标标注等。在使用基线标注方式之前,应该先标注出一个相关的尺寸,如图 5-49 所示。基线标注两平行尺寸线间距由"新建(修改)标注样式"对话框中"尺寸与箭头"选项卡下"尺寸线"选项组中的"基线间距"文本框中的值决定。

### 1. 执行方式

☑ 命令行:DIMLINEAR。

☑ 菜单栏:"标注"→"基线"。

☑ 工具栏:"标注"→"基线标注" 。

### 2. 操作步骤

命令: DIMLINEAR

指定第二条尺寸界线原点或[放弃(U)/选择(S)] <选择>

直接确定另一个尺寸的第二条尺寸界线的起点,AutoCAD 以上次标注的尺寸为基准标注,标注出相应尺寸。

直接按 Enter 键,命令行提示如下:

选择基准标注:(选取作为基准的尺寸标注)

连续标注又叫尺寸链标注,用于产生一系列连续的尺寸标注,后一个尺寸标注均把前一个标注的第二条尺寸界线作为它的第一条尺寸界线。与基线标注一样,在使用连续标注方式之前,应该先标注出一个相关的尺寸。其标注过程与基线标注类似，如图 5-50 所示。

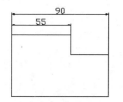

图 5-49　基线标注

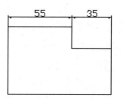

图 5-50　连续标注

### 5.5.2.3　快速标注

快速标注使用户可以交互地、动态地、自动化地进行尺寸标注。在该命令中可以同时选择多个圆或圆弧标注直径或半径，也可同时选择多个对象进行基线标注和连续标注，选择一次即可完成多个标注，可节省时间，提高工作效率。

1. 执行方式

☑　命令行：QDIM。

☑　菜单栏："标注" → "快速标注"。

☑　工具栏："标注" → "快速标注" 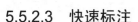。

2. 操作步骤

命令：QDIM
选择要标注的几何图形：(选择要标注尺寸的多个对象后回车)
指定尺寸线位置或 [连续(C)/并列(S)/基线(B)/坐标(O)/半径(R)/直径(D)/基准点(P)/ 编辑(E)/设置(T)] <连续>：

3. 选项说明

（1）指定尺寸线位置：直接确定尺寸线的位置，按默认尺寸标注类型标注出相应尺寸。

（2）连续（C）：产生一系列连续标注的尺寸。

（3）并列（S）：产生一系列交错的尺寸标注，如图 5-51 所示。

（4）基线（B）：产生一系列基线标注的尺寸。后面的"坐标（O）"、"半径（R）"、"直径（D）"含义与此类同。

（5）基准点（P）：为基线标注和连续标注指定一个新的基准点。

（6）编辑（E）：对多个尺寸标注进行编辑。系统允许对已存在的尺寸标注添加或移去尺寸点。选择此选项，命令行提示如下：

指定要删除的标注点或 [添加(A)/退出(X)] <退出>：

在此提示下确定要移去的点之后按 Enter 键，AutoCAD 对尺寸标注进行更新。如图 5-52 所示为删除中间 4 个标注点后的尺寸标注。

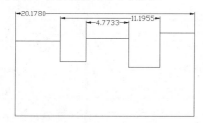

图 5-51　交错尺寸标注

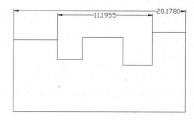

图 5-52　删除标注点

### 5.5.2.4 引线标注

**1. 执行方式**

☑ 命令行：QLEADER。

**2. 操作步骤**

命令：QLEADER
指定第一个引线点或[设置(S)] <设置>
指定下一点：（输入指引线的第二点）
指定下一点：（输入指引线的第三点）
指定文字宽度<0.0000>：（输入多行文本的宽度）
输入注释文字的第一行 <多行文字(M)>：（输入单行文本或回车打开多行文字编辑器输入多行文本）
输入注释文字的下一行：（输入另一行文本）
输入注释文字的下一行：（输入另一行文本或回车）

也可以在上面操作过程中选择"设置（S）"项弹出"引线设置"对话框进行相关参数设置，如图 5-53 所示。

图 5-53　"引线设置"对话框

另外，使用 LEADER 命令也可以进行引线标注，方法与 QLEADER 命令类似，此处不再赘述。

## 5.5.3　实例——给居室平面图标注尺寸

本实例主要介绍尺寸标注的绘制方法。首先利用二维绘制和编辑命令绘制居室平面图，然后标注居室平面图，绘制流程如图 5-54 所示。

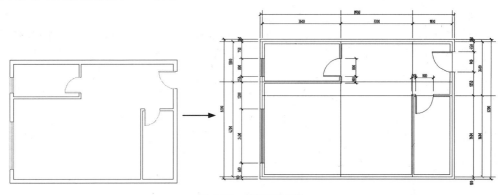

图 5-54　居室平面图

操作步骤：（光盘\动画演示\第5章\给居室平面图标注尺寸.avi）

**1. 绘制图形**

单击"绘图"工具栏中的"直线"按钮 、"矩形"按钮 和"圆弧"按钮 ，选择菜单栏中的"绘图"→"多线"命令，以及单击"修改"工具栏中的"镜像"按钮、"复制"按钮 、"偏移"按钮 、"倒角"按钮 和"旋转"按钮 等绘制图形。

**2. 设置尺寸标注样式**

单击"样式"工具栏中的"标注样式"按钮 ，弹出"标注样式管理器"对话框，如图5-55所示。单击"新建"按钮，在弹出的"创建新标注样式"对话框中设置"新样式"名为"S_50_轴线"。单击"继续"按钮，弹出"新建标注样式"对话框。在如图5-56所示的"符号和箭头"选项卡中，设置箭头为"建筑标记"，其他设置保持默认，完成后单击"确认"按钮退出。

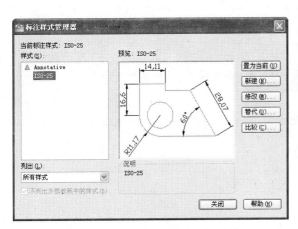

图5-55 "标注样式管理器"对话框

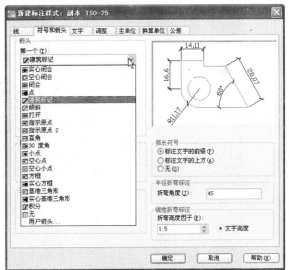

图5-56 设置"符号和箭头"选项卡

**3. 调出"标注"工具栏**

将鼠标指针移到任一屏幕工具栏上单击右键，弹出快键菜单，如图5-57所示。观察菜单发现，凡打勾的工具栏都已显示在屏幕上，选择"标注"命令，调出"标注"工具栏，如图5-58所示，并将它移动到合适的位置。

**4. 水平轴线尺寸**

首先将"S_50_轴线"样式置为当前状态，并把墙体和轴线的上侧放大显示，如图5-59所示。然后单击"标注"工具栏上的"快速标注"按钮 ，当命令行提示"选择要标注的几何图形"时，依次选中竖向的4条轴线，右击确定选择，向外拖动鼠标到适当位置确定，该尺寸即标注完成，如图5-60所示。

**5. 竖向轴线尺寸**

完成竖向轴线尺寸的标注，结果如图5-61所示。

图 5-57　调用标注工具栏

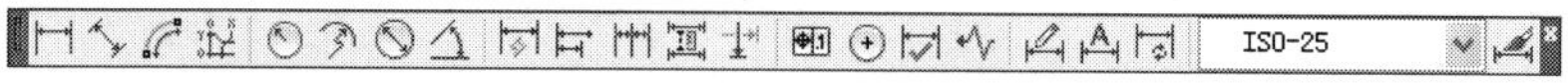

图 5-58　"标注"工具栏

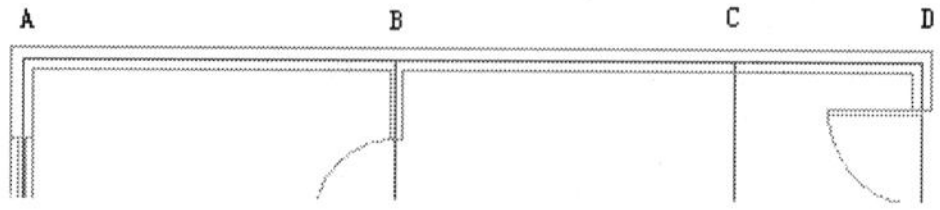

图 5-59　放大显示墙体

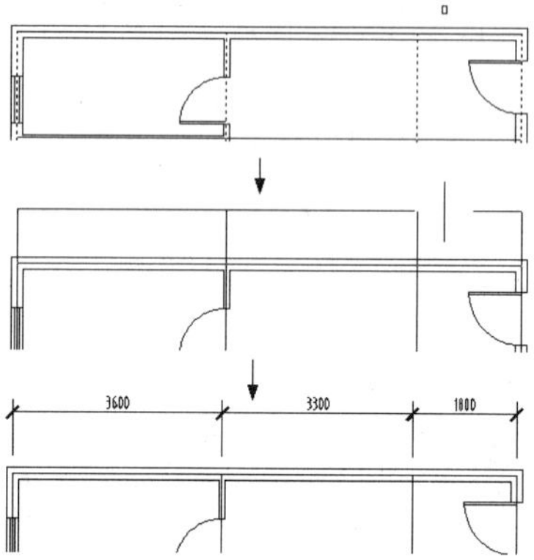

图 5-60　水平标注操作过程示意图

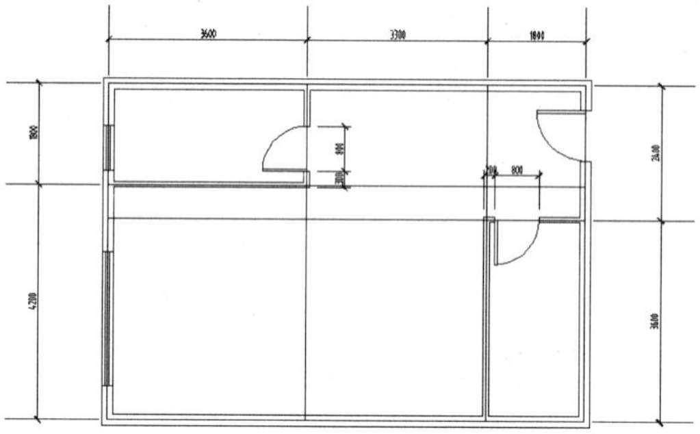

图 5-61　完成轴线标注

### 6. 门窗洞口尺寸

对于门窗洞口尺寸，有的地方用"快速标注"不太方便，现改用"线性标注"。单击"标注"工具栏上"线性标注"按钮，依次单击尺寸的两个界线源点，完成每一个需要标注的尺寸，结果如图 5-62 所示。

### 7. 标注编辑

对于其中自动生成指引线标注的尺寸值，现单击"标注"工具栏上"编辑标注"按钮，然后选中尺寸值，将它们逐个调整到适当位置，结果如图 5-63 所示。为了便于操作，在调整时可暂时将"对象捕捉"关闭。

注意：处理字样重叠的问题时，亦可以在标注样式中进行相关设置，这样计算机会自动处理，但处理效果有时不太理想。也通过可以单击"标注"工具栏中的"编辑标注文字"按钮来调整文字位置。

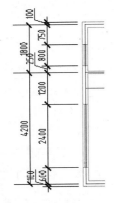

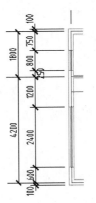

图 5-62 门窗尺寸标注　　　图 5-63 门窗尺寸调整

**8. 其他细部尺寸和总尺寸**

按照步骤 6～7 的方法完成其他细部尺寸和总尺寸的标注，结果如图 5-64 所示。注意总尺寸的标注位置。

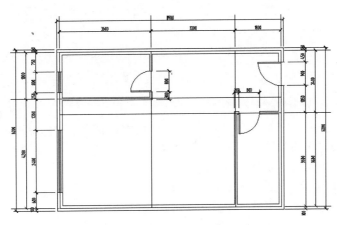

图 5-64 标注居室平面图尺寸

## 5.6　设计中心与工具选项板

使用 AutoCAD 2012 设计中心可以很容易地组织设计内容，并把它们拖动到当前图形中。工具选项板是"工具选项板"窗口中选项卡形式的区域，提供组织、共享和放置块及填充图案的有效方法。工具选项板还可以包含由第三方开发人员提供的自定义工具。也可以利用设置中组织内容，并将其创建为工具选项板。设计中心与工具选项板的使用大大方便了绘图，加快了绘图的效率。

### 5.6.1　设计中心

#### 5.6.1.1　启动设计中心

启动设计中心主要有以下几种方式。

☑　命令行：ADCENTER。

☑ 菜单栏："工具"→"设计中心"。

☑ 工具栏："标准"→"设计中心" 。

☑ 快捷键：Ctrl＋2。

执行上述命令，系统打开设计中心。第一次启动设计中心时，默认选项卡为"文件夹"。内容显示区采用大图标显示，左边的资源管理器采用 tree view 显示方式显示系统的树形结构，浏览资源的同时，在内容显示区显示所浏览资源的有关细目或内容，如图 5-65 所示。也可以搜索资源，方法与 Windows 资源管理器类似。

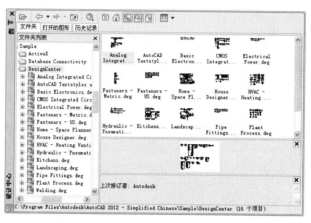

图 5-65　AutoCAD 2012 设计中心的资源管理器和内容显示区

### 5.6.1.2　利用设计中心插入图形

设计中心一个最大的优点是可以将系统文件夹中的 DWG 图形当成图块插入到当前图形中。

（1）从查找结果列表框选择要插入的对象，双击对象。

（2）弹出"插入"对话框，如图 5-66 所示。

（3）在对话框中指定插入点、比例和旋转角度等数值。

被选择的对象根据指定的参数插入到图形当中。

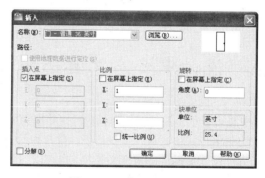

图 5-66　"插入"对话框

## 5.6.2　工具选项版

### 5.6.2.1　打开工具选项板

打开工具选项板主要有以下几种方式。

☑ 命令行：TOOLPALETTES。

☑ 菜单栏："工具"→"选项板"→"工具选项板"。

☑ 工具栏："标准"→"工具选项板窗口" 。

☑ 快捷键：Ctrl＋3。

执行上述操作后，系统自动弹出"工具选项板"窗口，如图 5-67 所示。单击鼠标右键，在系统弹出的快捷菜单中选择"新建选项板"命令，如图 5-68 所示。系统新建一个空白选项板，可以命名该选项板，如图 5-69 所示。

图 5-67　工具选项板

图 5-68　快捷菜单

图 5-69　新建选项板

### 5.6.2.2　将设计中心内容添加到工具选项板

在 DesignCenter 文件夹上单击鼠标右键，系统打开快捷菜单，从中选择"创建块的工具选项板"命令，如图 5-70 所示。设计中心中储存的图元就出现在工具选项板中新建的 DesignCenter 选项卡上，如图 5-71 所示。这样就可以将设计中心与工具选项板结合起来，建立一个快捷方便的工具选项板。

图 5-70　快捷菜单

图 5-71　创建工具选项板

### 5.6.2.3 利用工具选项板绘图

只需将工具选项板中的图形单元拖动到当前图形，该图形单元就以图块的形式插入到当前图形中。如图 5-72 所示的是将工具选项板中"建筑"选项卡中的"床—双人床"图形单元拖到当前图形。

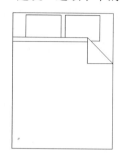

图 5-72　双人床

# 5.7　综合实例——绘制居室家具布置平面图

居室家具布置平面图是利用设计中心和工具选项板辅助绘制，绘制流程如图 5-73 所示。

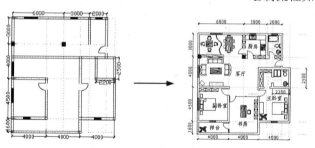

图 5-73　流程图

**操作步骤：**（光盘\动画演示\第 5 章\绘制居室家具布置平面图.avi）

## 5.7.1　绘制建筑主体图

单击"绘图"工具栏中的"直线"按钮和"圆弧"按钮，绘制建筑主体图，结果如图 5-74所示。

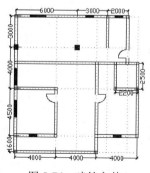

图 5-74　建筑主体

## 5.7.2 启动设计中心

（1）选择菜单栏中的"工具"→"选项板"→"设计中心"命令，出现如图 5-75 所示的设计中心面板，其中面板的左侧为资源管理器。

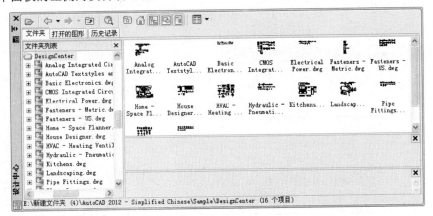

图 5-75 设计中心

（2）双击左侧的 Kitchens.dwg，弹出如图 5-76 所示的窗口；单击面板左侧的块图标 ，出现如图 5-77 所示的厨房设计常用的燃气灶、水龙头、橱柜和微波炉等模块。

图 5-76 Kitchens.dwg

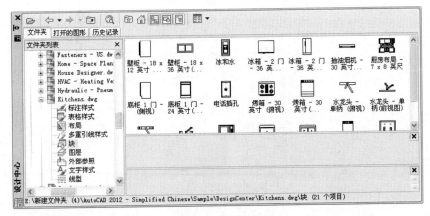

图 5-77 图形模块

### 5.7.3 插入图块

*Note*

新建"内部布置"图层，双击如图 5-77 所示的"微波炉"图标，弹出如图 5-78 所示的对话框，设置插入点为（19618,21000），缩放比例为 25.4，旋转角度为 0，插入的图块如图 5-79 所示，绘制结果如图 5-80 所示。重复上述操作，把 Home-Space Planner 与 House Designer 中的相应模块插入图形中，绘制结果如图 5-81 所示。

图 5-78 "插入"对话框

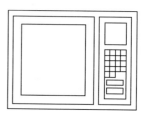

图 5-79 插入的图块

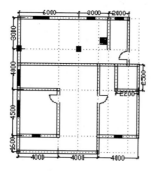

图 5-80 插入图块效果

图 5-81 室内布局

### 5.7.4 标注文字

单击"绘图"工具栏中的"多行文字"按钮 **A**，将"客厅"、"厨房"等名称输入相应的位置，结果如图 5-82 所示。

图 5-82 居室平面图

# 5.8 综合实例——绘制 A3 图纸样板图形

本实例主要介绍样板图的绘制方法。首先利用二维绘制和编辑命令绘制图框，然后绘制标题栏，再次绘制会签栏，最后保存为样板图的形式，绘制流程如图 5-83 所示。

图 5-83 绘制流程

操作步骤：（光盘\动画演示\第 5 章\绘制 A3 图纸样板图形.avi）

## 1. 设置单位和图形边界

（1）打开 AutoCAD 2012，则系统自动建立新图形文件。

（2）选择菜单栏中的"格式"→"单位"命令，系统弹出"图形单位"对话框，如图 5-84 所示。将"长度"的类型设置为"小数"，"精度"为 0；"角度"的类型为"十进制度数"，"精度"为 0，系统默认逆时针方向为正，单击"确定"按钮。

图 5-84 "图形单位"对话框

（3）设置图形边界。国标对图纸的幅面大小作了严格规定，此处，不妨按国标 A3 图纸幅面设置图形边界。A3 图纸的幅面为 420mm×297mm，选择菜单栏中的"格式"→"图层界限"命令，命令行提示如下：

```
命令：LIMITS
重新设置模型空间界限：
指定左下角点或 [开(ON)/关(OFF)] <0.0000,0.0000>：
指定右上角点 <12.0000,9.0000>：420,297
```

## 2. 设置图层

（1）单击"图层"工具栏中的"图层特性管理器"按钮，系统弹出"图层特性管理器"对话框，如图 5-85 所示。在该对话框中单击"新建"按钮，建立不同名称的新图层，这些不同的图层分别存放不同的图线或图形的不同部分。

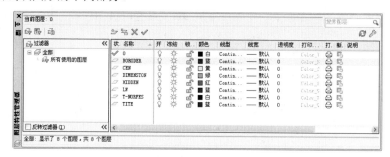

图 5-85　"图层特性管理器"对话框

（2）设置图层颜色。为了区分不同图层上的图线，增加图形不同部分的对比性，可以在"图层特性管理器"对话框中单击相应图层"颜色"标签下的颜色色块，打开"选择颜色"对话框，如图 5-86所示，在该对话框中选择需要的颜色。

（3）设置线型。在常用的工程图样中，通常要用到不同的线型，这是因为不同的线型表示不同的含义。在"图层特性管理器"中单击"线型"标签下的线型选项，打开"选择线型"对话框，如图 5-87 所示，在该对话框中选择对应的线型，如果在"已加载的线型"列表框中没有需要的线型，可以单击"加载"按钮，打开"加载或重载线型"对话框加载线型，如图 5-88 所示。

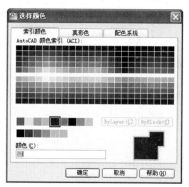

图 5-86　"选择颜色"对话框

图 5-87　"选择线型"对话框

（4）设置线宽。在工程图纸中，不同的线宽表示不同的含义，因此要对不同的图层的线宽界线进行设置，单击"图层特性管理器"中"线宽"标签下的选项，打开"线宽"对话框，如图 5-89 所示，在该对话框中选择适当的线宽。需要注意的是，应尽量保持细线与粗线之间的比例为 1：2。

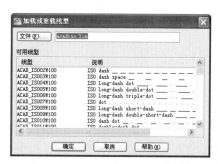

图 5-88　"加载或重载线型"对话框

图 5-89　"线宽"对话框

**3. 设置文本样式**

下面列出一些本练习中的格式，请按如下约定进行设置：文本高度一般注释 7mm，零件名称 10mm，图标栏和会签栏中其他文字 5mm，尺寸文字 5mm，线型比例 1，图纸空间线型比例 1，单位十进制，小数点后 0 位，角度小数点后 0 位。

可以生成 4 种文字样式，分别用于一般注释、标题块中零件名、标题块注释及尺寸标注。

（1）单击"样式"工具栏中的"文字样式"按钮 ，系统打开"文字样式"对话框，单击"新建"按钮，系统打开"新建文字样式"对话框，如图 5-90 所示，接受默认的"样式 1"文字样式名，确认退出。

图 5-90 "新建文字样式"对话框

（2）返回"文字样式"对话框，在"字体名"下拉列表框中选择"宋体"选项；将"高度"设置为 0.7；将"宽度因子"设置为 5，如图 5-91 所示。单击"应用"按钮，再单击"关闭"按钮。其他文字样式按照类似的方法设置。

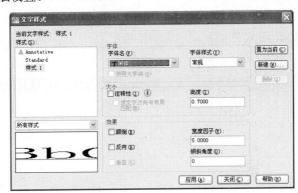

图 5-91 "文字样式"对话框

**4. 设置尺寸标注样式**

（1）单击"样式"工具栏中的"标注样式"按钮 ，系统弹出"标注样式管理器"对话框，如图 5-92 所示。在"预览"显示框中显示出标注样式的预览图形。

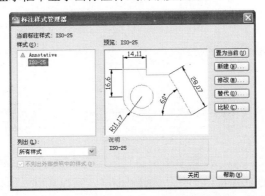

图 5-92 "标注样式管理器"对话框

（2）单击"修改"按钮，系统弹出"修改标注样式"对话框，在该对话框中对标注样式的选项按照需要进行修改，如图 5-93 所示。

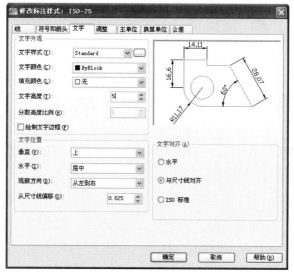

图 5-93　"修改标注样式"对话框

（3）在"线"选项卡中，设置"颜色"和"线宽"为 ByLayer，"基线间距"为 6，其他不变。在"箭头和符号"选项卡中，设置"箭头大小"为 1，其他不变。在"文字"选项卡中，设置"颜色"为 ByLayer，"文字高度"为 5，其他不变。在"主单位"选项卡中，设置"精度"为 0，其他不变。其余选项卡设置不变。

### 5. 绘制图框

单击"绘图"工具栏中的"矩形"按钮 ，绘制角点坐标为（25,10）和（410,287）的矩形，如图 5-94 所示。

图 5-94　绘制矩形

> 注意：国家标准规定 A3 图纸的幅面大小是 420mm×297mm，这里留出了带装订边的图框到图纸边界的距离。

### 6. 绘制标题栏

标题栏示意图如图 5-95 所示，由于分隔线并不整齐，所以可以先绘制一个 20×10（每个单元格的尺寸是 20×10）的标准表格，然后在此基础上编辑或合并单元格，形成如图 5-95 所示的形式。

图 5-95　标题栏示意图

（1）单击"样式"工具栏中的"表格样式"按钮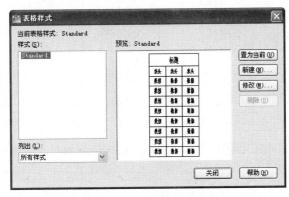，系统弹出"表格样式"对话框，如图 5-96 所示。

图 5-96　"表格样式"对话框

（2）单击"表格样式"对话框中的"修改"按钮，系统弹出"修改表格样式"对话框，在"单元样式"下拉列表框中选择"数据"选项，在下面的"文字"选项卡中将"文字高度"设置为 8，如图 5-97 所示。再打开"常规"选项卡，将"页边距"选项组中的"水平"和"垂直"都设置成 1，如图 5-98 所示。

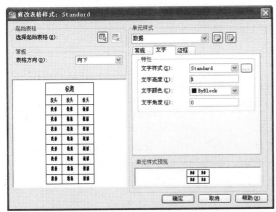

图 5-97　"修改表格样式"对话框　　　　图 5-98　设置"常规"选项卡

注意：表格的行高=文字高度＋2×垂直页边距，此处设置为 8＋2×1=10。

（3）返回"表格样式"对话框，单击"关闭"按钮，退出。

（4）单击"绘图"工具栏中的"表格"按钮，系统弹出"插入表格"对话框。在"列和行设置"选项组中将"列"设置为9，将"列宽"设置为20，将"数据行"设置为2（加上标题行和表头行共4行），将"行高"设置为1行（即为10）；在"设置单元样式"选项组中，将"第一行单元样式"、"第二行单元样式"和"所有其他行单元样式"都设置为"数据"，如图5-99所示。

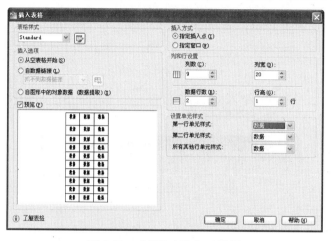

图5-99　"插入表格"对话框

（5）在图框线右下角附近指定表格位置，系统生成表格，同时打开表格和文字编辑器，如图5-100所示。直接按Enter键，不输入文字，生成表格，如图5-101所示。

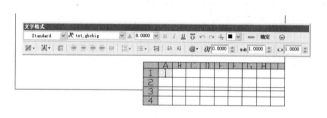

图5-100　表格和文字编辑器

图5-101　生成表格

### 7. 移动标题栏

无法准确确定刚生成的标题栏与图框的相对位置，因此需要移动标题栏。单击"修改"工具栏中的"移动"按钮 ✛，将刚绘制的表格准确放置在图框的右下角，如图5-102所示。

图5-102　移动表格

### 8. 编辑标题栏表格

（1）单击标题栏表格A单元格，按住Shift键，同时选择B和C单元格，在"表格"编辑器中选择"合并单元格"命令 下拉菜单中的"全部"命令，如图5-103所示。

（2）重复上述方法，对其他单元格进行合并，结果如图5-104所示。

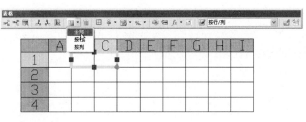

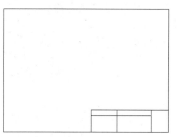

图 5-103　合并单元格　　　　　　　　图 5-104　完成标题栏单元格编辑

**9. 绘制会签栏**

会签栏具体大小和样式如图 5-105 所示。用户可以采取和标题栏相同的绘制方法来绘制会签栏。

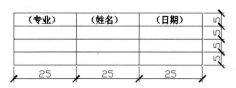

图 5-105　会签栏示意图

（1）在"修改表格样式"对话框中的"文字"选项卡中，将"文字高度"设置为 4，如图 5-106 所示；再把"常规"选项卡"页边距"选项组中的"水平"和"垂直"都设置为 0.5。

（2）单击"绘图"工具栏中的"表格"按钮，系统弹出"插入表格"对话框，在"列和行设置"选项组中，将"列"设置为 3，"列宽"设置为 25，"数据行"设置为 2，"行高"设置为 1 行；在"设置单元样式"选项组中，将"第一行单元样式"、"第二行单元样式"和"所有其他行单元样式"都设置为"数据"，如图 5-107 所示。

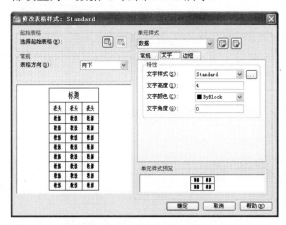

图 5-106　设置表格样式　　　　　　　图 5-107　设置表格行和列

（3）在表格中输入文字，结果如图 5-108 所示。

| 单位 | 姓名 | 日期 |
| --- | --- | --- |
|  |  |  |
|  |  |  |

图 5-108　会签栏的绘制

### 10. 旋转和移动会签栏

（1）单击"修改"工具栏中的"旋转"按钮 ○，旋转会签栏，结果如图 5-109 所示。

（2）单击"修改"工具栏中的"移动"按钮 ✛，将会签栏移动到图框的左上角，结果如图 5-110 所示。

图 5-109    旋转会签栏

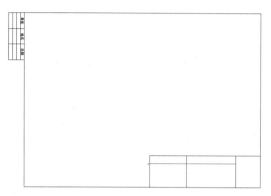

图 5-110    绘制完成的样板图

### 11. 保存样板图

选择菜单栏中的"文件"→"另存为"命令，系统弹出"图形另存为"对话框，将图形保存为.dwt 格式的文件即可，如图 5-111 所示。

图 5-111    "图形另存为"对话框

# 5.9    实践与练习

通过前面的学习，读者对本章知识也有了大体的了解，本节通过几个操作练习使读者进一步掌握本章知识要点。

 **【实践 1】**利用"图块"方法绘制如图 5-112 所示的会议桌椅。

### 1. 目的要求

在实际绘图过程中，会经常遇到重复性的图形单元。解决这类问题最简单、最快捷的办法是将重复性的图形单元制作成图块，然后将图块插入图形。本实践通过对会议桌椅进行标注，使读者掌握图块相关的操作。

2．操作提示

（1）打开前面绘制的办公椅图形。

（2）定义成图块并保存。

（3）绘制圆桌。

（4）插入办公椅图块。

（5）阵列处理。

 **【实践 2】绘制如图 5-113 所示居室家具布置平面图。**

1．目的要求

在绘图过程中，出现多个家具图形，运用设计中心命令，将家具图块插入到居室平面图中，通过本实践的绘制，要求读者进一步掌握设计中心的运用。

2．操作提示

（1）利用学过的绘图命令与编辑命令，绘制住房结构截面图。

（2）利用设计中心命令，将多个家具图块插入到居室平面图中。

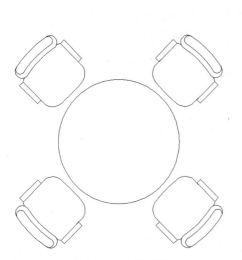

图 5-112　会议桌椅

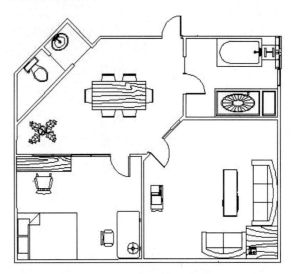

图 5-113　居室布置平面图

# 第 2 篇

# 典型家具设计篇

　　本篇主要介绍各种典型家具样式的设计实例，包括椅凳类家具、床类家具、桌台类家具、贮存类家具和古典家具的设计方法和技巧。

　　通过学习本篇，读者可以加深对 AutoCAD 功能的理解，快速掌握典型家具设计的基本方法和技巧。

# 椅凳类家具

本章将详细叙述各种椅凳类家具的绘制实例，使读者进一步巩固二维图形的绘制和编辑，并熟练掌握应用各种 AutoCAD 命令绘制椅凳类家具的具体思路和方法。

☑ 转角沙发　　　　　　　☑ 餐桌和椅子

☑ 西式沙发　　　　　　　☑ 电脑桌椅

☑ 办公座椅

## 任务驱动&项目案例

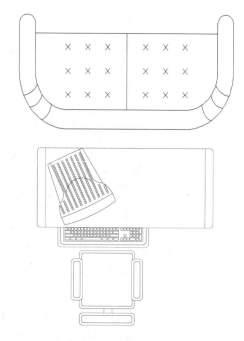

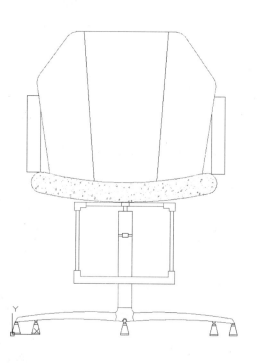

# 6.1 转 角 沙 发

本例先利用"矩形"、"直线"和"多段线"命令绘制初步图形，然后利用"圆角"命令对图形进行倒圆角，绘制流程如图6-1所示。

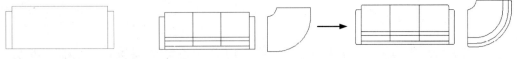

图6-1 转角沙发

**操作步骤：**（光盘\动画演示\第6章\转角沙发.avi）

（1）单击"图层"工具栏中的"图层特性管理器"按钮，打开"图层特性管理器"对话框，新建图层，如图6-2所示。

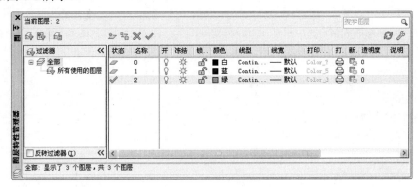

图6-2 新建图层

（2）单击"绘图"工具栏中的"矩形"按钮，绘制矩形，命令行提示与操作如下：

```
命令：_rectang
指定第一个角点或 [倒角(C)/标高(E)/圆角(F)/厚度(T)/宽度(W)]:0,0
指定另一个角点或 [面积(A)/尺寸(D)/旋转(R)]:@125,750
命令：_rectang
指定第一个角点或 [倒角(C)/标高(E)/圆角(F)/厚度(T)/宽度(W)]:125,0
指定另一个角点或 [面积(A)/尺寸(D)/旋转(R)]:@1950,800
命令：_rectang
指定第一个角点或 [倒角(C)/标高(E)/圆角(F)/厚度(T)/宽度(W)]:2075,0
指定另一个角点或 [面积(A)/尺寸(D)/旋转(R)]:@125,750
```

绘制结果如图6-3所示。

（3）将2图层置为当前图层，单击"绘图"工具栏中的"直线"按钮，绘制直线，命令行提示与操作如下：

```
命令：line
指定第一点：125,75
指定下一点或 [放弃(U)]: @1950,0
指定下一点或 [放弃(U)]:
```

重复"直线"命令，绘制另外 4 条端点坐标分别为{（125,200），（@1950,0）}、{（125,275），（@1950,0）}、{（775,75），（@0,725）}、{（1425,75），（@0,725）}的直线，绘制结果如图 6-4 所示。

图 6-3　绘制矩形

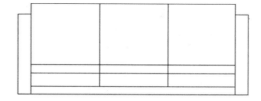

图 6-4　绘制直线

（4）将 1 图层置为当前图层，单击"绘图"工具栏中的"多段线"按钮 ，绘制多段线，命令行中提示与操作如下：

```
命令: _pline
指定起点: 2500,-50
当前线宽为 0.0000
指定下一个点或 [圆弧(A)/半宽(H)/长度(L)/放弃(U)/宽度(W)]: @200,0
指定下一点或 [圆弧(A)/闭合(C)/半宽(H)/长度(L)/放弃(U)/宽度(W)]: a
指定圆弧的端点或[角度(A)/圆心(CE)/闭合(CL)/方向(D)/半宽(H)/直线(L)/半径(R)/第二个
点(S)/放弃(U)/宽度(W)]: a
指定包含角: 90
指定圆弧的端点或 [圆心(CE)/半径(R)]: r
指定圆弧的半径: 800
指定圆弧的弦方向 <0>: 45
指定圆弧的端点或[角度(A)/圆心(CE)/闭合(CL)/方向(D)/半宽(H)/直线(L)/半径(R)/第二个
点(S)/放弃(U)/宽度(W)]: l
指定下一点或 [圆弧(A)/闭合(C)/半宽(H)/长度(L)/放弃(U)/宽度(W)]: @0,200
指定下一点或 [圆弧(A)/闭合(C)/半宽(H)/长度(L)/放弃(U)/宽度(W)]: @-800,0
指定下一点或 [圆弧(A)/闭合(C)/半宽(H)/长度(L)/放弃(U)/宽度(W)]: a
指定圆弧的端点或
[角度(A)/圆心(CE)/闭合(CL)/方向(D)/半宽(H)/直线(L)/半径(R)/第二个点(S)/放弃(U)/宽
度(W)]: a
指定包含角: -90
指定圆弧的端点或 [圆心(CE)/半径(R)]: r
指定圆弧的半径: 200
指定圆弧的弦方向 <180>: 225
指定圆弧的端点或[角度(A)/圆心(CE)/闭合(CL)/方向(D)/半宽(H)/直线(L)/半径(R)/第二个
点(S)/放弃(U)/宽度(W)]: l
指定下一点或 [圆弧(A)/闭合(C)/半宽(H)/长度(L)/放弃(U)/宽度(W)]: c
```

绘制结果如图 6-5 所示。

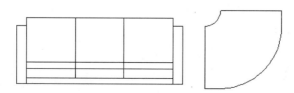

图 6-5　绘制多段线

注意：多段线可以绘制直线、圆弧，并且可以指定所要绘制的图形元素的半宽。

用多段线绘制直线时与执行"绘图"→"直线"命令一样，根据提示指定下一点即可。绘制圆弧时可以运用各种约束条件，如半径、角度、弦长等。

（5）将2图层置为当前图层，单击"绘图"工具栏中的"多段线"按钮 ，绘制多段线，命令行提示与操作如下：

```
命令：_pline
指定起点：2500,25
当前线宽为 0.0000
指定下一个点或 [圆弧(A)/半宽(H)/长度(L)/放弃(U)/宽度(W)]：@200,0
指定下一点或 [圆弧(A)/闭合(C)/半宽(H)/长度(L)/放弃(U)/宽度(W)]：a
指定圆弧的端点或[角度(A)/圆心(CE)/闭合(CL)/方向(D)/半宽(H)/直线(L)/半径(R)/第二个点(S)/放弃(U)/宽度(W)]：a
指定包含角：90
指定圆弧的端点或 [圆心(CE)/半径(R)]：r
指定圆弧的半径：725
指定圆弧的弦方向 <0>：45
指定圆弧的端点或[角度(A)/圆心(CE)/闭合(CL)/方向(D)/半宽(H)/直线(L)/半径(R)/第二个点(S)/放弃(U)/宽度(W)]：l
指定下一点或 [圆弧(A)/闭合(C)/半宽(H)/长度(L)/放弃(U)/宽度(W)]：@0,200
指定下一点或 [圆弧(A)/闭合(C)/半宽(H)/长度(L)/放弃(U)/宽度(W)]：
命令：
PLINE 指定起点：2500,150
当前线宽为 0.0000
指定下一个点或 [圆弧(A)/半宽(H)/长度(L)/放弃(U)/宽度(W)]：@200,0
指定下一点或 [圆弧(A)/闭合(C)/半宽(H)/长度(L)/放弃(U)/宽度(W)]：a
指定圆弧的端点或\[角度(A)/圆心(CE)/闭合(CL)/方向(D)/半宽(H)/直线(L)/半径(R)/第二个点(S)/放弃(U)/宽度(W)]：a
指定包含角：90
指定圆弧的端点或 [圆心(CE)/半径(R)]：r
指定圆弧的半径：600
指定圆弧的弦方向 <0>：45
指定圆弧的端点或[角度(A)/圆心(CE)/闭合(CL)/方向(D)/半宽(H)/直线(L)/半径(R)/第二个点(S)/放弃(U)/宽度(W)]：l
指定下一点或 [圆弧(A)/闭合(C)/半宽(H)/长度(L)/放弃(U)/宽度(W)]：@0,200
指定下一点或 [圆弧(A)/闭合(C)/半宽(H)/长度(L)/放弃(U)/宽度(W)]：
```

绘制结果如图6-6所示。

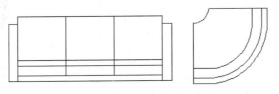

图6-6　绘制多段线

（6）单击"修改"工具栏中的"圆角"按钮 ，将所有圆角半径均设为37.5，对图形进行圆角处理，效果如图6-1所示，命令行提示与操作如下：

```
命令: _fillet
当前设置: 模式 = 修剪, 半径 = 37.5000
选择第一个对象或 [放弃(U)/多段线(P)/半径(R)/修剪(T)/多个(M)]: r
指定圆角半径 <37.5000>: 37.5
选择第一个对象或 [放弃(U)/多段线(P)/半径(R)/修剪(T)/多个(M)]: m
选择第一个对象或 [放弃(U)/多段线(P)/半径(R)/修剪(T)/多个(M)]:
选择第二个对象, 或按住 Shift 键选择对象以应用角点或 [半径(R)]:
选择第一个对象或 [放弃(U)/多段线(P)/半径(R)/修剪(T)/多个(M)]:
选择第二个对象, 或按住 Shift 键选择对象以应用角点或 [半径(R)]:
...
选择第一个对象或 [放弃(U)/多段线(P)/半径(R)/修剪(T)/多个(M)]:
```

# 6.2 西式沙发

本例利用"矩形"、"圆"、"圆弧"、"多线"和"圆角"命令绘制初步图形,然后利用"矩形阵列"和"镜像"命令细化图形,绘制流程如图 6-7 所示。

图 6-7 西式沙发

操作步骤:(光盘\动画演示\第 6 章\西式沙发.avi)

(1)单击"绘图"工具栏中的"矩形"按钮□,绘制一矩形,矩形的长为 100、宽为 40,如图 6-8 所示。

(2)单击"绘图"工具栏中的"圆"按钮◎,以矩形左侧端点为圆心,绘制半径为 14 的圆,如图 6-9 所示,命令行提示与操作如下:

```
命令: _circle 指定圆的圆心或 [三点(3P)/两点(2P)/切点、切点、半径(T)]:
指定圆的半径或 [直径(D)]: 14
```

图 6-8 绘制矩形

图 6-9 绘制圆

(3)单击"修改"工具栏中的"复制"按钮℃,以矩形角点为参考点,将圆复制到另外一个角点处,如图 6-10 所示,命令行提示与操作如下:

```
命令: _copy
选择对象: 找到 1 个 (选择圆)
选择对象:
当前设置: 复制模式 = 多个
```

指定基点或 [位移(D)/模式(O)] <位移>:
指定第二个点或 [阵列(A)] <使用第一个点作为位移>:
指定第二个点或 [阵列(A)/退出(E)/放弃(U)] <退出>:

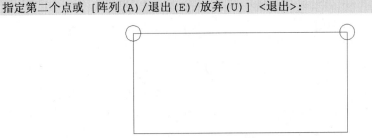

图 6-10　复制圆

（4）选择菜单栏中的"绘图"→"多线"命令，绘制沙发的靠背。选择菜单栏中的"格式"→"多线样式"命令，打开"多线样式"对话框，如图 6-11 所示。单击"新建"按钮，打开"创建新的多线样式"对话框，输入新的样式名为 mline1，如图 6-12 所示。然后单击"继续"按钮，打开"新建多线样式：MLINE1"对话框，在"偏移"文本框中输入 4 和-4，如图 6-13 所示。

图 6-11　"多线样式"对话框

图 6-12　设置样式名

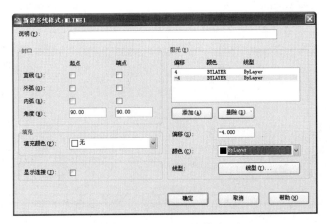

图 6-13　设置多线样式

（5）关闭所有对话框。在命令行中输入 mline 命令，再输入 st，选择多线样式为 mline1；然后输入 j，设置对正方式为无，再输入 s，将比例设置为 1，以图 6-10 中的左圆心为起点，沿矩形边界绘制多线，命令行提示与操作如下：

```
命令: mline
当前设置: 对正 = 上, 比例 = 20.00, 样式 = STANDARD
指定起点或 [对正(J)/比例(S)/样式(ST)]: st（设置当前多线样式）
输入多线样式名或 [?]: mline1（选择样式 mline1）
当前设置: 对正 = 上, 比例 = 20.00, 样式 = MLINE1
指定起点或 [对正(J)/比例(S)/样式(ST)]: j（设置对正方式）
输入对正类型 [上(T)/无(Z)/下(B)] <上>: z（设置对正方式为无）
当前设置: 对正 = 无, 比例 = 20.00, 样式 = MLINE1
指定起点或 [对正(J)/比例(S)/样式(ST)]: s
输入多线比例 <20.00>: 1（设定多线比例为1）
当前设置: 对正 = 无, 比例 = 1.00, 样式 = MLINE1
指定起点或 [对正(J)/比例(S)/样式(ST)]:（单击圆心）
指定下一点:（单击矩形角点）
指定下一点或 [放弃(U)]:
指定下一点或 [闭合(C)/放弃(U)]:（单击另外一侧圆心）
指定下一点或 [闭合(C)/放弃(U)]:
```

（6）绘制完成，如图 6-14 所示。选择刚刚绘制的多线和矩形，单击"修改"工具栏中的"分解"按钮 ，将多线和矩形分解。

（7）单击"修改"工具栏中的"删除"按钮 ，将多线中间的矩形轮廓线删除，如图 6-15 所示。

图 6-14　绘制多线

图 6-15　删除直线

（8）单击"修改"工具栏中的"移动"按钮 ，然后按空格键或 Enter 键，再选择直线的左端点，将其移动到圆的下端点，如图 6-16 所示。

（9）单击"修改"工具栏中的"修剪"按钮 ，修剪掉多余的直线，效果如图 6-17 所示。

图 6-16　移动直线

图 6-17　修剪直线

（10）单击"修改"工具栏中的"圆角"按钮 ，设置内侧倒角半径为 16，对图形进行倒角处理，如图 6-18 所示。

（11）单击"修改"工具栏中的"圆角"按钮 ，设置外侧倒角半径为 24，完成沙发扶手及靠背的转角绘制，如图 6-19 所示。

图 6-18 修改内侧倒角

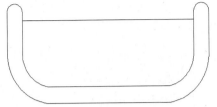

图 6-19 修改外侧倒角

（12）选择"捕捉到中点"工具，然后单击"绘图"工具栏中的"直线"按钮，在沙发中心绘制一条垂直的直线，如图 6-20 所示。

（13）单击"绘图"工具栏中的"圆弧"按钮，在沙发扶手的拐角处绘制 3 条弧线，两边对称复制，如图 6-21 所示。

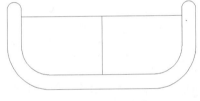

图 6-20 绘制中线

图 6-21 绘制沙发转角纹路

（14）在绘制转角处的纹路时，弧线上的点不易捕捉，这时需要利用 AutoCAD 2012 的"延长线捕捉"功能。此时要确保绘图窗口下部状态栏上的"对象捕捉"功能处于激活状态，其状态可以用鼠标单击进行切换。然后单击"绘图"工具栏中的"圆弧"按钮，将鼠标停留在沙发转角弧线的起点，如图 6-22 所示。此时在起点会出现绿色的方块，沿弧线缓慢移动鼠标，可以看到一个小型的十字随鼠标移动，且十字中心与弧线起点由虚线相连，如图 6-23 所示。移动到合适的位置后，再单击鼠标即可。

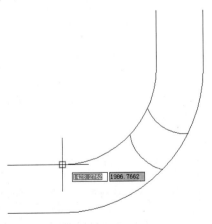

图 6-22 端点停留

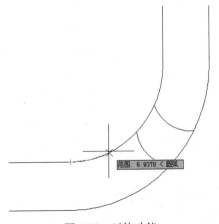

图 6-23 延伸功能

（15）在沙发左侧空白处用"直线"命令绘制一个"×"形图案，如图 6-24 所示。单击"修改"工具栏中的"矩形阵列"按钮，设置行数、列数均为 3，然后将"行间距"设置为-10、"列间距"设置为 10。将刚刚绘制的"×"图形进行阵列，如图 6-25 所示，命令行提示与操作如下：

```
命令：_arrayrect
选择对象：指定对角点：找到 2 个
选择对象：
类型 = 矩形  关联 = 是
为项目数指定对角点或 [基点(B)/角度(A)/计数(C)] <计数>:
输入行数或 [表达式(E)] <4>: 3
输入列数或 [表达式(E)] <4>: 3
指定对角点以间隔项目或 [间距(S)] <间距>: s
指定行之间的距离或 [表达式(E)] <4.2107>: -10
指定列之间的距离或 [表达式(E)] <3.4879>: 10
按 Enter 键接受或 [关联(AS)/基点(B)/行(R)/列(C)/层(L)/退出(X)] <退出>:
```

（16）单击"修改"工具栏中的"镜像"按钮，将左侧的花纹复制到右侧，最后绘制结果如图 6-7 所示。

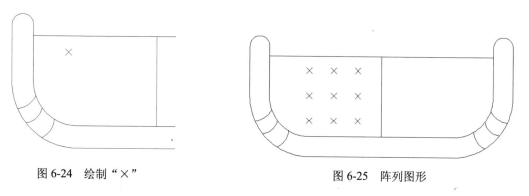

图 6-24　绘制"×"　　　　　　　　图 6-25　阵列图形

# 6.3　办 公 座 椅

本实例主要介绍二维图形的绘制和编辑命令的运用。首先绘制办公座椅的轮廓，然后细化办公座椅，最后绘制轮子，绘制流程如图 6-26 所示。

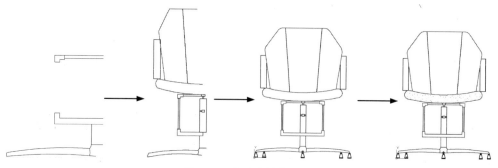

图 6-26　办公座椅主视图

操作步骤：（光盘\动画演示\第 6 章\办公座椅.avi）

（1）单击"图层"工具栏中的"图层特性管理器"按钮，打开"图层特性管理器"对话框，新建图层，如图 6-27 所示。

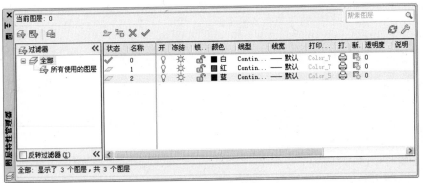

图 6-27　新建图层

（2）在命令行中输入 ZOOM 命令，缩放视图，命令行提示与操作如下：

```
命令：ZOOM
指定窗口角点，输入比例因子 (nX 或 nXP)，或
[全部(A)/中心点(C)/动态(D)/范围(E)/上一个(P)/比例(S)/窗口(W) /对象(O)] <实时>: _c
指定中心点：350,500
输入比例或高度 <875.4637>: 1000
```

（3）将当前图层设为 1 图层，单击"绘图"工具栏中的"圆弧"按钮 ，命令行提示与操作如下：

```
命令：_arc 指定圆弧的起点或 [圆心(C)]: 8,25.6
指定圆弧的第二个点或 [圆心(C)/端点(E)]: 170,44.6
指定圆弧的端点：323,38.4
命令：
ARC 指定圆弧的起点或 [圆心(C)]: 8,25.6
指定圆弧的第二个点或 [圆心(C)/端点(E)]: 10.7,42.8
指定圆弧的端点：15.2,48.5
命令：
ARC 指定圆弧的起点或 [圆心(C)]: 15.2,48.5
指定圆弧的第二个点或 [圆心(C)/端点(E)]: 159.2,64.7
指定圆弧的端点：303.5,64.4
命令：
ARC 指定圆弧的起点或 [圆心(C)]: 303.5,64.6
指定圆弧的第二个点或 [圆心(C)/端点(E)]: 305.4,52.7
指定圆弧的端点：300,40.4
命令：
ARC 指定圆弧的起点或 [圆心(C)]: 303.5,64.6
指定圆弧的第二个点或 [圆心(C)/端点(E)]: 308,70.4
指定圆弧的端点：310,77.7
```

绘制结果如图 6-28 所示。

图 6-28　绘制圆弧

（4）单击"绘图"工具栏中的"直线"按钮 ⟋，绘制直线，命令行提示与操作如下：

```
命令：_line
指定第一点：310,77.7
指定下一点或 [放弃(U)]：350,77.7
指定下一点或 [放弃(U)]：
命令：LINE
指定第一点：310,77.7
指定下一点或 [放弃(U)]：310,146
指定下一点或 [放弃(U)]：
命令：LINE
指定第一点：350,146
指定下一点或 [放弃(U)]：180.6,146
指定下一点或 [放弃(U)]：180.6,183.4
指定下一点或 [闭合(C)/放弃(U)]：199,183.4
指定下一点或 [闭合(C)/放弃(U)]：199,166
指定下一点或 [闭合(C)/放弃(U)]：350,166
指定下一点或 [闭合(C)/放弃(U)]：
命令：LINE
指定第一点：350,377.4
指定下一点或 [放弃(U)]：180,377.4
指定下一点或 [放弃(U)]：180,355
指定下一点或 [闭合(C)/放弃(U)]：180,354.7
指定下一点或 [闭合(C)/放弃(U)]：198,354.7
指定下一点或 [闭合(C)/放弃(U)]：198,362.7
指定下一点或 [闭合(C)/放弃(U)]：214.3,362.7
指定下一点或 [闭合(C)/放弃(U)]：214.3,377.4
指定下一点或 [闭合(C)/放弃(U)]：
命令：LINE
指定第一点：214.3,367.5
指定下一点或 [放弃(U)]：350,367.5
指定下一点或 [放弃(U)]：
```

绘制结果如图 6-29 所示。

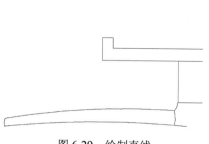

图 6-29　绘制直线

（5）将当前图层设为 2 图层，单击"绘图"工具栏中的"矩形"按钮 ⬜，绘制矩形，命令行提示与操作如下：

```
命令: _rectang
指定第一个角点或 [倒角(C)/标高(E)/圆角(F)/厚度(T)/宽度(W)]: 318.6,367.5
指定另一个角点或[面积(A)/尺寸(D)/旋转(R)]: @21.9,9.9
命令:
RECTANG
指定第一个角点或 [倒角(C)/标高(E)/圆角(F)/厚度(T)/宽度(W)]: 310,166
指定另一个角点或[面积(A)/尺寸(D)/旋转(R)]: @40,187.2
命令:
RECTANG
指定第一个角点或 [倒角(C)/标高(E)/圆角(F)/厚度(T)/宽度(W)]: 185.3,183.4
指定另一个角点或 [面积(A)/尺寸(D)/旋转(R)]: @8.6,171.3
命令:
RECTANG
指定第一个角点或 [倒角(C)/标高(E)/圆角(F)/厚度(T)/宽度(W)]: 310,282.4
指定另一个角点或 [面积(A)/尺寸(D)/旋转(R)]: @11.9,4.8
命令:
RECTANG
指定第一个角点或 [倒角(C)/标高(E)/圆角(F)/厚度(T)/宽度(W)]: 321.9,278.7
指定另一个角点或 [面积(A)/尺寸(D)/旋转(R)]: @16.4,12.3
命令:
RECTANG
指定第一个角点或 [倒角(C)/标高(E)/圆角(F)/厚度(T)/宽度(W)]: 40,681.8
指定另一个角点或 [面积(A)/尺寸(D)/旋转(R)]: @40,-218.5
```

（6）单击"绘图"工具栏中的"直线"按钮 ╱ 和"修改"工具栏中的"修剪"按钮 ⁺∕⁺，整理图形，结果如图 6-30 所示。

图 6-30　绘制矩形

（7）将当前图层设为 1 图层，单击"绘图"工具栏中的"圆弧"按钮 ╱，绘制圆弧，如图 6-31

所示，命令行提示与操作如下：

```
命令：_arc 指定圆弧的起点或 [圆心(C)]: 327.7,377.4
指定圆弧的第二个点或 [圆心(C)/端点(E)]: 179.9,387.1
指定圆弧的端点: 63.1,412
命令：
ARC 指定圆弧的起点或 [圆心(C)]: 63.1,412
指定圆弧的第二个点或 [圆心(C)/端点(E)]: 53.0,440.7
指定圆弧的端点: 69.3,462.4
命令：
ARC 指定圆弧的起点或 [圆心(C)]: 69.3,462.4
指定圆弧的第二个点或 [圆心(C)/端点(E)]: 197.0,442.7
指定圆弧的端点: 324.6,434.6
```

（8）单击"绘图"工具栏中的"直线"按钮，绘制直线，命令行提示与操作如下：

```
命令：_line 指定第一点: 106.9,458.9
指定下一点或 [放弃(U)]: @-37.8,269.9
指定下一点或 [放弃(U)]: @60.7,124.1
指定下一点或 [闭合(C)/放弃(U)]: @160.5,0
指定下一点或 [闭合(C)/放弃(U)]:
```

将当前图层设为 2 图层，重复"直线"命令，继续绘制直线，坐标为（206.6,852.9）和（238.4,438.8），结果如图 6-32 所示。

（9）单击"修改"工具栏中的"圆角"按钮，设置圆角半径为 30，对图形进行圆角操作，然后单击"修改"工具栏中的"修剪"按钮，修剪掉多余的直线，如图 6-33 所示。

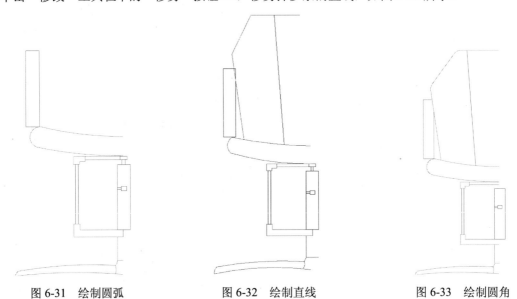

图 6-31　绘制圆弧　　　图 6-32　绘制直线　　　图 6-33　绘制圆角

（10）单击"绘图"工具栏中的"直线"按钮，绘制直线，坐标分别为（0,3.5），（@7.2,29.7），（@9.3,0）和（@7.2,-29.7）。

（11）单击"绘图"工具栏中的"矩形"按钮，绘制两个矩形，坐标分别为（0,0），（@23.7,3.5）和（9.4,33.1），（@5.57,2.5），然后单击"绘图"工具栏中的"直线"按钮，在合适的位置处绘制一条水平直线，最终完成轮子的绘制，结果如图 6-34 所示。

（12）单击"修改"工具栏中的"复制"按钮 ，将绘制的轮子复制到图中其他位置处，结果如图 6-35 所示。

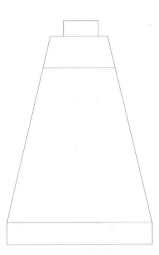

图 6-34  绘制轮子

图 6-35  复制轮子

（13）单击"修改"工具栏中的"镜像"按钮 ，镜像图形，结果如图 6-36 所示。

（14）填充图形。单击"绘图"工具栏中的"图案填充"按钮 ，打开"图案填充和渐变色"对话框，选择"图案填充"选项卡，然后单击"图案"复选框后面的按钮 ，打开"填充图案选项板"对话框，选择 AR-CONC 图案，如图 6-37 所示。单击"确定"按钮，返回"图案填充和渐变色"对话框，设置填充比例为 0.2，如图 6-38 所示，单击"添加：拾取点"按钮 ，返回绘图区，选择填充区域，然后填充图形，最终效果如图 6-39 所示。

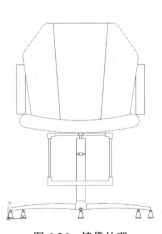

图 6-36  镜像处理

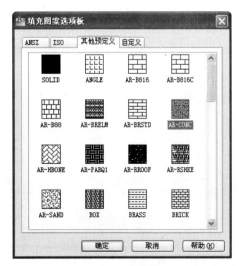

图 6-37  选择图案

图 6-38　"图案填充和渐变色"对话框

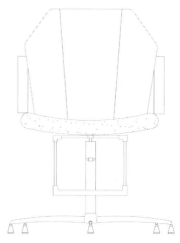

图 6-39　填充图形

# 6.4　餐桌和椅子

本实例主要介绍二维图形的绘制和编辑命令的运用。首先利用多段线命令绘制长方形桌面，然后绘制椅子造型，最后复制并镜像椅子，绘制流程如图 6-40 所示。

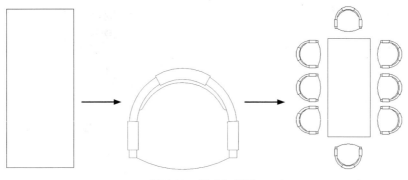

图 6-40　餐桌与椅子

操作步骤：（光盘\动画演示\第 6 章\餐桌和椅子.avi）

（1）单击"绘图"工具栏中的"多段线"按钮 ，绘制长方形桌面，如图 6-41 所示。

◀)) 注意：先绘制长方形桌面造型。

（2）单击"绘图"工具栏中的"圆弧"按钮 ，绘制椅子造型前端弧线的一半，如图 6-42 所示。

（3）单击"绘图"工具栏中的"矩形"按钮🔲，绘制椅子扶手部分造型，即弧线上的矩形。

（4）单击"绘图"工具栏中的"直线"按钮✎，以刚绘制圆弧的端点为起点，绘制一段直线，如图 6-43 所示。

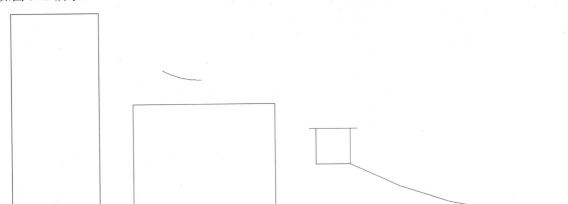

图 6-41　绘制桌面　　　图 6-42　绘制前端弧线　　　图 6-43　绘制小矩形部分

（5）单击"绘图"工具栏中的"多段线"按钮➴，根据扶手的大体位置绘制稍大的近似矩形，如图 6-44 所示。

（6）单击"绘图"工具栏中的"圆弧"按钮✐ 和"修改"工具栏中的"偏移"按钮➴，绘制椅子弧线靠背造型，如图 6-45 所示，命令行提示与操作如下：

```
命令：ARC（绘制弧线）
指定圆弧的起点或 [圆心(C)]：（指定起始点位置）
指定圆弧的第二个点或 [圆心(C)/端点(E)]：（指定中间点位置）
指定圆弧的端点：（指定终点位置）
命令：OFFSET（偏移生成平行线）
当前设置：删除源=否　图层=源　OFFSETGAPTYPE=0
指定偏移距离或 [通过(T)/删除(E)/图层(L)] <通过>：（输入偏移距离或指定通过点位置）
选择要偏移的对象，或 [退出(E)/放弃(U)] <退出>：（选择要偏移的图形）
指定要偏移的那一侧上的点，或 [退出(E)/多个(M)/放弃(U)] <退出>：
选择要偏移的对象，或 [退出(E)/放弃(U)] <退出>：（回车结束）
```

图 6-44　绘制矩形　　　　　　图 6-45　绘制弧线靠背

（7）单击"绘图"工具栏中的"直线"按钮 和"圆弧"按钮 ，并结合"修改"工具栏中的"偏移"按钮 ，绘制椅子背部造型，如图 6-46 所示。

> 注意：按椅子环形扶手及其靠背造型绘制另外一段图形，构成椅子背部造型。

（8）单击"绘图"工具栏中的"圆弧"按钮 ，在靠背造型内侧绘制弧线造型，如图 6-47 所示。

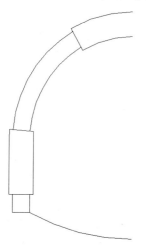

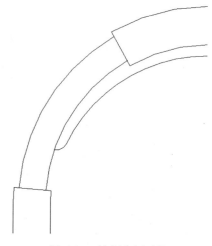

图 6-46　绘制椅子背部造型　　　　　　图 6-47　绘制内侧弧线

（9）单击"修改"工具栏中的"镜像"按钮 ，得到整个椅子造型，如图 6-48 所示，命令行提示与操作如下：

```
命令:MIRROR（镜像生成对称图形）
选择对象：找到 1 个
选择对象：找到 12 个，总计 14 个
选择对象：（回车）
指定镜像线的第一点：（以中间的轴线位置作为镜像线）
指定镜像线的第二点：
要删除源对象吗？[是(Y)/否(N)] <N>:N（输入 N 回车保留原有图形）
```

> 注意：因为椅子造型是左右对称的，所以此处可以使用"镜像"功能。

（10）单击"修改"工具栏中的"移动"按钮 ，调整椅子与餐桌的位置，如图 6-49 所示，命令行提示与操作如下：

```
命令：MOVE（移动命令）
选择对象：找到 1 个
选择对象：找到 45 个，总计 46 个
...
选择对象：（回车）
指定基点或 [位移(D)] <位移>：（指定移动基点位置）
指定第二个点或 <使用第一个点作为位移>：（指定移动位置）
```

（11）单击"修改"工具栏中的"镜像"按钮 ，得到餐桌另外一端对称的椅子，如图 6-50 所示。

（12）单击"修改"工具栏中的"复制"按钮 ，复制一个椅子造型，如图 6-51 所示。

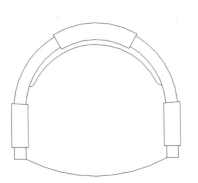

图 6-48 得到椅子造型

图 6-49 调整椅子位置

图 6-50 得到对称椅子

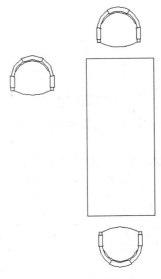

图 6-51 复制椅子

**注意：** 先复制椅子，再旋转或移动进行椅子布置。

（13）单击"修改"工具栏中的"旋转"按钮 ，将复制的椅子旋转 90°，如图 6-52 所示，命令行提示与操作如下：

```
命令：ROTATE（将图形对象进行旋转）
UCS 当前的正角方向：ANGDIR=逆时针 ANGBASE=0
选择对象：找到 4 个
选择对象：找到 11 个，总计 14 个
选择对象：找到 11 个，总计 25 个
选择对象：（回车）
指定基点：
指定旋转角度，或 [复制(C)/参照(R)] <0>:90（输入旋转角度为正值按顺时针旋转，若输入为负
值则按逆时针旋转）
```

（14）单击"修改"工具栏中的"复制"按钮 ，得到餐桌一侧的椅子造型，如图 6-53 所示。

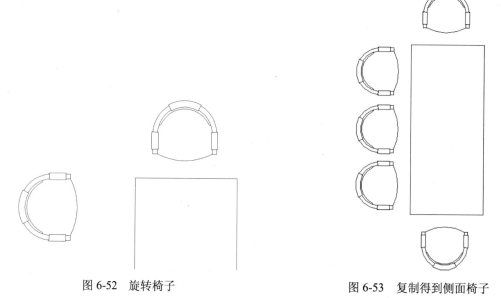

图 6-52  旋转椅子

图 6-53  复制得到侧面椅子

（15）单击"修改"工具栏中的"镜像"按钮 ，得到餐桌另外一侧的椅子造型，如图 6-54 所示。

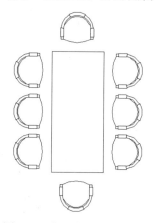

图 6-54  得到餐桌与椅子造型

（16）在命令行中输入 ZOOM 命令，缩放视图，命令行提示与操作如下：

命令:ZOOM（缩放视图）
指定窗口的角点，输入比例因子 (nX 或 nXP)，或者
[全部(A)/中心(C)/动态(D)/范围(E)/上一个(P)/比例(S)/窗口(W)/对象(O)] <实时>:E

# 6.5  电脑桌椅

本实例主要介绍二维图形的绘制和编辑命令的运用。首先绘制桌子，然后绘制椅子，再绘制电脑，最后绘制键盘，绘制流程如图 6-55 所示。

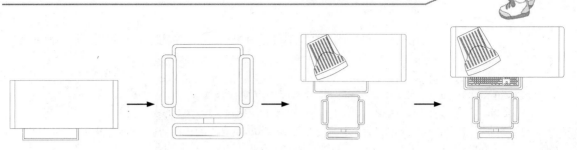

图 6-55　电脑桌椅

**操作步骤：**（光盘\动画演示\第 6 章\电脑桌椅.avi）

（1）单击"图层"工具栏中的"图层特性管理器"按钮 ，打开"图层特性管理器"对话框，新建图层，如图 6-56 所示。

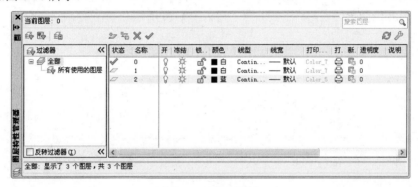

图 6-56　新建图层

（2）将 2 图层置为当前图层，单击"绘图"工具栏中的"矩形"按钮 ，绘制矩形，命令行提示与操作如下：

```
命令：_rectang
指定第一个角点或 [倒角(C)/标高(E)/圆角(F)/厚度(T)/宽度(W)]：0,589
指定另一个角点或 [面积(A)/尺寸(D)/旋转(R)]：1100,1069
```

重复"矩形"命令，绘制角点坐标分别为{（50,589），（1050,1069）}、{（129,589），（700,471）}的另两个矩形。

将 1 图层置为当前图层，重复"矩形"命令，绘制两角点坐标为{（144,589），（684,486）}的矩形。

绘制结果如图 6-57 所示。

（3）单击"修改"工具栏中的"圆角"按钮 ，圆角半径设为 20，将桌子的拐角与键盘抽屉均做圆角处理，绘制结果如图 6-58 所示。

图 6-57　绘制矩形

图 6-58　圆角处理

（4）将 2 图层置为当前图层，单击"绘图"工具栏中的"矩形"按钮 ，绘制矩形，命令行中的提示与操作如下：

```
命令：_rectang
指定第一个角点或 [倒角(C)/标高(E)/圆角(F)/厚度(T)/宽度(W)]：212,150
指定另一个角点或 [面积(A)/尺寸(D)/旋转(R)]：283,400
```

重复"矩形"命令，绘制角点坐标分别为{（263,100），（612,450）}、{（593,150），（663,400）}、{（418,74），（468,100）}、{（264,0），（612,74）}的另外 4 个矩形。

将 1 图层置为当前图层，重复"矩形"命令，绘制角点坐标分别为{（228,165），（268,385）}、{（278,115），（598,435）}、{（608,165），（647,385）}、{（279,15），（597,59）}的矩形。

绘制结果如图 6-59 所示。

（5）单击"修改"工具栏中的"圆角"按钮 ，将座椅外围的圆角半径设为 20，内侧矩形的圆角半径设为 10 进行倒圆角处理，椅子倒圆角之后如图 6-60 所示。

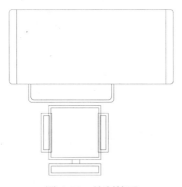

图 6-59　绘制椅子

图 6-60　倒圆角处理

（6）单击"修改"工具栏中的"修剪"按钮 ，修剪图形，将图 6-60 中的图形修剪成为如图 6-61 所示的结果。

（7）单击"绘图"工具栏中的"多段线"按钮 ，绘制电脑，命令行提示与操作如下：

```
命令：_pline
指定起点：100,627
当前线宽为 0.0000
指定下一个点或 [圆弧(A)/半宽(H)/长度(L)/放弃(U)/宽度(W)]：@0,50
指定下一点或 [圆弧(A)/闭合(C)/半宽(H)/长度(L)/放弃(U)/宽度(W)]：a
指定圆弧的端点或[角度(A)/圆心(CE)/闭合(CL)/方向(D)/半宽(H)/直线(L)/半径(R)/第二个
点(S)/放弃(U)/宽度(W)]：128,757
指定圆弧的端点或[角度(A)/圆心(CE)/闭合(CL)/方向(D)/半宽(H)/直线(L)/半径(R)/第二个
点(S)/放弃(U)/宽度(W)]：s
指定圆弧上的第二个点：155,776
指定圆弧的端点：174,824
指定圆弧的端点或[角度(A)/圆心(CE)/闭合(CL)/方向(D)/半宽(H)/直线(L)/半径(R)/第二个
点(S)/放弃(U)/宽度(W)]：l
指定下一点或 [圆弧(A)/闭合(C)/半宽(H)/长度(L)/放弃(U)/宽度(W)]：174,1004
指定下一点或 [圆弧(A)/闭合(C)/半宽(H)/长度(L)/放弃(U)/宽度(W)]：374,1004
指定下一点或 [圆弧(A)/闭合(C)/半宽(H)/长度(L)/放弃(U)/宽度(W)]：374,824
指定下一点或 [圆弧(A)/闭合(C)/半宽(H)/长度(L)/放弃(U)/宽度(W)]：a
```

指定圆弧的端点或[角度(A)/圆心(CE)/闭合(CL)/方向(D)/半宽(H)/直线(L)/半径(R)/第二个点(S)/放弃(U)/宽度(W)]: s
　　　指定圆弧上的第二个点: 390,780
　　　指定圆弧的端点: 420,757
　　　指定圆弧的端点或[角度(A)/圆心(CE)/闭合(CL)/方向(D)/半宽(H)/直线(L)/半径(R)/第二个点(S)/放弃(U)/宽度(W)]: s
　　　指定圆弧上的第二个点: 439,722
　　　指定圆弧的端点: 449,677
　　　指定圆弧的端点或[角度(A)/圆心(CE)/闭合(CL)/方向(D)/半宽(H)/直线(L)/半径(R)/第二个点(S)/放弃(U)/宽度(W)]: l
　　　指定下一点或 [圆弧(A)/闭合(C)/半宽(H)/长度(L)/放弃(U)/宽度(W)]: 449,627
　　　指定下一点或 [圆弧(A)/闭合(C)/半宽(H)/长度(L)/放弃(U)/宽度(W)]: a
　　　指定圆弧的端点或[角度(A)/圆心(CE)/闭合(CL)/方向(D)/半宽(H)/直线(L)/半径(R)/第二个点(S)/放弃(U)/宽度(W)]: s
　　　指定圆弧上的第二个点: 287,611
　　　指定圆弧的端点: 100,627
　　　指定圆弧的端点或[角度(A)/圆心(CE)/闭合(CL)/方向(D)/半宽(H)/直线(L)/半径(R)/第二个点(S)/放弃(U)/宽度(W)]:
　　　命令: _pline
　　　指定起点: 174,1004
　　　当前线宽为 0.0000
　　　指定下一个点或 [圆弧(A)/半宽(H)/长度(L)/放弃(U)/宽度(W)]: 164,1004
　　　指定下一点或 [圆弧(A)/闭合(C)/半宽(H)/长度(L)/放弃(U)/宽度(W)]: a
　　　指定圆弧的端点或[角度(A)/圆心(CE)/闭合(CL)/方向(D)/半宽(H)/直线(L)/半径(R)/第二个点(S)/放弃(U)/宽度(W)]: 154,995
　　　指定圆弧的端点或[角度(A)/圆心(CE)/闭合(CL)/方向(D)/半宽(H)/直线(L)/半径(R)/第二个点(S)/放弃(U)/宽度(W)]: l
　　　指定下一点或 [圆弧(A)/闭合(C)/半宽(H)/长度(L)/放弃(U)/宽度(W)]: 128,757
　　　指定下一点或 [圆弧(A)/闭合(C)/半宽(H)/长度(L)/放弃(U)/宽度(W)]:
　　　命令: _pline
　　　指定起点: 374,1004
　　　当前线宽为 0.0000
　　　指定下一个点或 [圆弧(A)/半宽(H)/长度(L)/放弃(U)/宽度(W)]: 384,1004
　　　指定下一点或 [圆弧(A)/闭合(C)/半宽(H)/长度(L)/放弃(U)/宽度(W)]: a
　　　指定圆弧的端点或[角度(A)/圆心(CE)/闭合(CL)/方向(D)/半宽(H)/直线(L)/半径(R)/第二个点(S)/放弃(U)/宽度(W)]: 394,996
　　　指定圆弧的端点或[角度(A)/圆心(CE)/闭合(CL)/方向(D)/半宽(H)/直线(L)/半径(R)/第二个点(S)/放弃(U)/宽度(W)]: l
　　　指定下一点或 [圆弧(A)/闭合(C)/半宽(H)/长度(L)/放弃(U)/宽度(W)]: 420,757
　　　指定下一点或 [圆弧(A)/闭合(C)/半宽(H)/长度(L)/放弃(U)/宽度(W)]:
　　　命令: _arc 指定圆弧的起点或 [圆心(C)]: 100,677
　　　指定圆弧的第二个点或 [圆心(C)/端点(E)]: 272,668
　　　指定圆弧的端点: 449,677
　　　命令: _arc 指定圆弧的起点或 [圆心(C)]: 190,800
　　　指定圆弧的第二个点或 [圆心(C)/端点(E)]: 275,850
　　　指定圆弧的端点: 360,800

绘制结果如图 6-62 所示。

（8）单击"绘图"工具栏中的"矩形"按钮，绘制两个角点坐标分别是（120,690）和（130,700）的矩形。

图 6-61　修剪处理

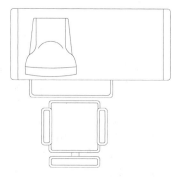

图 6-62　绘制电脑

（9）单击"修改"工具栏中的"矩形阵列"按钮，将行数设为 20，列数设为 11，行间距为 15，列间距为 30，将矩形进行阵列，绘制结果如图 6-63 所示，命令行提示与操作如下：

```
命令：_arrayrect
选择对象：找到 1 个（选择上步绘制的矩形）
选择对象：
类型 = 矩形　关联 = 是
为项目数指定对角点或 [基点(B)/角度(A)/计数(C)] <计数>：
输入行数或 [表达式(E)] <4>：20
输入列数或 [表达式(E)] <4>：11
指定对角点以间隔项目或 [间距(S)] <间距>：s
指定行之间的距离或 [表达式(E)] <188.3206>：15
指定列之间的距离或 [表达式(E)] <188.3206>：30
按 Enter 键接受或 [关联(AS)/基点(B)/行(R)/列(C)/层(L)/退出(X)] <退出>：
```

（10）单击"修改"工具栏中的"删除"按钮，将多余的矩形删除。

（11）单击"修改"工具栏中的"旋转"按钮，将图形旋转 25°，效果如图 6-64 所示，命令行提示与操作如下：

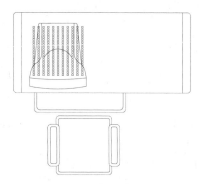

图 6-63　绘制矩形并阵列处理

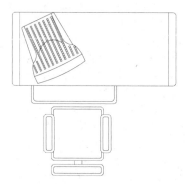

图 6-64　删除图形并旋转

```
命令：_rotate
UCS 当前的正角方向：ANGDIR=逆时针　ANGBASE=0
```

选择对象:找到 1 个 (选择电脑)

选择对象:

指定基点:

指定旋转角度，或 [复制(C)/参照(R)] <0>: 25

（12）单击"绘图"工具栏中的"矩形"按钮 ，绘制键盘，绘制结果如图 6-65 所示。

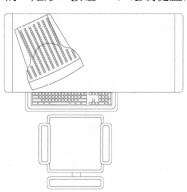

图 6-65　电脑桌椅

# 6.6　实践与练习

通过前面的学习，读者对本章知识已经有了大体的了解，本节将通过几个操作练习使读者进一步掌握本章的知识要点。

 **【实践 1】绘制如图 6-66 所示的椅子。**

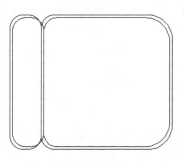

图 6-66　椅子

## 1. 目的要求

本实践绘制的是一个典型的家具图形，涉及的命令有"矩形"、"直线"、"圆角"和"创建块"。通过本实践，要求读者掌握"创建块"命令的运用。

## 2. 操作提示

（1）利用"直线"和"矩形"命令绘制椅子轮廓线。

（2）利用"圆角"命令对图形进行圆角处理。

（3）利用"创建块"命令将椅子创建为块，以便调用。

**【实践 2】绘制如图 6-67 所示的椅子。**

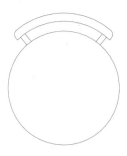

图 6-67　椅子

1. 目的要求

该椅子主要由圆和圆弧组成。通过本实践，使读者进一步掌握常见的椅凳类家具的绘制方法。

2. 操作提示

（1）利用"圆"命令绘制椅子主体。

（2）利用"直线"和"圆弧"命令完成椅子绘制。

**【实践 3】绘制如图 6-68 所示的客厅沙发。**

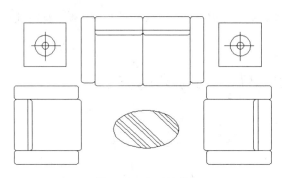

图 6-68　客厅沙发

1. 目的要求

该客厅沙发主要由一组沙发、茶几和台灯座组成。通过本实践，要求读者进一步掌握组合椅凳类家具的绘制方法。

2. 操作提示

（1）利用"矩形"、"直线"、"圆弧"和"镜像"等命令绘制单人沙发。

（2）利用相似方法绘制双人沙发。

（3）利用"矩形"、"圆"和"直线"等命令绘制台灯座。

（4）镜像单人沙发和台灯座。

（5）利用"椭圆"和"图案填充"命令绘制茶几。

# 床类家具

在家具设计图中，床是必不可少的内容。床分单人床和双人床。一般的住宅建筑中，卧室的位置及床的摆放均需要进行精心的设计，以方便房主居住生活，同时要考虑舒适、采光、美观等因素。本章将详细叙述床类家具的绘制方法，使读者进一步巩固二维图形的绘制和编辑。

- ☑ 按摩床
- ☑ 单人床

- ☑ 双人床和地毯
- ☑ 床和床头柜

## 任务驱动&项目案例

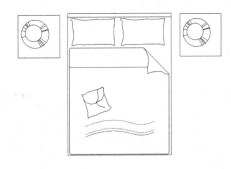
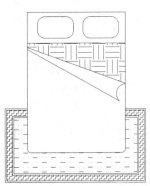
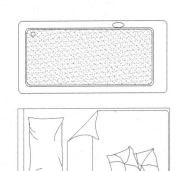

# 7.1 按 摩 床

本小节将详细介绍按摩床的绘制方法和技巧，首先绘制按摩床的轮廓，然后细化图形，绘制流程如图 7-1 所示。

图 7-1 绘制按摩床

操作步骤：（光盘\动画演示\第 7 章\按摩床.avi）

（1）单击"绘图"工具栏中的"矩形"按钮 ▢，绘制 2210×1040 的矩形，如图 7-2 所示。

图 7-2 绘制矩形

（2）单击"修改"工具栏中的"偏移"按钮 ▣，将矩形向内侧偏移 100，如图 7-3 所示，命令行提示与操作如下：

```
命令：_offset
当前设置：删除源=否 图层=源 OFFSETGAPTYPE=0
指定偏移距离或 [通过(T)/删除(E)/图层(L)] <通过>: 100
选择要偏移的对象，或 [退出(E)/放弃(U)] <退出>:
指定要偏移的那一侧上的点，或 [退出(E)/多个(M)/放弃(U)] <退出>:
选择要偏移的对象，或 [退出(E)/放弃(U)] <退出>:
```

（3）单击"绘图"工具栏中的"矩形"按钮 ▢，以内部矩形左下角为起点，绘制 1910×840 的矩形，并删除内部的矩形，如图 7-4 所示。

图 7-3 偏移矩形                    图 7-4 绘制新矩形

（4）单击"修改"工具栏中的"偏移"按钮 ▣，将内部的矩形向内偏移 20，如图 7-5 所示。

（5）单击"修改"工具栏中的"圆角"按钮 ▢，将所有矩形的角进行倒圆角，半径为 60，如图 7-6 所示。

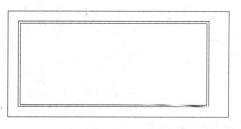

图 7-5　偏移内部矩形

图 7-6　修改倒角

（6）单击"绘图"工具栏中的"圆"按钮 ，在内部矩形的左上角，绘制半径为 30 的圆，作为排气孔，如图 7-7 所示。

（7）单击"绘图"工具栏中的"椭圆"按钮 ，并在外部矩形的上侧边缘绘制椭圆，如图 7-8 所示，命令行提示与操作如下：

```
命令：_ellipse
指定椭圆的轴端点或 [圆弧(A)/中心点(C)]：
指定轴的另一个端点：
指定另一条半轴长度或 [旋转(R)]：
```

图 7-7　绘制圆

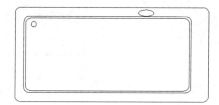

图 7-8　绘制椭圆

（8）单击"绘图"工具栏中的"图案填充"按钮 ，打开"图案填充和渐变色"对话框，在"图案填充"选项卡中设置"图案"为 AR-SAND，比例为 1，如图 7-9 所示。单击"添加：拾取点"按钮 ，返回绘图区，在内部矩形的内侧单击鼠标，按 Enter 键确认，填充图案，如图 7-10 所示。

图 7-9　设置填充图案

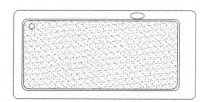

图 7-10　填充图案

（9）在命令行中输入 WBKOCK 命令，打开"写块"对话框，将图形保存为块，以便调用，如图 7-11 所示，命令行提示与操作如下：

```
命令：WBLOCK
指定插入基点：
选择对象：（选择按摩床）
选择对象：
```

图 7-11　保存图块

# 7.2　单 人 床

本小节将详细介绍单人床的绘制方法和技巧，首先绘制床，然后绘制被子、枕头，最后绘制垫子，绘制流程如图 7-12 所示。

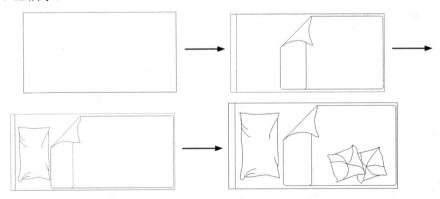

图 7-12　单人床

操作步骤：（光盘\动画演示\第 7 章\单人床.avi）

1. 绘制床平面

（1）单击"绘图"工具栏中的"矩形"按钮▢，绘制长 300、宽 150 的矩形，如图 7-13 所示。

（2）绘制完床的轮廓后，单击"绘图"工具栏中的"直线"按钮 ✐，在床左侧绘制一条垂直的直线，作为床头的平面图，如图7-14所示。

图7-13　床轮廓

图7-14　绘制床头

### 2. 绘制被子轮廓

（1）单击"绘图"工具栏中的"矩形"按钮 ▱，绘制一个长200、宽140的矩形。

（2）单击"修改"工具栏中的"移动"按钮 ✛，移动到床的右侧。注意上下两边的间距要尽量相等，右侧距床轮廓的边缘稍稍近一些，如图7-15所示。此矩形即为被子的轮廓。

（3）单击"绘图"工具栏中的"矩形"按钮 ▱，在被子左顶端绘制一水平方向为30、垂直方向为140的矩形，如图7-16所示。

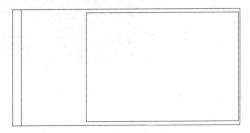

图7-15　绘制被子轮廓

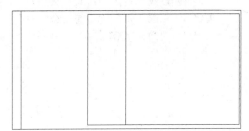

图7-16　绘制矩形

（4）单击"修改"工具栏中的"圆角"按钮 ▢，设置圆角半径为5，对图形进行圆角处理，修改矩形的角部，如图7-17所示。

（5）在被子轮廓的左上角，绘制一条45°的斜线。

① 单击"绘图"工具栏中的"直线"按钮 ✐，绘制一条水平直线，如图7-18所示。

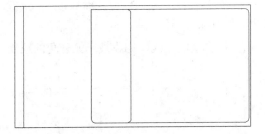

图7-17　修改倒角

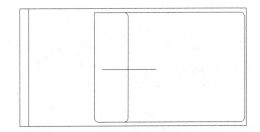

图7-18　绘制直线

② 单击"修改"工具栏中的"旋转"按钮 ↻，选择线段一段为旋转基点，在角度提示行后面输入45并按Enter键，旋转直线效果如图7-19所示。

③ 单击"修改"工具栏中的"移动"按钮 ✛，将上步绘制的直线移动到适当的位置，如图7-20

所示。

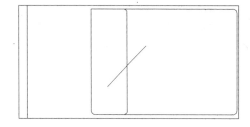

图 7-19　旋转直线

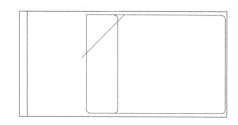

图 7-20　移动直线

④ 单击"修改"工具栏中的"修剪"按钮 ✝⃗，修剪掉多余的直线，将多余线段删除，如图 7-21 所示。

（6）单击"绘图"工具栏中的"样条曲线"按钮 ∿，在图形中绘制一条样条曲线，如图 7-22 所示，命令行提示与操作如下：

```
命令: _spline
指定第一个点或 [对象(O)]:（选择点 A）
指定下一点:（选择点 B）
指定下一点或 [闭合(C)/拟合公差(F)] <起点切向>:（选择点 C）
指定下一点或 [闭合(C)/拟合公差(F)] <起点切向>:
指定起点切向:（选择点 D）
指定端点切向:（选择点 E）
```

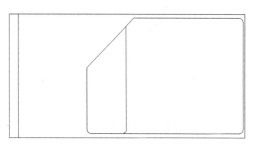

图 7-21　修剪多余线段

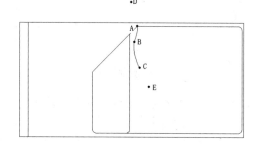

图 7-22　绘制样条曲线 1

（7）同理，另外一侧的样条曲线如图 7-23 所示。首先依次单击点 A、B、C，然后按 Enter 键，以 D 点为起点切线方向，E 点为终点切线方向，完成另一侧样条曲线的绘制。

（8）单击"修改"工具栏中的"修剪"按钮 ✝⃗，修剪掉多余的直线，完成被子掀开角的绘制，如图 7-24 所示。

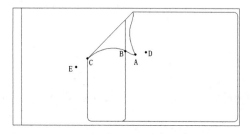

图 7-23　绘制样条曲线 2

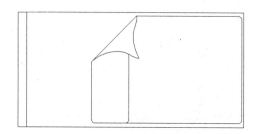

图 7-24　绘制掀起角

### 3．绘制枕头轮廓

（1）单击"绘图"工具栏中的"样条曲线"按钮，绘制枕头轮廓，如图 7-25 所示。

（2）单击"绘图"工具栏中的"直线"按钮和"圆弧"按钮，细化枕头内部，如图 7-26 所示。

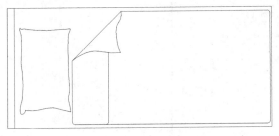
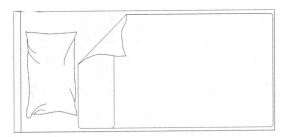

图 7-25　绘制枕头轮廓　　　　　　图 7-26　细化枕头内部

### 4．绘制垫子轮廓

（1）单击"绘图"工具栏中的"样条曲线"按钮和"直线"按钮，绘制垫子轮廓，如图 7-27 所示。

（2）单击"绘图"工具栏中的"直线"按钮和"圆弧"按钮，细化垫子内部，如图 7-28 所示。

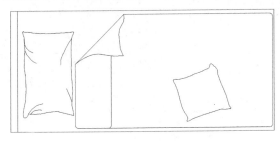
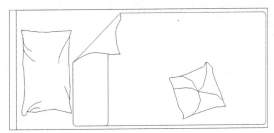

图 7-27　绘制垫子轮廓　　　　　　图 7-28　细化垫子内部

（3）单击"修改"工具栏中的"复制"按钮和"修剪"按钮，完成另外一个垫子的绘制，如图 7-29 所示。

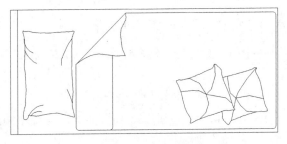

图 7-29　完成垫子的绘制

### 5．将图形保存为块

在命令行中输入 WBLOCK 命令，打开写块对话框，将图形保存为块，以便调用，如图 7-30 所示。

图 7-30  保存图块

# 7.3  双人床和地毯

本小节将详细介绍双人床和地毯的绘制方法和技巧，首先绘制床，然后绘制枕头，最后绘制地毯，绘制流程如图 7-31 所示。

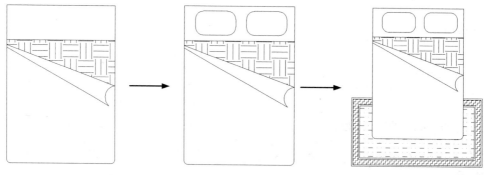

图 7-31  双人床和地毯

操作步骤：（光盘\动画演示\第 7 章\双人床和地毯.avi）

（1）单击"绘图"工具栏中的"矩形"按钮 □，绘制一个长为 1350，宽为 1900 的矩形，如图 7-32 所示。

（2）单击"修改"工具栏中的"分解"按钮 ，将矩形分解。

（3）单击"修改"工具栏中的"圆角"按钮 ，将圆角半径设置为 50，对矩形底部进行圆角处理，如图 7-33 所示，命令行提示与操作如下：

```
命令: _fillet
当前设置: 模式 = 修剪, 半径 = 100
选择第一个对象或 [放弃(U)/多段线(P)/半径(R)/修剪(T)/多个(M)]: r
指定圆角半径 <100>: 50
选择第一个对象或 [放弃(U)/多段线(P)/半径(R)/修剪(T)/多个(M)]:
```

选择第二个对象，或按住 Shift 键选择对象以应用角点或 [半径(R)]:
命令: ILLET
当前设置: 模式 = 修剪，半径 = 50
选择第一个对象或 [放弃(U)/多段线(P)/半径(R)/修剪(T)/多个(M)]:
选择第二个对象，或按住 Shift 键选择对象以应用角点或 [半径(R)]:

图 7-32 绘制矩形      图 7-33 绘制圆角

（4）单击"修改"工具栏中的"偏移"按钮，将矩形最上侧水平直线向下偏移，偏移距离为418，如图 7-34 所示，命令行提示与操作如下：

命令: _offset
当前设置: 删除源=否 图层=源 OFFSETGAPTYPE=0
指定偏移距离或 [通过(T)/删除(E)/图层(L)] <20>: 418
选择要偏移的对象，或 [退出(E)/放弃(U)] <退出>:
指定要偏移的那一侧上的点，或 [退出(E)/多个(M)/放弃(U)] <退出>:
选择要偏移的对象，或 [退出(E)/放弃(U)] <退出>:

（5）单击"绘图"工具栏中的"直线"按钮，绘制两条斜线，如图 7-35 所示。

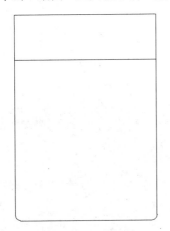 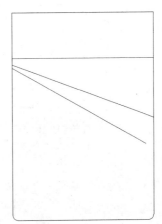

图 7-34 偏移直线      图 7-35 绘制被子折角

（6）单击"绘图"工具栏中的"圆弧"按钮，绘制一段圆弧，完成被子折角的绘制，如图 7-36 所示。

（7）单击"绘图"工具栏中的"图案填充"按钮▨，打开"图案填充和渐变色"对话框，设置图案为 EARTH，填充比例为 30，如图 7-37 所示，单击"添加：拾取点"按钮⊞，返回绘图区，选择填充区域，填充图形，结果如图 7-38 所示，命令行提示与操作如下：

```
命令：_hatch
拾取内部点或 [选择对象(S)/删除边界(B)]： 正在选择所有对象…
正在选择所有可见对象…
正在分析所选数据…
正在分析内部孤岛…
拾取内部点或 [选择对象(S)/删除边界(B)]：
```

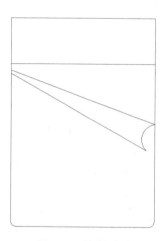

图 7-36　绘制圆弧

图 7-37　设置填充图案

（8）单击"绘图"工具栏中的"矩形"按钮▢，在图中合适的位置处绘制一个长为 495，宽为 288 的矩形，如图 7-39 所示，命令行提示与操作如下：

```
命令：_rectang
指定第一个角点或 [倒角(C)/标高(E)/圆角(F)/厚度(T)/宽度(W)]：
指定另一个角点或 [面积(A)/尺寸(D)/旋转(R)]：@495,288
```

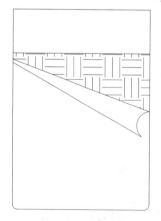

图 7-38　填充图形

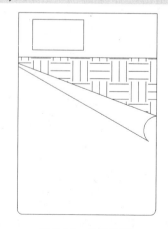

图 7-39　绘制矩形

（9）单击"绘图"工具栏中的"圆角"按钮 ，设置圆角半径为 100，对矩形进行圆角处理，完成枕头的绘制，如图 7-40 所示。

（10）单击"修改"工具栏中的"复制"按钮 ，将上步绘制的枕头复制到另外一侧，完成双人床的绘制，如图 7-41 所示。

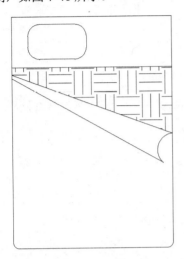

图 7-40　绘制圆角

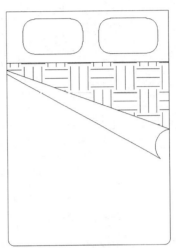

图 7-41　复制枕头

（11）单击"绘图"工具栏中的"矩形"按钮 ，在图中合适的位置处，绘制一个长为 1940、宽为 996 的矩形，完成地毯外轮廓的绘制，如图 7-42 所示。

（12）单击"修改"工具栏中的"偏移"按钮 ，将矩形向内偏移，偏移距离为 20、80 和 20，如图 7-43 所示。

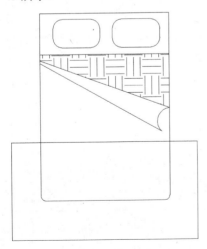

图 7-42　绘制矩形

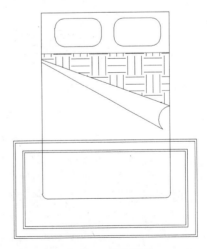

图 7-43　偏移矩形

（13）单击"修改"工具栏中的"修剪"按钮 ，修剪图形，如图 7-44 所示。

（14）单击"绘图"工具栏中的"图案填充"按钮 ，打开"图案填充和渐变色"对话框，设置图案为 ZIGZAG，填充比例为 10，如图 7-45 所示，单击"添加：拾取点"按钮 ，返回绘图区中，选择填充区域，填充图形，结果如图 7-46 所示。

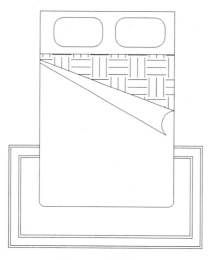

图 7-44　修剪图形

图 7-45　设置填充图案

（15）同理，单击"绘图"工具栏中的"图案填充"按钮，打开"图案填充和渐变色"对话框，设置图案为 MUDST，填充比例为 10，如图 7-47 所示，单击"添加：拾取点"按钮，返回绘图区中，选择填充区域，填充图形，完成地毯的绘制，结果如图 7-31 所示。

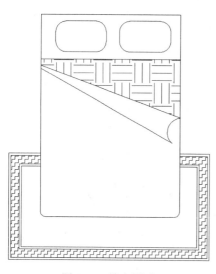

图 7-46　填充图形

图 7-47　设置填充图案

# 7.4　床和床头柜

本小节将详细介绍床和床头柜的绘制方法和技巧，首先绘制床，然后绘制枕头，再绘制靠垫，最后绘制床头柜，绘制流程如图 7-48 所示。

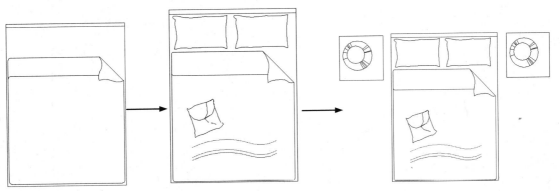

图 7-48　床和床头柜

操作步骤：（光盘\动画演示\第 7 章\床和床头柜.avi）

（1）单击"绘图"工具栏中的"矩形"按钮□，绘制长为 1500、宽为 2000 的矩形，完成双人床的外部轮廓线的绘制，如图 7-49 所示。

🔊 注意：双人床的大小一般为 2000×1800，单人床的大小一般为 2000×1000。

（2）单击"绘图"工具栏中的"直线"按钮／，绘制床单造型，如图 7-50 所示。

图 7-49　绘制轮廓　　　　　　　　　　　　图 7-50　绘制床单

（3）单击"绘图"工具栏中的"直线"按钮／，进一步勾画床单造型，如图 7-51 所示。

（4）单击"修改"工具栏中的"圆角"按钮□，将圆角半径设置为 30，对图形进行圆角处理，如图 7-52 所示，命令行提示与操作如下：

```
命令：FILLET（对图形对象进行倒圆角）
当前设置：模式 = 修剪，半径 = 500
选择第一个对象或 [放弃(U)/多段线(P)/半径(R)/修剪(T)/多个(M)]：R（输入 R 设置倒圆角半径大小）
指定圆角半径 <500>:30
选择第一个对象或 [放弃(U)/多段线(P)/半径(R)/修剪(T)/多个(M)]：（选择第 1 条倒圆角对象边界）
选择第二个对象，或按住 Shift 键选择要应用角点的对象：（选择第 2 条倒圆角对象边界）
```

*Note*

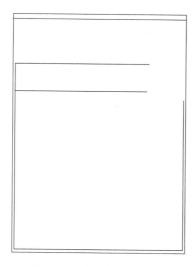
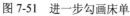

图 7-51　进一步勾画床单　　　　　　　　图 7-52　绘制圆角

（5）单击"修改"工具栏中的"倒角"按钮，对图形进行倒角处理，如图 7-53 所示，命令行提示与操作如下：

> 命令：CHAMFER（对图形对象进行倒直角）
> （"修剪"模式）当前倒角距离 1 = 0，距离 2 = 0
> 选择第一条直线或 [放弃(U)/多段线(P)/距离(D)/角度(A)/修剪(T)/方式(E)/多个(M)]：D（输入 D 设置倒直角距离大小）
> 指定第一个倒角距离 <0>：（输入距离）
> 指定第二个倒角距离 <100>：（输入距离）
> 选择第一条直线或 [放弃(U)/多段线(P)/距离(D)/角度(A)/修剪(T)/方式(E)/多个(M)]：（选择第 1 条倒直角对象边界）
> 选择第二条直线，或按住 Shift 键选择要应用角点的直线：（选择第 2 条倒直角对象边界）

（6）单击"绘图"工具栏中的"圆弧"按钮，在图中合适的位置处绘制圆弧，如图 7-54 所示。

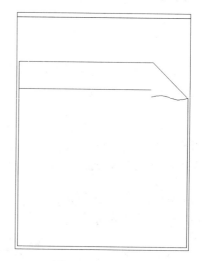

图 7-53　绘制倒角　　　　　　　　　　　图 7-54　绘制圆弧

（7）使用同样的方法，然后对床单的四角边缘部分做圆角处理，绘制其他位置的圆弧，细化床单，使其自然形象一些，如图 7-55 所示。

（8）单击"绘图"工具栏中的"样条曲线"按钮 ，建立枕头外轮廓造型，如图 7-56 所示，命令行提示与操作如下：

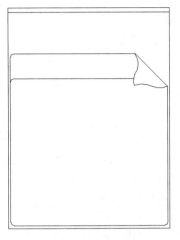

图 7-55　细化床单

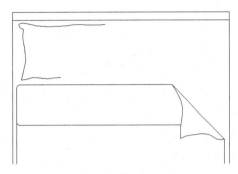

图 7-56　绘制枕头轮廓

命令：SPLINE（绘制枕套外轮廓）
指定第一个点或 [对象（O）]：（指定样条曲线的第 1 点或选择对象进行样条曲线转换）
指定下一点：（指定下一点位置）
指定下一点或 [闭合（C）/拟合公差（F）] <起点切向>：（指定下一点位置或选择备选项）
指定下一点或 [闭合（C）/拟合公差（F）] <起点切向>：（指定下一点位置或选择备选项）
···
指定下一点或 [闭合（C）/拟合公差（F）] <起点切向>：（指定下一点位置或选择备选项）
指定起点切向：
指定端点切向：

注意：也可以使用 ARC 功能命令来绘制枕头造型。

（9）继续单击"绘图"工具栏中的"圆弧"按钮 ，绘制枕头其他位置线段，如图 7-57 所示。

注意：可以使用弧线功能命令 ARC、LINE 等勾画枕头折线，使其效果更为逼真。

（10）单击"修改"工具栏中的"复制"按钮 ，复制得到另外一个枕头造型，如图 7-58 所示。

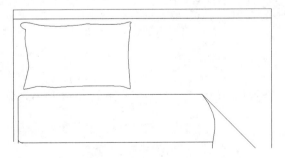

图 7-57　勾画枕头折线

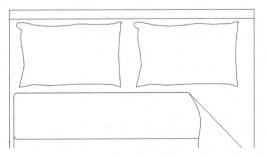

图 7-58　复制枕头造型

（11）单击"绘图"工具栏中的"圆弧"按钮 ，在床尾部建立床单局部的造型，如图 7-59 所示。

（12）单击"修改"工具栏中的"偏移"按钮 ，通过偏移得到一组平行线造型，如图 7-60 所示。

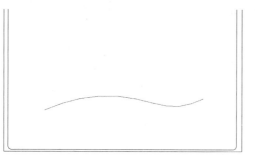

图 7-59　建立床单尾部造型

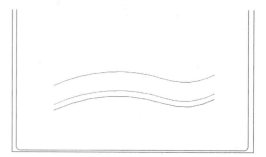

图 7-60　偏移得到平行线

（13）单击"绘图"工具栏中的"直线"按钮 和"圆弧"按钮 ，绘制一个靠垫造型，如图 7-61 所示。

（14）单击"绘图"工具栏中的"直线"按钮 和"圆弧"按钮 ，勾画靠垫内部线条造型，如图 7-62 所示。

图 7-61　勾画靠垫造型

图 7-62　勾画靠垫线条

（15）单击"绘图"工具栏中的"多边形"按钮 ，绘制床头灯造型。先绘制一个正方形，如图 7-63 所示，命令行提示与操作如下：

```
命令：POLYGON（绘制等边多边形）
输入边的数目 <4>：4（输入等边多边形的边数）
指定正多边形的中心点或 [边(E)]：（指定等边多边形中心点位置）
输入选项 [内接于圆(I)/外切于圆(C)] <I>:C（输入 C 以外切于圆确定等边多边形）
指定圆的半径：（指定外切圆半径）
```

注意：本例绘制床头灯造型为方形，也可以绘制成其他形状造型。

（16）单击"绘图"工具栏中的"圆"按钮 ，在正方形内侧绘制一个圆，如图 7-64 所示，命令行提示与操作如下：

```
命令：CIRCLE（绘制圆形）
指定圆的圆心或 [三点(4P)/两点(2P)/切点、切点、半径(T)]：（指定圆心点位置）
指定圆的半径或 [直径(D)] <20.000>：（输入圆形半径或在屏幕上直接点取）
```

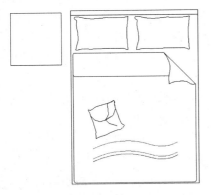

图 7-63 绘制正方形

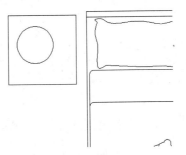

图 7-64 绘制圆

（17）使用同样的方法，单击"绘图"工具栏中的"圆"按钮 ，在上步绘制的圆内绘制一个圆心位置不同的小圆，如图 7-65 所示。

（18）单击"绘图"工具栏中的"直线"按钮 ，绘制随机斜线形成灯罩效果，如图 7-66 所示。

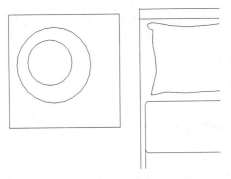

图 7-65 绘制小圆

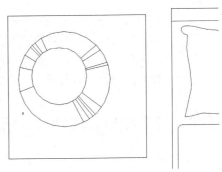

图 7-66 绘制灯罩

（19）单击"修改"工具栏中的"复制"按钮 ，复制得到两个床头灯造型，如图 7-67 所示。

（20）缩放视图，完成双人床及其床头灯平面造型设计，执行 SAVE 命令将图形保存，如图 7-68 所示，命令行提示与操作如下：

命令：ZOOM（缩放视图）
指定窗口的角点，输入比例因子（nX 或 nXP），或者
[全部(A)/中心(C)/动态(D)/范围(E)/上一个(P)/比例(S)/窗口(W)/对象(O)] <实时>：E

图 7-67 两个床头灯造型

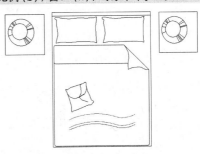

图 7-68 双人床平面造型

# 7.5 实践与练习

通过前面的学习，读者对本章知识也有了大体的了解，本节将通过几个操作练习使读者进一步掌握本章知识要点。

## 【实践1】绘制如图7-69所示的单人床。

本实践将介绍如图7-69所示单人床的绘制方法和技巧。

### 1. 目的要求

本实践绘制的是一个典型的床具图形，涉及的命令有"矩形"、"圆弧"、"分解"、"圆角"、"偏移"和"修剪"。通过本实践的绘制，帮助读者进一步掌握床具的绘制方法。

### 2. 操作提示

（1）利用"矩形"、"分解"、"偏移"和"圆角"命令，绘制床的基本轮廓。
（2）利用"圆弧"命令，绘制折角。
（3）利用"矩形"、"偏移"和"圆角"命令，绘制枕头。
（4）利用"修剪"命令，修剪掉多余直线，最终完成图形的绘制。

## 【实践2】绘制如图7-70所示的双人床。

### 1. 目的要求

本实践绘制的是一个典型的床具图形，涉及的命令有"直线"、"样条曲线"、"圆角"和"复制"。通过本实践的绘制，帮助读者更进一步掌握床具图形的绘制方法。

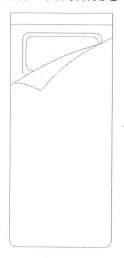

图7-69 两居室单人床

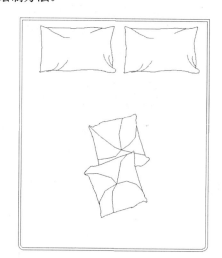

图7-70 双人床

2. 操作提示

（1）利用"直线"和"圆角"命令绘制床轮廓。

（2）利用"样条曲线"命令绘制枕头和垫子。

（2）利用"复制"命令复制枕头和垫子。

 **【实践3】绘制如图 7-71 所示的床和床头柜。**

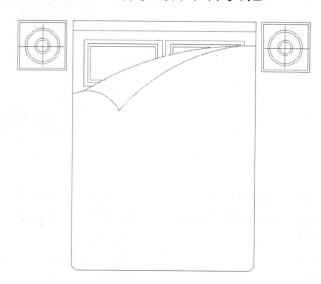

图 7-71　床和床头柜

1. 目的要求

本实践绘制的是一个双人床及其配套的床头柜，在现实生活中应用比较广泛，涉及的主要命令有"矩形"、"圆弧"、"圆"和"圆角"。通过本实践的绘制，帮助读者熟练掌握床具类图形的绘制方法。

2. 操作提示

（1）利用"矩形"和"圆角"命令绘制床轮廓。

（2）利用"圆弧"命令绘制被子折角。

（3）利用"矩形"命令绘制枕头。

（4）利用"矩形"和"圆"命令绘制床头柜。

# 第8章

# 桌台类家具

本章将详细叙述各种桌台类家具的绘制实例，使读者进一步巩固二维图形的绘制和编辑，灵活应用各种 AutoCAD 命令绘制桌台类家具的具体思路和方法。

- ☑ 家庭影院
- ☑ 办公桌及其隔断
- ☑ 吧台
- ☑ 会议桌椅

**任务驱动&项目案例**

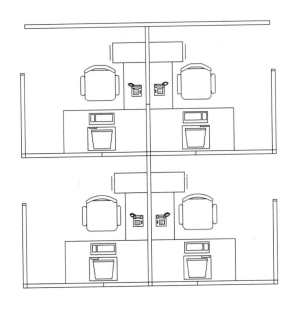

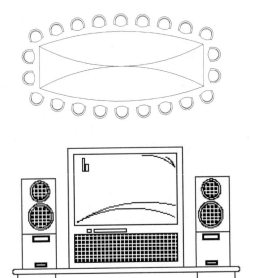

# 8.1　家　庭　影　院

本实例在绘制过程中，运用到"矩形"命令、"直线"命令、"圆"命令、"圆弧"命令、"圆角"命令以及"图案填充"命令，首先绘制家庭影院的轮廓线，再进行细部加工，绘制流程如图 8-1 所示。

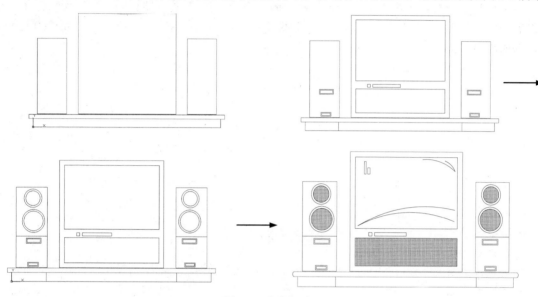

图 8-1　家庭影院

**操作步骤：**（光盘\动画演示\第 8 章\家庭影院.avi）

（1）单击"图层"工具栏中的"图层特性管理器"按钮，打开"图层特性管理器"对话框，新建图层，如图 8-2 所示。

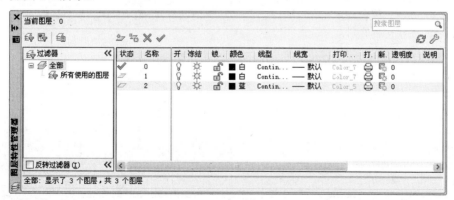

图 8-2　新建图层

（2）单击"标准"工具栏中的"实时缩放"按钮，将绘图区域缩放到适当大小。

（3）将当前图层设为"2"图层，单击"绘图"工具栏中的"矩形"按钮，绘制矩形，如图 8-3 所示，命令行提示与操作如下：

```
命令：_rectang
```

指定第一个角点或 [倒角(C)/标高(E)/圆角(F)/厚度(T)/宽度(W)]: 0,0
指定另一个角点或 [面积(A)/尺寸(D)/旋转(R)]: 2300,100

图 8-3　绘制矩形

（4）同样的方法，单击"绘图"工具栏中的"矩形"按钮，端点坐标分别为{（-50,100），（2350,150）}、{（50,155），（@360,900）}、{（2250,155），（@-360,900）}、{（550,155），（@1200,1200）}，继续绘制矩形，完成轮廓线的绘制，如图 8-4 所示。

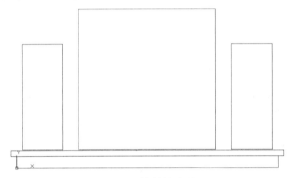

图 8-4　绘制轮廓线

（5）单击"绘图"工具栏中的"直线"按钮，在下面矩形内部绘制直线，如图 8-5 所示，命令行提示与操作如下：

```
命令: _line 指定第一点: 400,0
指定下一点或 [放弃(U)]: @0,100
指定下一点或 [放弃(U)]:
命令:
LINE 指定第一点: 1900,0
指定下一点或 [放弃(U)]: @0,100
指定下一点或 [放弃(U)]:
```

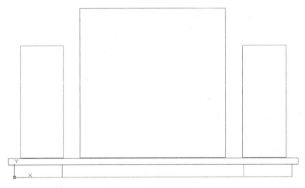

图 8-5　绘制直线

（6）单击"绘图"工具栏中的"矩形"按钮，绘制矩形，如图 8-6 所示，命令行提示与操作如下：

```
命令: _rectang
```

指定第一个角点或 [倒角(C)/标高(E)/圆角(F)/厚度(T)/宽度(W)]：604,585
指定另一个角点或 [面积(A)/尺寸(D)/旋转(R)]：@1092,716

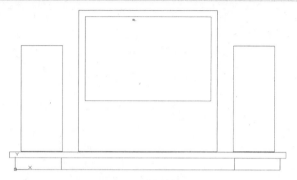

图 8-6  绘制矩形

（7）同样的方法，单击"绘图"工具栏中的"矩形"按钮 ，绘制 11 个矩形，端点坐标分别为
{（605,210），（@1090,280）}、{（745,510），（@37,35）}、{（810,510），（@340,35）}、{（167,426），
（@171,57）}、{（177,436），（@151,37）}、{（185,168），（@124,46）}、{（195,178），（@104,26）}、
{（2133,426），（@-171,57）}、{（2123,436），（@-151,37）}、{（2115,168），（@-124,46）}、{（2105,178），
（@-104,26）}。绘制结果如图 8-7 所示。

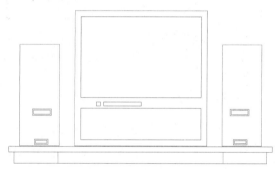

图 8-7  绘制剩余矩形

（8）单击"绘图"工具栏中的"圆"按钮 ，在左侧矩形内绘制一个圆，如图 8-8 所示，命令
行提示与操作如下：

命令：_circle 指定圆的圆心或 [三点(3P)/两点(2P)/相切、相切、半径(T)]：251,677
指定圆的半径或 [直径(D)]：131

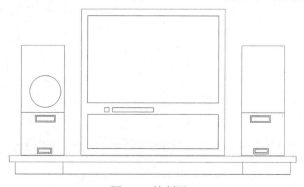

图 8-8  绘制圆

（9）单击"修改"工具栏中的"偏移"按钮，将上步绘制的圆向内偏移20，如图8-9所示。

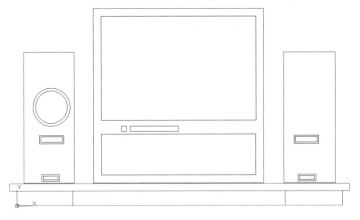

图8-9　偏移圆

（10）单击"绘图"工具栏中的"圆"按钮，将圆心坐标设置为（244,930），圆的半径为103，在图中合适的位置继续绘制圆，如图8-10所示。

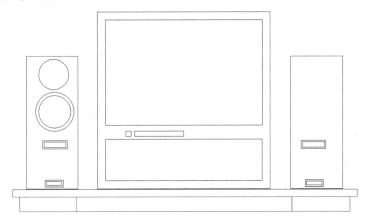

图8-10　绘制圆

（11）单击"修改"工具栏中的"偏移"按钮，将上步绘制的圆向内偏移20，如图8-11所示。

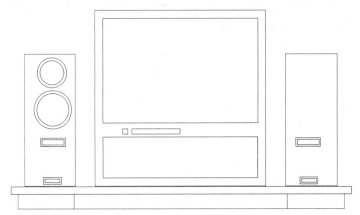

图8-11　偏移圆

（12）单击"绘图"工具栏中的"圆"按钮 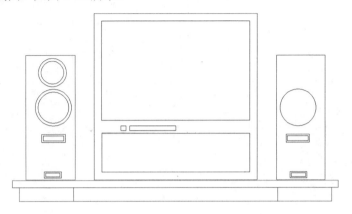，将圆心坐标设置为（2049,677），圆的半径为131，在另一侧矩形内绘制圆，如图 8-12 所示。

图 8-12 绘制圆

（13）单击"修改"工具栏中的"偏移"按钮 ，将上步绘制的圆向内偏移20，如图 8-13 所示。

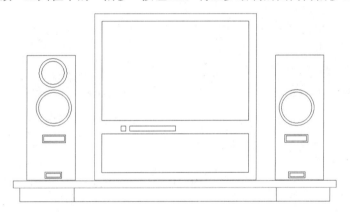

图 8-13 偏移圆

（14）单击"绘图"工具栏中的"圆"按钮 ，将圆心坐标设置为（2056,930），圆的半径为103，在合适的位置处绘制圆，如图 8-14 所示。

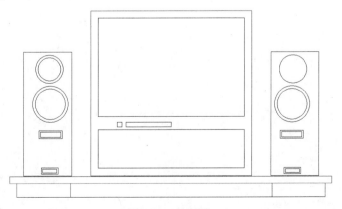

图 8-14 绘制圆

Note

（15）单击"修改"工具栏中的"偏移"按钮，将上步绘制的圆向内偏移 20，如图 8-15 所示。

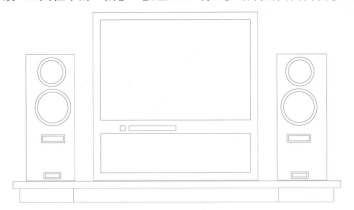

图 8-15　偏移圆

（16）单击"绘图"工具栏中的"直线"按钮，绘制直线，坐标分别为{（50,506），（@360,0）}和{（1890,506），（@360,0）}，如图 8-16 所示。

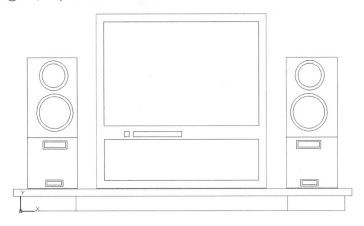

图 8-16　绘制直线

（17）单击"绘图"工具栏中的"矩形"按钮，绘制画面图形，如图 8-17 所示。

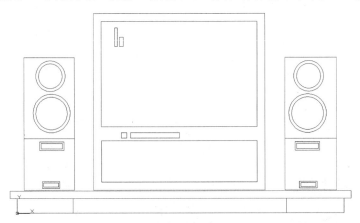

图 8-17　绘制画面图形

（18）单击"绘图"工具栏中的"圆弧"按钮，细化画面图形，如图 8-18 所示。

图 8-18　细化画面图形

（19）单击"修改"工具栏中的"圆角"按钮，设置圆角半径为 20，如图 8-19 所示，对图形进行圆角处理，命令行提示与操作如下：

```
命令：_fillet
当前设置：模式 = 修剪，半径 = 0.0000
选择第一个对象或 [放弃(U)/多段线(P)/半径(R)/修剪(T)/多个(M)]：r
指定圆角半径 <0.0000>：20
选择第一个对象或 [放弃(U)/多段线(P)/半径(R)/修剪(T)/多个(M)]：p
选择二维多段线：（选择如图 8-130 的矩形）
4 条直线已被圆角
```

图 8-19　圆角处理

（20）单击"绘图"工具栏中的"图案填充"按钮，打开"图案填充和渐变色"对话框，选择填充图案为 ANGLE，设置比例为 50，如图 8-20 所示。单击"拾取点"按钮，返回图形中，选择需要填充的区域，填充图形，结果如图 8-1 所示。

图 8-20  设置填充图案

# 8.2  办公桌及其隔断

本节将详细介绍办公桌及其隔断的绘制方法与相关技巧。首先绘制办公桌和椅子，然后绘制办公设备，再绘制电话，最后绘制办公桌的隔断，绘制流程如图 8-21 所示。

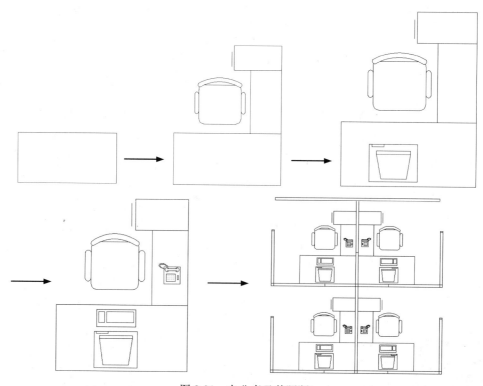

图 8-21  办公桌及其隔断

操作步骤：（光盘\动画演示\第 8 章\办公桌及其隔断.avi）

（1）单击"绘图"工具栏中的"矩形"按钮 □，绘制矩形办公桌桌面，如图 8-22 所示。

图 8-22 绘制办公桌

**注意：**根据办公桌及其隔断的图形整体情况，先绘制办公桌。

（2）单击"绘图"工具栏中的"多段线"按钮 ，绘制侧面桌面，如图 8-23 所示。

（3）单击"绘图"工具栏中的"直线"按钮 ，绘制办公椅子的四面轮廓，如图 8-24 所示。

**注意：**办公室椅子造型也可以直接使用前面绘制的造型。

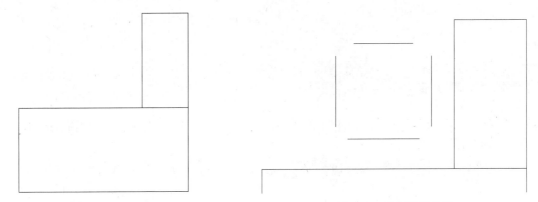

图 8-23 绘制侧面桌面　　　　　　　　图 8-24 绘制椅子轮廓

（4）单击"修改"工具栏中的"圆角"按钮 ，进行倒圆角，如图 8-25 所示。

（5）单击"绘图"工具栏中的"圆弧"按钮 ，在椅子后侧绘制轮廓局部造型，如图 8-26 所示。

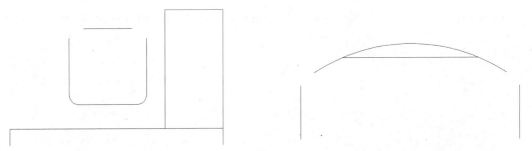

图 8-25 倒圆角　　　　　　　　图 8-26 绘制局部造型

（6）单击"修改"工具栏中的"偏移"按钮 ，将绘制的圆弧向上偏移，如图 8-27 所示。

（7）单击"绘图"工具栏中的"圆弧"按钮 ，对两端进行圆滑处理，如图 8-28 所示。

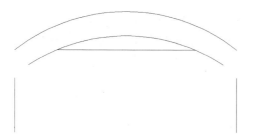

图 8-27　偏移圆弧

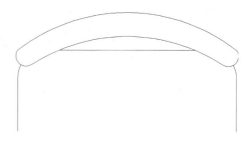

图 8-28　绘制两端弧线

（8）单击"绘图"工具栏中的"直线"按钮 ，在办公椅子侧面绘制一条竖向直线，如图 8-29 所示。

（9）单击"绘图"工具栏中的"圆弧"按钮 ，完成侧面扶手的绘制，如图 8-30 所示。

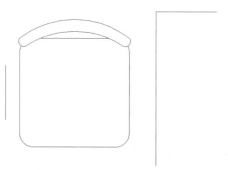

图 8-29　绘制直线

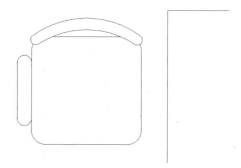

图 8-30　绘制侧面扶手

（10）单击"修改"工具栏中的"镜像"按钮 ，得到另外一侧的扶手，完成椅子绘制，如图 8-31 所示，命令行提示与操作如下：

命令:MIRROR（镜像生成对称图形）
选择对象：找到 1 个
选择对象：找到 2 个，总计 4 个
选择对象：（回车）
指定镜像线的第一点：（以中间的轴线位置作为镜像线）
指定镜像线的第二点：
要删除源对象吗？[是(Y)/否(N)] <N>:N（输入 N 回车保留原有图形）

（11）单击"绘图"工具栏中的"多段线"按钮 ，绘制侧面桌面的柜子造型，如图 8-32 所示。

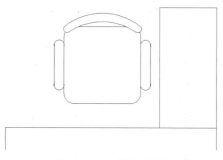

图 8-31　完成椅子绘制

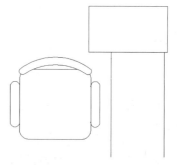

图 8-32　绘制柜子造型

（12）单击"绘图"工具栏中的"直线"按钮，绘制一条竖直直线，如图 8-33 所示。

（13）单击"绘图"工具栏中的"矩形"按钮，在合适的位置处绘制一个矩形，如图 8-34 所示。

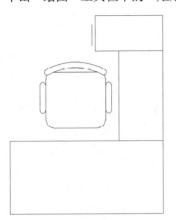

图 8-33　绘制直线

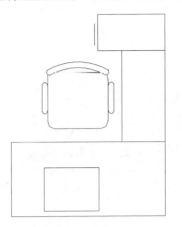

图 8-34　绘制矩形

（14）单击"绘图"工具栏中的"多段线"按钮，在上步绘制的矩形内部绘制一个小的矩形，如图 8-35 所示。

（15）单击"绘图"工具栏中的"多段线"按钮，完成办公设备轮廓的绘制，如图 8-36 所示。

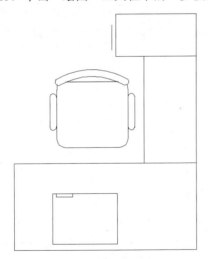

图 8-35　绘制小矩形

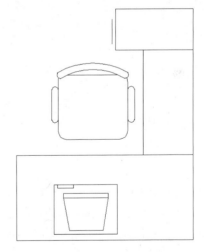

图 8-36　勾画办公设备轮廓

（16）单击"绘图"工具栏中的"矩形"按钮，勾画键盘轮廓，如图 8-37 所示。

**注意**：在这里对办公桌上的设备仅作轮廓近似勾画。

（17）单击"绘图"工具栏中的"多边形"按钮，绘制办公电话造型轮廓，如图 8-38 所示，命令行提示与操作如下：

命令：POLYGON（绘制等边多边形）
输入边的数目 <4>：4（输入等边多边形的边数）
指定正多边形的中心点或 [边(E)]：（指定等边多边形中心点位置）

输入选项 [内接于圆(I)/外切于圆(C)] <I>：C（输入 C 以外切于圆确定等边多边形）
指定圆的半径：（指定外切圆半径）

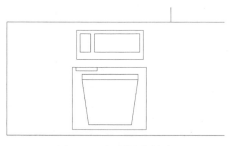

图 8-37　勾画键盘轮廓

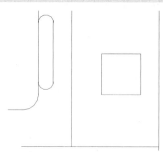

图 8-38　绘制电话轮廓

（18）单击"绘图"工具栏中的"多段线"按钮，绘制电话局部大体轮廓造型，如图 8-39 所示。

（19）单击"绘图"工具栏中的"圆"按钮，绘制一个圆，如图 8-40 所示。命令行提示与操作如下：

命令：CIRCLE（绘制圆形）
指定圆的圆心或 [三点(4P)/两点(2P)/相切、相切、半径(T)]：（指定圆心点位置）
指定圆的半径或 [直径(D)] <20.000>：（输入圆形半径或在屏幕上直接点取）

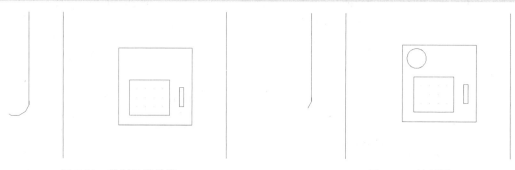

图 8-39　绘制局部轮廓　　　　　　　　　　　图 8-40　绘制圆

（20）单击"修改"工具栏中的"复制"按钮，复制上步绘制的圆，如图 8-41 所示。

（21）单击"绘图"工具栏中的"直线"按钮，在两圆之间绘制一条水平直线，如图 8-42 所示。

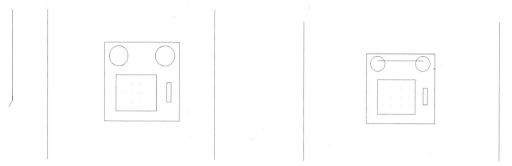

图 8-41　复制圆　　　　　　　　　　　　　图 8-42　绘制直线

（22）单击"修改"工具栏中的"偏移"按钮，将水平直线向下偏移，如图 8-43 所示。

（23）单击"修改"工具栏中的"修剪"按钮，修剪掉多余的直线，完成话筒的绘制，如图 8-44 所示，命令行提示与操作如下：

命令：TRIM（对图形对象进行修剪）
当前设置:投影=UCS，边=无
选择剪切边...
选择对象或 <全部选择>：　找到 1 个（选择剪切边界）
选择对象：（回车）
选择要修剪的对象，或按住 Shift 键选择要延伸的对象，或
[栏选(F)/窗交(C)/投影(P)/边(E)/删除(R)/放弃(U)]：（选择剪切对象）
选择要修剪的对象，或按住 Shift 键选择要延伸的对象，或
[栏选(F)/窗交(C)/投影(P)/边(E)/删除(R)/放弃(U)]：（选择剪切对象）
...
选择要修剪的对象，或按住 Shift 键选择要延伸的对象，或
[栏选(F)/窗交(C)/投影(P)/边(E)/删除(R)/放弃(U)]：（回车）

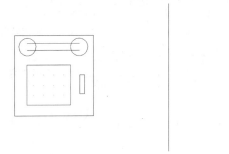

图 8-43　偏移直线

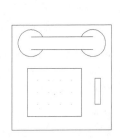

图 8-44　绘制话筒

（24）单击"绘图"工具栏中的"直线"按钮和"修改"工具栏中的"复制"按钮，绘制话筒与电话机连接线，如图 8-45 所示。

（25）在命令行中输入 ZOOM 命令，缩放视图，办公桌部分图形绘制完成，如图 8-46 所示，命令行提示与操作如下：

命令：ZOOM（缩放视图）
指定窗口的角点，输入比例因子 (nX 或 nXP)，或者
[全部(A)/中心(C)/动态(D)/范围(E)/上一个(P)/比例(S)/窗口(W)/对象(O)] <实时>:E

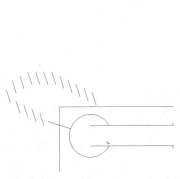

图 8-45　绘制连接线

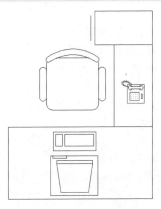

图 8-46　完成办公桌绘制

（26）单击"绘图"工具栏中的"直线"按钮 ，绘制办公桌的隔断轮廓线，如图 8-47 所示。

（27）单击"修改"工具栏中的"偏移"按钮 ，偏移轮廓线，如图 8-48 所示。

图 8-47　绘制隔断轮廓线

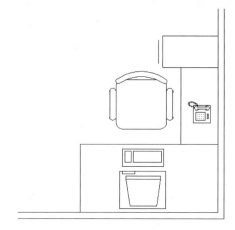

图 8-48　偏移轮廓线

（28）使用同样的方法，继续绘制隔断，形成一个标准办公桌单元，如图 8-49 所示。

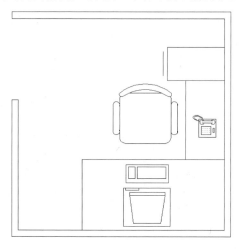

图 8-49　一个办公桌单元

（29）单击"修改"工具栏中的"镜像"按钮 ，进行镜像操作得到对称的两个办公桌单元图形，如图 8-50 所示，命令行提示与操作如下：

```
命令:MIRROR（镜像生成对称图形）
选择对象：找到 1 个
选择对象：找到 42 个，总计 44 个
选择对象：（回车）
指定镜像线的第一点：（以中间的轴线位置作为镜像线）
指定镜像线的第二点：
要删除源对象吗？[是(Y)/否(N)] <N>:N（输入 N 回车保留原有图形）
```

注意：左右相同的办公桌单元造型可以通过镜像得到，而前后相同的办公单元造型可以通过复制得到。

（30）单击"修改"工具栏中的"复制"按钮，通过复制得到相同方向排列的办公桌单元图形，如图 8-51 所示。

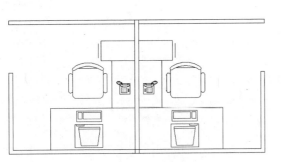

图 8-50　镜像办公桌单元

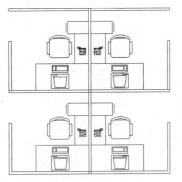

办公桌及其隔断

图 8-51　复制图形

（31）在命令行中输入 ZOOM 命令，缩放视图，最终完成办公桌及其隔断的绘制，命令行提示与操作如下：

```
命令:ZOOM（缩放视图）
指定窗口的角点，输入比例因子 (nX 或 nXP)，或者
[全部(A)/中心(C)/动态(D)/范围(E)/上一个(P)/比例(S)/窗口(W)/对象(O)] <实时>:E
```

# 8.3　吧　　台

本节将详细介绍吧台的绘制方法与相关技巧。在绘制过程中，主要运用到"直线"命令、"多段线"命令、"圆"命令以及"镜像"命令，绘制流程如图 8-52 所示。

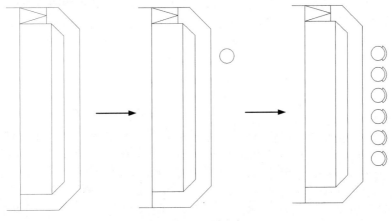

图 8-52　绘制吧台

操作步骤：（光盘\动画演示\第 8 章\吧台.avi）

（1）单击"绘图"工具栏中的"直线"按钮，绘制直线，如图 8-53 所示，命令行提示与操作如下：

```
命令: _line 指定第一点: 4243,-251
指定下一点或 [放弃(U)]: 5131,-251
```

```
指定下一点或 [放弃(U)]: 5494,110
指定下一点或 [闭合(C)/放弃(U)]: 5494,1436
指定下一点或 [闭合(C)/放弃(U)]:
命令:
LINE 指定第一点: 4474,-251
指定下一点或 [放弃(U)]: 4474,1436
指定下一点或 [放弃(U)]
命令:
LINE 指定第一点: 4474,18
指定下一点或 [放弃(U)]: 5014,18
指定下一点或 [放弃(U)]: 5224,222
指定下一点或 [闭合(C)/放弃(U)]: 5224,1436
指定下一点或 [闭合(C)/放弃(U)]:
命令:
LINE 指定第一点: 5019,18
指定下一点或 [放弃(U)]: 5014,1436
指定下一点或 [放弃(U)]:
```

（2）单击"修改"工具栏中的"镜像"按钮△，镜像上步绘制的图形，如图8-54所示，命令行提示与操作如下：

```
命令: _mirror
选择对象: all
找到 8 个
选择对象:
指定镜像线的第一点: 0,1436
指定镜像线的第二点: 10,1436
是否删除源对象? [是(Y)/否(N)] <N>:
```

（3）绘制门。单击"绘图"工具栏中的"直线"按钮，绘制门，坐标分别为{（4474,2854），（4929,2989），（4474,3123）}和{（4929,2854），（4929,3123）}，如图8-55所示。

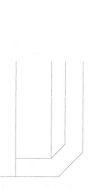

图8-53　绘制直线

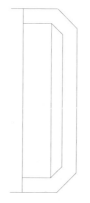

图8-54　镜像处理

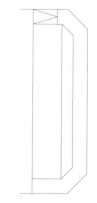

图8-55　绘制门

（4）单击"绘图"工具栏中的"圆"按钮，在图中合适的位置处绘制圆，设置圆的圆心为（5765,2297），圆的半径为120，如图8-56所示。

（5）单击"绘图"工具栏中的"多段线"按钮，绘制座椅，如图8-57所示，命令行提示与操作如下：

```
命令: _pline
指定起点: 5834,2199
当前线宽为 0.0000
指定下一个点或 [圆弧(A)/半宽(H)/长度(L)/放弃(U)/宽度(W)]: 5853,2171
指定下一点或 [圆弧(A)/闭合(C)/半宽(H)/长度(L)/放弃(U)/宽度(W)]: a
指定圆弧的端点或
[角度(A)/圆心(CE)/闭合(CL)/方向(D)/半宽(H)/直线(L)/半径(R)/第二个点(S)/放弃(U)/宽度(W)]: s
指定圆弧上的第二个点: 5919,2299
指定圆弧的端点: 5850,2426
指定圆弧的端点或[角度(A)/圆心(CE)/闭合(CL)/方向(D)/半宽(H)/直线(L)/半径(R)/第二个点(S)/放弃(U)/宽度(W)]: l
指定下一点或 [圆弧(A)/闭合(C)/半宽(H)/长度(L)/放弃(U)/宽度(W)]: 5831,2397
指定下一点或 [圆弧(A)/闭合(C)/半宽(H)/长度(L)/放弃(U)/宽度(W)]:
```

（6）单击"修改"工具栏中的"矩形阵列"按钮 ，设置行数为6，列数为1，行间距为-360，阵列椅子图形，如图8-58所示。

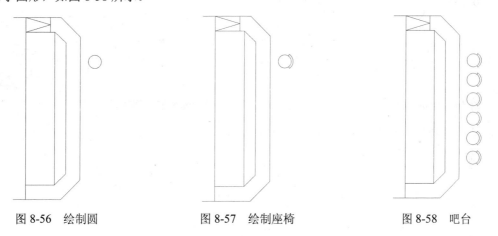

图 8-56 绘制圆 　　　　　 图 8-57 绘制座椅 　　　　　 图 8-58 吧台

# 8.4 会议桌椅

会议桌椅属于典型的办公家具，由会议桌和配套的若干椅子组成。首先绘制桌子，然后把已经绘制好的椅子粘贴进桌子图形文件中，利用"对齐"命令将椅子和桌子对齐。最后利用"阵列"、"镜像"、"旋转"和"移动"等命令完成椅子的有序布置。绘制流程如图8-59所示。

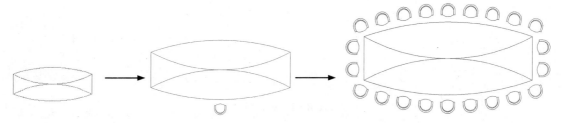

图 8-59 会议桌椅

操作步骤：（光盘\动画演示\第 8 章\会议桌椅.avi）

## 8.4.1 会议桌绘制

本小节绘制如图 8-60 所示的会议桌。

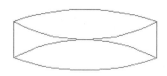

图 8-60 会议桌

（1）首先绘制出两条长度为 1500 的竖直直线 1、2，它们之间的距离为 6000；然后，绘制直线 3 连接它们的中点，如图 8-61 所示。

（2）由直线 3 分别偏移 1500 绘制出直线 4、5；然后，选择"圆弧"命令，依次捕捉 ABC、DEF 绘制出两条弧线，如图 8-62 所示。

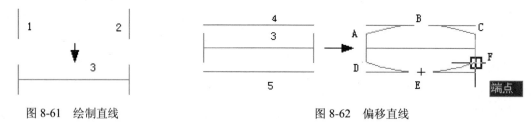

图 8-61 绘制直线          图 8-62 偏移直线

（3）再用"圆弧"命令绘制出内部的两条弧线，最后将辅助线删除，完成桌面的绘制，如图 8-63 所示。

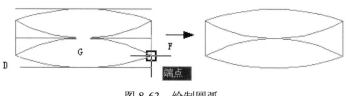

图 8-63 绘制圆弧

## 8.4.2 桌椅对齐

本小节将对齐如图 8-64 所示的会议桌椅。

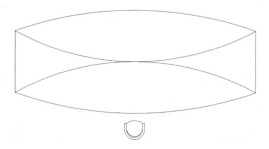

图 8-64 对齐桌椅

（1）打开随书光盘中的小靠背椅图形文件。

（2）利用"编辑"菜单的"复制"和"粘贴"命令将小靠背椅图形复制到会议桌图形中适当位置。

（3）选择"修改"→"三维操作"→"对齐"命令，按命令行提示进行操作：

命令：ALIGN
选择对象：（在屏幕上拉出矩形选框将椅子图形全部选中）
选择对象：
指定第一个源点：（选择椅子边缘弧线中点为第一个源点，如图8-65所示）
指定第一个目标点：（选择桌子边缘弧线中点为第一个目标点，然后回车，结果如图8-66）

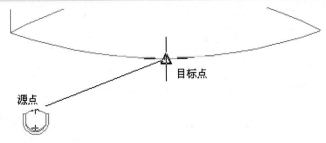

图8-65 对齐

图8-66 对齐后的椅子

（4）单击"修改"工具栏中的"移动"按钮，将椅子竖直向下移出一定距离，使它不紧贴桌子边缘。命令行提示和操作如下：

命令：_move
选择对象：（框选椅子）
选择对象：
指定基点或 [位移(D)] <位移>：（指定任意一点）
指定第二个点或 <使用第一个点作为位移>：（打开状态栏上的"正交"开关，向下适当位置指定一点）

（5）用鼠标选中桌子边缘圆弧，并单击鼠标右键，打开右键快捷菜单，如图8-67所示。选择其中的"特性"命令，弹出其特性窗口，记下其圆心坐标和总角度，为后面的阵列作准备，如图8-68所示。

提示：记下圆心坐标和总角度以备阵列时用，读者绘图的位置不可能和笔者完全一样，所以圆心坐标不会与图中相同，特此说明。

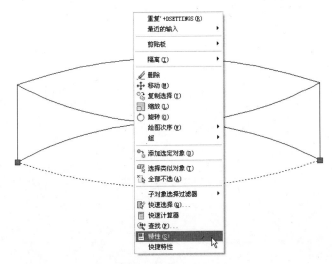

图8-67 桌子边缘圆弧特性

图8-68 特性窗口

### 8.4.3 布置会议桌椅

按如图 8-69 所示布置会议桌椅。

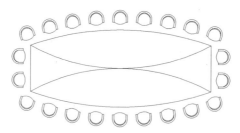

图 8-69 会议桌椅

（1）单击"修改"工具栏中的"环形阵列"按钮 ，指定桌面圆心为阵列中心点，选择椅子作为阵列对象，阵列数目为 4，命令行提示与操作如下：

```
命令：_arraypolar
选择对象：（框选椅子）
选择对象：
类型 = 极轴  关联 = 是
指定阵列的中心点或 [基点(B)/旋转轴(A)]：60849,-1988↙（按图 8-31 中显示的坐标）
输入项目数或 [项目间角度(A)/表达式(E)] <4>：5
指定填充角度(+=逆时针、-=顺时针)或 [表达式(EX)] <360>：18.9↙（按图 8-31 中显示的坐标
的一半）
按 Enter 键接受或 [关联(AS)/基点(B)/项目(I)/项目间角度(A)/填充角度(F)/行(ROW)/层
(L)/旋转项目(ROT)/退出(X)] <退出>：as
创建关联阵列 [是(Y)/否(N)] <是>：n
按 Enter 键接受或 [关联(AS)/基点(B)/项目(I)/项目间角度(A)/填充角度(F)/行(ROW)/层
(L)/旋转项目(ROT)/退出(X)] <退出>：
```

结果如图 8-70 所示。

（2）两次利用"镜像"命令 ，将椅子围绕桌子的两条中线进行镜像处理，结果如图 8-71 所示。

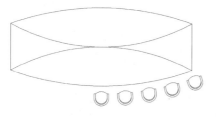

图 8-70 阵列

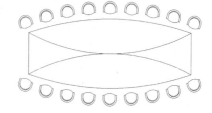

图 8-71 镜像

（3）单击"修改"工具栏中的"旋转"按钮 ，将下边中间椅子进行复制旋转，命令行提示与操作如下：

```
命令：_rotate
UCS 当前的正角方向：ANGDIR=逆时针  ANGBASE=0.0
选择对象：（框选下边中间椅子）
选择对象：
```

指定基点：（指定桌子下边弧线靠上大约位置一点）
指定旋转角度，或 [复制(C)/参照(R)] <0.0>：c
旋转一组选定对象
指定旋转角度，或 [复制(C)/参照(R)] <0.0>：90

结果如图 8-72 所示。

（4）利用"移动"命令  将刚复制旋转的椅子移动到桌子右边适当位置，如图 8-73 所示。

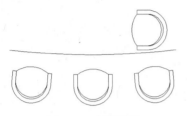

图 8-72 复制旋转

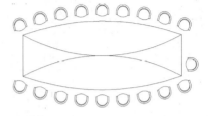

图 8-73 移动

（5）利用"复制"命令 和"镜像"命令 将刚移动的椅子进行复制和镜像，最终结果如图 8-59 所示。

# 8.5 实践与练习

通过前面的学习，读者对本章知识也有了大体的了解，本节通过几个实例操作练习使读者进一步掌握本章知识要点。

 **【实践 1】绘制如图 8-74 所示的隔断办公桌。**

### 1. 目的要求
本实践的绘制比较简单，通过本实践，要求读者熟练掌握桌台类家具的绘制方法。

### 2. 操作提示
（1）打开前面绘制的办公椅图形。
（2）利用"直线"和"矩形"命令绘制办公桌轮廓线。
（3）进行两次镜像处理。

 **【实践 2】绘制如图 8-75 所示的接待台。**

### 1. 目的要求
本实践绘制的接待台，由桌子和椅子组成，涉及的主要命令有"直线"、"圆弧"、"偏移"、"旋转"和"复制"，通过本实践，要求读者进一步熟练掌握桌台类家具的绘制方法。

### 2. 操作提示
（1）利用"直线"、"圆弧"和"偏移"命令绘制桌子。
（2）打开前面绘制好的椅子并复制进当前图形。

（3）利用"移动"、"旋转"和"复制"命令布置椅子。

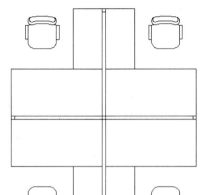

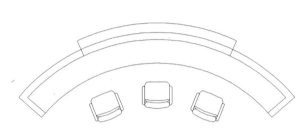

图 8-74　隔断办公桌　　　　　　　　　　图 8-75　接待台

【实践 3】绘制如图 8-76 所示的会议桌。

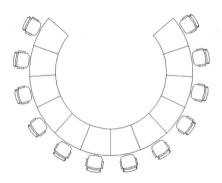

图 8-76　会议桌

1．目的要求

本实践绘制的会议桌，由桌子和椅子组成，涉及的主要命令有"直线"、"圆弧"、"偏移"、"旋转"和"阵列"，通过本实践，要求读者进一步熟练掌握桌台类家具的绘制方法。

2．操作提示

（1）利用"直线"、"圆弧"和"偏移"命令绘制桌子。
（2）打开前面绘制好的椅子并复制进当前图形。
（3）利用"移动"、"旋转"和"阵列"命令布置椅子。

# 贮存类家具

本章将详细叙述各种贮存类家具的绘制实例，使读者进一步巩固二维图形的绘制和编辑，以及灵活应用各种 AutoCAD 命令绘制贮存类家具的具体思路和方法。

- ☑ 更衣柜
- ☑ 衣柜
- ☑ 橱柜
- ☑ 客房组合柜

## 任务驱动&项目案例

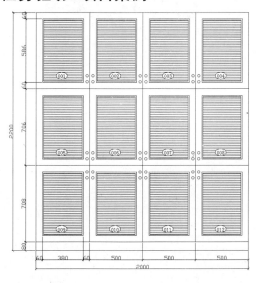

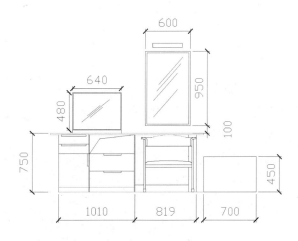

# 9.1 更 衣 柜

更衣柜是洗浴房中不可缺少的设施，设计时要注意空间分配，并考虑人的活动范围。首先绘制更衣柜轮廓，然后绘制柜门，再绘制开关门按钮，最后标注尺寸，绘制流程如图9-1所示。

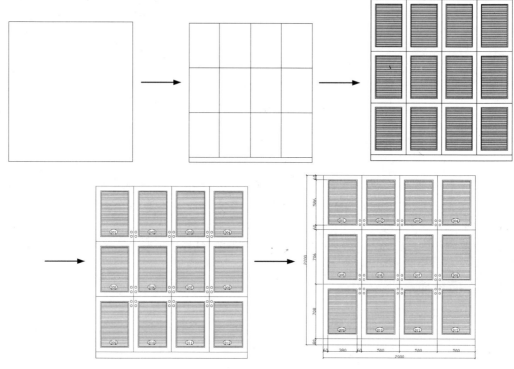

图 9-1　更衣柜

操作步骤：（光盘\动画演示\第 9 章\更衣柜.avi）

（1）单击"绘图"工具栏中的"矩形"按钮 ⬜，绘制大小为 2000×2200 的矩形，如图 9-2 所示。

（2）单击"绘图"工具栏中的"直线"按钮 ✏，在距离底边 80 的位置处绘制水平直线，如图 9-3 所示。

图 9-2　绘制矩形　　　　　　　　　　　　　图 9-3　绘制直线

（3）单击"修改"工具栏中的"复制"按钮，将直线向上复制两次，间隔分别为 708 和 706，如图 9-4 所示。

（4）在命令行中输入 DIVIDE 命令，将最下部的水平直线 4 等分，单击"绘图"工具栏中的"直线"按钮，绘制垂直直线，如图 9-5 所示。

（5）单击"绘图"工具栏中的"矩形"按钮，在左上角的方格中绘制大小为 380×586 的矩形，如图 9-6 所示。

（6）单击"修改"工具栏中的"偏移"按钮，将矩形向内侧偏移 10，如图 9-7 所示。

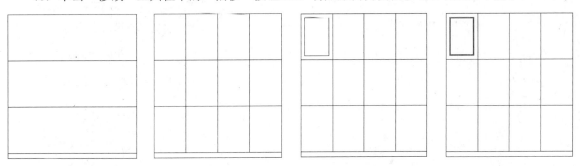

图 9-4　复制直线　　　图 9-5　绘制等分线　　　图 9-6　绘制矩形　　　图 9-7　偏移矩形

（7）单击"绘图"工具栏中的"图案填充"按钮，打开"图案填充和渐变色"对话框，按如图 9-8 所示设置填充图案。单击"添加：拾取点"按钮，在内部矩形中单击鼠标，再单击"确定"按钮，进行填充，如图 9-9 所示。

图 9-8　填充图案设置

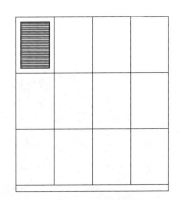

图 9-9　填充矩形

（8）单击"修改"工具栏中的"矩形阵列"按钮，选择刚刚绘制的矩形和填充图案，设置行数为 1，列数为 4，列间距为 500，阵列图形，如图 9-10 所示。

（9）单击"修改"工具栏中的"复制"按钮，复制图形，如图 9-11 所示。

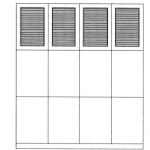

图 9-10　阵列图形

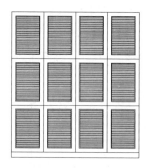

图 9-11　复制图形

（10）单击"绘图"工具栏中的"圆"按钮 ⊘ ，在柜门的角部绘制直径为 30 的圆，如图 9-12 所示。

（11）单击"修改"工具栏中的"复制"按钮 ⬚ ，将上步绘制的圆向下复制，如图 9-13 所示。

图 9-12　绘制圆

图 9-13　复制圆

（12）单击"修改"工具栏中的"镜像"按钮 ⚏ ，将圆镜像到另外一侧，完成开门和关门按钮的绘制，如图 9-14 所示。

（13）单击"修改"工具栏中的"复制"按钮 ⬚ ，将开门和关门的按钮复制到图中其他位置处，如图 9-15 所示。

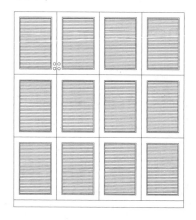

图 9-14　镜像圆

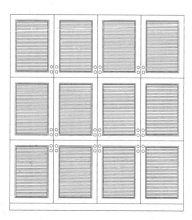

图 9-15　复制按钮

（14）单击"绘图"工具栏中的"椭圆"按钮，在图中合适的位置处绘制一个椭圆，如图 9-16 所示。

（15）单击"修改"工具栏中的"修剪"按钮，修剪掉椭圆内多余的直线，如图 9-17 所示。

图 9-16 绘制椭圆

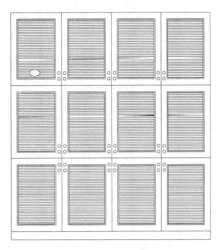

图 9-17 修剪多余直线

（16）单击"绘图"工具栏中的"多行文字"按钮**A**，在椭圆内输入文字，如图 9-18 所示。

（17）单击"修改"工具栏中的"复制"按钮，将椭圆复制到图中其了位置处，如图 9-19 所示。

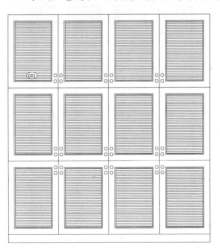

图 9-18 输入文字

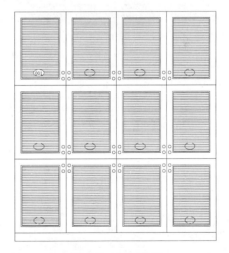

图 9-19 复制椭圆

（18）单击"修改"工具栏中的"修剪"按钮，修剪掉椭圆内多余的直线，如图 9-20 所示。

（19）单击"绘图"工具栏中的"多行文字"按钮**A**，分别在椭圆内输入相应的文字，完成柜门编号的绘制，如图 9-21 所示。

（20）选择菜单栏中的"格式"→"标注样式"命令，打开"标注样式管理器"对话框，如图 9-22 所示。

（21）单击"新建"按钮，打开"创建新标注样式"对话框，在"新样式名"文本框中输入"尺寸"，如图 9-23 所示。

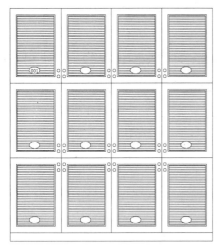

图 9-20　修剪多余直线

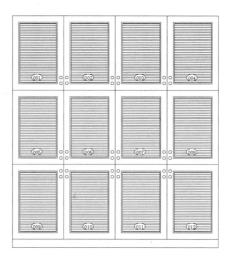

图 9-21　绘制柜门编号

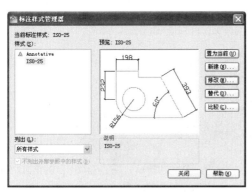

图 9-22　打开"标注样式管理器"对话框

图 9-23　新建标注样式

（22）单击"继续"按钮，打开"新建标注样式：尺寸"对话框，然后在"线"选项卡中将"超出尺寸线"设置为 10，"起点偏移量"设置为 10，如图 9-24 所示。

（23）打开"符号和箭头"选项卡，将"箭头大小"设置为 15，如图 9-25 所示。

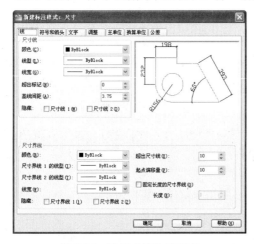

图 9-24　设置"线"选项卡

图 9-25　设置"符号和箭头"选项卡

（24）打开"文字"选项卡，将"文字高度"设置为35，如图9-26所示。

（25）打开"主单位"选项卡，将"精度"设置为0，如图9-27所示。

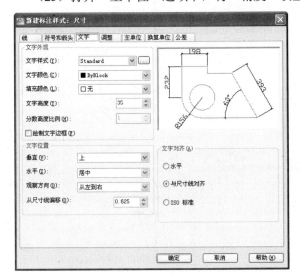
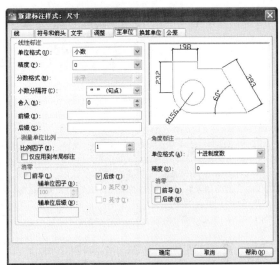

图9-26 设置"文字"选项卡　　　　　图9-27 设置"主单位"选项卡

（26）单击"标注"工具栏中的"线性"按钮，为图形标注第一道尺寸，可以结合"标注"工具栏中的"连续"按钮，快速完成图形的尺寸标注，如图9-28所示。

（27）单击"标注"工具栏中的"线性"按钮，为图形标注总尺寸，如图9-29所示。

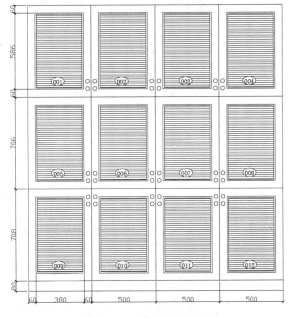
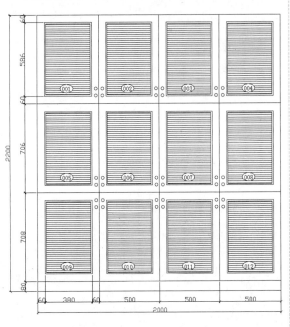

图9-28 标注第一道尺寸　　　　　图9-29 标注总尺寸

（28）在命令行中输入WBLOCK命令，打开"写块"对话框，如图9-30所示，将更衣柜保存为图块，以便调用。

图 9-30　保存图块

# 9.2　衣　　柜

衣柜是卧室中必不可少的设施，设计时要充分注意空间，并考虑人的活动范围。首先绘制衣柜轮廓，然后绘制衣架，最后摆放衣架，绘制流程图如图 9-31 所示。

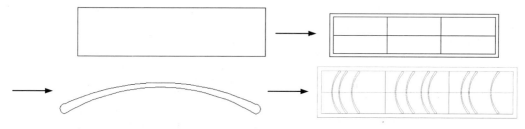

图 9-31　衣柜

操作步骤：（光盘\动画演示\第 9 章\衣柜.avi）

（1）单击"绘图"工具栏中的"矩形"按钮 □，绘制一个大小为 2000×500 的矩形，如图 9-32 所示。

（2）单击"修改"工具栏中的"偏移"按钮 ，将矩形向内偏移 40，结果如图 9-33 所示。

图 9-32　绘制衣柜轮廓　　　　　　　　　　　　　　图 9-33　偏移矩形

（3）选择矩形，单击"修改"工具栏中的"分解"按钮 ，将矩形分解。

（4）选择菜单栏中的"绘图"→"点"→"定数等分"命令，选择内部矩形下边直线，将其分解为 3 份。

（5）单击"对象捕捉"工具栏中的"对象捕捉设置"按钮，弹出"草图设置"对话框，如图 9-34 所示。在"对象捕捉"选项卡中将"节点"选项选中，单击"确定"按钮，退出对话框。

（6）单击"绘图"工具栏中的"直线"按钮，将鼠标移动到刚刚等分的直线的 3 分点附近，此时可以看到黄色的提示标志，即捕捉到 3 分点，如图 9-35 所示，绘制 2 条垂直直线，如图 9-36 所示。

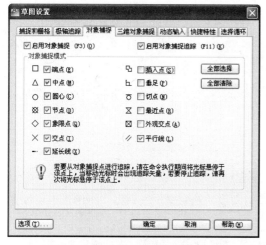

图 9-34　对象捕捉设置

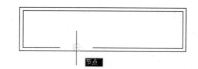

图 9-35　捕捉三分点

（7）单击"绘图"工具栏中的"直线"按钮，单击"对象捕捉"工具栏中的"捕捉到中点"按钮，在矩形内部绘制一条水平直线，直线两端点分别在两侧边的中点，如图 9-37 所示。

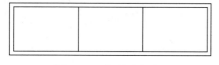

图 9-36　绘制垂直线

图 9-37　绘制水平线

（8）单击"绘图"工具栏中的"直线"按钮，绘制一条长为 400 的水平直线，再单击"对象捕捉"工具栏中的"捕捉到中点"按钮，绘制一条通过其中点的直线，如图 9-38 所示。

（9）单击"绘图"工具栏中的"圆弧"按钮，以水平直线的两个端点为端点，绘制一条弧线，如图 9-39 所示。

图 9-38　绘制直线　　　　　　　　　　　　图 9-39　绘制弧线

（10）单击"绘图"工具栏中的"圆"按钮，在弧线一端绘制直径为 20 的圆，如图 9-40 所示。

（11）单击"修改"工具栏中的"复制"按钮，将上步绘制的圆复制到另一端，如图 9-41 所示。

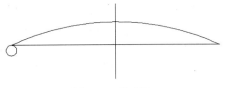

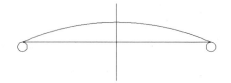

图 9-40　绘制圆　　　　　　　　　　　　　图 9-41　复制圆

（12）单击"绘图"工具栏中的"圆弧"按钮 ，以圆的下端为端点，绘制另外一条弧线，如图 9-42 所示。

（13）单击"修改"工具栏中的"修剪"按钮 ，修剪掉多余的直线，如图 9-43 所示。

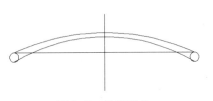

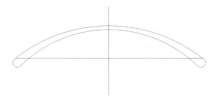

图 9-42　绘制弧线　　　　　　　　　　　　图 9-43　修剪直线

（14）单击"修改"工具栏中的"删除"按钮 ，删除辅助线，完成衣架的绘制，如图 9-44 所示。

（15）单击"绘图"工具栏中的"创建块"按钮 ，打开"块定义"对话框，将圆弧中点设置为拾取点，如图 9-45 所示，将衣架创建为块。

图 9-44　删除多余线段　　　　　　　　　　图 9-45　创建图块

（16）单击"绘图"工具栏中的"插入块"按钮 ，打开"插入"对话框，将角度设置为 90°，如图 9-46 所示。将衣架插入到图中合适的位置，如图 9-47 所示。

图 9-46　打开"插入"对话框　　　　　　　　图 9-47　插入衣架图块

(17) 使用同样的方法，将衣架插入到图中其他位置，或者单击"修改"工具栏中的"复制"按钮 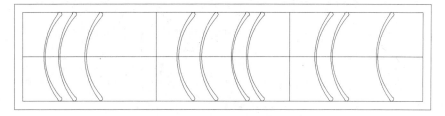，将上步插入的衣架复制到其他位置，最终完成衣柜的绘制，如图9-48所示。

图9-48　完成衣柜的绘制

(18) 最后将衣柜创建为块，以便调用。

# 9.3　橱　　柜

橱柜是厨房中必不可少的设施，设计时要注意空间分配，并考虑人的活动范围。首先绘制橱柜轮廓，然后绘制门，最后细化图形，绘制流程图如图9-49所示。

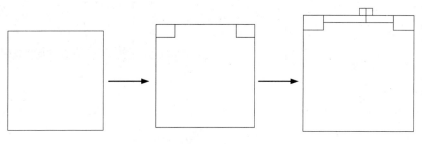

图9-49　橱柜

操作步骤：（光盘\动画演示\第9章\橱柜.avi）

(1) 单击"绘图"工具栏中的"矩形"按钮 ▭ ，绘制一个边长为800的正方形，如图9-50所示。

(2) 单击"绘图"工具栏中的"矩形"按钮 ▭ ，在正方形内部左上角绘制一个大小为150×100的矩形，绘制完成后如图9-51所示。

图9-50　绘制矩形　　　　　　　　　图9-51　绘制小矩形

(3) 单击"修改"工具栏中的"镜像"按钮 ⚐ ，选择刚刚绘制的小矩形，单击"对象捕捉"工具栏中的"捕捉到中点"按钮 ✐ ，以大矩形的上边中点为基点，引出垂直对称轴，将小矩形复制到另外一侧，如图 9-52 所示。

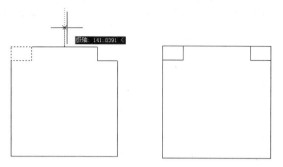

图 9-52　复制矩形

（4）单击"绘图"工具栏中的"直线"按钮，单击"对象捕捉"工具栏中的"捕捉到中点"按钮，选择左上角矩形右边的中点为起点，绘制一条水平直线，作为橱柜的门，如图 9-53 所示。

（5）单击"绘图"工具栏中的"直线"按钮，在柜门的右侧绘制一条垂直直线，如图 9-54 所示。

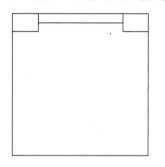

图 9-53　绘制柜门

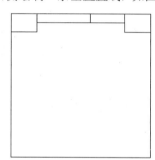

图 9-54　绘制直线

（6）单击"绘图"工具栏中的"矩形"按钮，在直线上侧绘制一个边长为 50 的小正方形，如图 9-55 所示。

（7）单击"修改"工具栏中的"复制"按钮，将上步绘制的小正方形复制到另外一侧，完成柜门拉手的绘制，如图 9-56 所示。

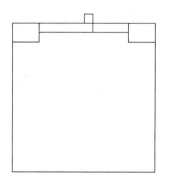

图 9-55　绘制小正方形

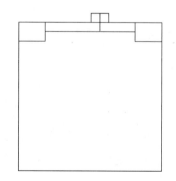

图 9-56　复制小正方形

（8）在命令行中输入 WBLOCK 命令，打开"写块"对话框，如图 9-57 所示，将橱柜保存为图块，以便调用。

图 9-57　保存图块

# 9.4　客房组合柜

　　客房组合柜是卧室中必不可少的设施，通过本实例，读者将掌握客房组合柜的绘制方法和技巧。首先绘制桌子，然后绘制抽屉，再绘制椅子，最后绘制镜子，绘制流程如图 9-58 所示。

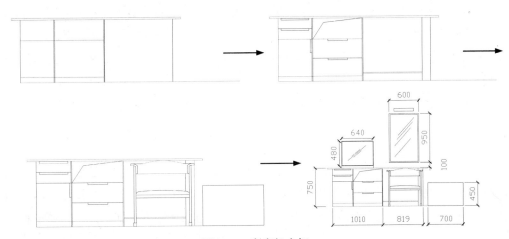

图 9-58　客房组合柜

操作步骤：（光盘\动画演示\第 9 章\客房组合柜.avi）

　　（1）单击"绘图"工具栏中的"矩形"按钮，绘制一个长为 2030、宽为 20 的矩形，如图 9-59 所示。

图 9-59　绘制矩形

（2）单击"绘图"工具栏中的"直线"按钮 ，绘制一条长为 750 的竖直直线，如图 9-60 所示。

（3）单击"修改"工具栏中的"偏移"按钮 ，将竖直直线向右偏移，偏移距离分别为 1010、819，如图 9-61 所示。

图 9-60　绘制直线　　　　　　　　　　　　　图 9-61　偏移直线

（4）单击"绘图"工具栏中的"直线"按钮 ，以最左侧竖直直线的端点为起点绘制一条长为 2625 的水平直线，如图 9-62 所示。

（5）单击"修改"工具栏中的"分解"按钮 ，将矩形分解。

（6）单击"修改"工具栏中的"偏移"按钮 ，将矩形下侧直线向下偏移 240 和 430，如图 9-63 所示。

图 9-62　绘制水平线　　　　　　　　　　　　图 9-63　偏移直线

（7）同理，单击"修改"工具栏中的"偏移"按钮 ，将左侧竖直直线向右偏移，偏移距离为 400、10 和 590，如图 9-64 所示。

（8）单击"修改"工具栏中的"修剪"按钮 ，修剪掉多余的直线，如图 9-65 所示。

　　　　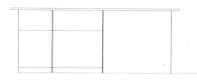

图 9-64　偏移竖直直线　　　　　　　　　　　图 9-65　修剪直线

（9）单击"绘图"工具栏中的"直线"按钮 和"矩形"按钮 ，绘制抽屉，如图 9-66 所示。

（10）单击"绘图"工具栏中的"多段线"按钮 ，绘制折线，细化抽屉图形，如图 9-67 所示。

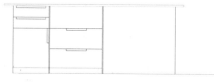　　　　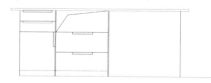

图 9-66　绘制抽屉　　　　　　　　　　　　　图 9-67　细化抽屉

（11）单击"修改"工具栏中的"偏移"按钮 ，将最右侧直线向左偏移，偏移距离为 100，将最下侧水平线向上偏移 88 和 10，如图 9-68 所示。

（12）单击"修改"工具栏中的"修剪"按钮 ，修剪多余直线，完成柜子的绘制，如图 9-69 所示。

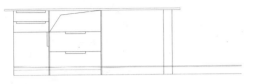

图 9-68 偏移直线

图 9-69 修剪直线

（13）单击"绘图"工具栏中的"矩形"按钮 ，以最下侧水平直线右端点为起点，绘制一个长为 700、宽为 450 的小矩形，完成小柜子的绘制，如图 9-70 所示。

（14）单击"绘图"工具栏中的"插入块"按钮 ，打开"插入"对话框，如图 9-71 所示，将椅子图块插入到图中合适的位置，如图 9-72 所示。

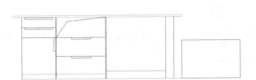

图 9-70 绘制小柜子

图 9-71 打开"插入"对话框

（15）单击"修改"工具栏中的"修剪"按钮 ，修剪多余直线，如图 9-73 所示。

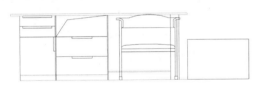

图 9-72 插入椅子图块

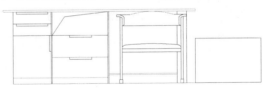

图 9-73 修剪直线

（16）单击"绘图"工具栏中的"直线"按钮 ，在柜子上侧绘制一条长为 40 的竖直直线，如图 9-74 所示。

（17）单击"修改"工具栏中的"偏移"按钮 ，将上步绘制的竖直直线向右偏移，偏移距离为 640，如图 9-75 所示。

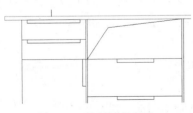

图 9-74 绘制竖直直线

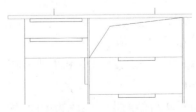

图 9-75 偏移直线

（18）单击"绘图"工具栏中的"矩形"按钮 ，在柜子上侧绘制长为 640、宽为 480 的矩形，如图 9-76 所示。

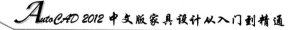
（19）单击"修改"工具栏中的"偏移"按钮，将矩形向内偏移，偏移距离为8，如图9-77所示。

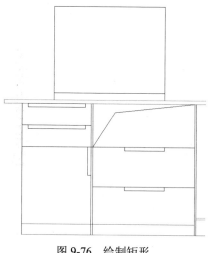

图9-76　绘制矩形

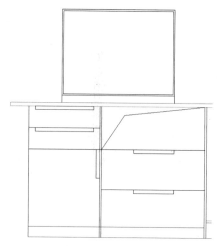

图9-77　偏移矩形

（20）单击"绘图"工具栏中的"直线"按钮，细化镜子图形，如图9-78所示。

（21）单击"修改"工具栏中的"偏移"按钮，将柜子最下侧水平直线向上偏移850，如图9-79所示。

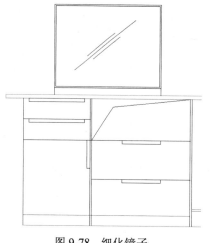

图9-78　细化镜子

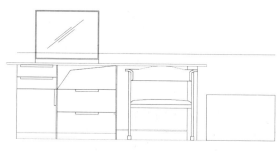

图9-79　偏移直线

（22）单击"绘图"工具栏中的"矩形"按钮，以上步中偏移后的直线上一点为起点，绘制一个长为600、宽为950的矩形，然后单击"修改"工具栏中的"删除"按钮，将偏移后的水平直线删除，如图9-80所示。

（23）单击"修改"工具栏中的"偏移"按钮，将上步绘制的矩形向内偏移，偏移距离为20，如图9-81所示。

（24）单击"绘图"工具栏中的"直线"按钮，细化镜子图形，如图9-82所示。

（25）单击"绘图"工具栏中的"矩形"按钮，在镜子上侧绘制一个矩形，最终完成图形的绘制，如图9-83所示。

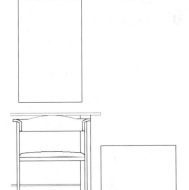

图 9-80　绘制矩形

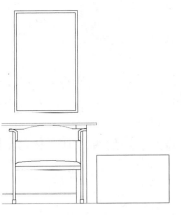

图 9-81　偏移矩形

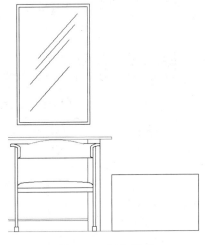

图 9-82　细化镜子

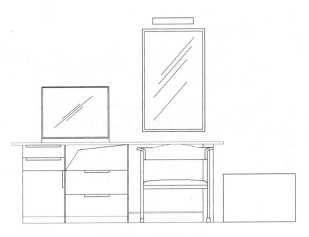

图 9-83　绘制矩形

（26）单击"标注"工具栏中的"线性"按钮，为客房组合柜标注尺寸，如图 9-84 所示。

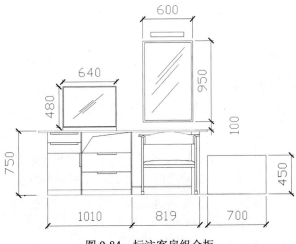

图 9-84　标注客房组合柜

# 9.5 实践与练习

*Note*

通过前面的学习，读者对本章知识已经有了大体的了解，本节通过几个操作练习使读者进一步掌握本章知识要点。

## 【实践1】绘制如图9-85所示的碗柜。

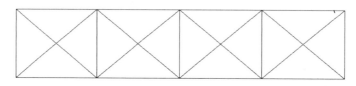

图9-85 碗柜

1. 目的要求

本实践的绘制比较简单，主要由矩形和直线组成，要求读者熟练掌握二维图形的绘制。

2. 操作提示

（1）利用"矩形"命令绘制碗柜外轮廓线。
（2）利用"直线"命令绘制碗柜内轮廓线。

## 【实践2】绘制如图9-86所示的立面床头柜。

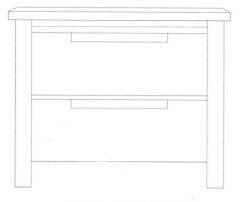

图9-86 立面床头柜

1. 目的要求

本实践绘制的是一个日常用品图形，涉及的命令有"直线"和"矩形"。本例对尺寸要求不是很严格，在绘图时可以适当指定位置，通过本实践，要求读者掌握矩形的绘制方法。

2. 操作提示

（1）利用"直线"命令绘制床头柜外轮廓。
（2）利用"矩形"命令绘制细化床头柜。

# 第10章

## 古典家具

随着时代的发展，中西方文化相互融合，西式家具逐渐流入中国市场，在中国家具行业所占比重越来越大；但近年来，随着中式家具逐渐发展，设计师们开始把目光投向古典家具，在现代化的设计思想中糅合进古典思想，因此古典家具成为家具设计中不可或缺的一部分。本章主要介绍常见古典家具的设计与绘制。

☑ 八仙桌     ☑ 古典梳妆台

☑ 古典柜子     ☑ 太师椅

## 任务驱动&项目案例

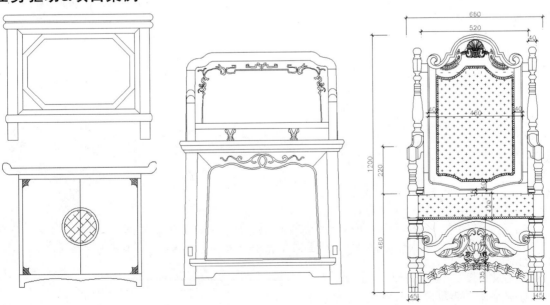

# 10.1  八  仙  桌

本例利用"矩形"和"多段线"命令绘制初步结构，再利用"镜像"命令得到另外一侧八仙桌，绘制流程如图 10-1 所示。

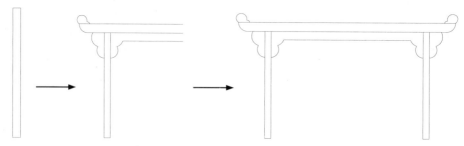

图 10-1  八仙桌

操作步骤：（光盘\动画演示\第 10 章\八仙桌.avi）

（1）单击"绘图"工具栏中的"矩形"按钮 ，绘制两角点坐标为（225,0）、（275,830）的矩形，绘制结果如图 10-2 所示。

（2）单击"绘图"工具栏中的"多段线"按钮 ，绘制多段线，命令行提示与操作如下：

```
命令：PLINE
指定起点：871,765
当前线宽为 0.0000
指定下一个点或 [圆弧(A)/半宽(H)/长度(L)/放弃(U)/宽度(W)]：374,765
指定下一点或 [圆弧(A)/闭合(C)/半宽(H)/长度(L)/放弃(U)/宽度(W)]：a
指定圆弧的端点或[角度(A)/圆心(CE)/闭合(CL)/方向(D)/半宽(H)/直线(L)/半径(R)/第二个
点(S)/放弃(U)/宽度(W)]：s
指定圆弧上的第二个点：355.4,737.8
指定圆弧的端点：326.4,721.3
指定圆弧的端点或[角度(A)/圆心(CE)/闭合(CL)/方向(D)/半宽(H)/直线(L)/半径(R)/第二个
点(S)/放弃(U)/宽度(W)]：s
指定圆弧上的第二个点：326.9,660.8
指定圆弧的端点：275,629
指定圆弧的端点或[角度(A)/圆心(CE)/闭合(CL)/方向(D)/半宽(H)/直线(L)/半径(R)/第二个
点(S)/放弃(U)/宽度(W)]：
命令：_pline
指定起点：225,629.4
当前线宽为 0.0000
指定下一个点或 [圆弧(A)/半宽(H)/长度(L)/放弃(U)/宽度(W)]：a
指定圆弧的端点或[角度(A)/圆心(CE)/方向(D)/半宽(H)/直线(L)/半径(R)/第二个点(S)/放弃
(U)/宽度(W)]：s
指定圆弧上的第二个点：173.4,660.8
指定圆弧的端点：173.9,721.3
指定圆弧的端点或[角度(A)/圆心(CE)/闭合(CL)/方向(D)/半宽(H)/直线(L)/半径(R)/第二个
```

点(S)/放弃(U)/宽度(W)]：s

    指定圆弧上的第二个点：126,765.3

    指定圆弧的端点：131.3,830

    指定圆弧的端点或[角度(A)/圆心(CE)/闭合(CL)/方向(D)/半宽(H)/直线(L)/半径(R)/第二个点(S)/放弃(U)/宽度(W)]：

绘制结果如图 10-3 所示。

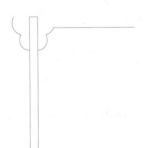

图 10-2　绘制矩形　　　　　　　　　　　　　　图 10-3　绘制多段线

继续绘制多段线，命令行提示与操作如下：

    命令：_pline

    指定起点：870,830

    当前线宽为 0.0000

    指定下一个点或 [圆弧(A)/半宽(H)/长度(L)/放弃(U)/宽度(W)]：88,830

    指定下一点或 [圆弧(A)/闭合(C)/半宽(H)/长度(L)/放弃(U)/宽度(W)]：a

    指定圆弧的端点或[角度(A)/圆心(CE)/闭合(CL)/方向(D)/半宽(H)/直线(L)/半径(R)/第二个点(S)/放弃(U)/宽度(W)]：18,900

    指定圆弧的端点或[角度(A)/圆心(CE)/闭合(CL)/方向(D)/半宽(H)/直线(L)/半径(R)/第二个点(S)/放弃(U)/宽度(W)]：l

    指定下一点或 [圆弧(A)/闭合(C)/半宽(H)/长度(L)/放弃(U)/宽度(W)]：870,900

    指定下一点或 [圆弧(A)/闭合(C)/半宽(H)/长度(L)/放弃(U)/宽度(W)]：

    命令：_pline

    指定起点：18,900

    当前线宽为 0.0000

    指定下一个点或 [圆弧(A)/半宽(H)/长度(L)/放弃(U)/宽度(W)]：a

    指定圆弧的端点或[角度(A)/圆心(CE)/方向(D)/半宽(H)/直线(L)/半径(R)/第二个点(S)/放弃(U)/宽度(W)]：s

    指定圆弧上的第二个点：1.3,941

    指定圆弧的端点：36.8,968

    指定圆弧的端点或[角度(A)/圆心(CE)/闭合(CL)/方向(D)/半宽(H)/直线(L)/半径(R)/第二个点(S)/放弃(U)/宽度(W)]：s

    指定圆弧上的第二个点：72.6,954

    指定圆弧的端点：83,916

    指定圆弧的端点或[角度(A)/圆心(CE)/闭合(CL)/方向(D)/半宽(H)/直线(L)/半径(R)/第二个点(S)/放弃(U)/宽度(W)]：s

    指定圆弧上的第二个点：97.8,912

    指定圆弧的端点：106,900

    指定圆弧的端点或[角度(A)/圆心(CE)/闭合(CL)/方向(D)/半宽(H)/直线(L)/半径(R)/第二个点(S)/放弃(U)/宽度(W)]：

绘制结果如图 10-4 所示。

（3）单击"修改"工具栏中的"镜像"按钮，以（870,0）、（870,10）为镜像点对图形镜像处理，绘制结果如图 10-5 所示。

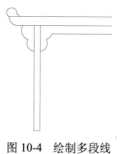

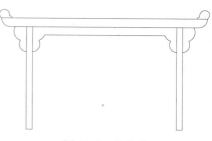

图 10-4　绘制多段线　　　　　　　　　　图 10-5　八仙桌

# 10.2　古典柜子

本例利用"直线"、"矩形"和"圆弧"命令绘制初步结构，再利用"镜像"命令得到另外一部分，最后填充图形，绘制流程图如图 10-6 所示。

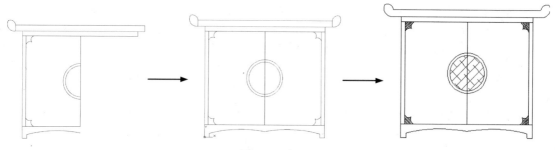

图 10-6　柜子

操作步骤：（光盘\动画演示\第 10 章\古典柜子.avi）

（1）单击"图层"工具栏中的"图层特性管理器"按钮，打开"图层特性管理器"对话框，新建图层，如图 10-7 所示。

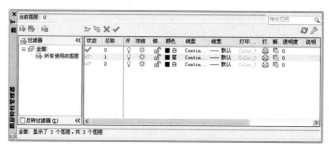

图 10-7　新建图层

（2）将图层 1 置为当前层，单击"绘图"工具栏中的"直线"按钮，绘制直线，如图 10-8 所示，命令行提示与操作如下：

Note

```
命令：_line 指定第一点：40,32
指定下一点或 [放弃(U)]：@0,-32
指定下一点或 [放弃(U)]：@-40,0
指定下一点或 [闭合(C)/放弃(U)]：@0,100
指定下一点或 [闭合(C)/放弃(U)]：
```

（3）重复"直线"命令，绘制两个端点坐标为（30,100）和（@0,760）的直线，绘制结果如图 10-9 所示。

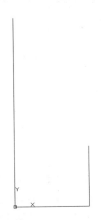

图 10-8　绘制直线　　　　　　　　　　图 10-9　绘制竖向直线

（4）单击"绘图"工具栏中"矩形"按钮，绘制矩形，如图 10-10 所示，命令行提示与操作如下：

```
命令：_rectang
指定第一个角点或 [倒角(C)/标高(E)/圆角(F)/厚度(T)/宽度(W)]：0,100
指定另一个角点或 [面积(A)/尺寸(D)/旋转(R)]：500,860
```

（5）重复"矩形"命令，绘制角点坐标分别为{（0,860），（1000,900）}{（-60,900），（1060,950）}的两个矩形，绘制结果如图 10-11 所示。

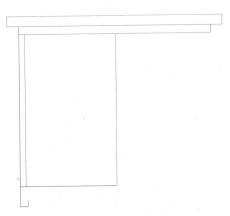

图 10-10　绘制矩形　　　　　　　　　　图 10-11　绘制其他矩形

（6）单击"绘图"工具栏中"圆弧"按钮，绘制圆弧，如图 10-12 所示，命令行中提示与操作如下：

```
命令：_arc
指定圆弧的起点或 [圆心(C)]：500,47.4
指定圆弧的第二个点或 [圆心(C)/端点(E)]：269,65
指定圆弧的端点：40,32
```

（7）重复"圆弧"命令，绘制3点坐标分别为{（500,630），（350,480），（500,330）}、{（500,610），（370,480），（500,350）}、{（30,172），（50,150.4），（79.4,152）}、{（79.4,152），（76.9,121.8），（98,100）}、{（30,788），（50,809.6），（79.4,807.7）}、{（79.4,807.7），（73.7,837），（101,860）}、{（-60,900），（-120,924），（-121.6,988.3）}、{（-121.6,988.3），（-81.1,984.7），（-60,950）}的另外 8 段圆弧，绘制结果如图 10-13 所示。

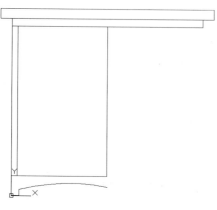

图 10-12    绘制圆弧

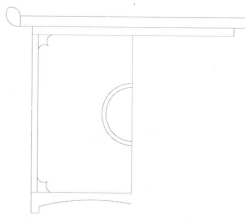

图 10-13    绘制其他圆弧

（8）单击"修改"工具栏中的"镜像"按钮，将图形进行镜像处理，命令行提示与操作如下：

```
命令：_mirror
选择对象：all
找到 58 个
选择对象：
指定镜像线的第一点：500,100
指定镜像线的第二点：500,1000
要删除源对象吗？[是(Y)/否(N)] <N>：
```

绘制结果如图 10-14 所示。

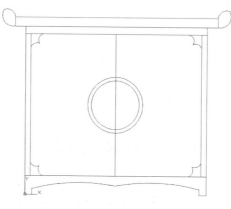

图 10-14    镜像处理

（9）将图层 2 设置为当前层，单击"绘图"工具栏中的"图案填充"按钮，打开"图案填充和渐变色"对话框，设置填充图案为 ANSI31，比例为 2，如图 10-15 所示，对柜子 4 个角进行填充，如图 10-16 所示。

图 10-15 "图案填充和渐变色"对话框

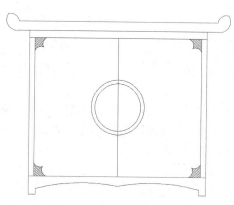

图 10-16 填充柜子 4 个角

（10）使用同样方法，继续利用图案填充命令，设置填充图案为 ANSI38，比例为 15，对同心圆区域进行填充，结果如图 10-17 所示。

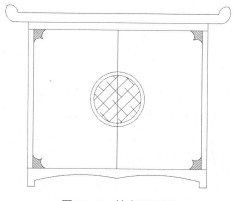

图 10-17 填充同心圆

## 10.3 古典梳妆台

本例将详细介绍古典梳妆台的绘制方法和技巧。首先绘制柜子，然后绘制镜子，绘制流程如图 10-18 所示。

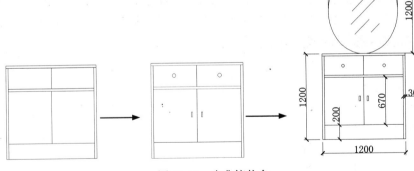

图 10-18 古典梳妆台

**操作步骤：**（光盘\动画演示\第 10 章\古典梳妆台.avi）

（1）单击"绘图"工具栏中的"矩形"按钮 ⬜，绘制一个长为 1200、宽为 1200 的矩形，如图 10-19 所示。

（2）单击"修改"工具栏中的"分解"按钮 ⬛，将矩形分解。

（3）单击"修改"工具栏中的"偏移"按钮 ⬛，将矩形上边向内偏移，偏移距离为 30，如图 10-20 所示。

图 10-19 绘制矩形

图 10-20 偏移上边

（4）继续利用"偏移"命令将矩形两侧边向内偏移，距离为 30，如图 10-21 所示。

（5）单击"修改"工具栏中的"修剪"按钮 ⬛，修剪掉多余的直线，如图 10-22 所示。

图 10-21 偏移侧边

图 10-22 修剪直线

（6）单击"修改"工具栏中的"偏移"按钮，将最下侧水平直线向上偏移，偏移距离分别为 200、670、30，偏移后如图 10-23 所示。

（7）单击"修改"工具栏中的"修剪"按钮，修剪掉多余的直线，如图 10-24 所示。

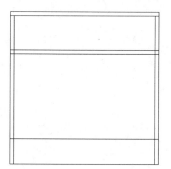

图 10-23　偏移直线

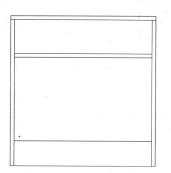

图 10-24　修剪直线

（8）单击"绘图"工具栏中的"直线"按钮，以水平直线中点为起点，绘制两条竖直直线，如图 10-25 所示。

（9）单击"绘图"工具栏中的"矩形"按钮，绘制一个小矩形，作为柜子的把手，如图 10-26 所示。

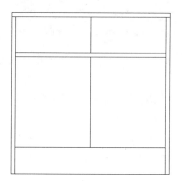

图 10-25　绘制竖直直线

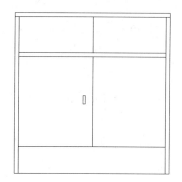

图 10-26　绘制把手

（10）单击"修改"工具栏中的"镜像"按钮，将矩形镜像到另外一侧，如图 10-27 所示。

（11）单击"绘图"工具栏中的"圆"按钮，绘制一个圆，如图 10-28 所示。

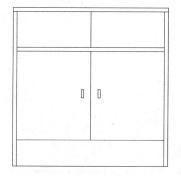

图 10-27　镜像矩形

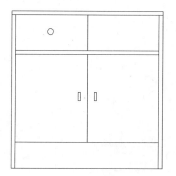

图 10-28　绘制圆

（12）单击"修改"工具栏中的"镜像"按钮，将上步绘制的圆镜像到另外一侧，最终完成柜子的绘制，如图 10-29 所示。

（13）单击"绘图"工具栏中的"椭圆"按钮，在图中合适的位置处绘制一个椭圆，设置其长轴为 1200、短轴为 1000，如图 10-30 所示。

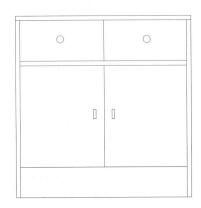

图 10-29　完成柜子绘制

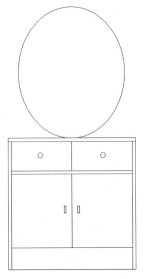

图 10-30　绘制椭圆

（14）单击"绘图"工具栏中的"直线"按钮和"圆"按钮，细化镜子图形，如图 10-31 所示。

（15）选择菜单栏中的"格式"→"标注样式"命令，打开"标注样式管理器"对话框，如图 10-32 所示。

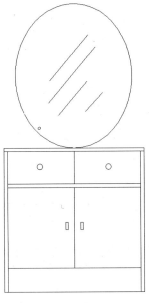

图 10-31　细化镜子

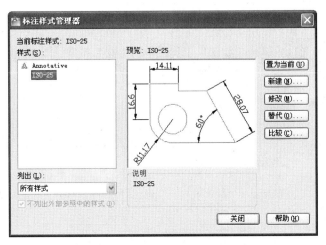

图 10-32　打开"标注样式管理器"对话框

（16）单击"修改"按钮，打开"修改标注样式：ISO-25"对话框，在"线"选项卡中将"超出尺寸线"设置为 40，"起点偏移量"设置为 40，如图 10-33 所示。

（17）在"符号和箭头"选项卡中将"箭头大小"设置为 50，如图 10-34 所示。

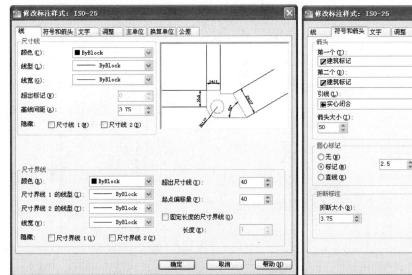

图 10-33　设置"线"选项卡

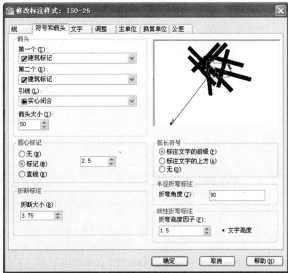

图 10-34　设置"符号和箭头"选项卡

（18）在"文字"选项卡中将"文字高度"设置为 100，如图 10-35 所示。

（19）在"主单位"选项卡中将"精度"设置为 0，如图 10-36 所示。

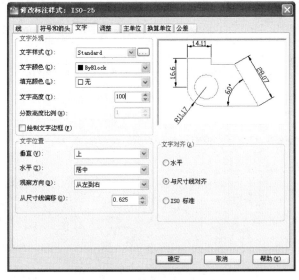

图 10-35　设置"文字"选项卡

图 10-36　设置"主单位"选项卡

（20）单击"标注"工具栏中的"线性"按钮 ，对图形进行尺寸标注，最终完成梳妆台的绘制，如图 10-18 所示。

# 10.4 太 师 椅

本实例将详细介绍太师椅的绘制方法和技巧。首先绘制椅背，然后绘制扶手，最后绘制底座，绘制流程如图 10-37 所示。

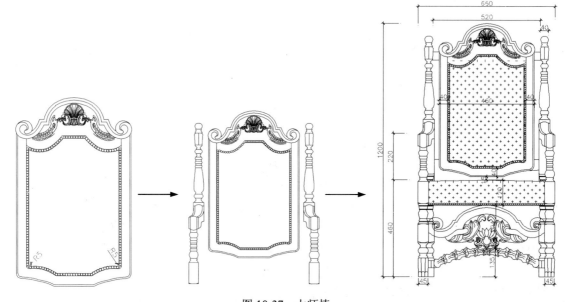

图 10-37 太师椅

操作步骤：（光盘\动画演示\第 10 章\太师椅.avi）

（1）单击"绘图"工具栏中的"直线"按钮 ，绘制一条竖向直线，设置长为 541，如图 10-38 所示。

（2）单击"绘图"工具栏中的"圆弧"按钮 ，以直线下端点为起点，绘制一段圆弧，如图 10-39 所示。

图 10-38 绘制竖向直线　　　　　　　　　图 10-39 绘制圆弧

（3）单击"绘图"工具栏中的"样条曲线"按钮 ，以上步绘制的圆弧端点为样条曲线的起点，绘制一条样条曲线，将竖直直线与样条曲线的右端点距离设置为 150，如图 10-40 所示。

（4）单击"绘图"工具栏中的"直线"按钮，以上步绘制的样条曲线端点为直线的起点，绘制一条长为 80 的水平直线，如图 10-41 所示。

图 10-40　绘制样条曲线　　　　　　　　图 10-41　绘制水平直线

（5）单击"修改"工具栏中的"偏移"按钮，将绘制的所有图形向内偏移为 6，然后单击"修改"工具栏中的"修剪"按钮，修剪掉多余的直线，如图 10-42 所示。

（6）单击"修改"工具栏中的"镜像"按钮，将所有图形镜像到另外一侧，如图 10-43 所示。

图 10-42　偏移图形　　　　　　　　　　图 10-43　镜像图形

（7）单击"绘图"工具栏中的"样条曲线"按钮，在图中合适的位置处绘制几段样条曲线，结合"修改"工具栏中的"修剪"按钮，修剪掉多余的直线，如图 10-44 所示。

（8）单击"修改"工具栏中的"镜像"按钮，将上步绘制的样条曲线镜像到另外一侧，并结合"修改"工具栏中的"修剪"按钮，修剪掉多余的直线，如图 10-45 所示。

图 10-44　绘制样条曲线　　　　　　　　图 10-45　镜像样条曲线

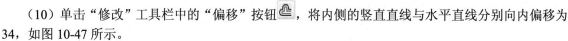

（9）使用同样方法，单击"绘图"工具栏中的"样条曲线"按钮 和"修改"工具栏中的"修剪"按钮 ，继续在图中合适的位置处，绘制样条曲线，完成椅背外部轮廓的绘制，如图 10-46 所示。

（10）单击"修改"工具栏中的"偏移"按钮 ，将内侧的竖直直线与水平直线分别向内偏移为 34，如图 10-47 所示。

图 10-46　绘制外轮廓线

图 10-47　偏移直线

（11）单击"修改"工具栏中的"修剪"按钮 ，修剪掉多余的直线，如图 10-48 所示。

（12）单击"绘图"工具栏中的"圆弧"按钮 和"修改"工具栏中的"修剪"按钮 ，在图中合适的位置处绘制两段小的圆弧，如图 10-49 所示。

图 10-48　修剪多余直线

图 10-49　绘制圆弧

（13）单击"绘图"工具栏中的"样条曲线"按钮 和"修改"工具栏中的"修剪"按钮 ，在图中绘制 4 段样条曲线，如图 10-50 所示。

（14）单击"绘图"工具栏中的"直线"按钮 ，绘制一条水平直线，完成内部轮廓线的绘制，如图 10-51 所示。

（15）单击"修改"工具栏中的"偏移"按钮 ，将内轮廓线向内偏移，偏移距离为 10，如图 10-52 所示。

（16）单击"修改"工具栏中的"修剪"按钮 ，修剪掉多余的直线，如图 10-53 所示。

图 10-50　绘制样条曲线

图 10-51　绘制水平直线

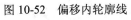

图 10-52　偏移内轮廓线

图 10-53　修剪直线

（17）单击"修改"工具栏中的"圆角"按钮，设置圆角半径为 5，对图形两端处进行圆角处理，如图 10-54 所示。

（18）单击"绘图"工具栏中的"圆"按钮　和"修改"工具栏中的"复制"按钮　，在图中合适的位置处绘制半径为 5 的圆，如图 10-55 所示。

图 10-54　绘制圆角

图 10-55　绘制圆

（19）单击"绘图"工具栏中的"插入块"按钮🔲，打开"插入"对话框，如图 10-56 所示，将椅背花纹插入到图中，如图 10-57 所示。

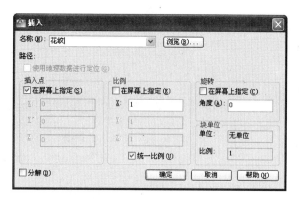

图 10-56　"插入"对话框

图 10-57　插入花纹图块

（20）单击"绘图"工具栏中的"圆弧"按钮 和"样条曲线"按钮 ，在靠背左侧绘制图形，如图 10-58 所示。

（21）单击"修改"工具栏中的"镜像"按钮 ，将绘制的图形镜像到另外一侧，如图 10-59 所示。

图 10-58　绘制左侧图形

图 10-59　镜像图形

（22）单击"绘图"工具栏中的"圆弧"按钮 和"样条曲线"按钮 ，继续绘制扶手的部分图形，结合"修改"工具栏中的"镜像"按钮 ，完成扶手上半部分的绘制，如图 10-60 所示。

（23）单击"绘图"工具栏中的"直线"按钮 、"圆弧"按钮 以及"样条曲线"按钮 ，绘制扶手的中间部分图形，如图 10-61 所示。

（24）单击"绘图"工具栏中的"直线"按钮 、"圆弧"按钮 以及"样条曲线"按钮 ，绘制扶手的下半部分图形，如图 10-62 所示。

（25）单击"修改"工具栏中的"镜像"按钮 ，将左侧扶手镜像到另外一侧，完成椅子扶手的绘制，如图 10-63 所示。

图 10-60　绘制扶手上半部分

图 10-61　绘制扶手中间部分

图 10-62　绘制扶手下半部分

图 10-63　镜像扶手

（26）单击"绘图"工具栏中的"直线"按钮 和"圆弧"按钮 ，在图中合适的位置处绘制椅座轮廓，如图 10-64 所示。

（27）单击"修改"工具栏中的"镜像"按钮 ，将上步绘制的轮廓线镜像到另外一侧，如图 10-65 所示。

图 10-64　绘制轮廓线

图 10-65　镜像轮廓线

（28）单击"绘图"工具栏中的"圆"按钮，在椅座底部绘制一个半径为 5 的小圆，如图 10-66 所示。

（29）单击"修改"工具栏中的"复制"按钮，将小圆复制到其他位置处，细化底座图形，结果如图 10-67 所示。

图 10-66　绘制圆

图 10-67　复制圆

（30）单击"绘图"工具栏中的"直线"按钮和"圆弧"按钮，细化扶手，如图 10-68 所示。

（31）同理，结合"修改"工具栏中的"镜像"按钮，细化右侧扶手，如图 10-69 所示。

图 10-68　细化左侧扶手

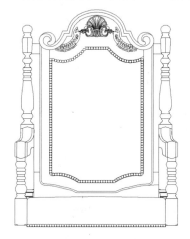

图 10-69　细化右侧扶手

（32）单击"修改"工具栏中的"偏移"按钮，将扶手下侧直线向下偏移为 9，如图 10-70 所示。

（33）单击"绘图"工具栏中的"直线"按钮和"圆弧"按钮，并结合"修改"工具栏中的"修剪"按钮，在合适的位置处绘制图形，如图 10-71 所示。

（34）单击"修改"工具栏中的"偏移"按钮，将第（32）步中偏移后的直线继续向下偏移，偏移距离分别为 1、2、14、1、2、41、12、4 和 9，结果如图 10-72 所示。

（35）单击"绘图"工具栏中的"直线"按钮和"圆弧"按钮，并结合"修改"工具栏中的"修剪"按钮，完成椅子腿的上半部分的绘制，如图 10-73 所示。

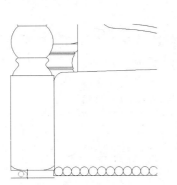

图 10-70  偏移直线

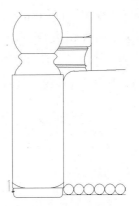

图 10-71  绘制图形

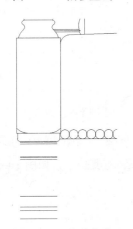

图 10-72  偏移直线

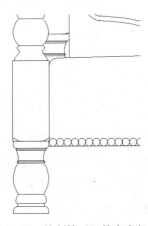

图 10-73  绘制椅子腿的上半部分

（36）单击"修改"工具栏中的"偏移"按钮 ，将第（34）步中偏移后的最下侧直线向下偏移，偏移距离分别为 91、23、26 和 22，结果如图 10-74 所示。

（37）单击"绘图"工具栏中的"直线"按钮 、"圆弧"按钮 和"样条曲线"按钮 ，并结合"修改"工具栏中的"修剪"按钮 ，完成椅子腿的中间部分的绘制，如图 10-75 所示。

图 10-74  偏移直线

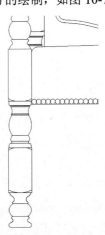

图 10-75  绘制椅子腿的中间部分

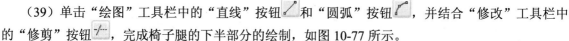

Note

（38）单击"修改"工具栏中的"偏移"按钮，将第（36）步中偏移后的最下侧直线向下偏移，偏移距离为90，如图10-76所示。

（39）单击"绘图"工具栏中的"直线"按钮和"圆弧"按钮，并结合"修改"工具栏中的"修剪"按钮，完成椅子腿的下半部分的绘制，如图10-77所示。

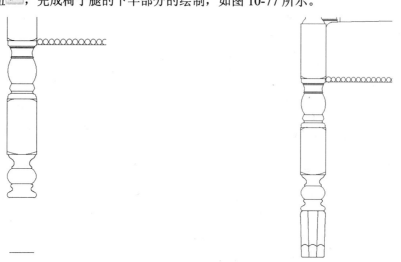

图10-76 偏移直线　　　　　图10-77 绘制椅子腿的下半部分

（40）同理，单击"绘图"工具栏中的"直线"按钮、"圆弧"按钮和"样条曲线"按钮，并结合"修改"工具栏中的"修剪"按钮，完成另外一个椅子腿的绘制，结果如图10-78所示。

（41）单击"修改"工具栏中的"镜像"按钮，将左侧椅子腿镜像到另外一侧，如图10-79所示。

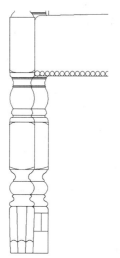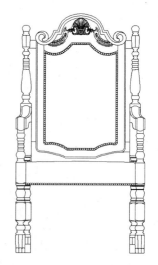

图10-78 绘制椅子腿　　　　　图10-79 镜像椅子腿

（42）单击"绘图"工具栏中的"插入块"按钮，将花纹插入到合适的位置，如图10-80所示。

（43）单击"绘图"工具栏中的"图案填充"按钮，打开"图案填充和渐变色"对话框，设置填充图案为CROSS，比例为3，如图10-81所示，填充椅子，结果如图10-82所示。

图 10-80　插入花纹图块

图 10-81　设置填充图案

图 10-82　填充椅子

（44）单击"标注"工具栏中的"线性"按钮 ⊟，为图形标注尺寸，如图 10-37 所示。

# 10.5　实践与练习

通过前面的学习，读者对本章知识已经有了大体的了解，本节通过几个操作练习使读者进一步掌握本章知识要点。

 **【实践 1】绘制如图 10-83 所示的玫瑰椅。**

## 1. 目的要求

本实践绘制的是一个中式家具图形，涉及的命令有"直线"、"矩形"、"圆弧"、"样条曲线"和"插入块"。通过本实践使读者熟练掌握二维图形的绘制和编辑。

2．操作提示

（1）利用"直线"和"圆弧"命令绘制玫瑰椅轮廓。

（2）利用"样条曲线"和"插入块"命令绘制花纹图形。

（3）利用"矩形"命令细化图形。

图 10-83　玫瑰椅

 **【实践 2】绘制如图 10-84 所示的方凳。**

1．目的要求

本实践绘制的是一个中式家具图形，涉及的命令有"直线"、"圆弧"和"偏移"。通过本实践使读者熟练掌握二维图形的绘制和编辑。

2．操作提示

（1）利用"直线"和"圆弧"命令绘制凳面。

（2）利用"直线"命令绘制凳腿。

（3）利用"直线"和"偏移"命令细化图形。

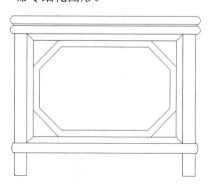

图 10-84　方凳

**▶▶ 第 3 篇**

# 三维家具设计篇

　　本篇将介绍 AutoCAD 三维造型功能以及三维家具造型的设计方法。

　　本篇将结合具体实例进行讲解，以加深读者对 AutoCAD 三维功能以及典型三维家具设计的基本方法和技巧的理解和掌握。

# 第11章

# 家具三维造型绘制

实体建模是 AutoCAD 三维建模中比较重要的一部分。实体模型能够完整描述对象的 3D 模型,比三维线框、三维曲面更能表达实物。这些功能命令的工具栏操作主要集中在"实体"工具栏和"实体编辑"工具栏。本章主要介绍三维坐标系统的建立,三维面、三维网格曲面及基本三维实体的绘制,三维实体的布尔运算,三维实体的着色与渲染等内容。

- ☑ 绘制三维网格曲面
- ☑ 绘制基本三维网格
- ☑ 绘制基本三维实体
- ☑ 特征操作
- ☑ 渲染实体

## 任务驱动&项目案例

# 11.1　三维坐标系统

AutoCAD 2012 使用的是笛卡儿坐标系。其中直角坐标系有两种类型，一种是绘制二维图形时常用的坐标系，即世界坐标系（WCS），由系统默认提供。世界坐标系又称为通用坐标系或绝对坐标系。对于二维绘图来说，世界坐标系足以满足要求。为了方便创建三维模型，AutoCAD 2012 允许用户根据自己的需要设定坐标系，即另一种坐标系——用户坐标系（UCS）。合理地创建 UCS，可以方便地创建三维模型。

## 11.1.1　坐标系建立

1. 执行方式
- ☑　命令行：UCS。
- ☑　菜单栏："工具"→"新建 UCS"→"世界"。
- ☑　工具栏：UCS 。
- ☑　功能区："视图"→"坐标"→"世界"。

2. 操作步骤

> 命令：UCS
> 当前 UCS 名称：*世界*
> 指定 UCS 的原点或 [面(F)/命名(NA)/对象(OB)/上一个(P)/视图(V)/世界(W)/X/Y/Z/Z 轴(ZA)]<世界>：

3. 选项说明

（1）指定 UCS 的原点

使用一点、两点或三点定义一个新的 UCS。如果指定单个点 1，当前 UCS 的原点将会移动而不会更改 X、Y 和 Z 轴的方向。选择该项，命令行提示如下：

> 指定 X 轴上的点或<接受>：（继续指定 X 轴通过的点 2 或直接回车接受原坐标系 X 轴为新坐标系 X 轴）
> 指定 XY 平面上的点或<接受>：（继续指定 XY 平面通过的点 3 以确定 Y 轴或直接回车接受原坐标系 XY 平面为新坐标系 XY 平面，根据右手法则，相应的 Z 轴也同时确定）

示意图如图 11-1 所示。

 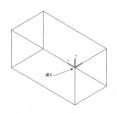 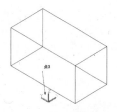 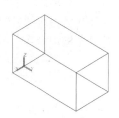

（a）原坐标系　　　　（b）指定一点　　　　（c）指定两点　　　　（d）指定三点

图 11-1　指定原点

（2）面（F）

将 UCS 与三维实体的选定面对齐。要选择一个面，在此面的边界内或面的边上单击，被选中的面将亮显，UCS 的 X 轴将与找到的第一个面上的最近的边对齐。选择该项，命令行提示如下：

*Note*

选择实体对象的面：(选择面)

输入选项 [下一个(N)/X 轴反向(X)/Y 轴反向(Y)] <接受>：(结果如图 11-2 所示)

如果选择"下一个"选项，系统将 UCS 定位于邻接的面或选定边的后向面。

（3）对象（OB）

根据选定三维对象定义新的坐标系，如图 11-3 所示。新建 UCS 的拉伸方向（Z 轴正方向）与选定对象的拉伸方向相同。选择该项，命令行提示如下：

选择对齐 UCS 的对象:选择对象

图 11-2 选择面确定坐标系

图 11-3 选择对象确定坐标系

对于大多数对象，新 UCS 的原点位于离选定对象最近的顶点处，并且 X 轴与一条边对齐或相切；对于平面对象，UCS 的 XY 平面与该对象所在的平面对齐；对于复杂对象，将重新定位原点，但是轴的当前方向保持不变。

注意：该选项不能用于三维多段线、三维网格和构造线。

（4）视图（V）

以垂直于观察方向（平行于屏幕）的平面为 XY 平面，建立新的坐标系。UCS 原点保持不变。

（5）世界（W）

将当前用户坐标系设置为世界坐标系。WCS 是所有用户坐标系的基准，不能被重新定义。

（6）X、Y、Z

绕指定轴旋转当前 UCS。

（7）Z 轴

用指定的 Z 轴正半轴定义 UCS。

## 11.1.2 动态 UCS

动态 UCS 的具体操作方法是：单击状态栏上的 DUCS 按钮。

可以使用动态 UCS 在三维实体的平整面上创建对象，而无须手动更改 UCS 方向。

在执行命令的过程中，当将光标移动到面的上方时，动态 UCS 会临时将 UCS 的 XY 平面与三维实体的平整面对齐，如图 11-4 所示。

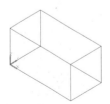
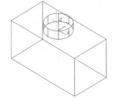

(a) 原坐标系　　　　(b) 绘制圆柱体时的动态坐标系

图 11-4 动态 UCS

动态 UCS 激活后，指定的点和绘图工具（如极轴追踪和栅格）都将与动态 UCS 建立的临时 UCS

相关联。

# 11.2　动　态　观　察

AutoCAD 2012 提供了具有交互控制功能的三维动态观测器，可以实时地控制和改变当前视口中创建的三维视图，以得到用户期望的效果。

## 11.2.1　受约束的动态观察

### 1. 执行方式

☑　命令行：3DORBIT。

☑　菜单栏："视图"→"动态观察"→"受约束的动态观察"。

☑　右键快捷菜单："其他导航模式"→"受约束的动态观察"。

☑　工具栏："动态观察"→"受约束的动态观察"（见图 11-5）或"三维导航"→"受约束的动态观察"（见图 11-6）。

☑　功能区："视图"→"二维导航"→"动态观察"下拉菜单→"动态观察"。

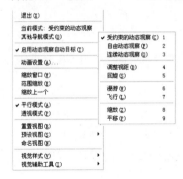

图 11-5　快捷菜单

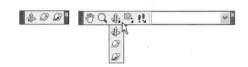

图 11-6　"动态观察"和"三维导航"工具栏

### 2. 操作步骤

命令：3DORBIT

执行该命令后，视图的目标保持静止，而视点将围绕目标移动。但是，从用户的视点看就像三维模型正在随着光标旋转。用户可以以此方式指定模型的任意视图。

系统显示三维动态观察光标图标。如果水平拖动光标，相机将平行于世界坐标系（WCS）的 XY 平面移动；如果垂直拖动光标，相机将沿 Z 轴移动，如图 11-7 所示。

（a）原始图形

（b）拖动鼠标

图 11-7　受约束的三维动态观察

## 11.2.2　自由动态观察

### 1. 执行方式

☑　命令行：3DFORBIT。

☑　菜单栏："视图"→"动态观察"→"自由动态观察"

☑　右键快捷菜单："其他导航模式"→"自由动态观察"

☑　工具栏："动态观察"→"自由动态观察" 或"三维导航"→"自由动态观察"

☑　功能区："视图"→"二维导航"→"动态观察"下拉菜单→"自由动态观察"

### 2. 操作步骤

命令：3DFORBIT

执行该命令后，当前视口中会出现一个绿色的大圆，在大圆上有 4 个绿色的小圆，如图 11-8 所示。此时通过拖动鼠标就可以对视图进行旋转观测。

在三维动态观测器中，查看目标的点被固定，用户可以利用鼠标控制相机位置绕观察对象得到动态的观测效果。当在绿色大圆的不同位置进行拖动时，光标的表现形式是不同的，视图的旋转方向也不同。视图的旋转由光标的表现形式和位置决定。光标在不同位置有⊙、↔、⇔、几种表现形式，在不同形式下移动鼠标，可分别对对象进行不同形式的旋转。

## 11.2.3　连续动态观察

### 1. 执行方式

☑　命令行：3DCORBIT。

☑　菜单栏："视图"→"动态观察"→"连续动态观察"。

☑　快捷菜单："其他导航模式"→"连续动态观察"。

☑　工具栏："动态观察"→"连续动态观察" 或"三维导航"→"连续动态观察" 。

☑　功能区："视图"→"二维导航"→"动态观察"下拉菜单→"连续动态观察"。

### 2. 操作步骤

命令：3DCORBIT

执行该命令后，界面出现动态观察图标，按住鼠标左键拖动，图形按鼠标拖动方向旋转，旋转速度为鼠标拖动的速度，如图 11-9 所示。

图 11-8　自由动态观察　　　　图 11-9　连续动态观察

# 11.3　显　示　形　式

在 AutoCAD 中，三维实体有多种显示形式，包括二维线框、三维线框、三维消隐、真实、概念、消隐等。

## 11.3.1　消隐

1. 执行方式

☑　命令行：HIDE。
☑　菜单栏："视图" → "消隐"。
☑　工具栏："渲染" → "隐藏" 。

2. 操作步骤

命令：HIDE

系统将被其他对象挡住的图线隐藏起来，以增强三维视觉效果，如图 11-10 所示。

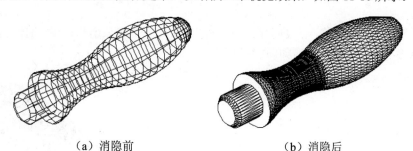

（a）消隐前　　　　　　　　　（b）消隐后

图 11-10　消隐效果

## 11.3.2　视觉样式

1. 执行方式

☑　命令行：VSCURRENT。
☑　菜单栏："视图" → "视觉样式" → "二维线框"。
☑　工具栏："视觉样式" → "二维线框" 。

2. 操作步骤

命令：VSCURRENT
输入选项 [二维线框(2)/线框(w)/隐藏(H)/真实(R)/概念(C)/着色(S)/带边缘着色(E)/灰度(G)/勾画(SK)/X 射线(X)/其他(O)] <二维线框>：

3. 选项说明

（1）二维线框（2）

用直线和曲线表示对象的边界。光栅和 OLE 对象、线型和线宽都是可见的。即使将 COMPASS 系统变量的值设置为 1，附着到对象的颜色也不会出现在二维线框视图中。UCS 坐标和手柄二维线框如图 11-11 所示。

（2）线框（W）

显示对象时使用直线和曲线表示边界。显示一个已着色的三维 UCS 图标。光栅和 OLE 对象、线型及线宽不可见，可将 COMPASS 系统变量设置为 1 来查看坐标球，将显示应用到对象的材质颜色。UCS 坐标和手柄三维线框如图 11-12 所示。

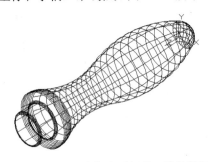
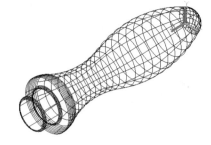

图 11-11　UCS 坐标和手柄的二维线框图　　　　图 11-12　UCS 坐标和手柄的三维线框图

（3）隐藏

显示用三维线框表示的对象并隐藏表示后向面的直线。UCS 坐标和手柄的消隐如图 11-13 所示。

（4）真实（R）

着色多边形平面间的对象，并使对象的边平滑化。如果已为对象附着材质，则将显示已附着到对象的材质。UCS 坐标和手柄的真实如图 11-14 所示。

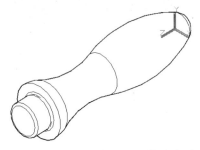

图 11-13　UCS 坐标和手柄的消隐图　　　　图 11-14　UCS 坐标和手柄的真实图

（5）概念（C）

着色多边形平面间的对象，并使对象的边平滑化。着色使用冷色和暖色之间的过渡。效果缺乏真实感，但是可以更方便地查看模型的细节。UCS 坐标和手柄的概念图如图 11-15 所示。

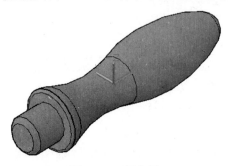

图 11-15　概念图

### 11.3.3　视觉样式管理器

1. 执行方式

☑　命令行：VISUALSTYLES。

☑　菜单栏："视图"→"视觉样式"→"视觉样式管理器"或"工具"→"选项板"→"视觉样式"。

☑　工具栏："视觉样式"→"视觉样式管理器" 🖾。

2. 操作步骤

命令：VISUALSTYLES

执行该命令后，系统打开"视觉样式管理器"，可以在管理器中对视觉样式的各参数进行设置，如图 11-16 所示。图 11-17 所示为按图 11-16 进行设置的概念图的显示结果，可以与图 11-15 进行比较。

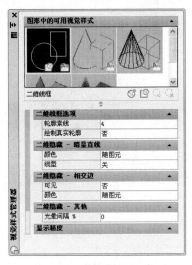

图 11-16　视觉样式管理器

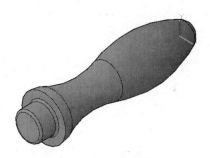

图 11-17　显示结果

## 11.4　绘制三维网格曲面

本节主要介绍各种三维网格的绘制命令。

### 11.4.1　平移网格

1. 执行方式

☑　命令行：TABSURF。

☑　菜单栏："绘图"→"建模"→"网格"→"平移网格"。

2. 操作步骤

命令：TABSURF
当前线框密度：SURFTAB1=6
选择用作轮廓曲线的对象：（选择一个已经存在的轮廓曲线）

选择用作方向矢量的对象：（选择一个方向线）

3．选项说明

（1）轮廓曲线

可以是直线、圆弧、圆、椭圆、二维或三维多段线。AutoCAD 从轮廓曲线上离选定点最近的点开始绘制曲面。

（2）方向矢量

指出形状的拉伸方向和长度。在多段线或直线上选定的端点决定了拉伸方向。

下面绘制一个简单的平移网格。执行平移网格命令 TABSURF，拾取如图 11-18（a）所示的六边形作为轮廓曲线，图中直线为方向矢量，最后得到如图 11-18（b）所示的平移网格。

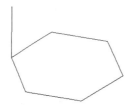  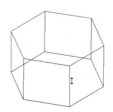

（a）六边形和方向线          （b）平移后的曲面

图 11-18　平移网格的绘制

## 11.4.2　直纹网格

1．执行方式

☑　命令行：RULESURF。

☑　菜单栏："绘图"→"建模"→"网格"→"直纹网格"。

2．操作步骤

```
命令：RULESURF
当前线框密度：SURFTAB1=6
选择第一条定义曲线：（指定第一条曲线）
选择第二条定义曲线：（指定第二条曲线）
```

下面绘制一个简单的直纹网格。首先将视图转换为西南等轴测视图，接着绘制如图 11-19（a）所示的两个圆作为草图，然后执行直纹网格命令 RULESURF，分别拾取绘制的两个圆作为第一条和第二条定义曲线，得到如图 11-19（b）所示的直纹网格。

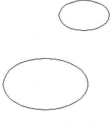  

（a）作为草图的圆          （b）生成的直纹网格

图 11-19　绘制直纹网格

### 11.4.3　旋转网格

**1. 执行方式**

☑　命令行：REVSURF。

☑　菜单栏："绘图"→"建模"→"网格"→"旋转网格"。

**2. 操作步骤**

> 命令：REVSURF
> 当前线框密度：SURFTAB1=6　SURFTAB2=6
> 选择要旋转的对象 1：（指定已绘制好的直线、圆弧、圆或二维、三维多段线）
> 选择定义旋转轴的对象：（指定已绘制好的用作旋转轴的直线或是开放的二维、三维多段线）
> 指定起点角度<0>：（输入值或按 Enter 键）
> 指定包含角度（+=逆时针，一=顺时针）<360>：（输入值或按 Enter 键）

**3. 选项说明**

（1）起点角度如果设置为非零值，平面将从生成路径曲线位置的某个偏移处开始旋转。

（2）包含角用来指定绕旋转轴旋转的角度。

（3）系统变量 SURFTAB1 和 SURFTAB2 用来控制生成网格的密度。SURFTAB1 指定在旋转方向上绘制的网格线的数目，SURFTAB2 将指定绘制的网格线数目进行等分。如图 11-20 所示为利用 REVSURF 命令绘制的花瓶。

（a）轴线和回转轮廓线　　　（b）回转面　　　（c）调整视角

图 11-20　绘制花瓶

### 11.4.4　边界网格

**1. 执行方式**

☑　命令行：EDGESURF。

☑　菜单栏："绘图"→"建模"→"网格"→"边界网格"命令。

**2. 操作步骤**

> 命令：EDGESURF
> 当前线框密度：SURFTAB1=6 SURFTAB2=6
> 选择用作曲面边界的对象 1：（选择第一条边界线）
> 选择用作曲面边界的对象 2：（选择第二条边界线）
> 选择用作曲面边界的对象 3：（选择第三条边界线）
> 选择用作曲面边界的对象 4：（选择第四条边界线）

### 3．选项说明

系统变量 SURFTAB1 和 SURFTAB2 分别控制 M、N 方向的网格分段数。可通过在命令行输入 SURFTAB1 改变 M 方向的默认值，在命令行输入 SURFTAB2 改变 N 方向的默认值。

下面生成一个简单的边界曲面。首先选择菜单栏中的"视图"→"三维视图"→"西南等轴测"命令，将视图转换为"西南等轴测"，绘制 4 条首尾相连的边界，如图 11-21（a）所示。在绘制边界的过程中，为了方便绘制，可以首先绘制一个基本三维表面中的立方体作为辅助立体，在它上面绘制边界，然后再将其删除。执行边界曲面命令 EDGESURF，分别选择绘制的 4 条边界，得到如图 11-21（b）所示的边界曲面。

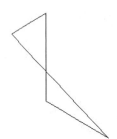　　　　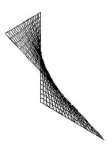

（a）边界曲线　　　　　　　　（b）生成的边界曲面

图 11-21　边界曲面

## 11.4.5　实例——花篮

本实例绘制如图 11-22 所示的花篮。通过绘制花篮使读者掌握基本三维操作，练习各种网格面的绘制，其绘制流程如图 11-22 所示。

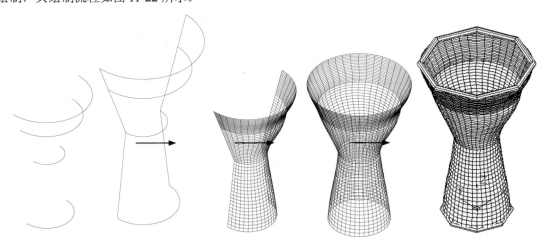

图 11-22　花篮

操作步骤：（光盘\实例演示\第 11 章\花篮.avi）

（1）单击"绘图"工具栏中的"圆弧"按钮 ，绘制圆弧，命令行提示与操作如下：

```
命令: _arc 指定圆弧的起点或 [圆心(C)]: -6,0,0
指定圆弧的第二个点或 [圆心(C)/端点(E)]: 0,-6
指定圆弧的端点: 6,0
```

命令：_arc 指定圆弧的起点或 [圆心(C)]：-4,0,15
指定圆弧的第二个点或 [圆心(C)/端点(E)]：0,-4
指定圆弧的端点：4,0
命令：
ARC 指定圆弧的起点或 [圆心(C)]：-8,0,25
指定圆弧的第二个点或 [圆心(C)/端点(E)]：0,-8
指定圆弧的端点：8,0
命令：
ARC 指定圆弧的起点或 [圆心(C)]：-10,0,30
指定圆弧的第二个点或 [圆心(C)/端点(E)]：0,-10
指定圆弧的端点：10,0

绘制结果如图 11-23 所示。

（2）单击"视图"工具栏中的"西南等轴测"按钮，将当前视图设为西南等轴测视图，结果如图 11-24 所示。

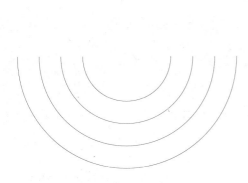

图 11-23　绘制圆弧

图 11-24　西南视图

（3）单击"绘图"工具栏中的"直线"按钮，指定坐标为{（-6,0,0），（-4,0,15），（-8,0,25），（-10,0,30）}、{（6,0,0），（4,0,15），（8,0,25），（10,0,30）}，绘制直线，绘制结果如图 11-25 所示。

（4）在命令行中输入 surftab1、surftab2 命令，设置网格数，命令行提示与操作如下：

命令：surftab1
输入 SURFTAB1 的新值 <6>：20
命令：surftab2
输入 SURFTAB2 的新值 <6>：20

（5）选择菜单栏中的"绘图"→"建模"→"网格"→"边界网格"命令，选择围成曲面的 4 条边，将曲面内部填充线条，效果如图 11-26 所示，命令行提示与操作如下：

命令：_edgesurf
当前线框密度：SURFTAB1=20　SURFTAB2=20
选择用作曲面边界的对象 1：
选择用作曲面边界的对象 2：
选择用作曲面边界的对象 3：
选择用作曲面边界的对象 4：

图 11-25　绘制直线　　　　　　　　　图 11-26　边界曲面

重复上述命令，对图形的边界曲面进行填充，结果如图 11-27 所示。

（6）选择菜单栏中的"修改"→"三维操作"→"三维镜像"命令，镜像图形，命令行提示与操作如下：

```
命令：MIRROR3D
选择对象：（选择所有对象）
选择对象：
指定镜像平面 (三点) 的第一个点或 [对象(O)/上一个(L)/Z 轴(Z)/视图(V)/XY 平面(XY)/YZ
平面(YZ)/ZX 平面(ZX)/三点(3)] <三点>：（捕捉边界面上一点）
指定第二点：（捕捉边界面上一点）
指定端点：（捕捉边界面上一点）
```

绘制结果如图 11-28 所示。

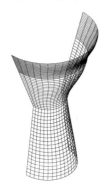

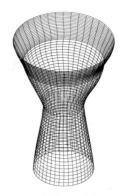

图 11-27　边界曲面　　　　　　　　　图 11-28　三维镜像处理

（7）单击"建模"工具栏中的"圆环体"按钮，绘制圆环体，命令行提示与操作如下：

```
命令：_MESH
当前平滑度设置为：0
输入选项 [长方体(B)/圆锥体(C)/圆柱体(CY)/棱锥体(P)/球体(S)/楔体(W)/圆环体(T)/设置
(SE)] <圆环体>：_TORUS
指定中心点或 [三点(3P)/两点(2P)/切点、切点、半径(T)]：0,0,0
指定半径或 [直径(D)] <177.2532>：6
```

```
    指定圆管半径或 [两点(2P)/直径(D)]：0.5
    命令：（直接回车表示重复执行上一个命令）MESH
    当前平滑度设置为：0
    输入选项 [长方体(B)/圆锥体(C)/圆柱体(CY)/棱锥体(P)/球体(S)/楔体(W)/圆环体(T)/设置
(SE)] <圆环体>：
        指定中心点或 [三点(3P)/两点(2P)/切点、切点、半径(T)]：0,0,30
        指定半径或 [直径(D)] <177.2532>：10
        指定圆管半径或 [两点(2P)/直径(D)]：0.5
```

（8）单击"渲染"工具栏中的"隐藏"按钮 ⬜，对实体进行消隐。消隐之后结果如图 11-22 所示。

# 11.5　绘制基本三维网格

三维基本图元与三维基本形体表面类似，有长方体表面、圆柱体表面、棱锥面、楔体表面、球面、圆锥面、圆环面等。

## 11.5.1　绘制网格长方体

### 1．执行方式

☑　命令行：MESH。

☑　菜单栏："绘图" → "建模" → "网格" → "图元" → "长方体"。

☑　工具栏："平滑网格图元" → "网络长方体" ⊞。

### 2．操作步骤

```
    命令：MESH
    当前平滑度设置为：0
    输入选项 [长方体(B)/圆锥体(C)/圆柱体(CY)/棱锥体(P)/球体(S)/楔体(W)/圆环体(T)/设置
(SE)] <长方体>：
        指定第一个角点或 [中心(C)]：（给出长方体角点）
        指定其他角点或 [立方体(C)/长度(L)]：（给出长方体其他角点）
        指定高度或 [两点(2P)]：（给出长方体的高度）
```

### 3．选项说明

（1）指定第一角点/角点：设置网格长方体的第一个角点。

（2）中心：设置网格长方体的中心。

（3）立方体：将长方体的所有边设置为长度相等。

（4）宽度：设置网格长方体沿 Y 轴的宽度。

（5）高度：设置网格长方体沿 Z 轴的高度。

（6）两点（高度）：基于两点之间的距离设置高度。

## 11.5.2　绘制网格圆锥体

### 1．执行方式

☑　命令行：MESH。

☑ 菜单栏："绘图"→"建模"→"网格"→"图元"→"圆锥体"。

☑ 工具栏："平滑网格图元"→"网络圆锥体" ▲。

2．操作步骤

```
命令：_.MESH
当前平滑度设置为：0
输入选项 [长方体(B)/圆锥体(C)/圆柱体(CY)/棱锥体(P)/球体(S)/楔体(W)/圆环体(T)/设置
(SE)] <长方体>：_CONE
指定底面的中心点或 [三点(3P)/两点(2P)/切点、切点、半径(T)/椭圆(E)]：
指定底面半径或 [直径(D)]：
指定高度或 [两点(2P)/轴端点(A)/顶面半径(T)] <100.0000>：
```

3．选项说明

（1）指定底面的中心点：设置网格圆锥体底面的中心点。

（2）三点（3P）：通过指定三点设置网格圆锥体的位置、大小和平面。

（3）两点（直径）：根据两点定义网格圆锥体的底面直径。

（4）切点、切点、半径：定义具有指定半径，且半径与两个对象相切的网格圆锥体的底面。

（5）椭圆：指定网格圆锥体的椭圆底面。

（6）指定底面半径：设置网格圆锥体底面的半径。

（7）指定直径：设置圆锥体的底面直径。

（8）指定高度：设置网格圆锥体沿与底面所在平面垂直的轴的高度。

（9）两点（高度）：通过指定两点之间的距离定义网格圆锥体的高度。

（10）指定轴端点：设置圆锥体的顶点的位置，或圆锥体平截面顶面的中心位置。轴端点的方向可以为三维空间中的任意位置。

（11）指定顶面半径：指定创建圆锥体平截面时圆椎体的顶面半径。

其他三维网格，例如网格圆柱体、网格棱锥体、网格球体、网格楔体、网格圆环体，其绘制方式与前面所讲述的网格长方体绘制方法类似，此处不再赘述。

# 11.6　绘制基本三维实体

本节主要介绍各种基本三维实体的绘制方法。

## 11.6.1　螺旋

螺旋是一种特殊的基本三维实体，如图 11-29 所示。如果没有专门的命令，要绘制一个螺旋体还是很困难的，从 AutoCAD 2010 开始，AutoCAD 提供一个螺旋绘制功能来完成螺旋体的绘制。具体操作方法如下。

1．执行方式

☑ 命令行：HELIX。

☑ 菜单栏："绘图"→"螺旋"。

☑ 工具栏："建模"→"螺旋" ▦。

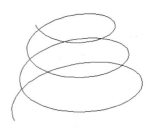

图 11-29　螺旋体

**2. 操作步骤**

命令：HELIX
圈数 = 3.0000　　　扭曲=CCW
指定底面的中心点：（指定点）
指定底面半径或 [直径(D)] <1.0000>：（输入底面半径或直径）
指定顶面半径或 [直径(D)] <26.5531>：（输入顶面半径或直径）
指定螺旋高度或 [轴端点(A)/圈数(T)/圈高(H)/扭曲(W)] <1.0000>：

**3. 选项说明**

（1）轴端点：指定螺旋轴的端点位置。它定义了螺旋的长度和方向。

（2）圈数：指定螺旋的圈（旋转）数。螺旋的圈数不能超过 500。

（3）圈高：指定螺旋内一个完整圈的高度。当指定了圈的高值后，螺旋中的圈数将相应地自动更新。如果已指定螺旋的圈数，则不能输入圈高的值。

（4）扭曲：指定是以顺时针（CW）方向还是以逆时针方向（CCW）绘制螺旋。螺旋扭曲的默认值是逆时针。

## 11.6.2　长方体

**1. 执行方式**

☑　命令行：BOX。

☑　菜单栏："绘图" → "建模" → "长方体"。

☑　工具栏："建模" → "长方体" ▱。

**2. 操作步骤**

命令：BOX
指定第一个角点或 [中心(C)]：（指定第一点或按回车键表示原点是长方体的角点，或输入 c 代表中心点）

**3. 选项说明**

（1）指定长方体的角点：确定长方体的一个顶点的位置。选择该选项后，命令行提示如下：

指定其他角点或 [立方体(C)/长度(L)]：（指定第二点或输入选项）

① 指定其他角点：输入另一角点的数值，即可确定该长方体。如果输入的是正值，则沿着当前 UCS 的 X、Y 和 Z 轴的正向绘制长度；如果输入的是负值，则沿着 X、Y 和 Z 轴的负向绘制长度。如图 11-30 所示即为使用相对坐标绘制的长方体。

② 立方体：创建一个长、宽、高相等的长方体。图 11-31 所示为使用指定长度命令创建的正方体。

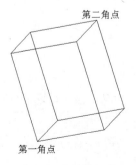

图 11-30　利用角点命令创建的长方体

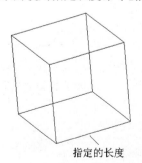

图 11-31　利用指定长度命令创建的正方体

③ 长度：要求输入长、宽、高的值。图 11-32 所示为使用长、宽和高命令创建的长方体。

（2）中心点：使用指定的中心点创建长方体。图 11-33 为使用中心点命令创建的正方体。

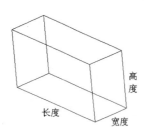

图 11-32　利用长、宽和高命令创建的长方体

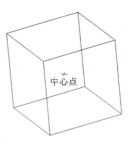

图 11-33　使用中心点命令创建的正方体

## 11.6.3　实例——书柜

本实例将详细介绍书柜的绘制方法，运用"长方体"、"圆锥体"、"三维阵列"和"圆角"命令完成书柜的绘制，其流程如图 11-34 所示。

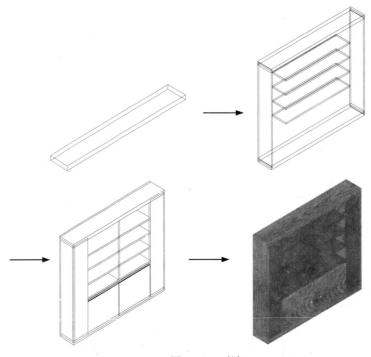

图 11-34　书柜

操作步骤：（光盘\动画演示\第 11 章\书柜.avi）

（1）单击"建模"工具栏中的"长方体"按钮 ，绘制一长方体，命令行提示与操作如下：

```
命令：_box
指定第一个角点或 [中心点(C)] <0,0,0>：c
指定中心<0,0,0>：
指定角点或 [立方体(C)/长度(L)]：l
指定长度：3050
```

```
        指定宽度：450
        指定高度或［两点(2P)］：100
```

（2）选择菜单栏中的"视图"→"三维视图"→"西南等轴测"命令，绘制结果如图11-35所示。

（3）单击"建模"工具栏中的"长方体"按钮，绘制长方体，命令行提示与操作如下：

```
        命令：_box
        指定第一个角点或 ［中心(C)］：c
        指定中心：0,0,2700：
        指定角点或 ［立方体(C)/长度(L)］：l
        指定长度：3050
        指定宽度：450
        指定高度或 ［两点(2P)］：100
        命令：_box
        指定第一个角点或 ［中心(C)］：c
        指定中心：0,0,1000
        指定角点或 ［立方体(C)/长度(L)］：l
        指定长度：2090
        指定宽度：450
        指定高度或 ［两点(2P)］：40
```

绘制结果如图11-36所示。

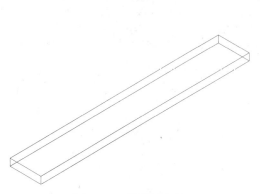

图11-35 绘制长方体

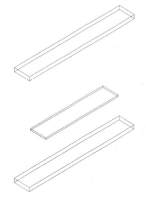

图11-36 绘制长方体

（4）单击"建模"工具栏中的"三维阵列"按钮，阵列图形，命令行提示与操作如下：

```
        命令：_3darray
        正在初始化... 已加载 3DARRAY。
        选择对象：（选择最小的矩形）
        选择对象：
        输入阵列类型 ［矩形(R)/环形(P)］ <矩形>：
        输入行数 (---) <1>：
        输入列数 (|||) <1>：
        输入层数 (...) <1>：4
        指定层间距 (...)：400
```

绘制结果如图11-37所示。

（5）单击"建模"工具栏中的"长方体"按钮，绘制长方体，命令行提示与操作如下：

```
        命令：_box
```

```
指定第一个角点或 [中心(C)]: c
指定中心: 1505,0,1350
指定角点或 [立方体(C)/长度(L)]: l
指定长度: 40
指定宽度: 450
指定高度或 [两点(2P)]: 2700
命令: BOX
指定第一个角点或 [中心(C)]: c
指定中心: -1505,0,1350
指定角点或 [立方体(C)/长度(L)]: l
指定长度: 40
指定宽度: 450
指定高度或 [两点(2P)]: 2700
```

绘制结果如图 11-38 所示。

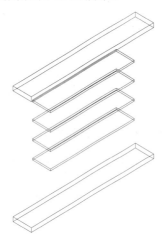

图 11-37　三维阵列处理

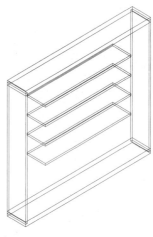

图 11-38　绘制长方体

（6）单击"建模"工具栏中的"长方体"按钮，绘制长方体，命令行提示与操作如下：

```
命令: BOX
指定第一个角点或 [中心(C)]: -1045,-225,0
指定其他角点或 [立方体(C)/长度(L)]: @-480,40,2700
命令: BOX
指定第一个角点或 [中心(C)]: 1045,-225,0
指定其他角点或 [立方体(C)/长度(L)]: @480,40,2700
命令: BOX
指定第一个角点或 [中心(C)]: -1525,265,-50
指定其他角点或 [立方体(C)/长度(L)]: 1525,225,2750
命令: _box
指定第一个角点或 [中心(C)]: -20,-225,1020
指定其他角点或 [立方体(C)/长度(L)]: @40,450,1630
命令: _box
指定第一个角点或 [中心(C)]: -1045,-225,0
指定其他角点或 [立方体(C)/长度(L)]: @1045,40,920
命令: BOX
```

指定长方体的角点或 [中心点(CE)] <0,0,0>: 1045,-225,0
指定角点或 [立方体(C)/长度(L)]: 0,-185,920

绘制结果如图 11-39 所示。

（7）单击"修改"工具栏中的"圆角"按钮 ，将圆角半径设为 10，将柜门的每条棱边倒圆处理。单击"渲染"工具栏中的"消隐"按钮，消隐之后结果如图 11-40 所示。

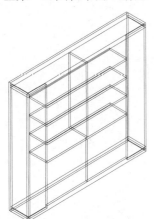

图 11-39　绘制长方体

图 11-40　圆角处理

（8）单击"建模"工具栏中的"圆锥体"按钮，绘制圆锥体，命令行提示与操作如下：

```
命令：_cone
指定底面的中心点或 [三点(3P)/两点(2P)/切点、切点、半径(T)/椭圆(E)]: -150,-275,455
指定底面半径或 [直径(D)]: 30
指定高度或 [两点(2P)/轴端点(A)/顶面半径(T)] <930.0000>: a
指定轴端点：@0,100,0
命令：CONE
指定底面的中心点或 [三点(3P)/两点(2P)/切点、切点、半径(T)/椭圆(E)]: 150,-275,455
指定底面半径或 [直径(D)] <30.0000>:
指定高度或 [两点(2P)/轴端点(A)/顶面半径(T)] <100.0000>: a
指定轴端点：@0,100,0
```

消隐之后结果如图 11-41 所示。

图 11-41　绘制圆锥

### 11.6.4 圆柱体

1. 执行方式

☑ 命令行：CYLINDER。
☑ 菜单栏："绘图" → "建模" → "圆柱体"。
☑ 工具条："建模" → "圆柱体" 。

2. 操作步骤

命令：CYLINDER
指定底面的中心点或 [三点(3P)/两点(2P)/切点、切点、半径(T)/椭圆(E)]：

3. 选项说明

（1）中心点：输入底面圆心的坐标，此选项为系统的默认选项。然后指定底面的半径和高度。AutoCAD 按指定的高度创建圆柱体，且圆柱体的中心线与当前坐标系的 Z 轴平行，如图 11-42 所示。也可以指定另一个端面的圆心来指定高度。AutoCAD 根据圆柱体两个端面的中心位置来创建圆柱体。该圆柱体的中心线就是两个端面的连线，如图 11-43 所示。

（2）椭圆：绘制椭圆柱体。其中，端面椭圆的绘制方法与平面椭圆一样，绘制结果如图 11-44 所示。

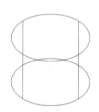
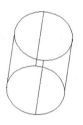

图 11-42 按指定的高度创建圆柱体　　图 11-43 指定圆柱体另一个端面的中心位置　　图 11-44 椭圆柱体

其他基本实体（如螺旋、楔体、圆锥体、球体、圆环体等）的绘制方法与上面讲述的长方体和圆柱体类似，此处不再赘述。

## 11.6.5 实例——石凳

本实例将详细介绍石凳的绘制方法，首先利用"圆锥面"命令绘制石凳主体，然后利用"圆柱体"命令绘制石凳的凳面，最后选择适当的材质对石凳进行渲染处理，绘制流程如图 11-45 所示。

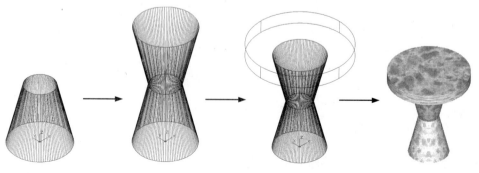

图 11-45 石凳

**操作步骤：**（光盘\动画演示\第 11 章\石凳.avi）

（1）单击"建模"工具栏中的"圆锥体"按钮 ，以（0,0,0）为圆心，绘制底面半径为 10，顶面半径为 5，高度为 20 的圆台面。

（2）选择菜单栏中的"视图"→"三维视图"→"西南等轴测"命令，将当前视图设置为西南等轴测视图，绘制结果如图 11-46 所示。

（3）单击"建模"工具栏中的"圆锥体"按钮 ，以（0,0,20）为圆心，绘制底面半径为 5，顶面半径为 10，高度为 20 的圆台面。完成石凳主体的绘制，结果如图 11-47 所示。

图 11-46　绘制圆台

图 11-47　绘制圆台

（4）单击"建模"工具栏中的"圆柱体"按钮 ，绘制以（0,0,40）为圆心，半径为 20，高度为 5 的圆柱体。完成石凳凳面的绘制，结果如图 11-48 所示。

（5）选择菜单栏中的"视图"→"渲染"→"材质浏览器"命令，在材质选项板中选择适当的材质附于图形。选择菜单栏中的"视图"→"渲染"→"渲染"命令，对实体进行渲染，渲染后的效果如图 11-49 所示。

图 11-48　绘制圆柱

图 11-49　渲染处理

# 11.7　布尔运算

本节主要介绍布尔运算的应用。

## 11.7.1　三维建模布尔运算

布尔运算在集合运算中得到广泛应用，AutoCAD 也将该运算应用到了模型的创建过程中。用户可以对三维建模对象进行并集、交集、差集的运算。三维建模的布尔运算与平面图形类似。如图 11-50 所示为 3 个圆柱体进行交集运算后的图形。

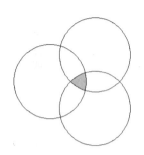
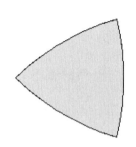
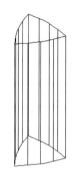

（a）求交集前图 　　　　　　（b）求交集后 　　　　　　（c）交集的立体图

图 11-50　3 个圆柱体交集后的图形

**注意**：如果某些命令第一个字母都相同，那么对于比较常用的命令，其快捷命令取第一个字母，其他命令的快捷命令可用前面两个或三个字母表示。例如，"R" 表示 Redraw，"RA" 表示 Redrawall；"L" 表示 Line，"LT" 表示 LineType，"LTS" 表示 LTScale。

## 11.7.2　实例——几案

本实例将详细介绍几案的绘制方法，首先利用"长方体"命令绘制几案面、几案腿以及隔板，然后利用"移动"命令移动隔板到合适位置，再利用"圆角"命令对几案面进行圆角处理，并对所有实体进行并集处理，最后进行赋材渲染，绘制流程如图 11-51 所示。

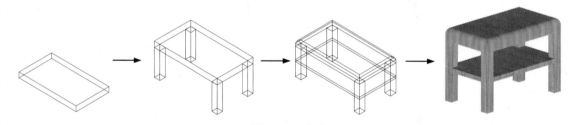

图 11-51　几案

操作步骤：（光盘\动画演示\第 11 章\几案.avi）

（1）单击"视图"工具栏中的"西南等轴测"按钮 ◇，将当前视图设置为西南等轴测视图。

（2）单击"建模"工具栏中的"长方体"按钮 ▢，绘制长方体，完成几案面的绘制，命令行提示与操作如下：

```
命令：BOX
指定第一个角点或 [中心(C)]：10,10
指定其他角点或 [立方体(C)/长度(L)]：@70,40
指定高度或 [两点(2P)]：6
```

结果如图 11-52 所示。

（3）单击"建模"工具栏中的"长方体"按钮 ▢，在茶几的 4 个角点绘制 4 个尺寸为 6×6×28 的长方体，完成茶几腿的绘制，如图 11-53 所示。

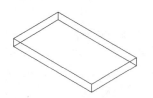

图 11-52  绘制茶几表面

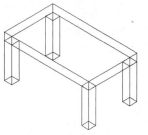

图 11-53  绘制茶几腿

（4）单击"建模"工具栏中的"长方体"按钮，以茶几的两条对角腿的外角点为对角点，作厚度为 2 的长方体，完成隔板的绘制，结果如图 11-54 所示。

（5）单击"修改"工具栏中的"移动"按钮，移动隔板，命令行提示与操作如下：

```
命令：move
选择对象： （选中要移动的隔板）
选择对象：
指定基点或 [位移(D)] <位移>：80,10,-28
指定第二个点或 <使用第一个点作为位移>：@0,0,10
```

结果如图 11-55 所示。

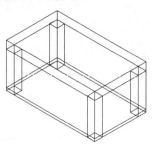

图 11-54  绘制隔板

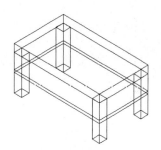

图 11-55  移动隔板

（6）单击"修改"工具栏中的"圆角"按钮，设置圆角半径为 4，对立方体各条边进行圆角处理，结果如图 11-56 所示。

（7）单击"建模"工具栏中的"并集"按钮，对图形进行并集运算，命令行提示与操作如下：

```
命令：UNION
选择对象：（选中要进行并集处理茶几桌面、腿以及隔板）
选择对象：
```

（8）单击"渲染"工具栏中的"消隐"按钮，对图形进行消隐处理，结果如图 11-57 所示。

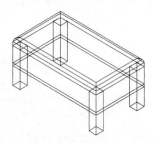

图 11-56  圆角茶几桌面

图 11-57  并集处理后消隐的结果

（9）选择菜单栏中的"视图"→"渲染"→"材质浏览器"命令，打开"材质浏览器"对话框，如图 11-58 所示。打开其中的"木材"选项卡，选择其中一种材质，拖动到绘制的几案实体上。

图 11-58　"材质编辑器"对话框

（10）在命令行直接输入 VPOINT，设定视点为（-1,-1,0.3）。

（11）选择菜单栏中的"视图"→"视觉样式"→"真实"命令，系统自动改变实体的视觉样式，结果如图 11-51 所示。

# 11.8　特　征　操　作

在三维网格中，与三维网格生成的原理一样，也可以通过二维图形来生成三维实体。具体如下所述。

## 11.8.1　拉伸

### 1．执行方式

☑　命令行：EXTRUDE。

☑　快捷命令：EXT。

☑　菜单栏："绘图"→"建模"→"拉伸"。

☑　工具栏："建模"→"拉伸" ⬆️ 。

### 2．操作步骤

```
命令：EXTRUDE
当前线框密度：ISOLINES=4，闭合轮廓创建模式=实体
选择要拉伸的对象或 [模式(MO)]：（选择绘制好的二维对象）
选择要拉伸的对象或 [模式(MO)]：（可继续选择对象或按<Enter>键结束选择）
指定拉伸的高度或 [方向(D)/路径(P)/倾斜角(T)/表达式(E)] <52.0000>：
```

### 3. 选项说明

（1）拉伸高度：按指定的高度拉伸出三维建模对象。输入高度值后，根据实际需要，指定拉伸的倾斜角度。如果指定的角度为 0，AutoCAD 则把二维对象按指定的高度拉伸成柱体；如果输入角度值，拉伸后建模截面沿拉伸方向按此角度变化，成为一个棱台或圆台体。如图 11-59 所示为不同角度拉伸圆的结果。

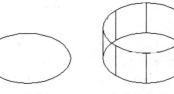
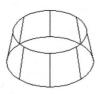

（a）拉伸前　（b）拉伸锥角为 0°　（c）拉伸锥角为 10°　（d）拉伸锥角为-10°

图 11-59　拉伸圆

（2）路径（P）：以现有的图形对象作为拉伸创建三维建模对象。如图 11-60 所示为沿圆弧曲线路径拉伸圆的结果。

> **注意：** 可以使用创建圆柱体的"轴端点"命令确定圆柱体的高度和方向。轴端点是圆柱体顶面的中心点，轴端点可以位于三维空间的任意位置。

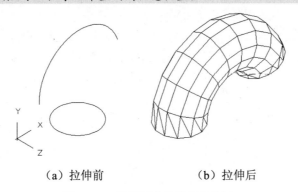

（a）拉伸前　　　　　　　　（b）拉伸后

图 11-60　沿圆弧曲线路径拉伸圆

## 11.8.2　实例——茶几

本实例将详细介绍茶几的绘制方法，首先绘制茶几面，然后绘制茶几腿，再绘制隔板，最后进行赋材渲染，绘制流程如图 11-61 所示。

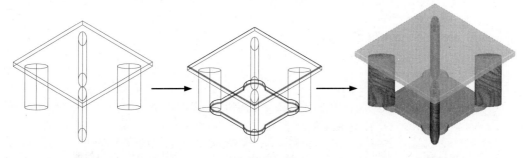

图 11-61　茶几

操作步骤：（光盘\动画演示\第 11 章\茶几.avi）

（1）单击"建模"工具栏中的"圆柱体"按钮，绘制圆柱体，命令行提示与操作如下：

```
命令: _cylinder
指定底面的中心点或 [三点(3P)/两点(2P)/切点、切点、半径(T)/椭圆(E)]: e
指定第一个轴的端点或 [中心(C)]: c
指定中心点: 0,0,0
指定到第一个轴的距离: 25
指定第二个轴的端点: 50,50,0
指定高度或 [两点(2P)/轴端点(A)]: 300
```

（2）选择菜单栏中的"视图"→"三维视图"→"东南等轴测"命令，结果如图 11-62 所示。

（3）单击"建模"工具栏中的"长方体"按钮，绘制一个长方体，角点为（-100,-100,300）和（@600,600,30），如图 11-63 所示。

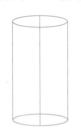

图 11-62　绘制椭圆柱

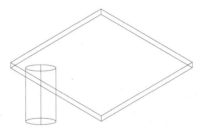

图 11-63　绘制长方体

（4）单击"修改"工具栏中的"环形阵列"按钮，选择椭圆柱为阵列对象，设置项目总数为 4，填充角度为 360°，其中心点为（200,200），如图 11-64 所示，命令行提示与操作如下：

```
命令: _arraypolar
选择对象: （选择椭圆柱）
选择对象:
类型 = 极轴　关联 = 是
指定阵列的中心点或 [基点(B)/旋转轴(A)]: 200,200
输入项目数或 [项目间角度(A)/表达式(E)] <4>: 4
指定填充角度(+=逆时针、-=顺时针)或 [表达式(EX)] <360>:
按 Enter 键接受或 [关联(AS)/基点(B)/项目(I)/项目间角度(A)/填充角度(F)/行(ROW)/层
(L)/旋转项目(ROT)/退出(X)] <退出>:
```

（5）单击"修改"工具栏中的"圆角"按钮，将长方体各棱边的半径均设为 5，做圆角处理。如图 11-65 所示。

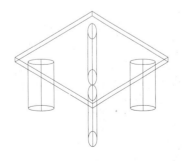

图 11-64　阵列处理

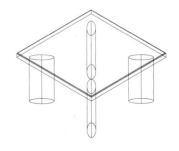

图 11-65　圆角处理

（6）单击"绘图"工具栏中的"矩形"按钮，设置坐标为（50,50）和（@300,300），绘制一个矩形。

（7）单击"修改"工具栏中的"偏移"按钮，将上述矩形偏移 50，方向为向外。绘制结果如图 11-66 所示。

（8）单击"绘图"工具栏中的"圆"按钮，以小矩形的顶点为圆心，捕捉大矩形的顶点为半径绘圆，单击"修改"工具栏中的"修剪"按钮，修剪多余直线。

（9）单击"绘图"工具栏中的"面域"按钮，要做面域的图形如图 11-67 所示。

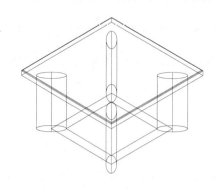

图 11-66　绘制矩形并偏移

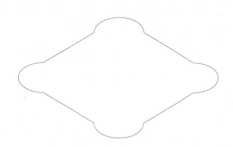

图 11-67　面域处理

（10）单击"建模"工具栏中的"拉伸"按钮，拉伸图形，命令行提示与操作如下：

```
命令: _extrude
当前线框密度: ISOLINES=8，闭合轮廓创建模式 = 实体
选择要拉伸的对象或 [模式(MO)]: _MO 闭合轮廓创建模式 [实体(SO)/曲面(SU)] <实体>: _SO
选择要拉伸的对象或 [模式(MO)]: 找到 1 个（选择上述面域图形）
选择要拉伸的对象或 [模式(MO)]:
指定拉伸的高度或 [方向(D)/路径(P)/倾斜角(T)/表达式(E)] <30.0000>:30
```

（11）单击"修改"工具栏中的"圆角"按钮，将上述各棱边的半径均设为 5，做圆角处理，如图 11-68 所示。

（12）选择菜单栏中的"视图"→"渲染"→"材质浏览器"命令，选择合适的材质，赋予图形。然后选择菜单栏中的"视图"→"渲染"→"渲染"命令，渲染图形，结果如图 11-69 所示。

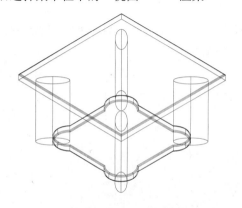

图 11-68　拉伸处理

图 11-69　茶几

### 11.8.3 旋转

**1. 执行方式**

- ☑ 命令行：REVOLVE。
- ☑ 快捷命令：REV。
- ☑ 菜单栏："绘图" → "建模" → "旋转"。
- ☑ 工具栏："建模" → "旋转" ⬚。

**2. 操作步骤**

```
命令：REVOLVE
当前线框密度： ISOLINES=4，闭合轮廓创建模式 = 实体
选择要旋转的对象或 [模式(MO)]：_MO 闭合轮廓创建模式 [实体(SO)/曲面(SU)] <实体>：_SO
选择要旋转的对象或 [模式(MO)]：找到 1 个
选择要旋转的对象或 [模式(MO)]：
指定轴起点或根据以下选项之一定义轴 [对象(O)/X/Y/Z] <对象>：x
指定旋转角度或 [起点角度(ST)/反转(R)/表达式(EX)] <360>：115
```

**3. 选项说明**

（1）指定旋转轴的起点：通过两个点来定义旋转轴。AutoCAD 将按指定的角度和旋转轴旋转二维对象。

（2）对象（O）：选择已经绘制好的直线或用多段线命令绘制的直线段作为旋转轴线。

（3）X（Y）轴：将二维对象绕当前坐标系（UCS）的 X（Y）轴旋转。如图 11-70 所示为矩形平面绕 X 轴旋转的结果。

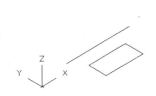 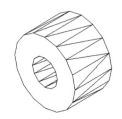

（a）旋转界面　　　　（b）旋转后的建模

图 11-70　旋转体

### 11.8.4 扫掠

**1. 执行方式**

- ☑ 命令行：SWEEP。
- ☑ 菜单栏："绘图" → "建模" → "扫掠"。
- ☑ 工具栏："建模" → "扫掠" ⬚。

**2. 操作步骤**

```
命令：SWEEP
当前线框密度： ISOLINES=4，闭合轮廓创建模式 = 实体
选择要扫掠的对象或 [模式(MO)]：（选择对象，如图 11-71（a）中的圆）
选择要扫掠的对象或 [模式(MO)]：
```

选择扫掠路径或 [对齐(A)/基点(B)/比例(S)/扭曲(T)]:（选择对象，如图 11-71（a）中螺旋线）
扫掠结果如图 11-71（b）所示。

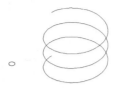

（a）对象和路径　　　　　　　（b）结果

图 11-71　扫掠

3. 选项说明

（1）对齐（A）：指定是否对齐轮廓以使其作为扫掠路径切向的法向，默认情况下，轮廓是对齐的。选择该选项，命令行提示与操作如下：

扫掠前对齐垂直于路径的扫掠对象 [是(Y)/否(N)] <是>：输入"n"，指定轮廓无需对齐；按 Enter 键，指定轮廓将对齐

🔊 注意：使用"扫掠"命令，可以通过沿开放或闭合的二维或三维路径扫掠开放或闭合的平面曲线（轮廓）来创建新建模或曲面。"扫掠"命令用于沿指定路径以指定轮廓的形状（扫掠对象）创建建模或曲面。可以扫掠多个对象，但是这些对象必须在同一平面内。如果沿一条路径扫掠闭合的曲线，则生成建模。

（2）基点（B）：指定要扫掠对象的基点。如果指定的点不在选定对象所在的平面上，则该点将被投影到该平面上。选择该选项，命令行提示与操作如下：

指定基点：指定选择集的基点

（3）比例（S）：指定比例因子以进行扫掠操作。从扫掠路径的开始到结束，比例因子将统一应用到扫掠的对象上。选择该选项，命令行提示与操作如下：

输入比例因子或 [参照(R)] <1.0000>：指定比例因子，输入 r，调用参照选项；按 Enter 键，选择默认值

其中"参照（R）"选项表示通过拾取点或输入值来根据参照的长度缩放选定的对象。

（4）扭曲（T）：设置正被扫掠对象的扭曲角度。扭曲角度指定沿扫掠路径全部长度的旋转量。选择该选项，命令行提示与操作如下：

输入扭曲角度或允许非平面扫掠路径倾斜 [倾斜(B)] <n>：指定小于 360° 的角度值，输入 b，打开倾斜；按 Enter 键，选择默认角度值

其中"倾斜（B）"选项指定被扫掠的曲线是否沿三维扫掠路径（三维多线段、三维样条曲线或螺旋线）自然倾斜（旋转）。

如图 11-72 所示为扭曲扫掠示意图。

（a）对象和路径　　　（b）不扭曲　　　（c）扭曲 45°

图 11-72　扭曲扫掠

## 11.8.5 放样

### 1. 执行方式

☑ 命令行：LOFT。

☑ 菜单栏："绘图" → "建模" → "放样"。

☑ 工具栏："建模" → "放样" 。

### 2. 操作步骤

```
命令：LOFT
当前线框密度：ISOLINES=4，闭合轮廓创建模式 = 实体
按放样次序选择横截面或 [点(PO)/合并多条边(J)/模式(MO)]:找到 1 个
按放样次序选择横截面或 [点(PO)/合并多条边(J)/模式(MO)]: 找到 1 个，总计 2 个
按放样次序选择横截面或 [点(PO)/合并多条边(J)/模式(MO)]: 找到 1 个，总计 3 个
按放样次序选择横截面或 [点(PO)/合并多条边(J)/模式(MO)]:选中了 3 个横截面（依次选择如
图 11-73 所示的 3 个截面）
输入选项 [导向(G)/路径(P)/仅横截面(C)/设置(S)/连续性(CO)/凸度幅值(B)] <仅横截面>:
```

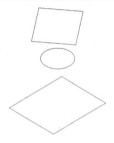

图 11-73 选择截面

### 3. 选项说明

（1）导向（G）：指定控制放样实体或曲面形状的导向曲线。可以使用导向曲线来控制点如何匹配相应的横截面以防止出现不希望看到的效果（如结果实体或曲面中的皱褶）。指定控制放样建模或曲面形状的导向曲线。导向曲线是直线或曲线，可通过将其他线框信息添加至对象来进一步定义建模或曲面的形状，如图 11-74 所示。选择该选项，命令行提示与操作如下：

选择导向曲线： 选择放样建模或曲面的导向曲线，然后按 Enter 键

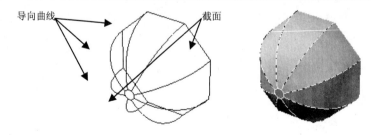

图 11-74 导向放样

（2）路径（P）：指定放样实体或曲面的单一路径，如图 11-75 所示。选择该选项，命令行提示与操作如下：

选择路径： 指定放样建模或曲面的单一路径

**注意**：路径曲线必须与横截面的所有平面相交。

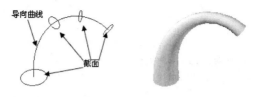

图 11-75　路径放样

（3）仅横截面（C）：在不使用导向或路径的情况下，创建放样对象。

（4）设置（S）：选择该选项，系统打开"放样设置"对话框，如图 11-76 所示。其中有 4 个单选钮选项，如图 11-77（a）所示为选中"直纹"单选按钮的放样结果示意图，图 11-77（b）所示为选中"平滑拟合"单选按钮的放样结果示意图，图 11-77（c）所示为选中"法线指向"单选按钮并选择"所有横截面"选项的放样结果示意图，图 11-77（d）所示为选中"拔模斜度"单选按钮并设置"起点角度"为 45°、"起点幅值"为 10、"端点角度"为 60°、"端点幅值"为 10 的放样结果示意图。

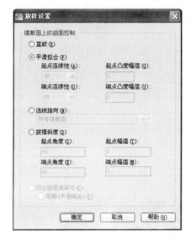

图 11-76　放样设置

　（a）　　　　　　　　　（b）　　　　　　　　　（c）　　　　　　　　　（d）

图 11-77　放样示意图

**注意**：每条导向曲线必须满足以下条件才能正常工作。

　　（1）与每个横截面相交。

　　（2）从第一个横截面开始。

　　（3）到最后一个横截面结束。

　　可以为放样曲面或建模选择任意数量的导向曲线。

## 11.8.6 拖曳

### 1. 执行方式

☑ 命令行：PRESSPULL。

☑ 工具栏："建模"→"按住并拖动" 。

### 2. 操作步骤

命令：PRESSPULL

单击有限区域以进行按住或拖动操作。

选择有限区域后，按住鼠标左键并拖动鼠标，相应的区域就会进行拉伸变形。如图 11-78 所示为选择圆台上表面拖动的结果。

（a）圆台　　　　（b）向下拖动　　　　（c）向上拖动

图 11-78　按住并拖动

## 11.8.7 倒角

### 1. 执行方式

☑ 命令行：CHAMFER 或 CHA。

☑ 菜单栏："修改"→"倒角"。

☑ 工具栏："修改"→"倒角"按钮 。

### 2. 操作步骤

命令：CHAMFER
（"修剪"模式）当前倒角距离 1 = 0.0000，距离 2 = 0.0000
选择第一条直线或 [放弃(U)/多段线(P)/距离(D)/角度(A)/修剪(T)/方式(E)/多个(M)]：

### 3. 选项说明

（1）选择第一条直线

选择建模的一条边，此选项为系统的默认选项。选择某一条边以后，与此边相邻的两个面中的一个面的边框就变成虚线。选择建模上要倒直角的边后，命令行提示与操作如下：

基面选择...
输入曲面选择选项 [下一个(N)/当前(OK)] <当前(OK)>：

该提示要求选择基面，默认选项是当前，即以虚线表示的面作为基面。如果选择"下一个（N）"选项，则以与所选边相邻的另一个面作为基面。

选择好基面后，命令行提示如下：

指定基面的倒角距离 <2.0000>：（输入基面上的倒角距离）
指定其他曲面的倒角距离 <2.0000>：（输入与基面相邻的另外一个面上的倒角距离）
选择边或 [环(L)]：

选择边：确定需要进行倒角的边，此项为系统的默认选项。选择基面的某一边后，命令行提示与操作如下：

选择边或 [环(L)]：

在此提示下，按 Enter 键对选择好的边进行倒直角，也可以继续选择其他需要倒直角的边。

选择环：对基面上所有的边都进行倒直角。

（2）其他选项

其他选项用法与二维斜角类似，此处不再赘述。

如图 11-79 所示为对长方体倒角的结果。

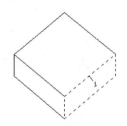
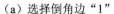
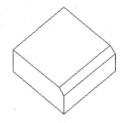
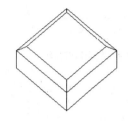

（a）选择倒角边"1"　　（b）选择边倒角结果　　（c）选择环倒角结果

图 11-79　对建模棱边倒角

## 11.8.8　实例——手柄

本实例将详细介绍手柄的绘制方法，首先绘制手柄把截面，然后绘制柄体，最后绘制手柄头部，绘制流程如图 11-80 所示。

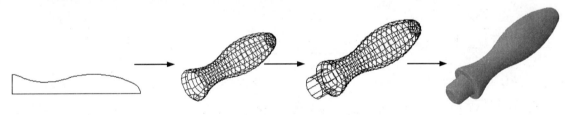

图 11-80　手柄

操作步骤：（光盘\动画演示\第 11 章\手柄.avi）

（1）设置线框密度，命令行提示与操作如下：

命令：ISOLINES
输入 ISOLINES 的新值 <4>：10

（2）绘制手柄把截面。

① 单击"绘图"工具栏中的"圆"按钮⊙，绘制半径为 13 的圆。

② 单击"绘图"工具栏中的"构造线"按钮✎，过 R13 圆的圆心绘制竖直与水平辅助线。绘制结果如图 11-81 所示。

③ 单击"修改"工具栏中的"偏移"按钮凸，将竖直辅助线向右偏移 83。

④ 单击"绘图"工具栏中的"圆"按钮⊙，捕捉最右边竖直辅助线与水平辅助线的交点，绘制半径为 7 的圆。绘制结果如图 11-82 所示。

⑤ 单击"修改"工具栏中的"偏移"按钮凸，将水平辅助线向上偏移 13。

⑥ 单击"绘图"工具栏中的"圆"按钮⊙，绘制与 R7 圆及偏移水平辅助线相切，半径为 65

的圆；继续绘制与 R65 圆及 R13 相切，半径为 45 的圆。绘制结果如图 11-83 所示。

图 11-81　圆及辅助线　　　图 11-82　绘制 R7 圆　　　图 11-83　绘制 R65 及 R45 圆

　　⑦ 单击"修改"工具栏中的"修剪"按钮 ，对所绘制的图形进行修剪，修剪结果如图 11-84 所示。

　　⑧ 单击"修改"工具栏中的"删除"按钮 ，删除辅助线。单击"绘图"工具栏中的"直线"按钮 ，绘制直线。

　　⑨ 单击"绘图"工具栏中的"面域"按钮 ，选择全部图形创建面域，结果如图 11-85 所示。

　　⑩ 单击"建模"工具栏中的"旋转"按钮 ，以水平线为旋转轴，旋转创建的面域。单击"视图"工具栏中的"西南等轴测"按钮 ，切换到西南等轴测视图，结果如图 11-86 所示。

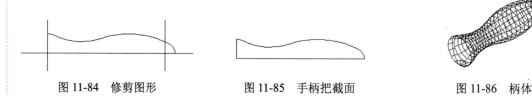

图 11-84　修剪图形　　　　图 11-85　手柄把截面　　　　图 11-86　柄体

　　⑪ 单击"视图"工具栏中的"左视"按钮 ，切换到左视图。在命令行输入 Ucs，命令行提示与操作如下：

```
命令：Ucs
指定 UCS 的原点或[面(F)/命名(NA)/对象(O)/上一个(P)/视图(V)/世界(W)X/Y/Z/Z 轴(ZA)]<
世界>：0,0,0
```

单击"对象捕捉"工具栏中的"捕捉到圆心"按钮 

```
_cen 于：捕捉圆心
```

　　⑫ 单击"建模"工具栏中的"圆柱体"按钮 ，以坐标原点为圆心，创建高为 15、半径为 8 的圆柱体。单击"视图"工具栏中的"西南等轴测"按钮 ，切换到西南等轴测视图，结果如图 11-87 所示。

　　⑬ 单击"修改"工具栏中的"倒角"按钮 ，对圆柱体进行倒角。倒角距离为 2，结果如图 11-88 所示。

　　⑭ 单击"建模"工具栏中的"并集"按钮 ，将手柄头部与手柄把进行并集运算。

　　⑮ 单击"修改"工具栏中的"圆角"按钮 ，手柄头部与柄体的交线柄体端面圆进行倒圆角，圆角半径为 1。

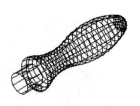

图 11-87　创建手柄头部

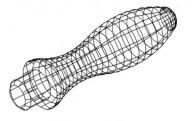

图 11-88　倒角

⑯ 选择菜单栏中的"视图"→"视觉样式"→"概念"命令，显示图形，效果如图 11-80 所示。

## 11.8.9　圆角

### 1．执行方式

☑　命令行：FILLET 或 F。

☑　菜单栏："修改"→"圆角"。

☑　工具栏："修改"→"圆角"按钮⬜。

### 2．操作步骤

命令：FILLET
当前设置：模式 = 修剪，半径 = 0.0000
选择第一个对象或 [放弃(U)/多段线(P)/半径(R)/修剪(T)/多个(M)]：选择建模上的一条边
输入圆角半径或[表达式（E）]：
输入圆角半径：
选择边或[链(C)/ 环（L）/半径(R)]：

### 3．选项说明

选择"链（C）"选项，表示与此边相邻的边都被选中，并进行倒圆角的操作。如图 11-89 所示为对长方体倒圆角的结果。

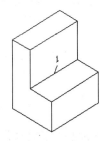
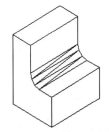
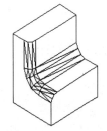

（a）选择倒圆角边"1"　　　（b）边倒圆角结果　　　（c）链倒圆角结果

图 11-89　对建模棱边倒圆角

## 11.8.10　实例——办公桌

本实例要求用户对办公桌的结构熟悉，且能灵活运用三维实体的基本图形的绘制命令和编辑命令。通过绘制此图，用户对此三维实体的绘制过程将有全面的了解，会熟悉一些常用的图形处理和绘制技巧，首先绘制办公桌的主体结构，然后绘制办公桌的抽屉和柜门，绘制流程如图 11-90 所示。

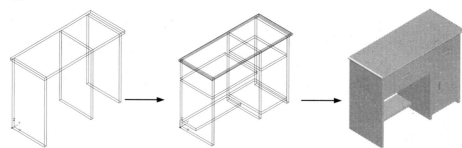

图 11-90　办公桌

操作步骤：（光盘\动画演示\第 11 章\办公桌.avi）

（1）选择菜单栏中的"视图"→"三维视图"→"东南等轴测"命令，将当前视图切换到东南等轴测视图。

（2）单击"建模"工具栏中的"长方体"按钮，绘制一个长方体，角点为（0,0,0）和（@500,30,900）。

（3）单击"建模"工具栏中的"三维阵列"按钮，对上一步所作的长方体进行阵列，命令行提示与操作如下：

```
命令：3DARRAY
选择对象：（选择上一步所绘制的长方体）
选择对象：
输入阵列类型 [矩形(R)/环形(P)] <矩形>：
输入行数 (---) <1>:2
输入列数 (|||) <1>: 1
输入层数 (...) <1>:1
指定行间距 (---)：730
```

绘制结果如图 11-91 所示。

（4）单击"修改"工具栏中的"复制"按钮，复制上一步所作的长方体，命令行提示与操作如下：

```
命令：COPY
选择对象(选择上一步所作的长方体)
选择对象：
当前设置：复制模式=多个
指定基点或 [位移(D)/模式(O)] <位移>：0,730,0
指定第二个点或 [阵列(A)]<使用第一个点作为位移>:@0,430,0
指定第二个点或 [阵列(A)/退出(E)/放弃(U)] <退出>：
```

绘制结果如图 11-92 所示。

图 11-91　三维阵列后的图形

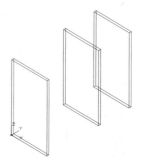

图 11-92　复制后的图形

（5）单击"建模"工具栏中的"长方体"按钮，绘制一长方体，角点为（0,-30,900）和（@530,1250,30）。绘制结果如图 11-93 所示。

（6）单击"修改"工具栏中的"圆角"按钮，对图形进行圆角处理，命令行提示与操作如下：

```
命令：FILLET
当前设置：模式 = 修剪，半径 = 0.0000
选择第一个对象或[放弃(U)/多段线(P)/半径(R)/修剪(T)/多个(M)]：（选择上一步所作的长方体
前面的一边）
输入圆角半径或 [表达式(E)]:15
选择边或 [链(C)/环(L)/半径(R)]：（依次选择上一步所作的长方体的另外七条边）
选择边或 [链(C)/环(L)/半径(R)]：
```

绘制结果如图 11-94 所示。

（7）单击"建模"工具栏中的"长方体"按钮，绘制一长方体，角点为（0,0,630）和（@500,700,30）。

（8）单击"建模"工具栏中的"长方体"按钮，绘制一长方体，角点为（0,760,630）和（@500,400,30）。绘制结果如图 11-95 所示。

（9）单击"建模"工具栏中的"长方体"按钮，绘制一长方体，角点为（0,30,50）和（@220,700,30）。

（10）单击"建模"工具栏中的"长方体"按钮，绘制一长方体，角点为（0,760,50）和（@500,400,30）。绘制结果如图 11-96 所示。

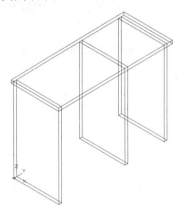

图 11-93 绘制长方体后的图形

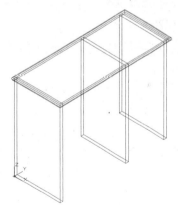

图 11-94 倒圆角后的图形

图 11-95 绘制长方体后的图形

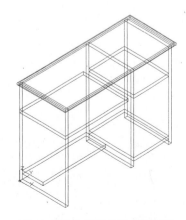

图 11-96 绘制长方体后的图形

（11）绘制办公桌的抽屉和柜门。

① 单击"建模"工具栏中的"长方体"按钮▢，绘制一长方体，角点为（500,760,660）和（@-30,400,240）。

② 单击"建模"工具栏中的"楔体"按钮◹，绘制一楔体，命令行提示与操作如下：

```
命令：WEDGE
指定第一个角点或 [中心(C)]:500,900,735
指定其他角点或 [立方体(C)/长度(L)]: @-25,120,30
```

③ 单击"实体编辑"工具栏中的"差集"按钮⌾，减去第②步所作的楔体，命令行提示与操作如下：

```
命令：SUBTRACT
选择要从中减去的实体、曲面和面域...
选择对象：(选择第一步绘制的长方体)
选择要从中减去的实体、曲面和面域...
选择对象：(选择第二步绘制的楔体)
```

绘制结果如图 11-97 所示。

④ 单击"建模"工具栏中的"长方体"按钮▢，绘制一长方体，角点为（500,760,80）和（@-30,400,550）。

⑤ 单击"建模"工具栏中的"楔体"按钮◹，绘制一楔体，角点为（500,860,295）和（@-25,30,120）。

⑥ 单击"实体编辑"工具栏中的"差集"按钮⌾，在第④步绘制的长方体中减去第⑤步所作的楔体。

绘制结果如图 11-98 所示。

⑦ 单击"建模"工具栏中的"长方体"按钮▢，绘制一长方体，角点为（500,30,600）和（@-30,700,300）。

⑧ 单击"建模"工具栏中的"楔体"按钮◹，绘制一楔体，角点为(500,300,735)和（@-25,120,30）。

⑨ 单击"实体编辑"工具栏中的"差集"按钮⌾，在第⑦步绘制的长方体中减去第⑧步所作的楔体。

绘制结果如图 11-99 所示。

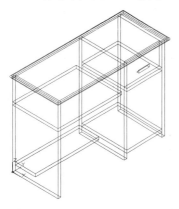

图 11-97 差集处理后的图形 1

图 11-98 差集处理后的图形 2

图 11-99 差集处理后的图形 3

（12）单击"渲染"工具栏中的"渲染"按钮 ，渲染图形。最终结果如图 11-90 所示。

# 11.9　渲　染　实　体

渲染是为三维图形对象加上颜色和材质因素，还可以有灯光、背景、场景等因素，能够更真实地表达图形的外观和纹理。渲染是输出图形前的关键步骤，尤其是在效果图的设计中。

## 11.9.1　设置光源

### 1. 执行方式

☑　命令行：LIGHT。
☑　菜单栏："视图"→"渲染"→"光源"→"新建点光源"（见图 11-100）。
☑　工具栏："渲染"→"新建点光源"（见图 11-101）。

图 11-100　"光源"子菜单　　　　　　　　　　图 11-101　"渲染"工具栏

### 2. 操作步骤

命令：LIGHT
输入光源类型 [点光源(P)/聚光灯(S)/平行光(D)] <点光源>：输入光源类型 [点光源(P)/聚光灯(S)/光域网(W)/目标点光源(T)/自由聚光灯(F)/自由光域(B)/平行光(D)] <自由聚光灯>：

### 3. 选项说明

点光源：创建点光源。选择该项，命令行提示如下：

指定源位置 <0,0,0>：（指定位置）
输入要更改的选项 [名称(N)/强度(I)/状态(S)/阴影(W)/衰减(A)/颜色(C)/退出(X)] <退出>：
上面各项的含义如下。

（1）名称：指定光源的名称。可以在名称中使用大写字母和小写字母、数字、空格、连字符（一）和下划线（_），最大长度为 256 个字符。选择该项，命令行提示如下：

输入光源名称：

（2）强度：设置光源的强度或亮度，取值范围为 0.00 到系统支持的最大值。选择该项，命令行提示如下：

输入强度 (0.00 - 最大浮点数) <1>：

（3）状态：打开和关闭光源。如果图形中没有启用光源，则该设置没有影响。选择该项，命令行提示如下：

输入状态 [开(N)/关(F)] <开>：

（4）阴影：使光源投影。选择该项，命令行提示如下：

输入阴影设置 [关(O)/鲜明(S)/柔和(F)] <鲜明>：

其中各项的含义如下。

① 关：关闭光源的阴影显示和阴影计算。关闭阴影将提高性能。

② 鲜明：显示带有强烈边界的阴影。使用此选项可以提高性能。

③ 柔和：显示带有柔和边界的真实阴影。

（5）衰减：设置系统的衰减特性。选择该项，命令行提示如下：

输入要更改的选项 [衰减类型(T)/使用界限(U)/衰减起始界限(L)/衰减结束界限(E)/退出(X)] <退出>：

其中，各项的含义如下。

衰减类型：控制光线如何随着距离增加而衰减。对象距点光源越远，则越暗。选择该项，命令行提示如下：

输入衰减类型 [无(N)/线性反比(I)/平方反比(S)] <线性反比>：

① 无：设置无衰减。此时对象不论距离点光源是远还是近，明暗程度都一样。

② 线性反比：将衰减设置为与距离点光源的线性距离成反比。例如，距离点光源 2 个单位时，光线强度是点光源的一半；而距离点光源 4 个单位时，光线强度是点光源的 1/4。线性反比的默认值是最大强度的一半。

③ 平方反比：将衰减设置为与距离点光源的距离的平方成反比。例如，距离点光源 2 个单位时，光线强度是点光源的 1/4；而距离点光源 4 个单位时，光线强度是点光源的 1/16。

④ 衰减起始界限：指定一个点，光线的亮度相对于光源中心的衰减从这一点开始，默认值为 0。选择该项，命令行提示如下：

指定起始界限偏移 (0-??) 或 [关(O)]：

⑤ 衰减结束界限：指定一个点，光线的亮度相对于光源中心的衰减从这一点结束，在此点之后将不会投射光线。在光线的效果很微弱、计算将浪费处理时间的位置处设置结束界限将提高性能。选择该项，命令行提示如下：

指定结束界限偏移或 [关(O)]：

（6）颜色：控制光源的颜色。选择该项，命令行提示如下：

输入真彩色 (R,G,B) 或输入选项 [索引颜色(I)/HSL(H)/配色系统(B)]<255,255,255>：

颜色设置的方法前面已有介绍，不再赘述。

聚光灯：创建聚光灯。选择该项，命令行提示如下：

指定源位置 <0,0,0>：（输入坐标值或 使用定点设备）
指定目标位置 <1,1,1>：（输入坐标值或 使用定点设备）
输入要更改的选项 [名称(N)/强度(I)/状态(S)/聚光角(H)/照射角(F)/阴影(W)/衰减(A)/颜色(C)/退出(X)] <退出>：

其中，大部分选项与点光源项相同，只对特别的几项加以说明。

（1）聚光角：指定定义最亮光锥的角度，也称为光束角。聚光角的取值范围为 0°～160° 或基于别的角度单位的等价值。选择该项，命令行提示如下：

输入聚光角角度 (0.00-160.00)：

（2）照射角：指定定义完整光锥的角度，也称为现场角。照射角的取值范围为 0°～160°。默认值为 45° 或基于别的角度单位的的等价值。

输入照射角角度 (0.00-160.00)：

🔊 注意：照射角角度必须大于或等于聚光角角度。

平行光：创建平行光。选择该项，命令行提示如下：

> 指定光源方向 FROM <0,0,0> 或 [矢量(V)]:（指定点或输入 v ）
> 指定光源方向 TO <1,1,1>:（指定点 ）

如果输入 V 选项，命令行提示如下：

> 指定矢量方向 <0.0000,-0.0100,1.0000>:（输入矢量）

指定光源方向后，命令行提示如下：

> 输入要更改的选项 [名称(N)/强度因子(I)/状态(S)/光度(P)/阴影(W)/过滤颜色(C)/退出(X)]
> <退出>:

其中，各项与前面所述相同，不再赘述。

有关光源设置的命令还有光源列表、地理位置和阳光特性等几项。

（1）光源列表有关内容如下。

【执行方式】

☑ 命令行：LIGHTLIST。

☑ 菜单栏："视图"→"渲染"→"光源"→"光源列表"。

☑ 工具栏："渲染"→"光源列表"。

【操作步骤】

> 命令：LIGHTLIST

执行上述命令后，系统打开"模型中的光源"选项板，显示模型中已经建立的光源，如图 11-102 所示。

（2）地理位置有关内容如下。

【执行方式】

☑ 命令行：GEOGRAPHICLOCATION。

☑ 菜单栏："工具"→"地理位置"。

☑ 工具栏："渲染"→"地理位置"。

【操作步骤】

> 命令：GEOGRAPHICLOCATION

执行上述命令后，系统打开"地理位置"对话框，如图 11-103 所示，从中可以设置不同地理位置的阳光特性。

图 11-102 "模型中的光源"选项板

图 11-103 "地理位置"对话框

（3）阳光特性有关内容如下。

【执行方式】

☑ 命令行：SUNPROPERTIES。

☑ 菜单栏："视图"→"渲染"→"光源"→"阳光特性"。

☑ 工具栏："渲染"→"阳光特性"。

【操作步骤】

命令：SUNPROPERTIES

执行上述命令后，系统打开"阳光特性"选项板，如图 11-104 所示，在该选项板中可以修改已经设置好的阳光特性。

## 11.9.2 渲染环境

1．执行方式

☑ 命令行：RENDERENVIRONMENT。

☑ 菜单栏："视图"→"渲染"→"渲染环境"。

☑ 工具栏："渲染"→"渲染环境" 。

2．操作步骤

命令：RENDERENVIRONMENT

执行该命令后，弹出如图 11-105 所示的"渲染环境"对话框。可以从中设置渲染环境的有关参数。

图 11-104 "阳光特性"选项板

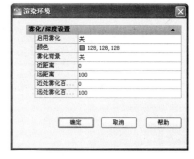

图 11-105 "渲染环境"对话框

## 11.9.3 贴图

贴图的功能是在实体附着带纹理的材质后，可以调整实体或面上纹理贴图的方向。当材质被映射后，调整材质以适应对象的形状。将合适的材质贴图类型应用到对象可以使之更加适合对象。

1．执行方式

☑ 命令行：MATERIALMAP。

☑ 菜单栏："视图"→"渲染"→"贴图"（见图 11-106）。

☑ 工具栏："渲染"→"贴图"（见图 11-107 或图 11-108）。

图 11-106　"贴图"子菜单　　　图 11-107　"渲染"工具栏　　　图 11-108　"贴图"工具栏

Note

### 2. 操作步骤

命令：MATERIALMAP

选择选项 [长方体(B)/平面(P)/球面(S)/柱面(C)/复制贴图至(Y)/重置贴图(R)] <长方体>：

### 3. 选项说明

（1）长方体：将图像映射到类似长方体的实体上。该图像将在对象的每个面上重复使用。

（2）平面：将图像映射到对象上，就像将其从幻灯片投影器投影到二维曲面上一样。图像不会失真，但是会被缩放以适应对象。该贴图最常用于面。

（3）球面：在水平和垂直两个方向上同时使图像弯曲。纹理贴图的顶边在球体的"北极"压缩为一个点；同样，底边在"南极"压缩为一个点。

（4）柱面：将图像映射到圆柱形对象上，水平边将一起弯曲，但顶边和底边不会弯曲。图像的高度将沿圆柱体的轴进行缩放。

（5）复制贴图至：将贴图从原始对象或面应用到选定对象。

（6）重置贴图：将 UV 坐标重置为贴图的默认坐标。

图 11-109 所示是球面贴图实例。

（a）贴图前　　　　　　（b）贴图后

图 11-109　球面贴图

## 11.9.4　渲染

### 1. 高级渲染设置

【执行方式】

☑　命令行：RPREF。

☑　菜单栏："视图"→"渲染"→"高级渲染设置"。

☑　工具栏："渲染"→"高级渲染设置" ⬚。

【操作步骤】

命令：RPREF

执行该命令后，打开"高级渲染设置"选项板，如图 11-110 所示。通过该选项板，可以对渲染的有关参数进行设置。

**2. 渲染**

【执行方式】

☑ 命令行：RENDER。

☑ 菜单栏："视图"→"渲染"→"渲染"。

☑ 工具栏："渲染"→"渲染" 🫖。

【操作步骤】

命令：RENDER

执行该命令后，弹出如图 11-111 所示的"渲染"对话框，显示渲染结果和相关参数。

图 11-110 "高级渲染设置"选项板

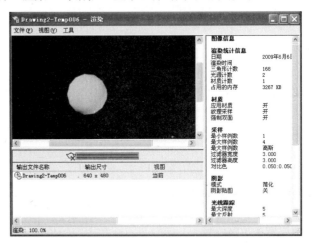

图 11-111 "渲染"对话框

## 11.9.5 实例——马桶

本实例将详细介绍马桶的绘制方法，首先利用"矩形"、"圆弧"、"面域"和"拉伸"命令绘制马桶的主体，然后利用"圆柱体"、"差集"、"交集"命令绘制水箱，最后利用"椭圆"和"拉伸"命令绘制马桶盖，绘制流程如图 11-112 所示。

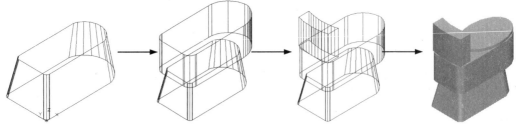

图 11-112 马桶

操作步骤：（光盘\动画演示\第 11 章\马桶.avi）

（1）设置绘图环境。用 LIMITS 命令设置图幅为 297×210；用 ISOLINES 命令，设置对象上每个曲面的轮廓线数目为 10。

（2）单击"绘图"工具栏中的"矩形"按钮 ▢，绘制角点为（0,0），（560,260）的矩形。绘制结

Note

果如图 11-113 所示。

（3）单击"绘图"工具栏中的"圆弧"按钮，绘制圆弧，命令行提示与操作如下：

```
命令：_arc
指定圆弧的起点或 [圆心(C)]：400,0
指定圆弧的第二个点或 [圆心(C)/端点(E)]：500,130
指定圆弧的端点：400,260
```

（4）单击"修改"工具栏中的"修剪"按钮，将多余的线段剪去，修剪之后结果如图 11-114 所示。

图 11-113　绘制矩形

图 11-114　绘制圆弧

（5）单击"绘图"工具栏中的"面域"按钮，将绘制的矩形和圆弧进行面域处理。

（6）单击"建模"工具栏中的"拉伸"按钮，将上步创建的面域拉伸处理，命令行提示与操作如下：

```
命令：_extrude
当前线框密度：ISOLINES=10，闭合轮廓创建模式 = 实体
选择要拉伸的对象或 [模式(MO)]：_MO 闭合轮廓创建模式 [实体(SO)/曲面(SU)] <实体>：_SO
选择要拉伸的对象或 [模式(MO)]：找到 1 个
选择要拉伸的对象或 [模式(MO)]：
指定拉伸的高度或 [方向(D)/路径(P)/倾斜角(T)/表达式(E)] <30.0000>：t
指定拉伸的倾斜角度或 [表达式(E)] <0>：10
指定拉伸的高度或 [方向(D)/路径(P)/倾斜角(T)/表达式(E)] <30.0000>：200
```

绘制结果如图 11-115 所示。

（7）单击"修改"工具栏中的"圆角"按钮，圆角半径设为 20，将马桶底座的直角边改为圆角边。绘制结果如图 11-116 所示。

图 11-115　拉伸处理

图 11-116　圆角处理

（8）单击"建模"工具栏中的"长方体"按钮，绘制马桶主体，角点为（0,0,200）和（550,260,400）。绘制结果如图 11-117 所示。

（9）单击"修改"工具栏中的"圆角"按钮，将圆角半径设为 150，将长方体右侧的两条棱

做圆角处理；左侧的两条棱的圆角半径为 50，如图 11-118 所示。

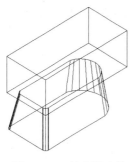

图 11-117　绘制长方体

图 11-118　圆角处理

（10）单击"建模"工具栏中的"长方体"按钮▢，以（50,130,500）为中心点，绘制长为 100，宽为 240，高为 200 的长方体。

（11）单击"建模"工具栏中的"圆柱体"按钮▢，绘制马桶水箱，命令行提示与操作如下：

```
命令: _cylinder
指定底面的中心点或 [三点(3P)/两点(2P)/切点、切点、半径(T)/椭圆(E)]: 500,130,400
指定底面半径或 [直径(D)]: 500
指定高度或 [两点(2P)/轴端点(A)]: 200
命令: _cylinder
指定底面的中心点或 [三点(3P)/两点(2P)/切点、切点、半径(T)/椭圆(E)]: 500,130,400
指定底面半径或 [直径(D)]: 420
指定高度或 [两点(2P)/轴端点(A)]: 200
```

绘制结果如图 11-119 所示。

（12）单击"实体编辑"工具栏中的"差集"按钮◎，将上步绘制的大圆柱体与小圆柱体进行差集处理。

（13）单击"渲染"工具栏中的"隐藏"按钮◎，对实体进行消隐，结果如图 11-120 所示。

图 11-119　绘制圆柱

图 11-120　差集处理

（14）单击"实体编辑"工具栏中的"交集"按钮◎，选择长方体和圆柱环，将其进行交集处理，结果如图 11-121 所示。

（15）单击"绘图"工具栏中的"椭圆"按钮◯，绘制椭圆，命令行提示与操作如下：

```
命令: _ellipse
指定椭圆的轴端点或 [圆弧(A)/中心点(C)]: c
指定椭圆的中心点: 300,130,400
指定轴的端点: 500,130
```

指定另一条半轴长度或 [旋转(R)]：130

（16）单击"建模"工具栏中的"拉伸"按钮 ，将椭圆拉伸成为马桶。绘制结果如图 11-122 所示。

（17）选择菜单栏中的"视图"→"渲染"→"材质浏览器"命令，在材质选项板中选择适当的材质附于图形。选择菜单栏中的"视图"→"渲染"→"渲染"命令，对实体进行渲染，渲染后的效果如图 11-123 所示。

图 11-121　交集处理

图 11-122　绘制椭圆并拉伸

图 11-123　马桶

# 11.10　综合实例——茶壶

分析图 11-124 所示茶壶，壶嘴的建立是一个需要特别注意的地方，因为如果使用三位实体建模工具，很难建立起图示的实体模型，因而采用建立曲面的方法建立壶嘴的表面模型。壶把采用沿轨迹拉伸截面的方法生成，壶身则采用旋转曲面的方法生成，绘制流程如图 11-124 所示。

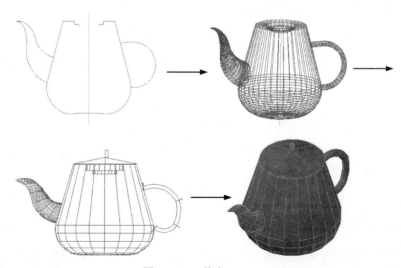

图 11-124　茶壶

操作步骤：（光盘\动画演示\第 11 章\茶壶.avi）

## 11.10.1　绘制茶壶拉伸截面

（1）选择菜单栏中的"格式"→"图层"命令，打开"图层特性管理器"对话框，如图 11-125

所示。利用创建"图层特性管理器"辅助线层和茶壶层。

（2）在"辅助线"层上绘制一条竖直线段，作为旋转直线，如图 11-126 所示。然后单击"标准"工具栏上的"实时缩放"图标 ，将所绘直线区域放大。

（3）将"茶壶"图层设置为当前图层。单击"绘图"工具栏上的"多段线"按钮 ，绘制茶壶半轮廓线，如图 11-127 所示。

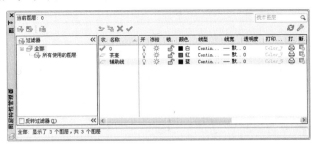

图 11-125  "图层特性管理器"对话框          图 11-126  绘制旋转轴

（4）单击"修改"工具栏中的"镜像"按钮 ，将茶壶半轮廓线以辅助线为对称轴镜像到直线的另外一侧。

（5）单击"绘图"工具栏中的"多段线"按钮 ，按照图 11-128 所示的样式绘制壶嘴和壶把轮廓线。

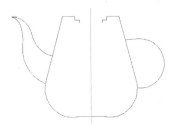

图 11-127  绘制茶壶半轮廓线          图 11-128  绘制壶嘴和壶把轮廓线

（6）选择菜单栏中的"视图"→"三维视图"→"西南等轴测"命令，将当前视图切换为西南等轴测视图，如图 11-129 所示。

（7）在命令行中输入 UCS 命令，执行坐标编辑命令，新建如图 11-130 所示的坐标系。

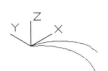

图 11-129  西南等轴测视图          图 11-130  新建坐标系

（8）为使用户坐标系不在茶壶嘴上显示，在命令行输入 UCSICON 命令，然后依次选择"n"，"非原点"。

（9）在命令行中输入 UCS 命令，执行坐标编辑命令，将坐标系绕 X 轴旋转 90°。

（10）单击"绘图"工具栏中的"圆弧"按钮 ，在壶嘴处画一圆弧，如图 11-131 所示。下面在壶嘴与壶身交接处绘一段圆弧。

（11）在命令行中输入 UCS 命令，执行坐标编辑命令新建坐标系。新坐标以壶嘴与壶体连接处的下端点为新的原点，以连接处的上端点为 X 轴，Y 轴方向取默认值。

（12）在命令行中输入 UCS 命令，执行坐标编辑命令旋转坐标系，使当前坐标系绕 X 轴旋转 225°。

（13）单击"绘图"工具栏中的"椭圆弧"按钮 ，以壶嘴和壶体的两个交点作为圆弧的两个端点，选择合适的切线方向绘制图形，如图 11-132 所示。

图 11-131 绘制壶嘴处圆弧

图 11-132 绘制壶嘴与壶身交接处圆弧

## 11.10.2 拉伸茶壶截面

（1）修改三维表面的显示精度。将系统变量 surftab1 和 surftab2 的值设为 20，命令行提示与操作如下：

```
命令: surftab1
输入 SURFTAB1 的新值 <6>: 20
```

（2）选择菜单栏中的"绘图"→"建模"→"网格"→"边界网格"当前工作空间的菜单中未提供。绘制壶嘴曲面，命令行提示与操作如下：

```
命令: EDGESURF✓
当前线框密度: SURFTAB1=6 SURFTAB2=6
选择用作曲面边界的对象 1:（依次选择壶嘴的四条边界线）
选择用作曲面边界的对象 2:（依次选择壶嘴的四条边界线）
选择用作曲面边界的对象 3:（依次选择壶嘴的四条边界线）
选择用作曲面边界的对象 4:（依次选择壶嘴的四条边界线）
```

得到图 11-133 所示壶嘴半曲面。

（3）同步骤（2），创建壶嘴下半部分曲面，如图 11-134 所示。

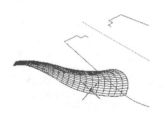

图 11-133 绘制壶嘴半曲面

图 11-134 壶嘴下半部分曲面

（4）在命令行中输入 UCS，执行坐标编辑命令新建坐标系。利用"捕捉到端点"的捕捉方式，选择壶把与壶体的上部交点作为新的原点，壶把多义线的第一段直线的方向作为 X 轴正方向，按 Enter 接受 Y 轴的默认方向。

（5）在命令行中输入 UCS，执行坐标编辑命令将坐标系绕 Y 轴旋转负 90°，即沿顺时针方向旋转 90°，得到如图 11-135 所示的新坐标系。

（6）绘制壶把的椭圆截面。单击"绘图"工具栏中的"椭圆"按钮 ，执行 ELLLIPSE 命令，得到如图 11-136 所示的椭圆。

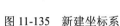
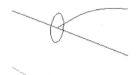

图 11-135　新建坐标系　　　　　　　　　　图 11-136　绘制壶把的椭圆截面

（7）单击"建模"工具栏中的"拉伸"按钮，执行 EXTRUDE 命令，将椭圆截面沿壶把轮廓线拉伸成壶把，创建壶把。绘制结果如图 11-137 所示。

（8）选择菜单栏中的"修改"→"对象"→"多段线"命令，将壶体轮廓线合并成一条多段线。

（9）选择菜单栏中的"绘图"→"建模"→"网格"→"旋转网格"命令，命令行提示与操作如下：

```
命令：REVSURF
当前线框密度：SURFTAB1=20　SURFTAB2=20
选择要旋转的对象1：（指定壶体轮廓线）
选择定义旋转轴的对象：（指定已绘制好的用作旋转轴的辅助线）
指定起点角度<0>：
指定包含角度（+=逆时针，-=顺时针）<360>：
```

旋转壶体曲线得到壶体表面。绘制结果如图 11-138 所示。

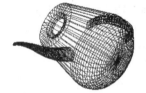

图 11-137　拉伸壶把　　　　　　　　　　图 11-138　建立壶体表面

（10）在命令行输入 UCS 命令，执行坐标编辑命令，返回世界坐标系，然后再次执行 UCS 命令将坐标系绕 X 轴旋转-90°，如图 11-139 所示。

（11）选择菜单栏中的"修改"→"三维操作"→"三维旋转"命令，命令将茶壶图形旋转 90°。

（12）关闭"辅助线"图层。然后执行 HIDE 命令对模型进行消隐处理 1，结果如图 11-140 所示。

图 11-139　世界坐标系下的视图　　　　　　图 11-140　消隐处理后的茶壶模型

## 11.10.3　绘制茶壶盖

（1）在命令行中输入 UCS 命令，执行坐标编辑命令新建坐标系，将坐标系切换到世界坐标系，并将坐标系放置在中心线端点。

（2）单击"绘图"工具栏中的"多段线"按钮，绘制壶盖轮廓线，如图 11-141 所示。

（3）选择菜单栏中的"绘图"→"建模"→"网格"→"旋转网格"命令，将上步绘制的多段线绕中心线旋转 360°，绘制结果如图 11-142 所示。

```
命令：_revsurf
当前线框密度：SURFTAB1=20  SURFTAB2=6
选择要旋转的对象:选择上步绘制的
选择定义旋转轴的对象：选择中心线
指定起点角度 <0>：
指定包含角 (+=逆时针，-=顺时针) <360>：
```

（4）选择菜单栏中的"视图"→"消隐"命令，将已绘制的图形消隐，消隐后的效果如图 11-142 所示。

（5）将视图方向设定为前视图，绘制如图 11-143 所示的多段线。

图 11-141　绘制壶盖轮廓线　　图 11-142　消隐处理后的壶盖模型　　图 11-143　绘制壶盖上端

（6）选择菜单栏中的"绘图"→"建模"→"网格"→"旋转网格"命令，将绘制好的多段线绕多段线旋转 360°，如图 11-144 所示。

（7）选择菜单栏中的"视图"→"消隐"命令，将已绘制的图形消隐，消隐后的效果如图 11-145 所示。

图 11-144　旋转网格　　　　　　　　　图 11-145　茶壶消隐后的结果

（8）单击"修改"工具栏中的"删除"按钮，选中视图中多余的线段，将其删除。

（9）单击"修改"工具栏中的"移动"按钮，将壶盖向上移动，消隐后如图 11-146 所示。

图 11-146　移动壶盖后

# 11.11　实践与练习

通过前面的学习，读者对本章知识已经有了大体的了解，本节将通过几个操作练习使读者进一步掌握本章知识要点。

## 【实践 1】利用三维动态观察器观察如图 11-147 所示的写字台。

### 1. 目的要求

本实践绘制比较简单，通过对本实践的学习，要求读者熟悉并掌握三维动态观察器的运用。

### 2. 操作提示

（1）利用三维命令绘制和编辑桌子图形。
（2）利用三维动态观察器观察图形。

## 【实践 2】绘制如图 11-148 所示的电视机。

### 1. 目的要求

三维图形具有形象逼真的优点，但是三维图形的创建比较复杂，需要读者掌握的知识比较多。本实践涉及的命令有"长方体"、"球体"、"差集"和"渲染"，通过学习本实践要求读者熟练掌握三维造型的绘制技巧。

### 2. 操作提示

（1）设置视图方向。
（2）利用"长方体"、"倒角"、"拉伸"等命令创建大体轮廓。
（3）利用"球体"或"圆柱体"命令创建旋钮并做差集处理。
（4）渲染视图。

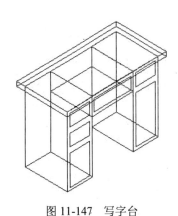

图 11-147　写字台

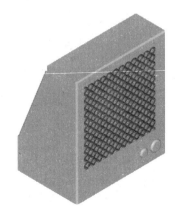

图 11-148　电视机

# 第12章

# 家具三维造型编辑

三维实体编辑功能主要是对三维物体进行编辑。主要内容包括编辑三维网面、特殊视图、编辑实体、显示形式和渲染实体。本章将介绍怎样利用三维实体编辑功能绘制家具三维造型。

- ☑ 编辑三维曲面
- ☑ 特殊视图
- ☑ 编辑实体

## 任务驱动&项目案例

# 12.1 编辑三维曲面

与二维图形的编辑功能相似，在三维造型中，也有一些对应的编辑功能，能对三维造型进行相应的编辑。

## 12.1.1 三维阵列

1. 执行方式

☑ 命令行：3DARRAY。

☑ 菜单栏："修改"→"三维操作"→"三维阵列"。

☑ 工具栏："建模"→"三维阵列"按钮 ⊞。

2. 操作步骤

```
命令：3DARRAY
选择对象：(选择要阵列的对象)
选择对象：(选择下一个对象或按<Enter>键)
输入阵列类型[矩形(R)/环形(P)]<矩形>：
```

3. 选项说明

（1）矩形（R）：对图形进行矩形阵列复制，是系统的默认选项。选择该选项后，命令行提示与操作如下：

```
输入行数(---)<1>：(输入行数)
输入列数(||||)<1>：(输入列数)
输入层数(...)<1>：(输入层数)
指定行间距(---)：(输入行间距)
指定列间距(||||)：(输入列间距)
指定层间距(...)：(输入层间距)
```

（2）环形（P）：对图形进行环形阵列复制。选择该选项后，命令行提示与操作如下：

```
输入阵列中的项目数目：(输入阵列的数目)
指定要填充的角度(+=逆时针，-=顺时针)<360>：(输入环形阵列的圆心角)
旋转阵列对象?[是(Y)/否(N)]<是>：(确定阵列上的每一个图形是否根据旋转轴线的位置进行旋转)
指定阵列的中心点：(输入旋转轴线上一点的坐标)
指定旋转轴上的第二点：(输入旋转轴线上另一点的坐标)
```

如图 12-1 所示为 3 层 3 行 3 列间距分别为 300 的圆柱的矩形阵列，如图 12-2 所示为圆柱的环形阵列。

图 12-1 三维图形的矩形阵列

图 12-2 三维图形的环形阵列

## 12.1.2　实例——双人床

本实例将详细介绍双人床的绘制方法，首先利用"长方体"命令绘制床体、床垫和床头主体，然后利用"面域"、"拉伸"命令绘制床头曲面，利用"长方体"、"三维阵列"命令绘制床腿，再利用"球体"、"长方体"、"三维阵列"命令绘制床垫凸纹，利用"拉伸"、"三维阵列"命令绘制枕头，利用"圆柱体"、"多行文字"命令绘制床头装饰，最后设置光源，进行赋材渲染，绘制流程图如图 12-3 所示。

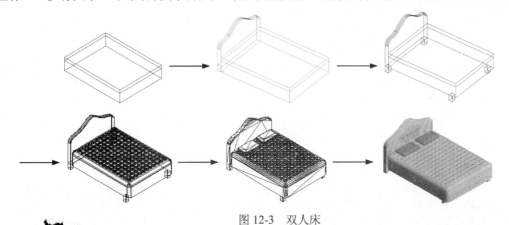

图 12-3　双人床

操作步骤：（光盘\动画演示\第 12 章\双人床.avi）

（1）单击"标准"工具栏中的"新建"按钮 ![], 新建一个空图形文件。

（2）在命令行输入 LIMITS 命令，按照其后续提示，输入图纸的左下角坐标为（0,0），右上角坐标为（3000,3000）。而后执行 ZOOM/ALL 命令操作，使整个作图区域显示在作图窗口内。

（3）将鼠标移到已弹出的工具栏上，单击鼠标右键，系统打开工具栏快捷菜单，选中 UCS、UCS II、"建模"、"实体编辑"、"视图"、"视觉样式"和"渲染"工具栏，使其出现在屏幕上。单击"西南等轴测"按钮，将视图方向设定为西南等轴侧视图，如图 12-4 所示。

（4）在命令行中输入 ISOLINES 命令，将线框密度设置为 4。

（5）单击"建模"工具栏中的"长方体"按钮 ![]，绘制一个长方体，如图 12-5 所示，其长度、宽度和高度分别为 1500、2000、300。

（6）单击"建模"工具栏中的"长方体"按钮 ![]，以床体长方体上表面右下方角点为床垫长方体的绘制基准，其长度、宽度和高度分别设置为 1500、2000、100，如图 12-6 所示。

图 12-4　西南等轴侧视图

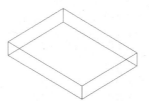

图 12-5　床体主体

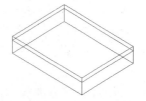

图 12-6　绘制床垫主体

（7）单击"建模"工具栏中的"长方体"按钮 ![]，以床体长方体下表面左下方角点为床头长方体的绘制基准，其长度、宽度和高度分别设置为 1500、100、600，如图 12-7 所示。

（8）单击 UCS 工具栏中的"三点"按钮 ![]，以三点方式改变当前坐标系，将床头长方体上表面左下方角点设置为新的坐标原点，点取床头长方体上表面右下方角点确定新的 X 轴方向，点取床头长方体下表面左下方角点确定新的 Y 轴方向，新的 Z 轴方向根据右手法则确定，如图 12-8 所示。

（9）单击"绘图"工具栏中的"样条曲线"按钮 ～，在命令行中，依次输入（0,0）、（40,-100）、（230,-145）、（375,-200）、（750,-400）、（1125,-200）、（1270,-145），（1460,-100）和（1500,0）作为关键点，并将其起始点和终止点处的切向都设置为竖直向下，如图 12-9 所示。

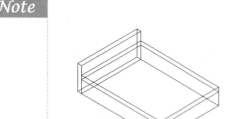 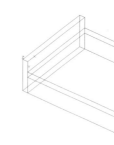 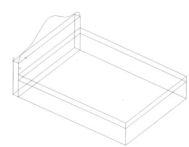

图 12-7　绘制床头长方体　　　　图 12-8　变换坐标系　　　　图 12-9　绘制样条曲线

（10）单击"绘图"工具栏中的"直线"按钮 ，绘制直线连接样条曲线的起始点和终止点。

（11）单击"绘图"工具栏中的"面域"按钮 ，拉框选取样条曲线和步骤（10）中所绘制的直线，形成一个面域。

（12）单击"建模"工具栏中的"拉伸"按钮 ，选取步骤（11）中生成的面域作为拉伸对象，拉伸高度设定为 100，拉伸倾斜角度接受默认值 0，执行结果如图 12-10 所示。

（13）单击"实体编辑"工具栏中的"并集"按钮 ，将床头的长方体部分和曲面柱体部分合并在一起，如图 12-11 所示。

（14）在命令行中输入 ISOLINES 命令，可以对当前的线框密度进行修改，将其从默认值 4 修改为 7，然后选择菜单栏中的"视图"→"重生成"命令，可以很好的改善在"三维线框图"下曲面柱体侧面的显示效果，如图 12-12 所示。

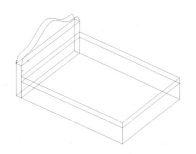 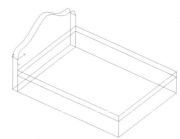 

图 12-10　绘制床头曲面柱体　　　　图 12-11　合并床头两部分　　　　图 12-12　修改当前线框密度

（15）单击 UCS 工具栏中的"三点"按钮 ，以三点方式改变当前坐标系，将床头长方体下表面左上方角点设置为新的坐标原点，点取床头长方体下表面左下方角点确定新的 X 轴方向，点取床头长方体下表面右上方角点确定新的 Y 轴方向，新的 Z 轴方向根据右手法则确定，如图 12-13 所示。

（16）单击"建模"工具栏中的"长方体"按钮 ，以床头长方体下表面左上方角点为基准，绘制一长方体，其长度、宽度和高度分别设定为 100、100、-150，如图 12-14 所示。

（17）单击"建模"工具栏中的"三维阵列"按钮 ，设置阵列类型为"矩形"，行数和列数均为 2，层数为 1，行间距为 1400 和列间距为 1900，阵列上步绘制的长方体，如图 12-15 所示，命令行提示与操作如下：

```
命令：_3darray
正在初始化... 已加载 3DARRAY。
选择对象：找到 1 个（选择上步绘制的长方体）
选择对象：
输入阵列类型 [矩形(R)/环形(P)] <矩形>:
输入行数 (---) <1>: 2
输入列数 (|||) <1>: 2
输入层数 (...) <1>: 1
指定行间距 (---): 1400
指定列间距 (|||): 1900
```

图 12-13　变换坐标系　　　　图 12-14　绘制床腿　　　　图 12-15　床腿阵列

（18）单击 UCS 工具栏中的"三点"按钮，以三点方式改变当前坐标系，将床垫长方体上表面左上方角点设定为新的坐标原点，选取竖直向上的方向为新坐标系的 X 轴方向，点取床垫长方体上表面左上方角点确定 Y 轴方向，Z 轴方向随之确定，如图 12-16 所示。

（19）在命令行中输入 UCS 命令，命名坐标系，命令行提示与操作如下：

```
命令：UCS
当前 UCS 名称：*没有名称*
指定 UCS 的原点或 [面(F)/命名(NA)/对象(OB)/上一个(P)/视图(V)/世界(W)/X/Y/Z/Z 轴
(ZA)] <世界>: na
输入选项 [恢复(R)/保存(S)/删除(D)/?]: s
输入保存当前 UCS 的名称或 [?]: 床头装饰
```

（20）单击 UCS 工具栏中的"Y"，以当前 Y 轴为旋转轴旋转坐标系，旋转角度设为 90°，得到新的坐标系，如图 12-17 所示。

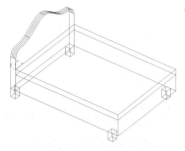 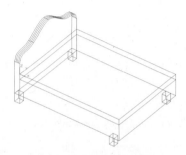

图 12-16　变换坐标系　　　　　　图 12-17　旋转坐标系

（21）选择菜单栏中的"视图"→"消隐"命令，并取消"视图"→"显示"→"UCS 图标"→

"开"前的选取，得到如图 12-18 所示的双人床大致轮廓消隐图。

💡 **提示：** 根据作图需要灵活变换坐标系，可以大大减少作图过程中的尺寸计算，方便图形的绘制。

（22）选择菜单栏中的"视图"→"视觉样式"→"二维线框"命令，使图形回到线框状态，如图 12-19 所示。

（23）单击"修改"工具栏中的"圆角"按钮 ⬜，将圆角半径设置为 80，并依次选取床体长方体垂直方向的 4 条棱作为操作对象。结果如图 12-20 所示。

💡 **提示：** 在执行倒圆命令时，每次只可对一个实体进行操作。因此，为避免拾取到其它实体的棱边，可先拾取实体上不与其他实体棱边重合的棱边以确定待操作实体，而后再拾取其他棱边。

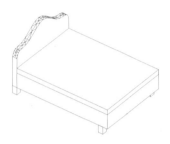
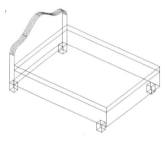
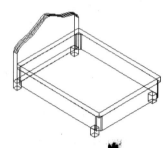

图 12-18　大致轮廓消隐图　　　　　图 12-19　二维线框图　　　　　图 12-20　床体垂直棱边倒圆

（24）单击"修改"工具栏中的"圆角"按钮 ⬜，对床垫长方体的 4 条垂直棱边和上表面 4 条棱边进行倒圆角操作，圆角半径设置为 80，绘制其结果如图 12-21 所示。

（25）单击"修改"工具栏中的"圆角"按钮 ⬜，对床头部分进行倒圆角操作，圆角半径设置为 8，选取其 4 条垂直的棱边和顶部前后两条曲线棱边作为操作对象。绘制结果如图 12-22 所示。

（26）按照同样的方法，对床腿的垂直棱边进行倒圆操作，倒圆半径设置为 8，如图 12-23 所示。

图 12-21　床垫长方体棱边倒圆　　　　图 12-22　床头倒圆　　　　　图 12-23　床腿倒圆

（27）单击"建模"工具栏中的"球体"按钮 ⚪，绘制一半径为 100 的圆球，如图 12-24 所示。

（28）以圆球的球心为中心点，绘制一长方体，其长度、宽度和高度分别为 300、300、160，如图 12-25 所示。

（29）单击"实体编辑"工具栏中的"差集"按钮 ⬭，选择圆球作为"从中减去的对象"，长方体作为"减去对象"，绘制结果如图 12-26 所示。

（30）单击"修改"工具栏中的"分解"按钮 ⬜，选取步骤（29）中所得图形作为操作对象。而后，将下球冠删去，得到如图 12-27 所示的图形。

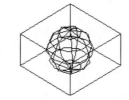

图 12-24 绘制圆球　　　图 12-25 绘制长方体　　　图 12-26 生成球冠　　　图 12-27 删除下球冠

（31）单击"建模"工具栏中的"三维阵列"按钮，选取球冠为阵列对象，设置阵列类型为"矩形"，行数为 15，列数为 11，层数为 1，行间距和列间距均为 120，如图 12-28 所示，命令行提示与操作如下：

```
命令：_3darray
正在初始化... 已加载 3DARRAY
选择对象：找到 1 个（选择球冠）
选择对象：
输入阵列类型 [矩形(R)/环形(P)] <矩形>：
输入列数 (||||) <1>: 15
输入层数 (...) <1>: 1
指定行间距 (---): -120
指定列间距 (||||): -120
```

（32）单击"修改"工具栏中的"移动"按钮，移动整个球冠阵列，选取球冠阵列左下方球冠的圆心作为移动基点，移动第二点设定为（160,150,0），如图 12-29 所示。

（33）单击"建模"工具栏中的"长方体"按钮，以点（3000,2000,0）作为基点，绘制一个长方体，其长度、宽度和高度分别为 300、500、30，如图 12-30 所示。

（34）单击"绘图"工具栏中的"矩形"按钮，在上步绘制的长方体上表面绘制一个矩形。

（35）单击"建模"工具栏中的"拉伸"按钮，将上步绘制的矩形进行拉伸，拉伸高度设定为 50，拉伸的倾斜角度设定为 45°，如图 12-31 所示。

（36）单击"实体编辑"工具栏中的"并集"按钮，将拉伸后的图形和长方体进行并集运算。

图 12-28 球冠阵列　　　图 12-29 球冠阵列移动　　　图 12-30 枕头长方体　　　图 12-31 拉伸矩形

（37）选择菜单栏中的"视图"→"动态观察"→"自由动态观察"命令，拖动鼠标，使枕头长方体的下表面置于窗口前，如图 12-32 所示。

（38）单击"绘图"工具栏中的"矩形"按钮，在上步绘制的长方体下表面绘制一个矩形。

（39）单击"建模"工具栏中的"拉伸"按钮，选取枕头长方体的下表面作为操作面，拉伸高度设定为 20，拉伸的倾斜角度设定为 20°，如图 12-33 所示。

（40）单击"实体编辑"工具栏中的"并集"按钮 ，将拉伸后的图形和长方体进行并集运算。

（41）单击"修改"工具栏中的"圆角"按钮 ，对枕头的各条棱边进行倒圆角操作，共计有 28 条棱边。由于观察角度的局限，可能有些棱边在当前方位上彼此重叠或间距很小，此时，可先对部分棱边进行倒圆角操作，而后通过选择"视图"→"动态观察"命令和单击"标准"工具栏中的"实时缩放"按钮 、"实时平移"按钮 ，将图形调整到适当的方位，对其他各棱边进行倒圆操作。

（42）在完成所有倒圆角操作之后，选择菜单栏中的"视图"→"动态观察"→"自由动态观察"命令，拖动鼠标，使整个图形的观察角度大致恢复到步骤（37）之前的方位，结果如图 12-34 所示。

（43）单击"建模"工具栏中的"三维阵列"按钮 ，选择枕头作为阵列对象，阵列类型为"矩形"，行数为 2，列数和层数均为 1，行间距设定为 640，如图 12-35 所示。

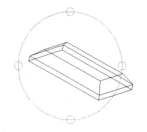

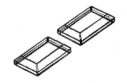

图 12-32　调整枕头图形位姿　　　图 12-33　拉伸　　　　图 12-34　倒圆　　　图 12-35　三维阵列操作

（44）单击"修改"工具栏中的"移动"按钮 ，移动整个枕头阵列，基点坐标设定为（3000,2000,0），移动第二点的坐标设定为（100,190,40），如图 12-36 所示。

（45）选择菜单栏中的"视图"→"消隐"命令，得到消隐后的整体三维立体图，如图 12-37 所示。

图 12-36　将枕头移至床垫上　　　　　　　　　　图 12-37　消隐图

（46）单击 UCS II 工具栏中的"命名 UCS"按钮 ，打开 UCS 窗口，选取"床头装饰"坐标系，而后单击"置为当前"按钮，如图 12-38 所示，单击"确定"按钮退出 UCS 窗口。此时在步骤（19）中保存的"床头装饰"坐标系成为当前坐标系。

（47）单击"建模"工具栏中的"圆柱体"按钮 ，按照命令行的提示，输入 E，选择绘制椭圆体。而后输入 C，选择以椭圆体的底面中心点作为基准。中心点底坐标为（220,750,0），指定到第一个轴的距离为 200，指定第二个轴的端点为（220,400,0），椭圆体的高度设定为-5，结果如图 12-39 所示。

（48）选择菜单栏中的"视图"→"三维视图"→"前视"命令，将当前视图方向设置为前视图，如图 12-40 所示。

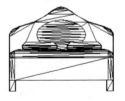

| 图 12-38 设置当前坐标系 | 图 12-39 生成椭圆体 | 图 12-40 前视图 |

（49）在命令行中输入 UCS 命令，将当前坐标系设置为视图方式，命令行提示与操作如下：

命令：UCS

当前 UCS 名称：*没有名称*

指定 UCS 的原点或 [面(F)/命名(NA)/对象(OB)/上一个(P)/视图(V)/世界(W)/X/Y/Z/Z 轴(ZA)] <世界>：V

（50）单击"绘图"工具栏中的"多行文字"按钮 A，选取椭圆中心点作为第一角点，而后输入 J，修改对正方式为"正中（MC）"，接着输入 H，将文字高度设定为 110。最后输入 W，设定文字框的宽度为 700，按 Enter 键弹出"多行文字编辑器"窗口，在"字符"标签页，将字体设置为"隶书"，并在文字输入框内输入"百年好合"字样，如图 12-41 所示。完成后，单击"确定"按钮，其最终结果如图 12-42 所示。

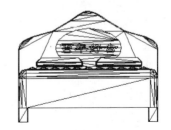

| 图 12-41 "多行文字编辑器"窗口 | 图 12-42 将文字添加到椭圆体表面 |

（51）选择菜单栏中的"视图"→"三维视图"→"西南等轴测"命令，将当前视图设置为西南等轴测视图，如图 12-43 所示。至此，双人床床体的绘制全部完成。

（52）选中"床垫"实体，在"特性"工具栏中将其颜色设置为绿色，如图 12-44 所示，"床体"、"床头"和"床腿"三个单元统一设置为深黄色，"床头装饰"图层设置为紫红色，"文字"图层设置为红色，"枕头"图层设置为粉红色。

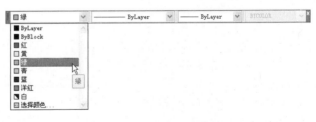

| 图 12-43 西南等轴测视图 | 图 12-44 为各单元设置颜色 |

（53）选择菜单栏中的"视图"→"视觉样式"→"概念"命令，改变视觉样式，其结果如图 12-45 所示。

（54）选择菜单栏中的"视图"→"渲染"→"材质浏览器"命令，系统弹出"材质浏览器"选项板，如图 12-46 所示，为各个单元添加适当的材质。然后将视觉样式改为"真实"，如图 12-47 所示。

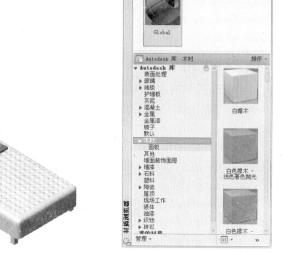
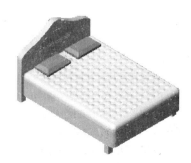

图 12-45　概念视觉样式　　　　　图 12-46　设置材质　　　　　图 12-47　真实视觉样式

（55）选择菜单栏中的"视图"→"渲染"→"光源"→"新建平行光"命令，命令行操作如下：

```
命令: _distantlight
指定光源来向<0,0,0> 或 [矢量(V)]:
指定光源去向<1,1,1>:
输入要更改的选项 [名称(N)/强度因子(I)/状态(S)/光度(P)/阴影(W)/过滤颜色(C)/退出(X)]
<退出>: n
输入光源名称 <平行光 1>: sun
输入要更改的选项 [名称(N)/强度因子(I)/状态(S)/光度(P)/阴影(W)/过滤颜色(C)/退出(X)]
<退出>: i
输入强度 (0.00 - 最大浮点数) <1>: 5
输入要更改的选项 [名称(N)/强度因子(I)/状态(S)/光度(P)/阴影(W)/过滤颜色(C)/退出(X)]
<退出>: s
输入状态 [开(N)/关(F)] <开>:
输入要更改的选项 [名称(N)/强度因子(I)/状态(S)/光度(P)/阴影(W)/过滤颜色(C)/退出(X)]
<退出>: w
输入 [关(O)/锐化(S)/已映射柔和(F)] <锐化>: s
输入要更改的选项 [名称(N)/强度因子(I)/状态(S)/光度(P)/阴影(W)/过滤颜色(C)/退出(X)]
<退出>: c
输入真彩色 (R,G,B) 或输入选项 [索引颜色(I)/HSL(H)/配色系统(B)] <255,255,255>:
12,34,56
输入要更改的选项 [名称(N)/强度因子(I)/状态(S)/光度(P)/阴影(W)/过滤颜色(C)/退出(X)]
<退出>:
```

（56）选择菜单栏中的"视图"→"渲染"→"渲染"命令，最终的渲染效果图如图 12-3 所示。

## 12.1.3 三维镜像

### 1. 执行方式

☑ 命令行：MIRROR3D。
☑ 菜单栏："修改" → "三维操作" → "三维镜像"

### 2. 操作步骤

命令：MIRROR3D
选择对象：（选择要镜像的对象）
选择对象：（选择下一个对象或按<Enter>键）
指定镜像平面（三点）的第一个点或[对象(O)最近的(L)/Z轴(Z)/视图(V)/XY 平面(XY)/YZ 平面(YZ)/ZX 平面(ZX)/三点(3)] <三点>：
在镜像平面上指定第一点

### 3. 选项说明

（1）点：输入镜像平面上点的坐标。该选项通过 3 个点确定镜像平面，是系统的默认选项。
（2）Z 轴（Z）：利用指定的平面作为镜像平面。选择该选项后，命令行提示与操作如下：

在镜像平面上指定点： 输入镜像平面上一点的坐标
在镜像平面的 Z 轴（法向）上指定点： 输入与镜像平面垂直的任意一条直线上任意一点的坐标
是否删除源对象？[是(Y)/否(N)]： 根据需要确定是否删除源对象

（3）视图（V）：指定一个平行于当前视图的平面作为镜像平面。
（4）XY（YZ、ZX）平面：指定一个平行于当前坐标系的 XY（YZ、ZX）平面作为镜像平面。

## 12.1.4 实例——公园长椅

本实例将详细介绍公园长椅的绘制方法，首先利用"长方体"和"三维阵列"命令绘制支架和椅脚，然后利用"长方体"、"三维阵列"和"三维旋转"命令绘制椅背，再利用"长方体"和"三维阵列"命令绘制横条，最后进行赋材渲染，绘制流程如图 12-48 所示。

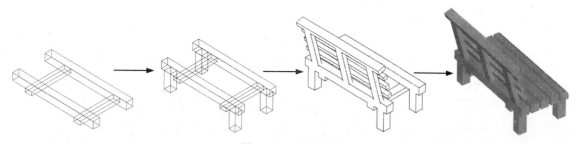

图 12-48 公园长椅

操作步骤：（光盘\动画演示\第 12 章\公园长椅.avi）

（1）单击"标准"工具栏中的"新建"按钮，新建一个空图形文件。在命令行中输入 LIMITS。输入图纸的左下角的坐标（0,0），然后输入图纸的右上角点（900,600）。然后执行 ZOOM/ALL 命令。

（2）将鼠标移到已弹出的工具栏上，单击鼠标右键，系统打开工具栏快捷菜单，选中"建模"、"实体编辑"、"视图"、"视觉样式"和"渲染"工具栏，使其出现在屏幕上。

（3）选择菜单栏中的"工具" → "绘图设置"命令，如图 12-49 所示。系统会弹出"草图设置"对话框，选择"捕捉和栅格"选项卡，设置捕捉和栅格参数如图 12-50 所示。然后选择"对象捕捉"

选项卡，选中所要捕捉的对象。

> 提示：栅格捕捉单位应尽可能设置为图形尺寸的最小单位，即所有图形尺寸除以栅格捕捉单位都可以得到整数。

图 12-49　工具菜单

图 12-50　"捕捉和栅格"选项卡参数设置

（4）单击"视图"工具栏中的"西南等轴测"按钮 ，将视图方向设定为西南等轴测视图。

（5）单击"建模"工具栏中的"长方体"按钮，在输入长方体角点的命令行提示下，用栅格捕捉或直接输入坐标值（200,200,0），然后依次输入长方体的长度、宽度和高度值分别为 40、500、40，绘制长椅椅座的主横条。结果如图 12-51 所示。

> 注意：坐标值的输入方法有命令行输入、对象捕捉点、栅格点捕捉等方法，采用哪种方法视具体情况而定。

（6）单击"建模"工具栏中的"长方体"按钮，在输入长方体角点的命令行提示下，用栅格捕捉或直接输入坐标值（400,200,0），然后依次输入长方体的长度、宽度和高度值分别为 40、500、40，绘制另一条椅座主横条，结果如图 12-52 所示。

> 注意：长方体的长、宽、高分别对应+X、+Y、+Z 轴方向。

（7）再次执行"长方体"命令，在输入长方体角点的命令行提示下，用栅格捕捉或直接输入坐标值（200,280,0），然后依次输入长方体的长度、宽度和高度值分别为 240、40、-20。绘制椅座主横条的右连接板，结果如图 12-53 所示。

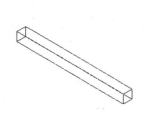
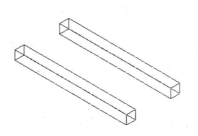
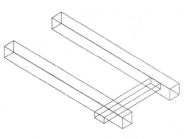

| 图 12-51 长椅椅座主横条 | 图 12-52 绘制另一条椅座主横条 | 图 12-53 绘制右连接板 |

（8）选择菜单栏中的"修改"→"三维操作"→"三维镜像"命令，镜像刚绘制的右连接板，生成椅座的左连接板。捕捉椅座主横条在 Y 轴方向的中点为镜像对称面 ZX 面的经过点。镜像结果如图 12-54 所示，命令行提示与操作如下：

```
命令：_mirror3d
选择对象：找到 1 个（选择上步绘制的右连接板）
选择对象：
指定镜像平面（三点）的第一个点或[对象(O)/最近的(L)/Z 轴(Z)/视图(V)/XY 平面(XY)/YZ
平面(YZ)/ZX 平面(ZX)/三点(3)] <三点>：zx
指定 ZX 平面上的点 <0,0,0>：（捕捉椅座主横条在 y 轴方向的中点）
是否删除源对象？[是(Y)/否(N)] <否>：
```

**注意**：实体与其三维镜像对象关于平面对称。

（9）单击"建模"工具栏中的"长方体"按钮 ，绘制椅脚。在输入长方体角点的命令行提示下，用栅格捕捉（200,260,0）点，然后依次输入长方体的长度、宽度和高度值分别为 40、40、-100。结果如图 12-55 所示。

（10）单击"建模"工具栏中的"三维阵列"按钮 ，阵列刚绘制的椅脚，生成另外三个椅脚。阵列结果如图 12-56 所示。

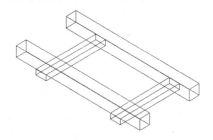

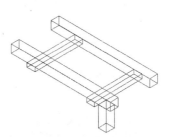
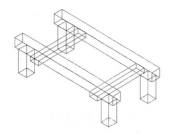

| 图 12-54 绘制左连接板 | 图 12-55 绘制椅脚 | 图 12-56 阵列椅脚 |

**提示**：阵列操作中的行、列和层分别对象 X、Y、Z 轴，行间距、列间距和层间距的正负号决定阵列的方向。

（11）单击"实体编辑"工具栏中的"并集"按钮 ，将椅座的主横条、连接板和椅脚组合在一起。

（12）选择菜单栏中的"视图"→"消隐"命令，得到组合后的消隐图，如图 12-57 所示。

（13）单击"建模"工具栏中的"长方体"按钮 ，绘制一条椅背竖条，如图 12-58 所示。在输入长方体角点坐标的命令行提示下，输入坐标值（200,240,40），然后依次输入长方体的长度、宽度和高度值分别为 20、40、200，生成椅背竖条。

📢 **注意：** 为了便于观察，下面的绘制结果都用消隐效果显示。

　　（14）单击"建模"工具栏中的"三维阵列"按钮 ，选择刚绘制的椅背竖条为阵列对象，生成另外两条椅背竖条，如图 12-59 所示。

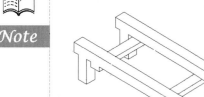
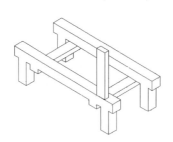
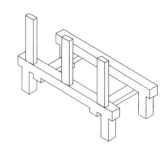

| 图 12-57　消隐效果 | 图 12-58　绘制椅背横条 | 图 12-59　阵列椅背横条 |

　　（15）单击"建模"工具栏中的"长方体"按钮 ⬜，绘制椅背上面的主横条。结果如图 12-60 所示。

💡 **提示：** 也可在没有合并椅座和椅脚各部分前，用"三维镜像"或"三维阵列"命令生成椅背上面的主横条。

　　（16）单击"建模"工具栏中的"长方体"按钮 ⬜，绘制椅背的一条横条。在输入长方体角点坐标的命令行提示下，输入坐标值（220,200,205），然后依次输入长方体的长度、宽度和高度值分别为20、500、−20。结果如图 12-61 所示。

　　（17）单击"建模"工具栏中的"三维阵列"按钮 ，选择刚绘制的椅背横条为阵列对象，生成另外 4 条椅背横条。在命令提示行后，设置阵列的行数、列数和层数分别为 1、1、3，层间距离为−55。阵列结果如图 12-62 所示。

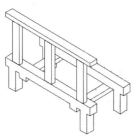
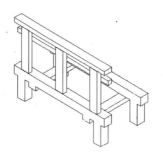
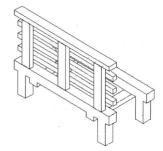

| 图 12-60　椅背上面的主横条 | 图 12-61　绘制椅背横条 | 图 12-62　阵列椅背横条 |

　　（18）单击"实体编辑"工具栏中的"并集"按钮 ⬤⬤，将椅背各部分合并在一起。

💡 **提示：** 选择参与并运算的实体时，也可以按住鼠标右键并拖动鼠标，用方框选中要选择的对象。在需要选择对象时，最好先消隐，这样有助于准确选择。

　　（19）单击"建模"工具栏中的"三维旋转"按钮 🌐，指定旋转基点为（220,240,40），旋转轴为Y轴，将椅背部分旋转一个角度。然后将旋转后的长椅消隐，结果如图 12-63 所示。

📢 **注意：** 点（220,240,40）是图 12-63 中椅背右前横条下端面的右前方点。

（20）单击"建模"工具栏中的"长方体"按钮 ，绘制椅背的横条。在输入长方体角点的命令行提示下，输入坐标值（250,200,0），然后依次输入长方体的长度、宽度和高度值分别为 40、500、40。

（21）单击"建模"工具栏中的"三维阵列"按钮 ，选择刚绘制的椅座横条为阵列对象，生成另外两条椅座横条。在命令提示行后，设置阵列的行数、列数和层数分别为 1、3、1，列间距离为 50。阵列结果如图 12-64 所示。

（22）单击"修改"工具栏中的"圆角"按钮 ，选择椅座右侧主横条为倒圆角对象，执行倒圆角操作，为椅座右侧主横条倒角。

长椅椅座主横条倒圆角后的消隐结果如图 12-65 所示。

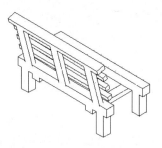

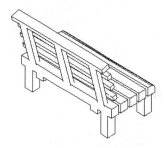

图 12-63　旋转椅背　　　　　图 12-64　阵列椅座横条　　　　　图 12-65　倒圆角

（23）选择菜单栏中的"视图"→"渲染"→"材质浏览器"命令，在"材质浏览器"中选择适当的材质附于图形。

（24）选择菜单栏中的"视图"→"渲染"→"渲染"命令，对图形进行渲染，渲染结果如图 12-66 所示。

注意：有关渲染材质等渲染条件的选择以及"渲染"对话框里参数的设置，可以参阅前面实例。

（25）渲染结果不是很清楚。执行"三维旋转"命令，将长椅绕 Z 轴旋转-10°，然后再次渲染，得到如图 12-67 所示的效果。

提示：调整实体的位置实质上和调整视点方向一样，可以改善渲染效果。

图 12-66　渲染效果　　　　　　　图 12-67　长椅旋转后的渲染效果

## 12.1.5　对齐对象

### 1. 执行方式

☑　命令行：ALIGN 或 AL。

☑ 菜单栏："修改"→"三维操作"→"对齐"。

2．操作步骤

命令：ALIGN
选择对象：（选择要对齐的对象）
选择对象：（选择下一个对象或按<Enter>键）
指定一对、两对或三对点，将选定对象对齐
指定第一个源点：（选择点 1）
指定第一个目标点：（选择点 2）
指定第二个源点：

对齐结果如图 12-68 所示。两对点和三对点与一对点的对齐情形类似。

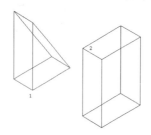
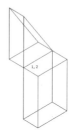

（a）对齐前　　　　　（b）对齐后

图 12-68　一点对齐

## 12.1.6　三维移动

1．执行方式

☑ 命令行：3DMOVE。
☑ 菜单栏："修改"→"三维操作"→"三维移动"。
☑ 工具栏："建模"→"三维移动"按钮。

2．操作步骤

命令：3DMOVE
选择对象：找到 1 个
选择对象：
指定几点或[位移(D)] <位移>：（指定基点）
指定第二点或<使用第一个点作为位移>：（指定第二点）

其操作方法与二维移动命令类似。

## 12.1.7　三维旋转

1．执行方式

☑ 命令行：3DROTATE。
☑ 菜单栏："修改"→"三维操作"→"三维旋转"。
☑ 工具栏："建模"→"三维旋转"按钮。

2．操作步骤

```
命令：3DROTATE
UCS 当前的正角方向：ANGDIR=逆时针　ANGBASE=0
选择对象：（选择一个滚球）
选择对象：
指定基点（指定圆心位置）
拾取旋转轴：（选择轴）
指定角的起点或输入角度：（指定起点）
指定角的端点：（指定另一点）
```

系统将按要求旋转对象。

## 12.1.8　实例——脚手架

本实例运用"圆柱体"、"长方体"、"三维阵列"、"三维镜像"和"渲染"命令绘制脚手架，使读者进一步掌握三维实体的绘制和编辑，绘制流程如图 12-69 所示。

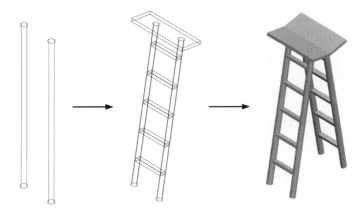

图 12-69　脚手架

操作步骤：（光盘\动画演示\第 12 章\脚手架.avi）

（1）单击"建模"工具栏中的"圆柱体"按钮，绘制一个圆柱体，命令行提示与操作如下：

```
命令：_cylinder
指定底面的中心点或 [三点(3P)/两点(2P)/切点、切点、半径(T)/椭圆(E)]：0,0,0
指定底面半径或 [直径(D)]：20
指定高度或 [两点(2P)/轴端点(A)] <-5.0000>：1000
命令：CYLINDER
指定底面的中心点或 [三点(3P)/两点(2P)/切点、切点、半径(T)/椭圆(E)]：0,200,0
指定底面半径或 [直径(D)] <20.0000>：20
指定高度或 [两点(2P)/轴端点(A)] <1000.0000>：1000
```

绘制结果如图 12-70 所示。

（2）单击"建模"工具栏中的"长方体"按钮，绘制一个长方体，命令行提示与操作如下：

```
命令：_box
指定第一个角点或 [中心(C)]：-100,-100,1000
指定其他角点或 [立方体(C)/长度(L)]：@150,400,20
命令：
```

```
BOX
指定第一个角点或 [中心(C)]: -15,0,150
指定其他角点或 [立方体(C)/长度(L)]: @30,200,20
```

绘制结果如图 12-71 所示。

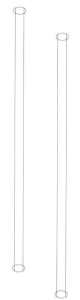

图 12-70　绘制圆柱

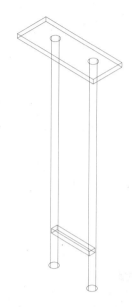

图 12-71　绘制长方体

（3）单击"建模"工具栏中的"三维阵列"按钮，阵列上步中绘制的第二个长方体，命令行提示与操作如下：

```
命令: _3darray
选择对象:（选择上述步骤绘制的第二个长方体）
选择对象:
输入阵列类型 [矩形(R)/环形(P)] <矩形>:
输入行数 (---) <1>:
输入列数 (|||) <1>:
输入层数 (...) <1>: 5
指定层间距 (...): 180
```

绘制结果如图 12-72 所示。

（4）在命令行中输入 ROTATE3D 命令，对图形进行三维旋转操作，命令行提示与操作如下：

```
命令: ROTATE3D
当前正向角度: ANGDIR=逆时针 ANGBASE=0
选择对象: all
找到 8 个
选择对象:
指定轴上的第一个点或定义轴依据 [对象(O)/最近的(L)/视图(V)/X 轴(X)/Y 轴(Y)/Z 轴(Z)/
两点(2)]: 50,-100,1020
    指定轴上的第二点: @0,400,0
指定旋转角度或 [参照(R)]: 10
```

绘制结果如图 12-73 所示。

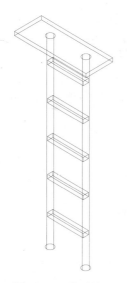

图 12-72　阵列处理

图 12-73　三维旋转

（5）选择菜单栏中的"修改"→"三维操作"→"三维镜像"命令，命令行提示与操作如下：

```
命令：MIRROR3D
选择对象：all
选择对象：
指定镜像平面 （三点） 的第一个点或[对象(O)/最近的(L)/Z 轴(Z)/视图(V)/XY 平面(XY)/YZ
平面(YZ)/ZX 平面(ZX)/三点(3)] <三点>：50,300,1020
在镜像平面上指定第二点：@0,0,1000
在镜像平面上指定第三点：@0,200,0
是否删除源对象？[是(Y)/否(N)] <否>：
```

绘制结果如图 12-74 所示。

（6）选择菜单栏中的"视图"→"渲染"→"材质浏览器"命令，选择合适的材质附予图形。

（7）选择菜单栏中的"视图"→"渲染"→"渲染"命令，渲染效果如图 12-75 所示。

图 12-74　三维镜像处理

图 12-75　脚手架

# 12.2 特 殊 视 图

利用假想的平面对实体进行剖切，是实体编辑的一种基本方法。读者注意体会其具体操作方法。

## 12.2.1 剖切

1. 执行方式

☑ 命令行：SLICE 或 SL。

☑ 菜单栏："修改"→"三维操作"→"剖切"。

2. 操作步骤

```
命令：SLICE
选择要剖切的对象：选择要剖切的实体
选择要剖切的对象：继续选择或按<Enter>键结束选择
指定切面的起点或[平面对象(O)/曲面(S)/Z 轴(Z)/视图(V)/XY(XY)/YZ(YZ)/ZX(ZX)/三点(3)] <三点>：
指定平面上的第二个点
```

3. 选项说明

（1）平面对象（O）：将所选对象的所在平面作为剖切面。

（2）曲面（S）：将剪切平面与曲面对齐。

（3）Z 轴（Z）：通过平面指定一点与在平面的 Z 轴（法线）上指定另一点来定义剖切平面。

（4）视图（V）：以平行于当前视图的平面作为剖切面。

（5）XY（XY）/YZ（YZ）/ZX（ZX）：将剖切平面与当前用户坐标系（UCS）的 XY 平面/YZ 平面/ZX 平面对齐。

（6）三点（3）：根据空间的 3 个点确定的平面作为剖切面。确定剖切面后，系统会提示保留一侧或两侧。

如图 12-76 所示为剖切三维实体图。

（a）剖切前的三维实体　　　（b）剖切后的实体

图 12-76　剖切三维实体

## 12.2.2 断面

1. 执行方式

☑ 命令行：SECTION 或 SEC。

2.  操作步骤

> 命令：SECTION
> 选择对象：（选择要剖切的实体）
> 指定截面平面上的第一个点，依照[对象(O)/Z 轴(Z)/视图(V)/XY/YZ/ZX/三点(3)]<三点>：（指定一点或输入一个选项）

如图 12-77 所示为断面图形。

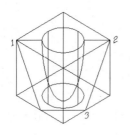  

（a）剖切平面与断面　　（b）移出的断面图形　　（c）填充剖面线的断面图形

图 12-77　断面图形

## 12.2.3　截面平面

通过截面平面功能可以创建实体对象的二维截面平面或三维截面实体。

1.  执行方式

☑　命令行：SECTIONPLANE。
☑　菜单栏："绘图"→"建模"→"截面平面"。

2.  操作步骤

> 命令：SECTIONPLANE
> 选择面或任意点以定位截面线或[绘制截面(D)/正交(O)]：

3.  选项说明

（1）选择面或任意点以定位截面线

选择绘图区的任意点（不在面上）可以创建独立于实体的截面对象。第一点可创建截面对象旋转所围绕的点，第二点可创建截面对象。如图 12-78 所示为在手柄主视图上指定两点创建一个截面平面，如图 12-79 所示为转换到西南等轴测视图的情形，图中半透明的平面为活动截面，实线为截面控制线。

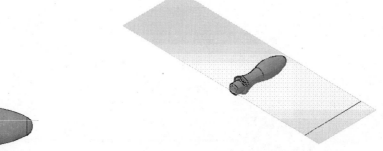

图 12-78　创建截面　　　　　　　　　　图 12-79　西南等轴测视图

单击活动截面平面，显示编辑夹点，如图 12-80 所示，其功能分别介绍如下。

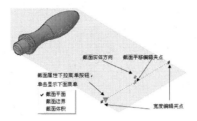

图 12-80　截面编辑夹点

① 截面实体方向箭头：表示生成截面实体时所要保留的一侧，单击该箭头，则反向。

② 截面平移编辑夹点：选中并拖动该夹点，截面沿其法向平移。

③ 宽度编辑夹点：选中并拖动该夹点，可以调节截面宽度。

④ 截面属性下拉菜单按钮：单击该按钮，显示当前截面的属性，包括截面平面（如图 12-80 所示）、截面边界（如图 12-81 所示）、截面体积（如图 12-82 所示）3 种，分别显示截面平面相关操作的作用范围，调节相关夹点，可以调整范围。

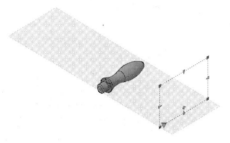

图 12-81　截面边界

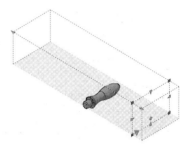

图 12-82　截面体积

（2）选择实体或面域上的面可以产生与该面重合的截面对象。

（3）快捷菜单。在截面平面编辑状态下右击，系统打开快捷菜单，如图 12-83 所示。其中几个主要选项介绍如下。

① 激活活动截面：选择该选项，活动截面被激活，可以对其进行编辑，同时原对象不可见，如图 12-84 所示。

图 12-83　快捷菜单

图 12-84　编辑活动截面

② 活动截面设置：选择该选项，打开"截面设置"对话框，可以设置截面各参数，如图 12-85 所示。

③ 生成二维/三维截面：选择该选项，系统打开"生成截面/立面"对话框，如图 12-86 所示。设置相关参数后，单击"创建"按钮，即可创建相应的图块或文件。在如图 12-87 所示的截面平面位置创建的三维截面，如图 12-88 所示，如图 12-89 所示为对应的二维截面。

图 12-85 "截面设置"对话框

图 12-86 "生成截面/立面"对话框

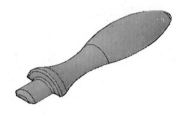

图 12-87 截面平面位置

图 12-88 三维截面

④ 将折弯添加至截面：选择该选项，系统提示添加折弯到截面的一端，并可以编辑折弯的位置和高度。在如图 12-78 所示的基础上添加折弯后的截面平面如图 12-90 所示。

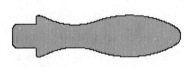

图 12-89 二维截面

图 12-90 折弯后的截面平面

（4）绘制截面（D）

定义具有多个点的截面对象以创建带有折弯的截面线。选择该选项，命令行提示如下：

    指定起点：（指定点 1）
    指定下一点：（指定点 2）
    指定下一点或按 Enter 键完成：（指定点 3 或按 Enter 键）

指定截面视图方向上的下一点：（指定点以指示剪切平面的方向）

该选项将创建处于"截面边界"状态的截面对象，并且活动截面会关闭，该截面线可以带有折弯，如图 12-91 所示。

如图 12-92 所示为按如图 12-91 设置截面生成的三维截面对象，如图 12-93 所示为对应的二维截面。

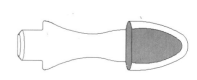

图 12-91　折弯截面　　　　　　图 12-92　三维截面　　　　　　图 12-93　二维截面

（5）正交（O）

将截面对象与相对于 UCS 的正交方向对齐。选择该选项，命令行提示与操作如下：

将截面对齐至 [前(F)/后(B)/顶部(T)/底部(B)/左(L)/右(R)]：

选择该选项后，将以相对于 UCS（不是当前视图）的指定方向创建截面对象，并且该对象将包含所有三维对象。该选项将创建处于"截面边界"状态的截面对象，并且活动截面会打开。

选择该选项，可以很方便地创建工程制图中的剖视图。UCS 处于如图 12-94 所示的位置，如图 12-95 所示为对应的左向截面。

图 12-94　UCS 位置　　　　　　　　　　图 12-95　左向截面

## 12.2.4　实例——饮水机

本实例将详细介绍饮水机的绘制方法，首先利用"长方体"、"圆角"、"布尔运算"等命令绘制饮水机主体及水龙头放置口，利用"平移网格"、"楔形表面"等命令绘制放置台，然后利用"长方体"、"圆柱体"、"剖切"、"拉伸"、"三维镜像"等命令绘制水龙头，再利用"锥面"命令绘制水桶接口，利用"旋转网格"命令绘制水桶，最后进行渲染，绘制流程如图 12-96 所示。

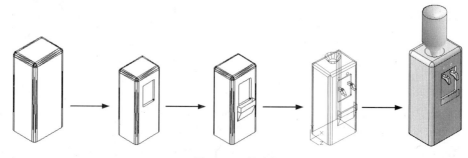

图 12-96　饮水机

**操作步骤：**（光盘\动画演示\第 12 章\饮水机.avi）

（1）启动 AutoCAD，新建一个空图形文件，在命令行输入 LIMITS 命令。输入图纸的左下角和右下脚的坐标（0,0）和（1200,1200）。

（2）将鼠标移到已弹出的工具栏上，单击鼠标右键，系统打开工具栏快捷菜单，如图 12-97 所示，选中"建模"、"实体编辑"、"视图"、"视觉样式"和"渲染"工具栏，使其出现在屏幕上。

（3）单击"建模"工具栏中的"长方体"按钮 ▢，输入起始点（100,100,0）。在命令行中输入 L，然后输入长方体的长、宽和高分别为 450、350 和 1000。

（4）单击"视图"工具栏中的"西南等轴测"按钮 ◈，将视图方向设定为西南等轴测视图。然后选择菜单栏中的"视图"→"显示"→"UCS 图标"→"开"命令，隐藏坐标轴，饮水机主体的外形如图 12-98 所示。

（5）单击"修改"工具栏中的"圆角"按钮 ▢，设置圆角半径为 40，然后选择除地面 4 条棱之外要倒圆角的各条棱。倒角完成后如图 12-99 所示。

（6）选择菜单栏中的"视图"→"消隐"命令，将已绘制的图形消隐，消隐后的效果如图 12-100 所示。

（7）单击"建模"工具栏中的"长方体"按钮 ▢，绘制一个长、宽、高分别为 220、20 和 300 的长方体。

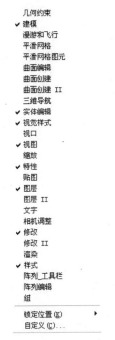

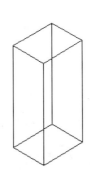

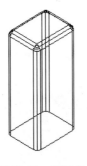

图 12-97　快捷菜单　　　图 12-98　生成饮水机主体　　　图 12-99　倒圆角　　　图 12-100　消隐后的效果

（8）单击"修改"工具栏中的"圆角"按钮 ▢，设置圆角半径为 10，然后选择需要倒圆角的各条棱。完成后如图 12-101 所示。

（9）打开状态栏上"对象捕捉"按钮，单击"修改"工具栏中的"移动"按钮 ✛，用对象捕捉命令选择刚生成的长方体的一个顶点为移动的基点，将长方体移动至图 12-102 所示位置。

（10）单击"实体编辑"工具栏中的"差集"按钮 ◉，选择大长方体为"从中减去的对象"，小长方体为"减去对象",生成饮水机放置水龙头的空间。

（11）选择菜单栏中的"视图"→"消隐"命令，将已绘制的图形消隐，消隐后的效果如图 12-103 所示。

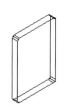

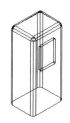

图 12-101　生成长方体　　　图 12-102　移动长方体到合适位置　　　图 12-103　生成放置水龙头的空间

（12）单击"视图"工具栏中的"仰视"按钮，显示仰视图。单击"绘图"工具栏的"多段线"按钮，绘制长度分别为 64、260 和 64 的 3 段直线。

（13）单击"视图"工具栏中的"前视图"按钮，显示前视图。单击"绘图"工具栏中的"直线"按钮，绘制长度 75 的直线。单击"视图"工具栏中的"西南等轴测"按钮，显示西南等轴测视图，如图 12-104 所示。

（14）在命令行中输入 TABSURF 命令，命令行提示与操作如下：

```
命令：TABSURF
当前线框密度：SURFTAB1=6
选择用作轮廓曲线的对象：(选择用 pline 命令生成的图形)
选择用作方向矢量的对象：(选择用 line 命令生成的直线)
```

平移后的效果如图 12-105 所示。

（15）单击"修改"工具栏中的"删除"按钮，删除作为平移方向矢量的直线。

（16）单击"建模"工具栏中的"楔体"按钮，绘制楔体，命令行提示与操作如下：

```
命令：_WEDGE
指定第一个角点或[中心(C)]：(适当指定一点)
指定其他角点或[立方体(C)/长度(L)]：L
指定长度：150
指定宽度：260
指定高度或[两点(2P)]：64
```

然后再对图形进行抽壳处理，抽壳距离为 1。

（17）单击"修改"工具栏的"移动"按钮，将楔形表面移动至图 12-106 所示的位置。

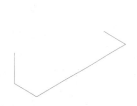

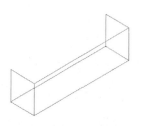

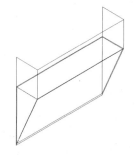

图 12-104　生成曲面及平移方向矢量　　　图 12-105　平移曲面　　　图 12-106　生成楔体表面

（18）单击"修改"工具栏的"移动"按钮✛，将如图 12-106 所示的图形移至如图 12-107 所示的位置。

（19）选择菜单栏中的"视图"→"消隐"命令，将已绘制的图形消隐，消隐后的效果如图 12-108 所示。

（20）单击"建模"工具栏的"圆柱体"按钮◻，绘制直径为 25、高度为 12 的圆柱体作为饮水机水龙头开关。

（21）单击"建模"工具栏的"长方体"按钮◻，绘制一个长、宽、高分别为 80、30 和 30 的长方体作为水管，如图 12-109 所示。

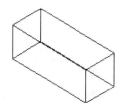

图 12-107　安装生成的表面　　　　图 12-108　消隐效果　　　　图 12-109　生成水管

（22）单击"修改"工具栏的"移动"按钮✛，将圆柱体移动至图示位置。在移动圆柱体时，可以选择移动的基点为上表面或下表面的圆心，移动结果如图 12-110 所示。

（23）选择菜单栏中的"修改"→"三维操作"→"剖切"命令，选择长方体为被剖切对象，指定三点确定剖切面，使剖切面与长方体表面成 45° 角，并且剖切面经过长方体的一条棱。用鼠标选择保留一侧的任一点。剖切后的效果如图 12-111 所示。

（24）将水管左侧面所在的平面设置为当前 UCS 所在平面，单击"绘图"工具栏的"多段线"按钮⌐⊃，绘制多边形，其中多边形一条边与水管斜棱重合，如图 12-112 所示。

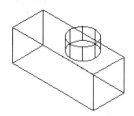
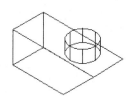

图 12-110　生成水管开关　　　　图 12-111　剖切水管　　　　图 12-112　生成拉伸曲

（25）单击"建模"工具栏的"拉伸"按钮◻，指定拉伸高度 30，也可以使用拉伸路径，用鼠标在垂直于多边形所在平面的方向上指定距离为 30 的两点。指定拉伸的倾斜角度为 0°，生成水龙头的嘴，如图 12-113 所示。

（26）单击"修改"工具栏中的"移动"按钮✛，选择水龙头嘴作为移动对象，拉伸面的一个顶点为基点，将水龙头嘴移动至如图 12-114 所示的位置。

（27）单击"修改"工具栏中的"移动"按钮✛，选择整个水龙头作为移动对象，水管的一个顶点为基点，将水龙头移动至如图 12-115 所示的位置。

（28）选择菜单栏中的"视图"→"消隐"命令，将已绘制的图形消隐，消隐后的效果如图 12-115 所示。

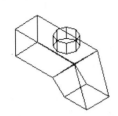

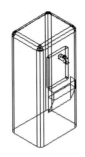

图 12-113　生成水龙头的嘴　　　　图 12-114　安装水龙头后的效果　　　　图 12-115　消隐后的效果

（29）选择菜单栏中的"工具"→"新建 UCS"→"上一个"命令，将当前 UCS 转换到原来的 UCS。

（30）选择菜单栏中的"修改"→"三维操作"→"三维镜像"命令，选择水龙头作为镜像的对象，指定镜像平面为 YZ 平面，打开对象捕捉功能，捕捉中点，作为 YZ 平面上的一点。保留镜像的源对象。

（31）单击"绘图"工具栏中的"圆"按钮 ⊘ ，生成一个半径为 12 的圆，作为饮水机水开的指示灯。

（32）单击"修改"工具栏中的"移动"按钮 ✛ ，选择圆作为移动对象，将其移动至水龙头上方。

（33）单击"修改"工具栏中的"镜像"按钮 ⚏ ，选择指示灯作为镜像对象，选择饮水机前面两条棱的中点所在的直线为镜像线。生成一个表示饮水机正在加热的指示灯，如图 12-116 所示。

① 在命令行输入 ISOLINES 命令，设置线密度为 12。

② 单击"建模"工具栏中的"圆锥体"按钮 △ ，绘制水桶接口，命令行提示与操作如下：

```
命令：_CONE
指定底面的中心点或[三点(3P)/两点(2P)/切点、切点、半径(T)/椭圆(E)]：（适当指定一点）
指定底面半径或[直径(D)]:50
指定高度或[两点(2P)/轴端点(A)/顶面半径(T)]:T
指定顶面半径:100
指定高度或[两点(2P)/轴端点(A)]:64
```

再对图形进行抽壳处理，抽壳距离为 1。

（34）单击"修改"工具栏中的"移动"按钮 ✛ ，选择圆锥作为移动对象，将圆锥移到饮水机上，使圆锥底面与饮水机上表面的垂直距离为 50，如图 12-117 所示。

（35）单击"绘图"工具栏中的"直线"按钮 ╱ ，绘制一条垂直于 XY 平面的直线。单击"绘图"工具栏中的"多段线"按钮 ⤵ ，绘制一条多段线，使多段线上的水平线段长度为 140，垂直线段长度为 340，下面的水平线段为 25，绘制结果如图 12-118 所示。

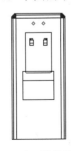

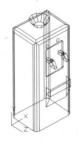

图 12-116　镜像指示灯　　　　图 12-117　生成饮水机与水桶的接口　　　　图 12-118　要生成水桶的多段线

（36）选择菜单栏中的"绘图"→"建模"→"网格"→"旋转网格"命令，指定多段线为旋转对象，指定直线为旋转轴对象。指定起点角度为0°，包含角为360°，旋转生成水桶，如图12-119所示。

（37）单击"修改"工具栏中的"移动"按钮 ✛，选择水桶作为移动对象，选择水桶的下底面中点为基点。移动至水桶接口锥面下底中点位置。

（38）选择菜单栏中的"视图"→"消隐"命令，将已绘制的图形消隐，消隐后的效果如图12-120所示。

（39）选择菜单栏中的"视图"→"渲染"→"材质浏览器"命令，系统弹出"材质浏览器"工具板，选择适当的材质附予饮水机。

（40）选择菜单栏中的"视图"→"渲染"→"渲染"命令，进行渲染。渲染效果如图12-96所示。

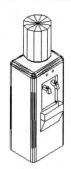

图 12-119　旋转曲面生成水桶　　　　　图 12-120　饮水机的消隐效果

# 12.3　编　辑　实　体

对象编辑是指对单个三维实体本身的某些部分或某些要素进行编辑，从而改变三维实体造型。

## 12.3.1　拉伸面

**1. 执行方式**

☑　命令行：SOLIDEDIT。

☑　菜单栏："修改"→"实体编辑"→"拉伸面"。

☑　工具栏："实体编辑"→"拉伸面"按钮 ▣。

**2. 操作步骤**

```
命令：SOLIDEDIT
实体编辑自动检查：SOLIDCHECK=1
输入实体编辑选项 [面(F)/边(E)/体(B)/放弃(U)/退出(X)] <退出>：_face
输入面编辑选项[拉伸(E)/移动(M)/旋转(R)/偏移(O)/倾斜(T)/删除(D)/复制(C)/颜色(L)/材质(A)/放弃(U)/退出(X)] <退出>：_extrude
择面或[放弃(U)/删除(R)]：选择要进行拉伸的面
选择面或[放弃(U)/删除(R)/全部(ALL)]：
指定拉伸高度或[路径(P)]：
```

3．选项说明

（1）指定拉伸高度：按指定的高度值来拉伸面。指定拉伸的倾斜角度后，完成拉伸操作。

（2）路径（P）：沿指定的路径曲线拉伸面。如图 12-121 所示为拉伸长方体顶面和侧面的结果。

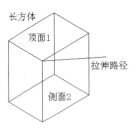

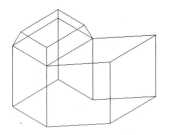

（a）拉伸前的长方体　　　　　　　　（b）拉伸后的三维实体

图 12-121　拉伸长方体

## 12.3.2　移动面

1．执行方式

☑　命令行：SOLIDEDIT。

☑　菜单栏："修改"→"实体编辑"→"移动面"。

☑　工具栏："实体编辑"→"移动面"按钮 。

2．操作步骤

```
命令：SOLIDEDIT
实体编辑自动检查：SOLIDCHECK=1
输入实体编辑选项 [面(F)/边(E)/体(B)/放弃(U)/退出(X)] <退出>：_face
输入面编辑选项[拉伸(E)/移动(M)/旋转(R)/偏移(O)/倾斜(T)/删除(D)/复制(C)/颜色(L)/材
质(A)/放弃(U)/ 退出(X)] <退出>：_move
选择面或[放弃(U)/删除(R)]：（选择要进行移动的面）
选择面或[放弃(U)/删除(R)/全部(ALL)]：（继续选择移动面或按<Enter>键结束选择）
指定基点或位移：（输入具体的坐标值或选择关键点）
指定位移的第二点：（输入具体的坐标值或选择关键点）
```

各选项的含义在前面介绍的命令中都有涉及，如有问题，请查询相关命令（如拉伸面、移动等）。如图 12-122 所示为移动三维实体的结果。

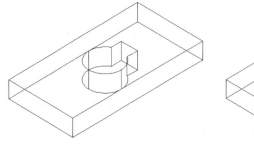
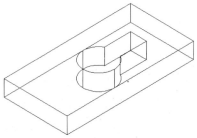

（a）移动前的图形　　　　　　　　（b）移动后的图形

图 12-122　移动三维实体

### 12.3.3 偏移面

1. 执行方式

☑ 命令行：SOLIDEDIT。

☑ 菜单栏："修改"→"实体编辑"→"偏移面"。

☑ 工具栏："实体编辑"→"偏移面"按钮 ⬜。

2. 操作步骤

命令：SOLIDEDIT
实体编辑自动检查：SOLIDCHECK=1
输入实体编辑选项 [面(F)/边(E)/体(B)/放弃(U)/退出(X)] <退出>：_face
输入面编辑选项[拉伸(E)/移动(M)/旋转(R)/偏移(O)/倾斜(T)/删除(D)/复制(C)/颜色(L)/材质(A)/放弃(U)/退出(X)] <退出>：_offset
选择面或[放弃(U)/删除(R)]：（选择要进行偏移的面）
指定偏移距离：（输入要偏移的距离值）

如图 12-123 所示为使用"偏移"命令改变哑铃手柄粗细的结果。

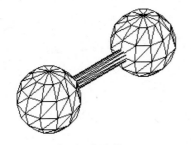 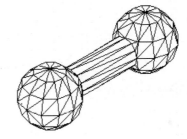

（a）偏移前 （b）偏移后

图 12-123 偏移对象

### 12.3.4 删除面

1. 执行方式

☑ 命令行：SOLIDEDIT。

☑ 菜单栏："修改"→"实体编辑"→"删除面"。

☑ 工具栏：实体编辑→删除面 ⬜。

2. 操作步骤

命令：SOLIDEDIT
实体编辑自动检查：SOLIDCHECK=1
输入实体编辑选项 [面(F)/边(E)/体(B)/放弃(U)/退出(X)] <退出>：_face
输入面编辑选项[拉伸(E)/移动(M)/旋转(R)/偏移(O)/倾斜(T)/删除(D)/复制(C)/颜色(L)/材质(A)/放弃(U)/退出(X)] <退出>：_erase
选择面或[放弃(U)/删除(R)]：（选择要删除的面）

如图 12-124 所示为删除长方体的一个圆角面后的结果。

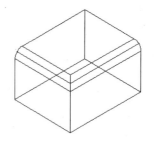

（a）倒圆角后的长方体　　　　（b）删除倒角面后的图形

图 12-124　删除圆角面

## 12.3.5　旋转面

### 1. 执行方式

☑　命令行：SOLIDEDIT。

☑　菜单栏："修改"→"实体编辑"→"旋转面"。

☑　工具栏：实体编辑→旋转面。

### 2. 操作步骤

```
命令：SOLIDEDIT
实体编辑自动检查：SOLIDCHECK=1
输入实体编辑选项 [面(F)/边(E)/体(B)/放弃(U)/退出(X)] <退出>：_face
输入面编辑选项[拉伸(E)/移动(M)/旋转(R)/偏移(O)/倾斜(T)/删除(D)/复制(C)/颜色(L)/材
质(A)/放弃(U)/退出(X)] <退出>：_rotate
选择面或[放弃(U)/删除(R)]：（选择要旋转的面）
选择面或[放弃(U)/删除(R)/全部(ALL)]：（继续选择或按 ENTER 键结束选择）
指定轴点或[经过对象的轴(A)/视图(V)/X 轴(X)/Y 轴(Y)/Z 轴(Z)] <两点>：（选择一种确定轴
线的方式）
指定旋转角度或 [参照(R)]：（输入旋转角度）
```

如图 12-125 所示为将开口槽的方向旋转 90°前后的结果。

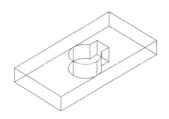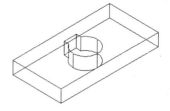

（a）旋转前　　　　　　（b）旋转后

图 12-125　开口槽旋转 90°前后的图形

## 12.3.6　倾斜面

### 1. 执行方式

☑　命令行：SOLIDEDIT。

☑　菜单栏："修改"→"实体编辑"→"倾斜面"。

☑　工具栏：实体编辑→倾斜面 。

2.　操作步骤

```
命令：SOLIDEDIT
实体编辑自动检查：SOLIDCHECK=1
输入实体编辑选项 [面(F)/边(E)/体(B)/放弃(U)/退出(X)] <退出>：_face
输入面编辑选项[拉伸(E)/移动(M)/旋转(R)/偏移(O)/倾斜(T)/删除(D)/复制(C)/颜色(L)/材
质(A)/放弃(U)/ 退出(X)] <退出>：_taper
选择面或[放弃(U)/删除(R)]：(选择要倾斜的面)
选择面或[放弃(U)/删除(R)/全部(ALL)]：(继续选择或按 ENTER 键结束选择)
指定基点：(选择倾斜的基点(倾斜后不动的点))
指定沿倾斜轴的另一个点：(选择另一点(倾斜后改变方向的点))
指定倾斜角度：(输入倾斜角度)
```

## 12.3.7　实例——小水桶

分析如图 12-126 所示的小水桶，它主要由储水部分、提手孔和提手 3 部分组成。小水桶的绘制难点是提手孔和提手的绘制。提手孔的实体可通过布尔运算获得，位置由小水桶的结构决定。绘制提手则需先绘制出路径曲线，然后通过拉伸截面圆生成。确定提手的尺寸时要确保它能够在提手孔中旋转，绘制流程如图 12-126 所示。

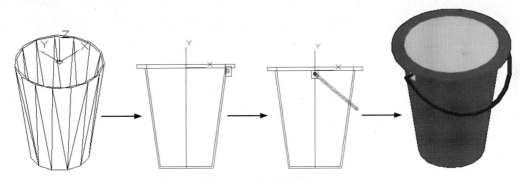

图 12-126　小水桶

操作步骤：(光盘\动画演示\第 12 章\小水桶.avi)

(1)　选择菜单栏中的"视图"→"三维视图"→"西南等轴测"命令，将当前视图设置为西南等轴测视图。

(2)　单击"建模"工具栏中的"圆柱体"按钮 ，绘制底面中心点为原点，半径为 125，高度为-300 的圆柱体。

(3)　单击"实体编辑"工具栏中的"倾斜面"按钮 ，将刚绘制的直径为 250 的圆柱体外表面倾斜 8°，命令行提示与操作如下：

```
命令：_solidedit
实体编辑自动检查：SOLIDCHECK=1
输入实体编辑选项 [面(F)/边(E)/体(B)/放弃(U)/退出(X)] <退出>：_face
输入面编辑选项[拉伸(E)/移动(M)/旋转(R)/偏移(O)/倾斜(T)/删除(D)/复制(C)/颜色(L)/材
质(A)/放弃(U)/退出(X)] <退出>：_taper
```

选择面或 [放弃(U)/删除(R)]：(选择圆柱体)
选择面或 [放弃(U)/删除(R)/全部(ALL)]：
指定基点：(选择圆柱体的顶面圆心)
指定沿倾斜轴的另一个点：（选择圆柱体的底面圆心）
指定倾斜角度：8
已开始实体校验。
已完成实体校验。
输入面编辑选项[拉伸(E)/移动(M)/旋转(R)/偏移(O)/倾斜(T)/删除(D)/复制(C)/颜色(L)/材质(A)/放弃(U)/退出(X)] <退出>：X
实体编辑自动检查：SOLIDCHECK=1
输入实体编辑选项 [面(F)/边(E)/体(B)/放弃(U)/退出(X)] <退出>：X

（4）单击"渲染"工具栏中的"隐藏"按钮，对实体进行消隐。此时窗口中的图形如图 12-127 所示。

（5）对倾斜后的实体进行抽壳，抽壳距离是 5。用鼠标单击实体编辑工具栏的抽壳图标，根据命令行的提示完成抽壳操作。

（6）单击"渲染"工具栏中的"隐藏"按钮，对实体进行消隐。此时窗口结果如图 12-128 所示。

（7）单击"建模"工具栏中的"圆柱体"按钮，在原点分别绘制直径为 240 和 300，高均为 10 的两个圆柱体。

（8）单击"实体编辑"工具栏中的"差集"按钮，求直径为 240 和 300 两个圆柱体的差集。

（9）单击"渲染"工具栏中的"隐藏"按钮，对实体进行消隐。此时窗口中的图形如图 12-129 所示。

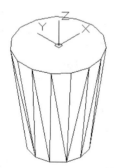

图 12-127　圆柱体倾斜　　　　图 12-128　抽壳后的实体　　　　图 12-129　水桶边缘

（10）单击"建模"工具栏中的"长方体"按钮，以原点为中心点，绘制长度为 18，宽度为 20，高度为 30 的长方体。

（11）单击"建模"工具栏中的"圆柱体"按钮，绘制底面中心点为（2,0,0），半径为 5，顶圆圆心为（-10,0,0）的圆柱体。

（12）单击"实体编辑"工具栏中的"差集"按钮，对长方体和直径为 10 的圆柱体求差集。此时窗口中的图形如图 12-130 所示。

（13）单击"修改"工具栏中的"移动"按钮，将求差集所得的实体从（0,0,0）移动到（130,0,-10）。

（14）选择菜单栏中的"视图"→"三维视图"→"前视"命令，将当前视图设置为前视，如图 12-131 所示。

（15）单击"修改"工具栏中的"镜像"按钮，对刚移动的实体镜像，命令行提示与操作如下：

```
命令：MIRROR
选择对象：(选择刚移动的小孔实体)
选择对象：
指定镜像线的第一点：0,0,0
指定镜像线的第二点：0,0,-40
是否删除源对象？[是(Y)/否(N)] <N>：
```

（16）选择菜单栏中的"视图"→"三维视图"→"西南等轴测"命令，将当前视图设置为西南等轴测视图。

（17）单击"实体编辑"工具栏中的"并集"按钮，将上面所有的实体合并在一起。

（18）单击"渲染"工具栏中的"渲染"按钮，对实体进行渲染。

此时窗口图形如图 12-132 所示。

图 12-130　求差集后实体　　　　图 12-131　前视图　　　　图 12-132　渲染后的实体

（19）选择菜单栏中的"视图"→"三维视图"→"前视"命令，将当前视图设置为前视。

（20）单击"绘图"工具栏中的"多段线"按钮，绘制提手的路径曲线，命令行提示与操作如下：

```
命令：PLINE
指定起点：-130,-10
当前线宽为 0.0000
指定下一个点或 [圆弧(A)/半宽(H)/长度(L)/放弃(U)/宽度(W)]：@-30,0
指定下一点或 [圆弧(A)/闭合(C)/半宽(H)/长度(L)/放弃(U)/宽度(W)]：@0,-10
指定下一点或 [圆弧(A)/闭合(C)/半宽(H)/长度(L)/放弃(U)/宽度(W)]：A
指定圆弧的端点或[角度(A)/圆心(CE)/闭合(CL)/方向(D)/半宽(H)/直线(L)/半径(R)/第二个
点(S)/放弃(U)/宽度(W)]:CE
指定圆弧的圆心：0,-20
指定圆弧的端点或 [角度(A)/长度(L)]：A
指定包含角：180
指定圆弧的端点或[角度(A)/圆心(CE)/闭合(CL)/方向(D)/半宽(H)/直线(L)/半径(R)/第二个
点(S)/放弃(U)/宽度(W)]：L
指定下一点或 [圆弧(A)/闭合(C)/半宽(H)/长度(L)/放弃(U)/宽度(W)]：@0,10
指定下一点或 [圆弧(A)/闭合(C)/半宽(H)/长度(L)/放弃(U)/宽度(W)]：@-30,0
指定下一点或 [圆弧(A)/闭合(C)/半宽(H)/长度(L)/放弃(U)/宽度(W)]：
```

此时窗口图形如图 12-133 所示。

（21）选择菜单栏中的"视图"→"三维视图"→"左视"命令，将当前视图设置为左视。

（22）单击"绘图"工具栏中的"圆"按钮，在左视图的（0,-10）点处画一个半径为 4 的圆。

（23）选择菜单栏中的"视图"→"三维视图"→"西南等轴测"命令，将当前视图设置为西南等轴测视图。

（24）单击"修改"工具栏中的"移动"按钮 ✥，移动绘制的半径为 4 的圆到提手最左端。

（25）单击"建模"工具栏中的"拉伸"按钮 ⬆，拉伸半径为 4 的圆，命令行提示与操作如下：

```
命令:EXTRUDE
当前线框密度: ISOLINES=4，闭合轮廓创建模式 = 实体
选择要拉伸的对象或 [模式(MO)]:: (选择半径为 4mm 的圆)
选择要拉伸的对象或 [模式(MO)]:
指定拉伸的高度或 [方向(D)/路径(P)/倾斜角(T)/表达式(E)]: P
选择拉伸路径或 [倾斜角(T)]: (选择路径曲线)
```

（26）选择菜单栏中的"视图"→"三维视图"→"左视"命令，将当前视图设置为左视图。

（27）在命令行中输入 ROTATE 命令，旋转提手，命令行提示与操作如下：

```
命令: ROTATE
UCS 当前的正角方向: ANGDIR=逆时针  ANGBASE=0
选择对象: (选择提手)
选择对象:
指定基点: (选择提手孔的中心点)
指定旋转角度，或 [复制(C)/参照(R)] <0>: 50
```

此时窗口图形如图 12-134 所示。

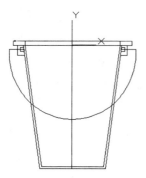

图 12-133　提手路径曲线

图 12-134　旋转提手

（28）倒圆角和颜色处理。

① 选择菜单栏中的"视图"→"三维视图"→"西南等轴测"命令，将当前视图设置为西南等轴测视图。

② 单击"修改"工具栏中的"圆角"按钮 ⬜，对小水桶的上边缘倒 R2 的圆角。

③ 将水桶的不同部分着上不同的颜色。用鼠标直接点击实体编辑工具栏中的着色面图标，根据命令行的提示，将水桶的外表面着上红色，提手着上蓝色，其他面是系统默认色。

④ 单击"渲染"工具栏中的"渲染"按钮 ☕，对小水桶进行渲染。渲染结果如图 12-126 所示。

## 12.3.8　复制面

### 1. 执行方式

☑　命令行：SOLIDEDIT。

☑　菜单栏："修改"→"实体编辑"→"复制面"。

☑　工具栏："实体编辑"→"复制面" 。

2. 操作步骤

```
命令：_solidedit
实体编辑自动检查：SOLIDCHECK=1
输入实体编辑选项 [面(F)/边(E)/体(B)/放弃(U)/退出(X)] <退出>：_face
输入面编辑选项[拉伸(E)/移动(M)/旋转(R)/偏移(O)/倾斜(T)/删除(D)/复制(C)/颜色(L)/材
质(A)/放弃(U)/ 退出(X)] <退出>：_copy
    选择面或[放弃(U)/删除(R)]：（选择要复制的面）
    选择面或[放弃(U)/删除(R)/全部(ALL)]：（继续选择移动面或按<Enter>键结束选择）
    指定基点或位移：（输入基点的坐标）
    指定位移的第二点：（输入第二点的坐标）
```

## 12.3.9　着色面

1. 执行方式

☑　命令行：SOLIDEDIT。
☑　菜单栏："修改"→"实体编辑"→"着色面"。
☑　工具栏：实体编辑→着色面。

2. 操作步骤

```
命令：_solidedit
实体编辑自动检查：SOLIDCHECK=1
输入实体编辑选项 [面(F)/边(E)/体(B)/放弃(U)/退出(X)] <退出>：_face
输入面编辑选项[拉伸(E)/移动(M)/旋转(R)/偏移(O)/倾斜(T)/删除(D)/复制(C)/颜色(L)/材
质(A)/放弃(U)/ 退出(X)] <退出>：_color
    选择面或[放弃(U)/删除(R)]：（选择要着色的面）
    选择面或[放弃(U)/删除(R)/全部(ALL)]：（继续选择移动面或按<Enter>键结束选择）
```

选择好着色的面后，AutoCAD 打开"选择颜色"对话框，根据需要选择合适颜色作为要着色面的颜色。操作完成后，该表面将被相应的颜色覆盖。

## 12.3.10　复制边

1. 执行方式

☑　命令行：SOLIDEDIT。
☑　菜单栏："修改"→"实体编辑"→"复制边"。
☑　工具栏："实体编辑"→"复制边"。

2. 操作步骤

```
命令：_solidedit
实体编辑自动检查：SOLIDCHECK=1
输入实体编辑选项 [面(F)/边(E)/体(B)/放弃(U)/退出(X)] <退出>：_edge
输入边编辑选项[复制(C)/ 着色(L)/放弃(U)/退出(X)] <退出>：_copy
    选择边或[放弃(U)/删除(R)]：（选择曲线边）
    选择边或[放弃(U)/删除(R)]：（回车）
    指定基点或位移：（单击确定复制基准点）
```

指定位移的第二点：（单击确定复制目标点）

如图 12-135 所示为复制边的图形结果。

（a）选择边　　　　　　　　　　（b）复制边

图 12-135　复制边

## 12.3.11　实例——办公椅

本实例将详细介绍办公椅的绘制方法，首先绘制支架，然后绘制球体，再绘制底座，最后绘制椅背，绘制流程如图 12-136 所示。

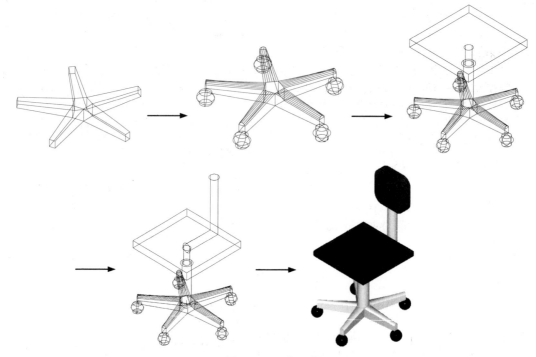

图 12-136　办公椅

**操作步骤：**（光盘\动画演示\第 12 章\办公椅.avi）

（1）单击"绘图"工具栏中的"多边形"按钮 ⬠，绘制以（0,0）为中心点，外切圆半径为 30 的五边形。

（2）单击"建模"工具栏中的"拉伸"按钮 ⬆，拉伸五边形，设置拉伸高度为 50。

（3）单击"视图"工具栏中的"西南等轴测"按钮 ◈，将当前视图设为西南等轴测视图。绘制结果如图 12-137 所示。

（4）选择菜单栏中的"修改"→"实体编辑"→"拉伸面"命令，拉伸五边形的一个面，如图 12-138 所示，命令行提示与操作如下：

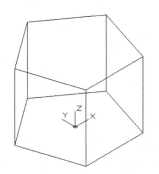

图 12-137　绘制五边形并拉伸

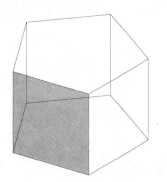

图 12-138　拉伸面对象

```
命令: _solidedit
实体编辑自动检查: SOLIDCHECK=1
输入实体编辑选项 [面(F)/边(E)/体(B)/放弃(U)/退出(X)] <退出>: _face
输入面编辑选项
[拉伸(E)/移动(M)/旋转(R)/偏移(O)/倾斜(T)/删除(D)/复制(C)/颜色(L)/材质(A)/放弃
(U)/退出(X)] <退出>:
_extrude
选择面或 [放弃(U)/删除(R)]: 找到一个面。(选择五边形的一个面)
选择面或 [放弃(U)/删除(R)/全部(ALL)]:
指定拉伸高度或 [路径(P)]: 200
指定拉伸的倾斜角度 <3>: 3
```

绘制结果如图 12-139 所示。

重复上述操作，将其他 5 个面也进行拉伸，如图 12-140 所示。

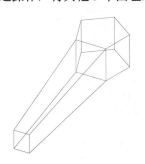

图 12-139　拉伸面

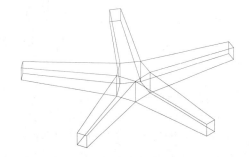

图 12-140　拉伸其它面

（5）选择菜单栏中的"工具"→"新建 UCS"→X，将坐标系旋转 90°，命令行提示与操作如下：

```
命令: _ucs
当前 UCS 名称: *世界*
指定 UCS 的原点或 [面(F)/命名(NA)/对象(OB)/上一个(P)/视图(V)/世界(W)/X/Y/Z/Z 轴
(ZA)] <世界>: _x
指定绕 X 轴的旋转角度 <90>:
```

（6）选择菜单栏中的"绘图"→"圆弧"→"圆心、起点、端点"命令，捕捉办公室底座一个支架界面上一条边的中点做圆心，捕捉其端点为半径，绘制一段圆弧。绘制结果如图 12-141 所示。

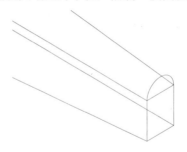

图 12-141　绘制圆弧

（7）单击"绘图"工具栏中的"直线"按钮，选择如图 12-142 所示的两个端点绘制直线。

（8）在命令行中输入 RULESURF 命令，绘制直纹曲线，命令行提示与操作如下：

```
命令：rulesurf
当前线框密度：SURFTAB1=6
选择第一条定义曲线：（选择圆弧）
选择第二条定义曲线：（选择由图 12-142 所示的两点决定的直线）
```

绘制结果如图 12-143 所示。

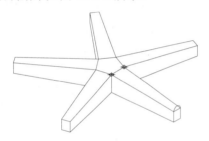

图 12-142　绘制直线

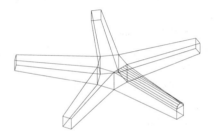

图 12-143　绘制直纹曲线

（9）选择菜单栏中的"工具"→"新建 UCS"→"世界"，将坐标系还原为原坐标系。

（10）单击"建模"工具栏中的"球体"按钮，绘制一个球体，如图 12-144 所示。命令行提示与操作如下：

```
命令：_sphere
指定中心点或 [三点(3P)/两点(2P)/切点、切点、半径(T)]：0,-230,-19
指定半径或 [直径(D)]：30
```

（11）单击"修改"工具栏中的"环形阵列"按钮，选择上述直纹曲线与球体为阵列对象，阵列总数为 5，中心点为（0,0），绘制结果如图 12-145 所示。

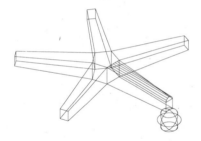

图 12-144　绘制球体

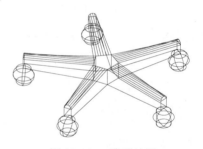

图 12-145　阵列处理

（12）单击"建模"工具栏中的"圆柱体"按钮 ，绘制两个圆柱体，命令行提示与操作如下：

```
命令：_cylinder
指定底面的中心点或 [三点(3P)/两点(2P)/切点、切点、半径(T)/椭圆(E)]：0,0,50
指定底面半径或 [直径(D)] <30.0000>：30
指定高度或 [两点(2P)/轴端点(A)] <50.0000>：200
命令：CYLINDER
指定底面的中心点或 [三点(3P)/两点(2P)/切点、切点、半径(T)/椭圆(E)]：0,0,250
指定底面半径或 [直径(D)] <30.0000>：20
指定高度或 [两点(2P)/轴端点(A)] <200.0000>：80
```

绘制结果如图 12-146 所示。

（13）单击"建模"工具栏中的"长方体"按钮，以（0,0,350）为中心点，绘制长为 350、宽为 350、高为 40 的长方体，如图 12-147 所示。

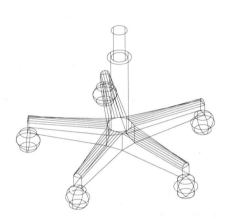

图 12-146　绘制圆柱

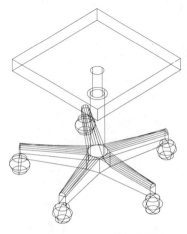

图 12-147　绘制长方体

（14）选择菜单栏中的"工具"→"新建 UCS"→X，将坐标系旋转 90°，命令行提示与操作如下：

```
命令：_ucs
当前 UCS 名称：*世界*
指定 UCS 的原点或 [面(F)/命名(NA)/对象(OB)/上一个(P)/视图(V)/世界(W)/X/Y/Z/Z 轴
(ZA)] <世界>：_x
指定绕 X 轴的旋转角度 <90>：
```

（15）单击"绘图"工具栏中的"多段线"按钮，绘制多段线，命令行提示与操作如下：

```
命令：_pline
指定起点：0,330,0
当前线宽为 0.0000
指定下一个点或 [圆弧(A)/半宽(H)/长度(L)/放弃(U)/宽度(W)]：@175,0
指定下一点或 [圆弧(A)/闭合(C)/半宽(H)/长度(L)/放弃(U)/宽度(W)]：@0,300
指定下一点或 [圆弧(A)/闭合(C)/半宽(H)/长度(L)/放弃(U)/宽度(W)]：
```

（16）选择菜单栏中的"工具"→"新建 UCS"→Y，将坐标系旋转 90°，命令行提示与操作如下：

```
命令：_ucs
当前 UCS 名称：*世界*
```

指定 UCS 的原点或 [面(F)/命名(NA)/对象(OB)/上一个(P)/视图(V)/世界(W)/X/Y/Z/Z 轴(ZA)] <世界>：_y

指定绕 Y 轴的旋转角度 <90>：

（17）单击"绘图"工具栏中的"圆"按钮⊘，以（0,330,0）为圆心，绘制半径为 25 的圆。

（18）单击"建模"工具栏中的"拉伸"按钮 ，拉伸图形。绘制结果如图 12-148 所示。

（19）单击"建模"工具栏中的"长方体"按钮 ，以（0,630,175）为中心点，绘制长为 200、宽为 200、高为 50 的长方体。

（20）单击"修改"工具栏中的"圆角"按钮 ，将长度为 50 的棱边进行圆角处理，圆角半径为 50。再将座椅的椅面做圆角处理，圆角半径为 10。绘制结果如图 12-149 所示。

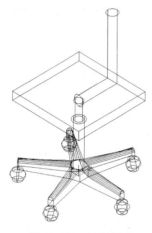

图 12-148  拉伸图形

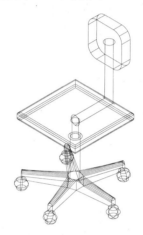

图 12-149  圆角处理

（21）选择菜单栏中的"视图"→"渲染"→"材质浏览器"命令，选择合适的材质，将红色塑料材质附给椅面和椅背，将白色塑料材质附给支架和底座，把蓝色塑料材质附给球体。

（22）单击"渲染"工具栏中的"渲染"按钮 ，渲染图形，最终效果如图 12-136 所示。

## 12.3.12　着色边

### 1. 执行方式

☑ 命令行：SOLIDEDIT。
☑ 菜单栏："修改"→"实体编辑"→"着色边"。
☑ 工具栏："实体编辑"→"着色边" 。

### 2. 操作步骤

```
命令：_solidedit
实体编辑自动检查：SOLIDCHECK=1
输入实体编辑选项 [面(F)/边(E)/体(B)/放弃(U)/退出(X)] <退出>：_edge
输入边编辑选项[复制(C)/ 着色(L)/放弃(U)/退出(X)] <退出>：L
选择边或[放弃(U)/删除(R)]：（选择要着色的边）
选择边或[放弃(U)/删除(R)/全部(ALL)]：（继续选择或按 ENTER 键结束选择）
```

选择好边后，AutoCAD 将打开"选择颜色"对话框。根据需要选择合适的颜色作为要着色边的颜色。

### 12.3.13  压印边

#### 1. 执行方式

- ☑  命令行：IMPRINT。
- ☑  菜单栏："修改" → "实体编辑" → "压印边"。
- ☑  工具栏："实体编辑" → "压印"  ⬚。

#### 2. 操作步骤

> 命令：imprint
> 选择三维实体或曲面：
> 选择要压印的对象
> 是否删除源对象[是(Y)/否(N)] <N>：

　　依次选择三维实体、要压印的对象和设置是否删除源对象。如图 12-150 所示为将五角星压印在长方体上的图形。

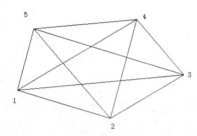

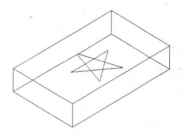

（a）五角星和五边形　　　　　（b）压印后长方体和五角星

图 12-150　压印对象

### 12.3.14  清除

#### 1. 执行方式

- ☑  命令行：SOLIDEDIT。
- ☑  菜单栏："修改" → "实体编辑" → "清除"。
- ☑  工具栏："实体编辑" → "清除"  ⬚。

#### 2. 操作步骤

> 命令：_solidedit
> 实体编辑自动检查：SOLIDCHECK=1
> 输入实体编辑选项 [面(F)/边(E)/体(B)/放弃(U)/退出(X)] <退出>：_body
> 输入体编辑选项[压印(I)/分割实体(P)/抽壳(S)/清除(L)/检查(C)/放弃(U)/退出(X)] <退出>：
> _clean
> 选择三维实体：（选择要删除的对象）

### 12.3.15  分割

#### 1. 执行方式

- ☑  命令行：SOLIDEDIT。

☑ 菜单栏："修改"→"实体编辑"→"分割"。

☑ 工具栏："实体编辑"→"分割" 。

2. 操作步骤

```
命令：_solidedit
实体编辑自动检查：SOLIDCHECK=1
输入实体编辑选项 [面(F)/边(E)/体(B)/放弃(U)/退出(X)] <退出>：_body
输入体编辑选项[压印(I)/分割实体(P)/抽壳(S)/清除(L)/检查(C)/放弃(U)/退出(X)] <退出>：
_sperate
选择三维实体：(选择要分割的对象)
```

## 12.3.16 抽壳

1. 执行方式

☑ 命令行：SOLIDEDIT。

☑ 菜单栏："修改"→"实体编辑"→"抽壳"。

☑ 工具栏："实体编辑"→"抽壳" 。

2. 操作步骤

```
命令：_solidedit
实体编辑自动检查：SOLIDCHECK=1
输入实体编辑选项 [面(F)/边(E)/体(B)/放弃(U)/退出(X)] <退出>：_body
输入体编辑选项[压印(I)/分割实体(P)/抽壳(S)/清除(L)/检查(C)/放弃(U)/退出(X)] <退出>：
_shell
选择三维实体：选择三维实体
删除面或[放弃(U)/添加(A)/全部(ALL)]：选择开口面
输入抽壳偏移距离：指定壳体的厚度值
```

如图 12-151 所示为利用抽壳命令创建的花盆。

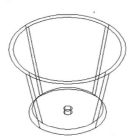

（a）创建初步轮廓　　　　　（b）完成创建　　　　　（c）消隐结果

图 12-151　花盆

⚐ 注意：抽壳是用指定的厚度创建一个空的薄层。可以为所有面指定一个固定的薄层厚度，通过选择面可以将这些面排除在壳外。一个三维实体只能有一个壳，通过将现有面偏移出其原位置来创建新的面。

## 12.3.17 实例——石桌

本实例将详细介绍石桌的绘制方法，首先利用"球"命令绘制球体，并将其剖切并抽壳得到石桌的主体，然后利用圆柱体命令绘制桌面。本例的难点在于"剖切"命令和实体编辑中抽壳的综合使用，绘制流程如图 12-152 所示。

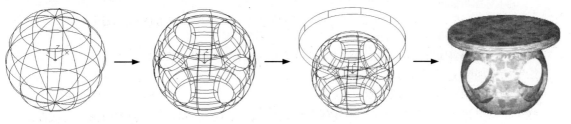

图 12-152　石桌

操作步骤：（光盘\动画演示\第 12 章\石桌.avi）

（1）用 LIMITS 命令设置图幅为 297×210。用 ISOLINES 命令设置对象上每个曲面的轮廓线数目为 10。

（2）单击"建模"工具栏中的"球体"按钮○，绘制半径为 50 的球体，命令行提示与操作如下：

> 命令：SPHERE
> 指定中心点或 [三点(3P)/两点(2P)/切点、切点、半径(T)]：0，0，0
> 指定半径或 [直径(D)]：50

绘制结果如图 12-153 所示。

（3）单击"绘图"工具栏中的"矩形"按钮□，以（-60，-60，-40）和（@120,120）为角点绘制矩形；再以（-60，-60，40）和（@120,120）为角点绘制矩形。绘制结果如图 12-154 所示。

（4）选择菜单栏中的"修改"→"三维操作"→"剖切"命令，分别选择两个矩形作为剖切面，保留球体中间部分。绘制结果如图 12-155 所示。

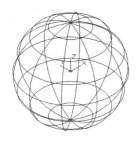
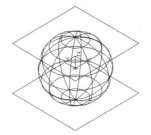
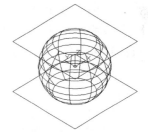

图 12-153　创建球体　　　　图 12-154　绘制矩形　　　　图 12-155　剖切处理

（5）单击"修改"工具栏中的"删除"按钮✎，将矩形删除。结果如图 12-156 所示。

（6）单击"实体编辑"工具栏中的"抽壳"按钮▣，将上步剖切后的球体进行抽壳处理，命令行提示与操作如下：

> 命令：_solidedit
> 实体编辑自动检查：SOLIDCHECK=1
> 输入实体编辑选项 [面(F)/边(E)/体(B)/放弃(U)/退出(X)] <退出>：_body
> 输入体编辑选项[压印(I)/分割实体(P)/抽壳(S)/清除(L)/检查(C)/放弃(U)/退出(X)] <退出>：_shell
> 选择三维实体：（选择剖切后的球体）
> 删除面或 [放弃(U)/添加(A)/全部(ALL)]：
> 输入抽壳偏移距离：5

已开始实体校验

已完成实体校验

输入体编辑选项

[压印(I)/分割实体(P)/抽壳(S)/清除(L)/检查(C)/放弃(U)/退出(X)] <退出>:x

实体编辑自动检查：SOLIDCHECK=1

输入实体编辑选项 [面(F)/边(E)/体(B)/放弃(U)/退出(X)] <退出>:x

绘制结果如图 12-157 所示。

（7）创建新坐标系，绕 X 轴旋转-90°。

（8）单击"建模"工具栏中的"圆柱体"按钮 ，以（0,0,-50）和（@0,0,100）为底面圆心，创建半径为 25 的圆柱体；切换到 WCS 坐标系，绕 Y 轴旋转 90°再以（0,0,-50）和（@0,0,100）为底面圆心，创建半径为 25 的圆柱体。结果如图 12-158 所示。

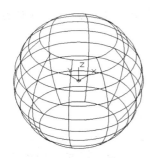
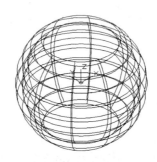
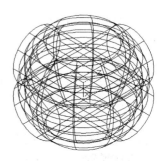

图 12-156　删除矩形　　　　　图 12-157　抽壳处理　　　　　图 12-158　创建圆柱体

（9）单击"实体编辑"工具栏中的"差集"按钮 ，从实体中减去两个圆柱体。结果如图 12-159 所示。

（10）单击"建模"工具栏中的"圆柱体"按钮 ，以（0,0,40）为底面圆心，创建半径为 65、高为 10 的圆柱体。结果如图 12-160 所示。

（11）单击"修改"工具栏中的"圆角"按钮 ，将圆柱体的棱边进行圆角处理，圆角半径为 2。结果如图 12-161 所示。

（12）选择菜单栏中的"视图"→"渲染"→"材质浏览器"命令，在材质浏览器选项板中选择适当的材质附予图形。选择菜单栏中的"视图"→"渲染"→"渲染"命令，对实体进行渲染，渲染后的效果如图 12-152 所示。

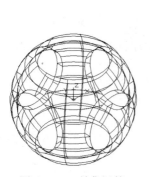
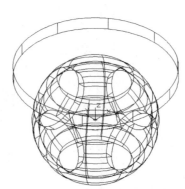

图 12-159　差集运算　　　　　图 12-160　创建圆柱体　　　　　图 12-161　圆角处理

## 12.3.18　检查

### 1. 执行方式

- ☑　命令行：SOLIDEDIT。
- ☑　菜单栏："修改" → "实体编辑" → "检查"。
- ☑　工具栏："实体编辑" → "检查" 。

### 2. 操作步骤

```
命令：_solidedit
实体编辑自动检查：SOLIDCHECK=1
输入实体编辑选项 [面(F)/边(E)/体(B)/放弃(U)/退出(X)] <退出>：_body
输入体编辑选项[压印(I)/分割实体(P)/抽壳(S)/清除(L)/检查(C)/放弃(U)/退出(X)] <退出>：
_check
选择三维实体：（选择要检查的三维实体）
```

选择实体后，AutoCAD 将在命令行中显示出该对象是否是有效的 ACIS 实体。

## 12.3.19　夹点编辑

利用夹点编辑功能，可以很方便地对三维实体进行编辑，与二维对象夹点编辑功能相似。

其方法很简单，单击要编辑的对象，系统显示编辑夹点，选择某个夹点，按住鼠标并拖动，则三维对象随之改变，选择不同的夹点，可以编辑对象的不同参数，红色夹点为当前编辑夹点，如图 12-162 所示。

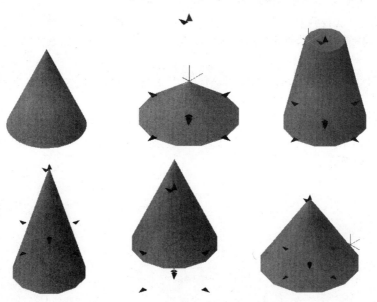

图 12-162　圆锥体及其夹点编辑

## 12.3.20　实例——靠背椅

本实例将详细介绍靠背椅的绘制方法，首先绘制底座和靠背，然后绘制扶手，最后镜像扶手，绘制流程如图 12-163 所示。

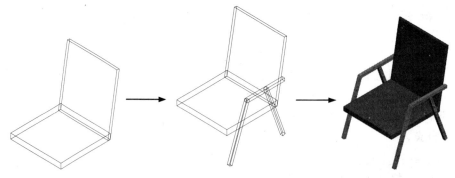

图 12-163　靠背椅

操作步骤：（光盘\动画演示\第 12 章\靠背椅.avi）

（1）单击"建模"工具栏中的"长方体"按钮，绘制长方体，命令行提示与操作如下：

```
命令：_box
指定第一个角点或 [中心(C)]：0,0,0
指定其他角点或 [立方体(C)/长度(L)]：100,100,10
命令：BOX
指定第一个角点或 [中心(C)]：100,0,0
指定其他角点或 [立方体(C)/长度(L)]：@-5,100,110
```

绘制结果如图 12-164 所示。

（2）在命令行中输入 ROTATE3D 命令，进行三维旋转操作，命令行提示与操作如下：

```
命令：rotate3d
当前正向角度：ANGDIR=逆时针 ANGBASE=0
选择对象：找到 1 个（选择椅背）
选择对象：
指定轴上的第一个点或定义轴依据[对象(O)/最近的(L)/视图(V)/X 轴(X)/Y 轴(Y)/Z 轴(Z)/两点(2)]：100,0,0
指定轴上的第二点：@0,100,0
指定旋转角度或 [参照(R)]：10
```

绘制结果如图 12-165 所示。

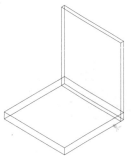

图 12-164　绘制长方体

图 12-165　三维旋转

（3）单击"建模"工具栏中的"长方体"按钮，绘制角点分别为（110,0,40），（35,-5,45）、（35,0,45），（@5,-5,-100）和（72,0,45），（@5,-5,-100）的 3 个长方体，结果如图 12-166 所示。

（4）在命令行中输入 ROTATE3D 命令，进行三维旋转操作，命令行提示与操作如下：

```
命令：ROTATE3D
当前正向角度：ANGDIR=逆时针 ANGBASE=0
选择对象：找到 1 个（选择左边的椅腿）
选择对象：
指定轴上的第一个点或定义轴依据
[对象(O)/最近的(L)/视图(V)/X 轴(X)/Y 轴(Y)/Z 轴(Z)/两点(2)]：35,0,45
指定轴上的第二点：@0,-5,0
指定旋转角度或 [参照(R)]：-20
命令：
ROTATE3D
当前正向角度：ANGDIR=逆时针 ANGBASE=0
选择对象：找到 1 个（选择右边的椅腿）
选择对象：
指定轴上的第一个点或定义轴依据
[对象(O)/最近的(L)/视图(V)/X 轴(X)/Y 轴(Y)/Z 轴(Z)/两点(2)]：77,0,45
指定轴上的第二点：@0,-5,0
指定旋转角度或 [参照(R)]：20
```

绘制结果如图 12-167 所示。

图 12-166　绘制长方体　　　　　　　　　图 12-167　旋转图形

（5）单击"实体编辑"工具栏中的"并集"按钮 ⚪ ，将组成椅腿的 3 个长方体合并。

（6）选择菜单栏中的"修改"→"三维操作"→"三维镜像"命令，镜像椅腿，命令行提示与操作如下：

```
命令：_mirror3d
选择对象：找到 1 个（选择椅腿）
选择对象：
指定镜像平面 (三点) 的第一个点或
[对象(O)/最近的(L)/Z 轴(Z)/视图(V)/XY 平面(XY)/YZ 平面(YZ)/ZX 平面(ZX)/三点(3)]
<三点>：0,50,0
在镜像平面上指定第二点：10,50,0
在镜像平面上指定第三点：0,50,10
是否删除源对象？[是(Y)/否(N)] <否>：
```

绘制结果如图 12-168 所示。

（7）单击"修改"工具栏中的"圆角"按钮 ⬜ ，圆角半径为 2，对椅子主体的各边进行圆角处理。

（8）单击"渲染"工具栏中的"隐藏"按钮 ⬡ ，对实体进行消隐，处理结果如图 12-169 所示。

图 12-168　三维镜像

图 12-169　圆角与消除处理

（9）选择菜单栏中的"视图"→"渲染"→"材质浏览器"命令，选择合适的材质，将红色塑料材质附给椅子座垫和靠背，将扶手附上木质材质。

（10）单击"渲染"工具栏中的"渲染"按钮 ，渲染图形，渲染效果如图 12-163 所示。

# 12.4　综合实例——沙发

本实例将详细介绍沙发的绘制方法，首先绘制长方体作为主体，然后绘制多段线拉伸得到扶手，再绘制长方体并将其旋转得到沙发的靠背，绘制流程如图 12-170 所示。

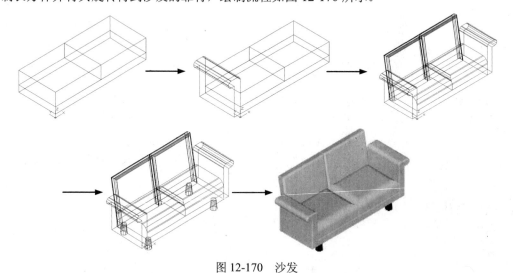

图 12-170　沙发

操作步骤：（光盘\动画演示\第 12 章\沙发.avi）

## 12.4.1　绘制沙发的主体结构

（1）设置绘图环境。用 LIMITS 命令设置图幅为 297×210，设置线框密度（ISOLINES），设置对象上每个曲面的轮廓线数目为 10。

（2）单击"建模"工具栏中的"长方体"按钮 ，以（0,0,5）为角点，创建长为 150、宽为 60、高为 10 的长方体；以（0,0,15）和（@75,60,20）为角点创建长方体；以（75,0,15）和（@75,60,20）为角点创建长方体。绘制结果如图 12-171 所示。

## 12.4.2　绘制沙发的扶手和靠背

（1）单击"绘图"工具栏中的"直线"按钮，过（0,0,5）→（@0,0,55）→（@-20,0,0）→（@0,0,-10）→（@10,0,0）→（@0,0,-45）点、并按 C 键绘制闭合多段线。绘制结果如图 12-172 所示。

（2）将所绘直线创建面域。

（3）单击"建模"工具栏中的"拉伸"按钮，将直线拉伸，拉伸高度为 60。结果如图 12-173 所示。

*Note*

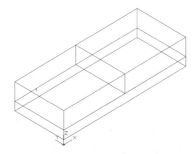

图 12-171　创建长方体

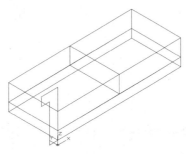

图 12-172　绘制多段线

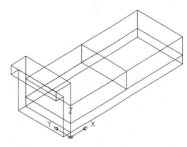

图 12-173　拉伸处理

（4）单击"修改"工具栏中的"圆角"按钮，将拉伸实体的棱边倒圆角，圆角半径为 5。绘制结果如图 12-174 所示。

（5）单击"建模"工具栏中的"长方体"按钮，以（0,60,5）和（@75,-10,75）为角点创建长方体。绘制结果如图 12-175 所示。

（6）在命令行中输入 ROTATE3D 命令。将上步绘制的长方体旋转-10°，命令行提示与操作如下：

```
命令：ROTATE3D
当前正向角度：ANGDIR=逆时针 ANGBASE=0
选择对象：（选择长方体）
选择对象：
指定轴上的第一个点或定义轴依据　[对象(O)/最近的(L)/视图(V)/X 轴(X)/Y 轴(Y)/Z 轴(Z)/
两点(2)]：0,60,5
指定轴上的第二点：75,60,5
指定旋转角度或 [参照(R)]：-10
```

结果如图 12-176 所示。

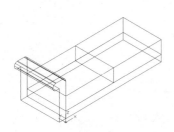

图 12-174　圆角处理

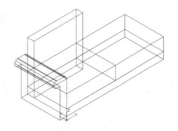

图 12-175　创建长方体

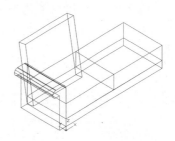

图 12-176　三维旋转处理

（7）选择菜单栏中的"修改"→"三维操作"→"三维镜像"，将拉伸的实体和最后创建的矩形以过（75,0,15）、（75,0,35）、（75,60,35）三点的平面为镜像面，进行镜像处理。结果如图 12-177 所示。

（8）单击"修改"工具栏中的"圆角"按钮，进行圆角处理。座垫的圆角半径为 10，靠背的圆角半径为 3，其他边的圆角半径为 1。结果如图 12-178 所示。

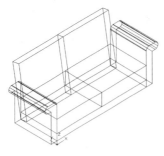
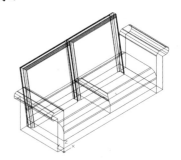

图 12-177　三维镜像处理　　　　　　　　　图 12-178　　圆角处理

### 12.4.3　绘制沙发脚

（1）单击"绘图"工具栏中的"圆"按钮，以（11,9,-9）为圆心，绘制半径为 5 的圆。然后单击"建模"工具栏中的"拉伸"按钮，拉伸圆，拉伸高度为 15，拉伸角度为 5。结果如图 12-179 所示。

（2）单击"建模"工具栏中的"三维阵列"按钮，将拉伸后的实体进行矩形阵列，阵列行数为 2，列数为 2，行偏移为 42，列偏移为 128。结果如图 12-180 所示。

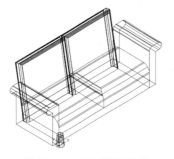
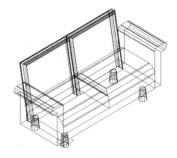

图 12-179　绘制圆并拉伸　　　　　　　　　图 12-180　　三维阵列处理

### 12.4.4　渲染

选择菜单栏中的"视图"→"渲染"→"材质浏览器"命令，在材质浏览器选项板中选择适当的材质附予图形。选择菜单栏中的"视图"→"渲染"→"渲染"命令，对实体进行渲染，渲染后的效果如图 12-170 所示。

# 12.5　实践与练习

通过前面的学习，读者对本章知识也有了大体的了解，本节通过几个操作练习使读者进一步掌握本章知识要点。

【实践 1】绘制如图 12-181 所示的台灯。

### 1．目的要求

三维图形具有形象逼真的优点，但是三维图形的创建比较复杂，需要读者掌握的知识比较多。本实践要求读者熟悉三维模型创建的步骤，掌握三维模型的创建技巧。

### 2．操作提示

（1）利用"圆柱体"、"移动"、"倒圆角"和"差集"命令创建台灯底座。

（2）利用"圆柱体"和"倾斜面"命令创建旋钮。

（3）利用"多段线"以及"拉伸"命令创建支撑杆。

（4）利用"圆柱体"和"差集"命令创建壳体孔。

（5）利用"多段线"、"抽壳"和"三维旋转"命令创建灯头。

（6）渲染处理。

【实践 2】绘制如图 12-182 所示的小闹钟。

图 12-181　台灯　　　　　图 12-182　小闹钟

### 1．目的要求

本实践涉及到的主要命令有"长方体"、"圆柱体"、"剖切"、"阵列"和"差集"，要求读者通过本实践的学习，熟练掌握三维造型的绘制和编辑。

### 2．操作提示

（1）利用"长方体"、"圆柱体"、"剖切"和"差集"命令创建闹钟主体。

（2）利用"长方体"、"圆柱体"、"阵列"和"差集"命令创建刻度和指针。

（3）利用"长方体"、"圆柱体"、"复制"和"差集"命令创建底座。

（4）渲染处理。

【实践 3】绘制如图 12-183 所示的回形窗。

### 1．目的要求

三维图形具有形象逼真的优点，但是三维图形的创建比较复杂，需要读者掌握的知识比较多。本践要求读者熟悉三维模型创建的步骤，掌握三维模型的创建技巧。

**Note**

2．操作提示

（1）利用矩形拉伸出两个长方体并进行差集处理。

（2）进行倾斜边处理。

（3）重复上面的步骤绘制另外两个不同尺寸的倾斜长方体。

（4）绘制两个细长长方体并作旋转和移动处理作为窗棂。

（5）渲染处理。

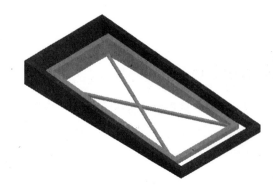

图 12-183　回形窗

# 第 4 篇

# 综合案例篇

　　本篇主要介绍家具设计在室内装饰设计中的综合
应用。

　　本篇讲解过程将结合具体实例进行，以加深读者对家
具设计工程应用的具体方法和技巧的理解和掌握。

# 第13章

# 家具设计综合应用实例

本章将详细论述家具设计在室内装饰设计中的应用及其相关装饰图的绘制方法与技巧，包括室内空间布局、家具的绘制、家具的布置以及尺寸文字的标注等。

- ☑ 住宅室内平面图
- ☑ 办公室室内装饰
- ☑ 尺寸、文字标注

## 任务驱动&项目案例

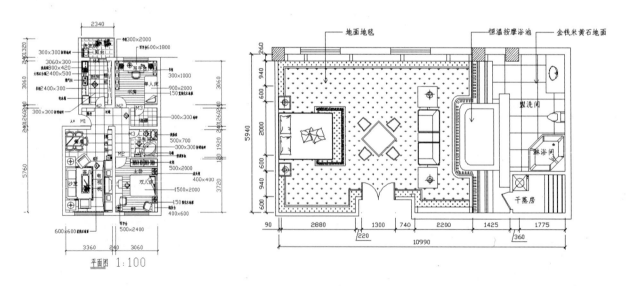

# 13.1　住宅室内平面图

本节将在建筑平面图的基础上，展开室内平面的绘制，并依次介绍各个居室内空间布置、家电布置、装饰元素及细部处理、地面材料绘制、尺寸标注、文字说明及其他符号标注、线宽设置的内容，绘制流程如图 13-1 所示。

**操作步骤：**（光盘\动画演示\第 13 章\住宅室内平面图.avi）

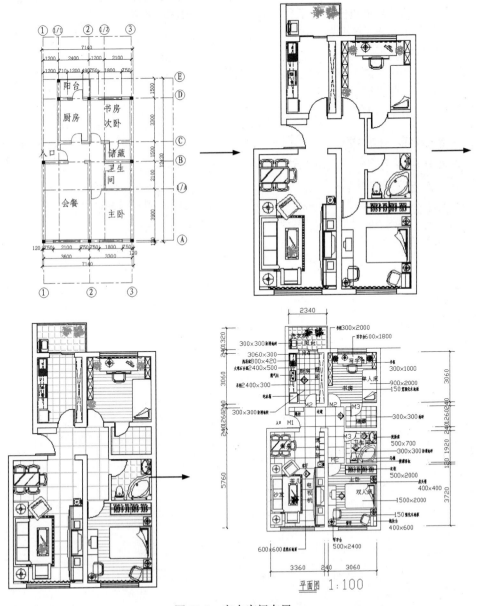

图 13-1　室内空间布局

### 13.1.1 室内空间布局

（1）该住宅建筑设计的空间功能布局已经比较合理，加之结构形式为砌体结构，不能随意改动，所以应该尊重原有空间布局，在此基础上作进一步的设计。

（2）客厅部分以会客、娱乐为主，兼作餐厅。会客部分需安排沙发、茶几、电视设备及柜子；就餐部分需安排餐桌、椅子等。该客厅比较小，因而这两部分不再增加隔断。

（3）主卧室为主人就寝的空间，在里边需安排双人床、床头柜、衣柜、化妆台，也可考虑在适当的位置设置一个书桌。

（4）该住宅仅有一间次卧室，考虑到业主的身份，计划将它设计成一个可以兼作卧室、书房和客房的室内空间。于是可在里边安排写字台、书柜、单人床等家具设备。

（5）厨房和阳台部分，考虑在一起设计。厨房内布置厨房操作平台、储藏柜子和冰箱，阳台设置晾衣设备，并放置洗衣机。

（6）卫生间内设有马桶、浴缸、沐浴设备及洗脸盆等。在进门处的过道内安排鞋柜，储藏室内不安排家具，空间留给业主日后自行处理。

（7）室内空间的布局大致如图 13-1 所示，下面详细介绍如何用 AutoCAD 2012 完成这些平面图。

### 13.1.2 家具家电布置

1．准备工作

（1）用 AutoCAD 2012 打开图库中绘制好的建筑平面图，如图 13-2 所示，另存为"室内平面图.dwg"，然后将"尺寸"、"轴线"、"柱子"、"文字"图层关闭。

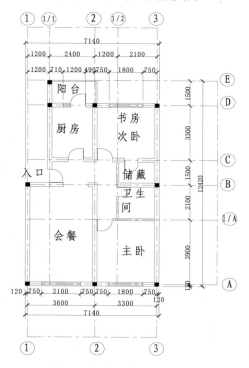

图 13-2 某住宅建筑平面图

（2）单击"图层"工具栏中的"图层特性管理器"按钮，建立一个"家具"图层，参数设置如图 13-3 所示，置为当前层。

✓ 家具 ┊ ♀ ☼ 🔓 ■ 23 Contin... —— 默认 Colo... 🖨 🕸 0

图 13-3 家具图层参数

### 2. 客厅

（1）沙发

单击"标准"工具栏中的"窗口放大"按钮，将居室的客厅部分放大，单击"绘图"工具栏中的"插入块"按钮，如图 13-4 所示，打开"插入"对话框，单击"浏览"按钮，如图 13-5 所示，打开"选择图形文件"对话框，按路径"光盘:\源文件\图块\沙发.dwg"找到沙发图块文件，如图 13-6 所示。

图 13-4 "绘图"工具栏　　　　　图 13-5 "插入"对话框

图 13-6 "选择图形文件"对话框

可以看到，提供的沙发图块是横向的，而我们需要将它竖向放置，所以，在如图 13-7 所示的窗口中输入旋转角度值 90，单击"确定"按钮。此时，命令行提示如下：

指定插入点或[比例(S)/X/Y/Z/旋转(R)/预览比例(PS)/PX/PY/PZ/预览旋转(PR)]：

拖动图块选择左下角内墙角点为插入点，单击鼠标确定插入，如图 13-8 所示。这样，沙发就布置好了。

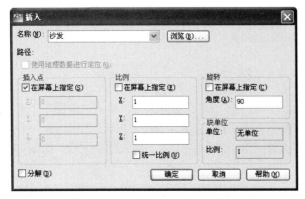

图 13-7 输入插入的参数图

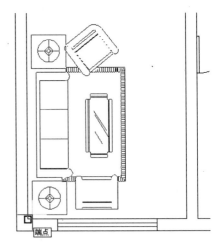

图 13-8 选择插入点

（2）电视柜

在沙发的对面靠墙的位置布置电视柜及相关的影视设备。

同样采用上面的图块插入方法，找到"光盘:\源文件\图块\电视柜.dwg"文件，插入旋转角度设为 -90，选取如图 13-9 所示的点作为插入点，单击鼠标确定。

为了给窗帘留出位置，将沙发和电视柜整体向上移动 100。单击"修改"工具栏中的"移动"按钮 ，同时选中沙发和电视柜，在绘图区适当位置单击，在命令行输入"@0,100"，按 Enter 键。结果如图 13-10 所示。

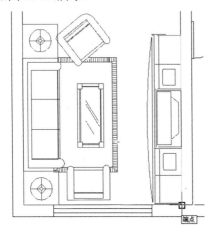

图 13-9 插入电视柜

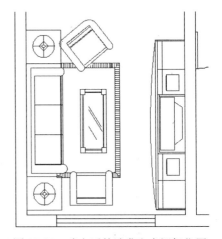

图 13-10 确定后的沙发和电视柜位置

（3）餐桌

找到"光盘:\源文件\图块\餐桌.dwg"文件，将餐桌图块暂时插入到客厅上端的就餐区，如图 13-11 所示。由于就餐区面积比较小，因此将左端的椅子删去，并将餐桌就位。具体操作是，首先单击"修改"工具栏中的"分解"按钮 ，将餐桌图块分解。然后单击"修改"工具栏中的"删除"按钮 ，用鼠标从椅子的右下角到左上角拉出矩形选框，如图 13-12 所示，将它选中，单击鼠标右键删除。最后重新将处理后的餐桌建立为图块，并移动到墙边的适当位置，保证就餐的活动空间，结果如图 13-13 所示。

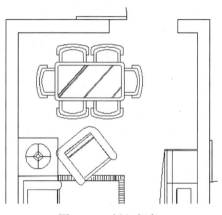

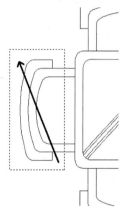

图 13-11　插入餐桌　　　　　　　图 13-12　选中椅子的技巧

（4）绘制博古架

在餐桌对面的墙边，绘制一个博古架。

单击"绘图"工具栏中的"矩形"按钮，在居室平面图的旁边单击一点作为矩形的第一个角点，在命令行输入"@-300,-1800"作为第二个角点，绘制出一个 300×1800 的矩形作为博古架的外轮廓，如图 13-14 所示。

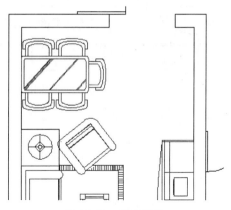

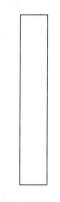

图 13-13　餐桌就位　　　　　　　图 13-14　博古架外轮廓

单击"修改"工具栏中的"偏移"按钮，偏移量输入 30，向内复制出另一个矩形。单击"修改"工具栏中的"分解"按钮，将矩形分解，并删除两条长边，将两条短边延伸至轮廓线，绘出博古架两侧立柱的断面，如图 13-15 所示。

选择菜单栏中的"绘图"→"多线"命令，绘制博古架，命令行提示与操作如下：

```
命令: _mline
当前设置: 对正 = 无, 比例 = 120.00, 样式 = STANDARD
指定起点或 [对正(J)/比例(S)/样式(ST)]: J
输入对正类型 [上(T)/无(Z)/下(B)] <无>: Z
当前设置: 对正 = 无, 比例 = 120.00, 样式 = STANDARD
指定起点或 [对正(J)/比例(S)/样式(ST)]: S
输入多线比例 <120.00>: 20
当前设置: 对正=无, 比例=20.00, 样式=STANDARD
指定起点或 [对正(J)/比例(S)/样式(ST)]:
```

分别以轮廓线两长边为起点和终点绘制出几条横向双线作为博古架被剖切的立件断面，结果如图 13-16 所示。

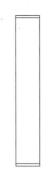

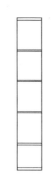

图 13-15　博古架两侧立柱的断面　　　　　　　　　图 13-16　博古架

将完成的博古架平面建立为图块，命名为"博古架"，并将博古架移动到如图 13-17 所示位置。

（5）插入饮水机

单击"绘图"工具栏中的"插入块"按钮 ，插入"光盘:\源文件\图块\饮水机.dwg"文件，将图块定位到如图 13-18 所示的位置。

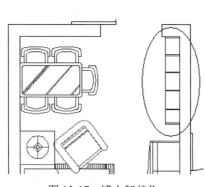

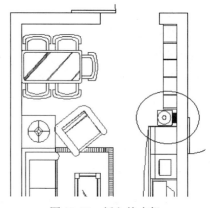

图 13-17　博古架就位　　　　　　　　　图 13-18　插入饮水机

### 3．主卧室

（1）床

卧室里的主角是床。在本实例中，考虑将床布置在门斜对面的墙体中部位置。

单击"标准"工具栏中的"窗口放大"按钮 ，将居室的主卧室部分放大，单击"绘图"工具栏中的"插入块"按钮 ，按路径"光盘:\源文件\图块\双人床 01.dwg"找到双人床图块文件，单击"打开"按钮，输入旋转角度值-90，单击"确定"按钮。这时，命令行提示如下：

指定插入点或[比例(S)/X/Y/Z/旋转(R)/预览比例(PS)/PX/PY/PZ/预览旋转(PR)]：

拖动图块如图 13-19 所示选择插入点，单击鼠标确定。这样，双人床就布置好了。

（2）衣柜

衣柜也是一个家庭必备的家具，一般情况它与卧室联系比较紧密。本例中卧室的使用面积比较小，可将衣柜直接放置于卧室内。

单击"绘图"工具栏中的"插入块"按钮 ，按路径"光盘:\源文件\图块\衣柜 01.dwg"找到衣柜图块文件，单击"打开"按钮。输入旋转角度 0，单击"确定"按钮。这时，命令行提示如下：

指定插入点或[比例(S)/X/Y/Z/旋转(R)/预览比例(PS)/PX/PY/PZ/预览旋转(PR)]：

拖动图块如图 13-20 所示选择插入点，单击鼠标确定。这样，衣柜就布置好了。

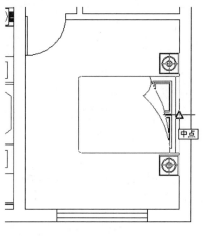

图 13-19　选择床插入点

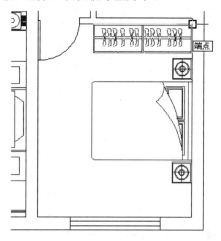

图 13-20　选择衣柜插入点

（3）电视柜及写字台

为了方便业主在卧室看书、学习、看电视，在靠近双人床的对面墙面处设计一个联体长条形的写字台，写字台的一端用于看书、学习，另一端放置电视机。

**注意**：由于该写字台的通用性不太大，所以事先没有做成图块，而是直接绘制。

单击"标准"工具栏中的"窗口放大"按钮 ，将放置写字台的部分放大，单击"绘图"工具栏中的"矩形"按钮 ，按如图 13-21 所示捕捉矩形的第一个角点，在命令行输入@500,2400 作为第二个角点，绘制出一个 500×2400 的矩形作为写字台的外轮廓，绘制结果如图 13-22 所示。将写字台轮廓向上移动 100，以便留出窗帘的位置。

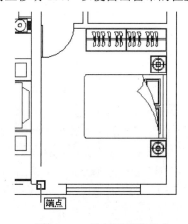

图 13-21　选择矩形的角点

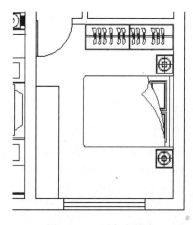

图 13-22　写字台轮廓

由于该写字台设计的写字端与电视端的高度不一样，所以在写字台中部高度变化处绘制一条横线。单击"绘图"工具栏中的"直线"按钮 ，分别捕捉矩形两条长边的中点，绘制结果如图 13-23 所示。

单击"绘图"工具栏中的"插入块"按钮，找到"光盘:\源文件\图块\沙发椅 02.dwg"文件，输入旋转角度 90，将沙发椅图块插入到如图 13-24 所示位置，单击鼠标确定。找到"光盘:\源文件\图块\电视机 01.dwg"文件，输入旋转角度值 90，插入到写字台的电视端。最后将"光盘:\源文件\图块\台灯 01.dwg"文件插入到写字台上，绘制结果如图 13-25 所示。

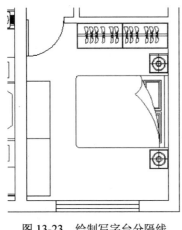

图 13-23　绘制写字台分隔线

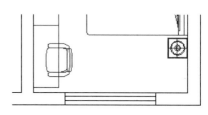

图 13-24　沙发椅的插入位置

（4）绘制梳妆台

在本实例中，把梳妆台布置在卫生间显然不合适，因此考虑将它布置在卧室的右下角。

单击"标准"工具栏中的"窗口放大"按钮，将卧室右下角放大。单击"绘图"工具栏中的"插入块"按钮，将"光盘:\源文件\图块\梳妆台 01.dwg"插入到如图 13-26 所示位置，复制一个沙发椅到梳妆台前。

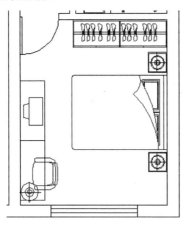

图 13-25　完成写字台图块组合

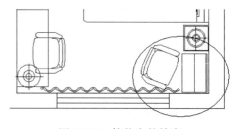

图 13-26　梳妆台外轮廓

这样，主卧室内的家具布置完成。

4．书房

本实例中，书房的主要家具有写字台、书柜、单人床。

（1）书架

根据书房的空间特点，专门设计适合它的书架。

单击"绘图"工具栏中的"矩形"按钮，在适当的空白处绘制一个 300×2000 的矩形作为书架轮廓，向内偏移 20，复制出另一个矩形，用"分解"命令将内部矩形打散。

单击"修改"工具栏中的"矩形阵列"按钮 ，选择内部矩形的下短边为阵列对象，如图 13-27 所示，输入行数为 4，列数为 1，行偏移为 490，结果如图 13-28 所示。

在每一格中加入交叉线，并将它移动到书房内如图 13-29 所示位置。

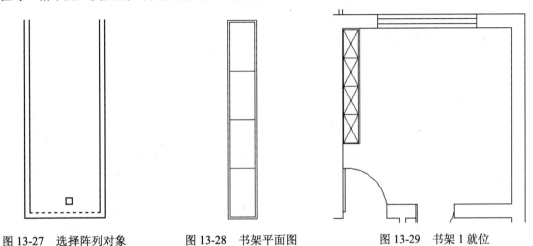

图 13-27　选择阵列对象　　　　图 13-28　书架平面图　　　　图 13-29　书架 1 就位

采用同样的方法，在书房右上角绘制一个 300×1000 的书架，如图 13-30 所示。

📢 **注意**：绘制书架 2 时，可以在书架 1 的基础上采用编辑命令来完成。

（2）写字台

单击"绘图"工具栏中的"矩形"按钮 □，绘制一个 600×1800 的矩形作为台面，将矩形移到窗前，写字台与窗户距离 50，如图 13-31 所示。然后，分别插入下列图块："光盘:\源文件\图块\沙发椅 01.dwg"、"光盘:\源文件\图块\液晶显示器.dwg"、"光盘:\源文件\图块\台灯 01.dwg"。

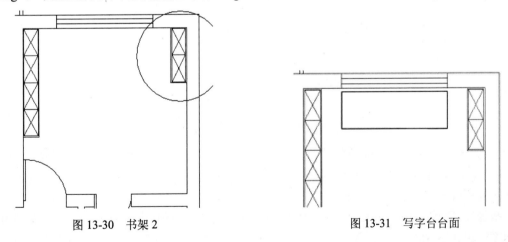

图 13-30　书架 2　　　　　　　　　　图 13-31　写字台台面

最后结果如图 13-32 所示。

（3）单人床

附带光盘内存有单人床的图块，将它插入到书房右下角即可。单人床文件名为"光盘:\源文件\图块\单人床 01.dwg"。

书房内的家具布置到此完成，效果如图 13-33 所示。

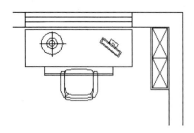

图 13-32　书房写字台

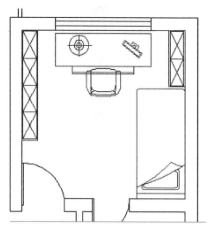

图 13-33　书房室内平面图

### 5. 厨房及阳台

在本实例的厨房设计中，左侧布置操作平台，并预留出一个冰箱的位置；右侧布置一排柜子。在阳台里放置一个洗衣机，但是，要注意处理给水排水的问题。具体说明如下。

（1）为了便于厨房与阳台的连通，适当扩大使用面积，将原来的门带窗改为双扇落地玻璃推拉门，如图 13-34 所示。

（2）冰箱。在光盘里找到冰箱图块"光盘:\源文件\图块\冰箱 01.dwg"，插入到左下角，让它与墙面至少有 50 的距离，如图 13-35 所示。

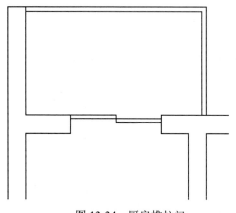

图 13-34　厨房推拉门

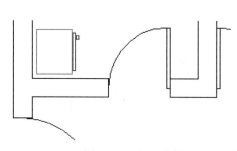

图 13-35　插入冰箱

（3）操作台面绘制。以左上角墙体内角点作为矩形的第一个角点，向下绘制一个 500×2400 的矩形作为操作台面，如图 13-36 所示。

按操作流程依次插入洗涤盆和燃气灶图块："光盘:\源文件\图块\洗涤盆 01.dwg"、"光盘:\源文件\图块\燃气灶 01.dwg"。

绘制结果如图 13-37 所示。

**注意：** 在选择插入点时，利用"对象捕捉"功能有时会很方便，有时却不会，所以不必拘于用或不用。上文在插入洗涤盆和燃气灶时，打开"对象捕捉"功能反而不便定位，可以将它关闭。

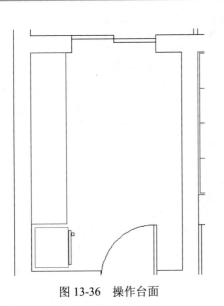

图 13-36　操作台面

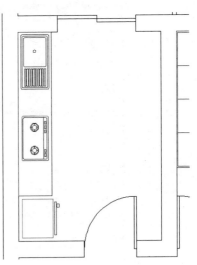

图 13-37　放置洗涤盆和燃气灶

（4）壁柜绘制。沿着右侧墙面绘制一个 300×3060 的矩形，这样就可以简单地表示壁柜，如图 13-38 所示。

（5）洗衣机。将"光盘:\源文件\图块\洗衣机 01.dwg"插入到阳台的左下角，如图 13-39 所示。

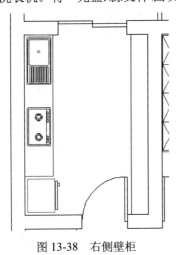

图 13-38　右侧壁柜

图 13-39　插入洗衣机

（6）绘制吊柜。平面图中吊柜用虚线表示，在厨房左侧的操作台上绘制一个 300×2400 的吊柜，右侧绘制一个 300×3060 的吊柜。具体操作如下。

首先，单击"对象特性"工具栏中的"线型控制"下拉列表框，将当前线型设置为虚线 ACAD_ISO02W100，如图 13-40 所示，并选择菜单栏中的"格式"→"线型"命令，将对话框中的全局比例因子设置为 10，如图 13-41 所示。

对于左边的吊柜，单击"绘图"工具栏中的"矩形"按钮，沿墙边绘制一个 300×2400 的矩形，并绘制出该矩形的两条对角线；对于右边的吊柜，直接在原有壁柜矩形中绘出两条对角线即可。

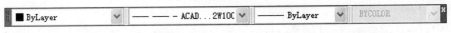

图 13-40　"对象特性"工具栏中"线型控制"下拉列表框

图 13-41　全局比例因子设置

将当前线型还原为 ByLayer。厨房及阳台部分家具布置整体情况如图 13-42 所示。

### 6. 卫生间

在卫生间内布置一个马桶、一个浴缸、一个洗脸盆，图块文件如下："光盘:\源文件\图块\马桶01.dwg"、"光盘:\源文件\图块\浴缸 01.dwg"、"光盘:\源文件\图块\洗脸盆 02.dwg"。

安放的位置如图 13-43 所示。

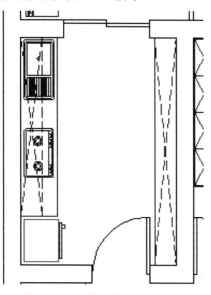

图 13-42　厨房、阳台家具布置

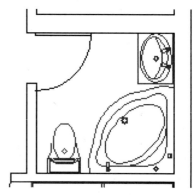

图 13-43　卫生间布置

### 7. 过道部分

在本实例中，过道部分相当于一个小小的门厅，它是联系各房间的枢纽。但是，过道面积有限，因此只在入口处设置一个鞋柜，大门对面的墙体做成一个影壁的形式。

表示鞋柜只需简单地绘制一个矩形，鞋柜尺寸为 $250 \times 900$，绘制结果如图 13-44 所示。

到此为止，该居室的家具及基本的家用电器布置全部结束。

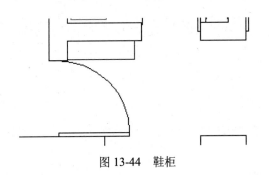

图 13-44　鞋柜

## 13.1.3　装饰元素及细部处理

### 1. 窗帘绘制

室内平面图上的窗帘可以用单根或双根波浪线来表示。首先绘制出一个周期的波浪线，其次用"阵列"命令复制出整条窗帘图案。

（1）单击"图层"工具栏中的"图层特性管理器"按钮，建立"窗帘"图层，参数设置如图 13-45 所示，置为当前层。

　　✓　窗帘　　　🔆　☀　🔓　■ 49　Contin... ── 默认　Colo...　🖶　📑 0

图 13-45　"窗帘"图层参数

（2）单击"绘图"工具栏中的"圆弧"按钮，绘制一段圆弧，命令行提示与操作如下：

```
命令：_arc 指定圆弧的起点或 [圆心(C)]：（在屏幕空白处任选一点）
指定圆弧的第二个点或 [圆心(C)/端点(E)]：@40,20
指定圆弧的端点：@40,-20
```

这样，绘出向上凸的第一段弧线。按 Enter 键，重复"圆弧"命令，绘制向下凹的第二段弧线，命令行提示与操作如下：

```
命令：_arc 指定圆弧的起点或 [圆心(C)]：（捕捉上一段弧线的终点作为起点）
指定圆弧的第二个点或 [圆心(C)/端点(E)]：@60,-30
指定圆弧的端点：@60,30
```

绘制结果如图 13-46 所示。

（3）单击"修改"工具栏中的"偏移"按钮，将上述的两条弧线向下偏移 20，复制出另外两条弧线，从而形成双波浪线，如图 13-47 所示。

图 13-46　窗帘波浪线第一个周期　　　　　　图 13-47　双波浪线图元

（4）单击"修改"工具栏中的"矩形阵列"按钮，选择刚才绘制的双波浪线图元为阵列对象，输入行数为 1，列数为 13，行偏移为 1，列偏移为 200，绘制结果如图 13-48 所示，窗帘总长度为 2600，适合于客厅的窗户。

（5）单击"修改"工具栏中的"复制"按钮，将阵列出的窗帘图案复制一个到客厅窗户内，适当调整位置，绘制结果如图 13-49 所示。

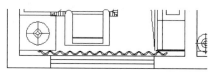

图 13-48　窗帘图样　　　　　　　　　　图 13-49　客厅窗帘定位

同理，可以将窗帘图案复制到其他窗户内侧，对于超出的部分用"删除"命令删除，此处不再赘述。

### 2. 配置植物

在室内平面图中空白处的适当位置布置一些盆景植物，作为点缀装饰之用。在布置时，要适可而止，不要繁琐。植物图块已存于附带光盘的"源文件\图块"文件夹内，读者可以根据自己的情况将植物图块插入到平面图上。插入图块时，注意进行比例缩放，以便控制植物大小。现提供一种布置方式。

（1）单击"图层"工具栏中的"图层特性管理器"按钮，建立"植物"图层，参数如图 13-50所示，置为当前层。

植物　　　♀ ☼ ♂ □ 61　Contin... ── 默认　Colo...　🖨 🖺 0

图 13-50　"植物"图层参数

（2）单击"绘图"工具栏中的"插入块"按钮，插入图库中的植物图块，调整后的效果如图 13-51 所示。

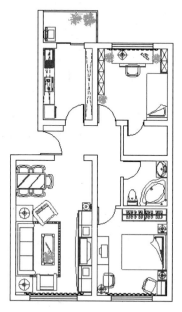

图 13-51　植物布置

## 13.1.4　地面材料绘制

地面材料是需要在室内平面图中表示的内容之一。当地面做法比较简单时，只要用文字对材料、规格进行说明，但是，很多时候则要求用材料图例在平面图上直观地表示，同时进行文字说明。当室内平面图比较拥挤时，可以单独另画一张地面材料平面图。下面结合实例说明。

在本例中，将在客厅、过道部位铺设 600 米×600 米黄色防滑地砖，厨房、卫生间、阳台及储藏室铺设 300×300 防滑地砖，卧室和书房铺设 150 宽强化木地板。

### 1．准备工作

（1）单击"图层"工具栏中的"图层特性管理器"按钮，建立"地面材料"图层，参数设置如图 13-52 所示，并置为当前状态。

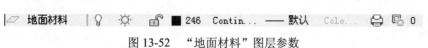

图 13-52　"地面材料"图层参数

（2）关闭"家具"、"植物"等图层，让绘图区域只剩下墙体及门窗部分。

### 2．初步绘制地面图案

（1）单击"绘图"工具栏中的"直线"按钮，把平面图中不同地面材料分隔处用直线划分出来，如图 13-53 所示。

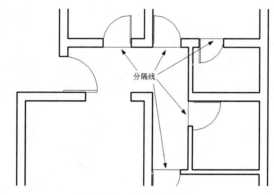

图 13-53　分隔线位置

（2）对 600×600 地砖区域（客厅及过道部分）进行放大显示，注意必须保证该区域全部显示在绘图区内。单击"绘图"工具栏中的"图案填充"按钮，如图 13-54 所示，打开"图案填充和渐变色"对话框。单击对话框右上角的"添加：拾取点"按钮，将"十"字形鼠标指针在客厅区域单击一下，选中填充区域，如图 13-55 所示，按 Enter 键回到对话框。

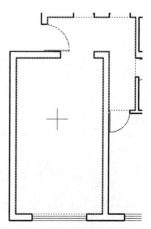

图 13-54　"绘图"工具栏"图案填充"按钮　　　　图 13-55　选取填充区域

**注意：** 采用"添加：拾取点"按钮![图标]选取填充区域时，如果边界不是闭合的，则无法选中。这时，要么用"窗口放大"![图标]逐个检查边界处线与线是否连接，要么用"多段线"命令![图标]重新绘制一个边界。

（3）对"图案填充和渐变色"对话框中的参数进行设置。

需要的网格大小是 600×600，这里提供一个检验的方法，将网格以 1:1 的比例填充，放大显示一个网格，选择菜单栏中"工具"→"查询"→"距离"命令（如图 13-56 所示）查出网格大小（查询结果在命令行中显示）。事先查出 NET 图案的间距是 3，所以填充比例输入 200，如图 13-57 所示，这样就可得到近似于 600×600 的网格。由于单位精度的问题，这种方式填充的网格线不是十分精确，但是基本上能够满足要求。如果需要绘制精确的网格，则需采用直线阵列的方式完成。

图 13-56 "距离"命令

图 13-57 客厅地面图案填充参数

设置好参数后，单击"确定"按钮完成操作，填充效果如图 13-58 所示。

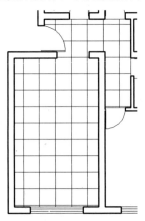

图 13-58 客厅、过道 600×600 地砖图案

（4）采用同样的方法将其他区域的地面材料绘制出来。主卧室及书房的填充参数如图 13-59 所示，

填充效果如图 13-60 所示。

图 13-59　主卧、书房地面图案填充参数

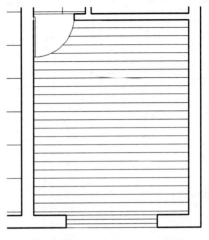

图 13-60　150 宽强化木地板

厨房、储藏室填充参数如图 13-61 所示，厨房的填充效果如图 13-62 所示。

图 13-61　厨房、储藏室地面图案填充参数

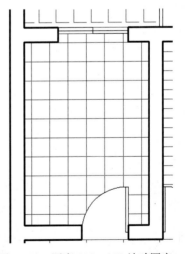

图 13-62　厨房 300×300 地砖图案

卫生间、阳台填充参数如图 13-63 所示，填充效果如图 13-64 所示。

到此为止，室内地面材料图案的初步绘制就完成了。

### 3. 形成地面材料平面图

如果想形成一个单独的地面材料平面图，则按以下步骤进行处理。

（1）将文件另存为"地面材料平面图"。

（2）在图中加上文字，说明材料名称、规格及颜色等。

（3）标注尺寸，重点标明地面材料，其他尺寸可以淡化。

（4）加上图名、绘图比例等。

图 13-63　卫生间、阳台地面图案填充参数

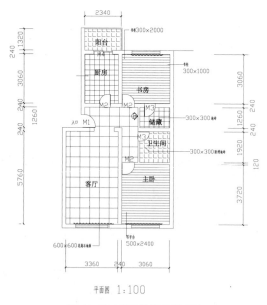

图 13-64　卫生间、储藏室 300×300 地砖图案

类似的操作在后面的相关内容中会述及，在此给出完成后的地面材料平面图，如图 13-65 所示。

图 13-65　地面材料平面图

### 4．在室内平面图中完善地面材料图案

如果不单独形成地面材料图，则可以在原来的室内平面图中做细部完善，具体操作如下。

（1）关闭"地面材料平面图"，打开"室内平面图"。

（2）打开"家具"、"植物"图层。此时会发现，地面材料跟家具互相重叠，比较混乱。现将家具覆盖了的地面材料图例删除。操作方法是单击"修改"工具栏中的"分解"按钮 ，将地面填充图案打散，再单击"修改"工具栏中的"修剪"按钮，将家具覆盖部分线条剪掉，局部零散线条用"删除"命令处理，结果如图 13-66 所示。

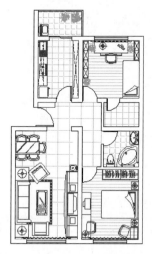

图 13-66　完成后的地面材料图例

## 13.1.5　文字、符号标注及尺寸标注

### 1．准备工作

在没有正式进行文字、尺寸标注之前，需要根据室内平面的要求进行文字样式设置和标注样式设置。

（1）文字样式设置：单击"样式"工具栏中的"文字样式"按钮，如图 13-67 所示，打开"文字样式"对话框，将其中各项内容按如图 13-68 所示进行设置，同时设为当前状态。

| A | 样式 1 | ISO-25 | Standard | Standard |
|---|---|---|---|---|

图 13-67　"样式"工具栏

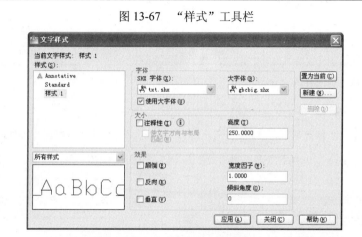

图 13-68　"文字样式"对话框

（2）标注样式设置。单击"样式"工具栏中"文字样式"按钮 ，打开"标注样式管理器"对话框，新建"室内"样式，将其中各项内容按如图 13-69～图 13-72 所示进行设置，同时设为当前状态。

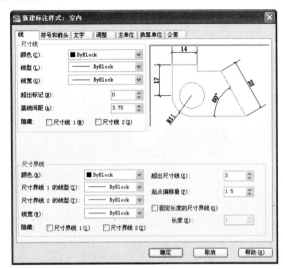

图 13-69　标注样式设置 1　　　　　　　图 13-70　标注样式设置 2

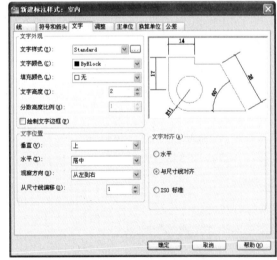

图 13-71　标注样式设置 3　　　　　　　图 13-72　标注样式设置 4

## 2. 文字标注

文字标注主要用到两种方式，一种是利用"标注"下拉菜单中的"多重引线"命令作带引线的标注；另一种是单击"绘图"工具栏中的"多行文字"按钮 A（如图 13-73 所示）做无引线的标注。具体介绍如下。

图 13-73　"绘图"工具栏"多行文字"按钮 A

（1）打开"文字"图层，将房间名称的字高调整为 250。操作方法是用鼠标双击一个名称，打开"文字格式"对话框。用鼠标在文本上拖动并选中，在"字高"处输入 250 并按 Enter 键（一定要按Enter 键），最后单击"确定"按钮完成，如图 13-74 所示。其他房间名称可参照此方法进行修改。修改后，将房间名称的位置作适当的调整。

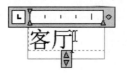

图 13-74　调整字高

（2）以右上角较小的书架为例，介绍引线标注的例子，选择菜单栏中的"标注"→"多重引线"命令，为图形标注文字，命令行提示与操作如下：

```
命令：_mleader
指定引线箭头的位置或 [引线基线优先(L)/内容优先(C)/选项(O)] <选项>：(用鼠标在书柜上单击一下)
指定引线基线的位置：(向右拖出引线，可平直也可有角度，并在适当位置单击一下)
```

在弹出的文字编辑器中输入"书柜 300×1000"，标注结果如图 13-75 所示。在 AutoCAD 中，单击"修改"工具栏中的"移动"按钮，移动文字部分，从而带动引线改变方向，如图 13-76 所示。

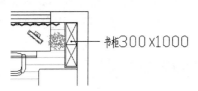

图 13-75　书柜引线标注

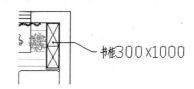

图 13-76　移动后的引线标注

这里需要说明的是，"\U+00D7"不能用键盘直接输入的特殊字符"×"的代码。如何查询这些特殊字符的代码呢？方法如下：

在多行文字的输入状态中，将鼠标移到文本输入区，如图 13-77 所示，单击鼠标右键，打开一个菜单，将鼠标移到"符号"菜单处单击，继续打开下一级子菜单，如图 13-78 所示。这个子菜单中显示了部分特殊符号的名称及代码。这时，要在刚才的文本框内输入需要的字符，则直接单击相应的字符位置即可；若想在命令行输入特殊字符，则可像刚才输入"×"号代码那样，将其对应的代码通过键盘输入；也可以在文本框内键盘输入符号代码，其效果是一样的。

图 13-77　将鼠标移到文本输入区

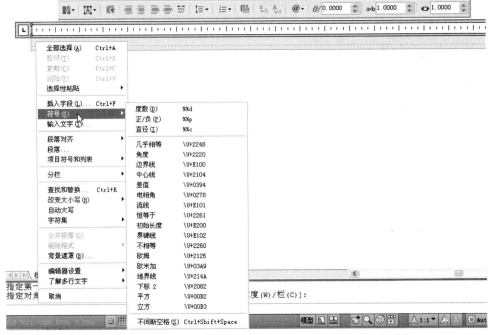

图 13-78　打开下拉菜单

　　刚才的子菜单中并没用列出乘号的代码,若要找乘号的代码,则继续将鼠标移到子菜单下部的"其他"位置上单击,打开"字符映射表"对话框,如图 13-79 所示。在这个表中就可找到各种各样的字符及代码。注意,在输入字符代码时,一定要在前面加"\"。

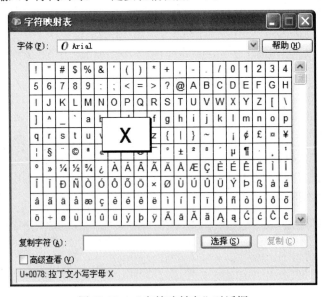

图 13-79　"字符映射表"对话框

　　(3) 单击"绘图"工具栏中的"多行文字"按钮 **A**,做无引线的标注,不再赘述。
综合上述方法,文字标注结束后的效果如图 13-80 所示。

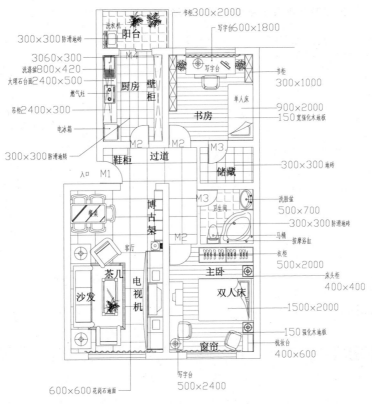

图 13-80　标注文字后效果

### 3. 符号标注

在该平面图中需要标注的符号主要是室内立面内视符号，为节约篇幅，已经将它们做成图块存于附带光盘内，下面在平面图中插入相应的符号。

（1）单击"图层"工具栏中的"图层特性管理器"按钮 ⊕，建立"符号"图层，参数设置如图 13-81 所示，并将该图层设为当前层。

图 13-81　"符号"图层参数

（2）在"源文件\图块"文件夹内找到立面内视符号，插入到平面图内。在操作过程中，若符号方向不符，则用"旋转"命令纠正；若标号不符，则将图块分解，然后编辑文字。标注结果如图 13-82 所示。

图中立面位置符号指向的方向意味着要画一个立面图来表达立面设计思想。

### 4. 尺寸标注

在这里标注重点是房间的平面尺寸、主要家具陈设的平面尺寸及主要相对关系尺寸，原来建筑平面图中不必要的尺寸可以删除掉。有关每个尺寸的标注，其主要利用的命令仍然是"线性" ⊢ 及相关修改命令。

（1）将"尺寸"层设为当前层，暂时将"文字"层关闭。可以考虑将原来建筑平面图中不必要的尺寸删除。

（2）单击"标注"工具栏中的"线性"按钮 ⊢，沿周边将房间尺寸标注出来。打开"文字"图层，发现文字标注与尺寸标注重叠，无法看清。

（3）单击"修改"工具栏中的"移动"按钮 ⊕，将刚才标注的尺寸向外移动，避开文字标注部分，结果如图 13-83 所示。

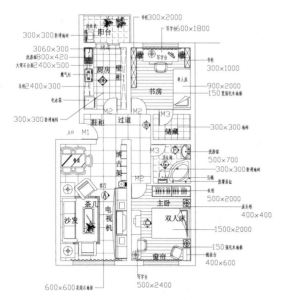

图 13-82　立面图位置符号

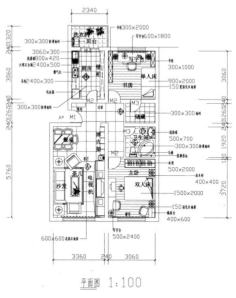

平面图 1：100

图 13-83　尺寸标注

### 5. 线型设置

平面图中的线型可以分作 4 个等级：粗实线、中实线、细实线、装饰线。粗实线用于墙柱的剖切轮廓，中实线用于装饰材料、家具的剖切轮廓，细实线用于家具陈设轮廓，装饰线用于尺寸、图例、符号、材料纹理和装饰品线等。

本例的具体线宽值采用 0.6、0.35、0.25、0.18 4 个等级。

在 AutoCAD 中，可以通过两种途径来设置线型和线宽。一种是在图层特性管理器中对整个图层的线型和线宽进行设置或调整，这时，图层中线型、线宽处于 ByLayer 状态的线条都得到控制；另一种是在同一个图层中，可以将部分线条的线型和线宽由 ByLayer 状态调到具体的线型、线宽值上去。下面结合实例介绍。

（1）打开图层特性管理器，单击各图层的"线宽"位置，将"墙体"、"柱子"的线宽均设为 0.6，"阳台"线宽设为 0.25，"轴线"、"门窗"、"家具"、"地面材料"、"尺寸"、"符号"、"窗帘"、"植物"线宽均设为 0.18，如图 13-84 所示。

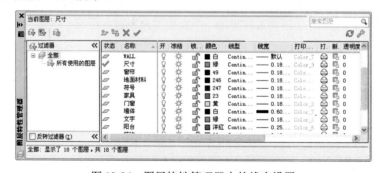

图 13-84　图层特性管理器中的线宽设置

（2）对单个图层中的个别线条的线宽作具体设置。

① 将所有未剖切到的家具外轮廓线宽设置为 0.18。以厨房家具为例，将家具轮廓用鼠标选中，对于图块应事先分解开，再将轮廓选中；选中后，单击"对象特性"工具栏中的线宽控制，将它设置为 0.18，如图 13-85 所示。其他家具轮廓也采用同样的方法设置。

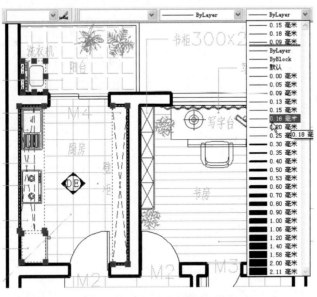

图 13-85　家具轮廓线宽设置

注意：按住 Shift 键，可以同时选中多个线条。

② 将剖切到的博古架、书柜、衣柜轮廓选中后线宽设置为 0.35，如图 13-86 所示。

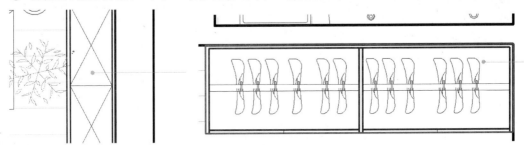

图 13-86　家具剖切轮廓线宽设置

注意：对于处理家具轮廓线宽设置的问题，另外一种方法是将轮廓线单独放在一个图层里，以另一种颜色区别，通过整体设置这个图层的线宽来解决。

# 13.2　办公室室内装饰

本实例将详细介绍办公室室内装饰的绘制方法，首先打开建筑平面图，然后绘制家具设施，再进行尺寸文字标注，最后绘制方向索引，绘制流程如图 13-87 所示。

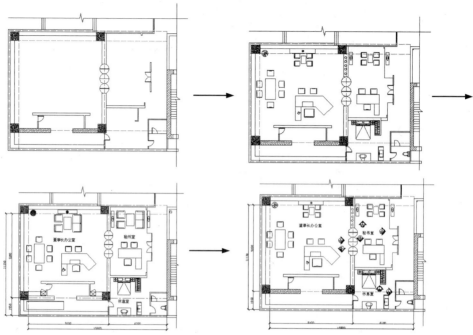

图 13-87　办公室室内装饰

操作步骤：（光盘\动画演示\第 13 章\办公室室内装饰.avi）

## 13.2.1　绘制沙发茶几组合

（1）用 AutoCAD 2012 打开绘制好的建筑平面图，如图 13-88 所示。在"图层"工具栏的下拉列表中，选择"装饰"图层为当前层，如图 13-89 所示。

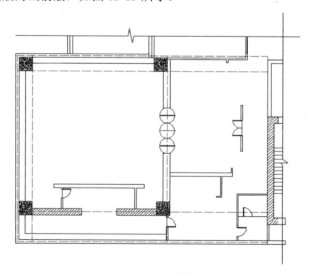

图 13-88　建筑平面图

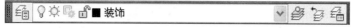

图 13-89　设置当前图层

（2）单击"绘图"工具栏中的"矩形"按钮 □，在空白处绘制边长为 600×550 的矩形，如图 13-90 所示。

（3）单击"绘图"工具栏中的"矩形"按钮 □，在上步绘制的矩形内绘制 3 个 480×50 的矩形，如图 13-91 所示。

图 13-90　绘制矩形

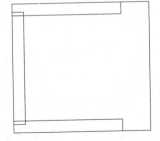

图 13-91　绘制 3 个矩形

（4）单击"修改"工具栏中的"修剪"按钮 ╱，修剪上步绘制的矩形，如图 13-92 所示。

（5）单击"修改"工具栏中的"分解"按钮 ⬚，选取上步绘制的矩形，按 Enter 键确认，完成分解。

（6）单击"修改"工具栏中的"圆角"按钮 □，对矩形两短边进行圆角处理，圆角半径为 50，如图 13-93 所示。

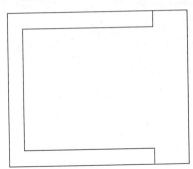

图 13-92　修剪矩形

图 13-93　圆角处理

（7）单击"绘图"工具栏中的"矩形"按钮 □，在图形内再绘制一个矩形，如图 13-94 所示。

（8）单击"修改"工具栏中的"分解"按钮 ⬚，选取上步绘制的矩形，按 Enter 键确认，分解矩形。

（9）单击"修改"工具栏中的"圆角"按钮 □，选取上步绘制的矩形的四条边进行圆角处理，圆角半径为 10，如图 13-95 所示。

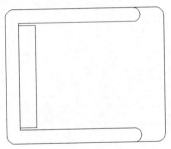

图 13-94　绘制矩形

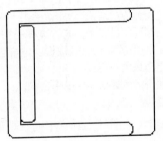

图 13-95　圆角处理

（10）单击"修改"工具栏中的"矩形"按钮 ⬜，在绘制的沙发前方绘制一个 520×800 的矩形，如图 13-96 所示。

（11）单击"修改"工具栏中的"镜像"按钮 ⚏，以矩形的长边中点为镜像轴，镜像沙发图形，如图 13-97 所示。

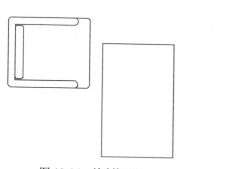

图 13-96　绘制矩形

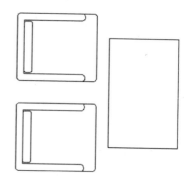

图 13-97　镜像椅子

（12）选取上步绘制的两个沙发图形，以矩形短边中点为镜像轴，进行镜像，然后整理图形，结果如图 13-98 所示。

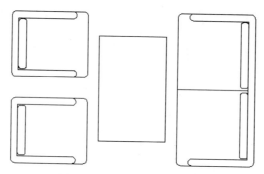

图 13-98　绘制沙发茶几组合

## 13.2.2　绘制餐桌椅组合

（1）单击"绘图"工具栏中的"直线"按钮 ✏，绘制连续线段，如图 13-99 所示。

（2）单击"绘图"工具栏中的"圆弧"按钮 ✏，绘制两段圆弧，如图 13-100 所示，命令行提示与操作如下：

```
命令：_arc
指定圆弧的起点或 [圆心(C)]：(选取左端内侧竖直直线下断点)
指定圆弧的第二个点或 [圆心(C)/端点(E)]：_e
指定圆弧的端点：(选取右侧内部竖直直线下端点)
指定圆弧的圆心或 [角度(A)/方向(D)/半径(R)]：_a 指定包含角：a
需要有效的数值角度或第二点。
指定包含角：90
```

（3）单击"绘图"工具栏中的"矩形"按钮 ⬜，在椅子前方选一点为起始点，绘制一个矩形，如图 13-101 所示。

（4）单击"修改"工具栏中的"复制"按钮 ⬚，选取椅子图形任意一点为复制基点向下复制椅子。

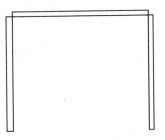

图 13-99　绘制连续直线

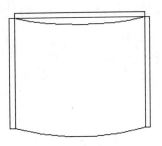

图 13-100　绘制圆弧

（5）单击"修改"工具栏中的"旋转"按钮 ⟳，选取椅子底部圆弧中点为旋转基点，将椅子图形旋转 90°。

（6）单击"修改"工具栏中的"镜像"按钮 ⚟，分别以矩形长边和短边中点为镜像点，对椅子进行镜像，结果如图 13-102 所示。

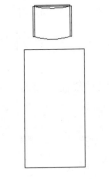

图 13-101　绘制一个矩形

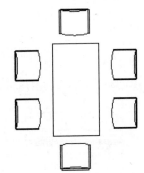

图 13-102　餐桌桌椅

## 13.2.3　绘制床和床头柜组合

（1）单击"绘图"工具栏中的"矩形"按钮 ▭，绘制一个 2000×1500 的矩形，如图 13-103 所示。

（2）选择菜单栏中的"绘图"→"样条曲线"命令，绘制枕头图形的外部轮廓。然后单击"绘图"工具栏中的"直线"按钮 ╱，绘制枕头图形内部的细节线条。

（3）单击"修改"工具栏中的"复制"按钮 ⟳，选取上步绘制完成的枕头图形向右复制，如图 13-104 所示。

图 13-103　绘制矩形

图 13-104　绘制枕头

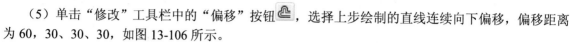

Note

（4）单击"绘图"工具栏中的"直线"按钮 ✎，在上步绘制完的枕头图形下方绘制一条直线，如图 13-105 所示。

（5）单击"修改"工具栏中的"偏移"按钮 ▱，选择上步绘制的直线连续向下偏移，偏移距离为 60，30、30、30，如图 13-106 所示。

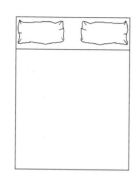

图 13-105　绘制直线

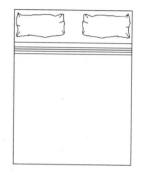

图 13-106　偏移直线

（6）单击"修改"工具栏中的"圆角"按钮 ▱，对矩形底边进行圆角处理，圆角半径为 100，如图 13-107 所示。

（7）单击"绘图"工具栏中的"直线"按钮 ✎，绘制矩形底边对角线，如图 13-108 所示。

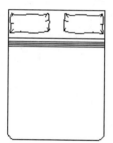

图 13-107　圆角处理

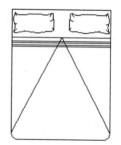

图 13-108　绘制对角线

（8）单击"修改"工具栏中的"修剪"按钮 ⊷，对上步绘制的对角线与水平直线相交部分的多余线段进行修剪，如图 13-109 所示。

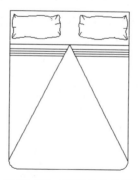

图 13-109　修剪多余线段

（9）单击"绘图"工具栏中的"矩形"按钮 ▭，以床图形外部矩形上端点为起点绘制一个 500×500 的矩形，如图 13-110 所示。

（10）单击"修改"工具栏中的"偏移"按钮，选取矩形向内偏移，偏移距离为 50，如图 13-111 所示。

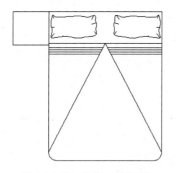

图 13-110　绘制一个矩形

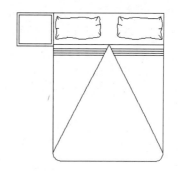

图 13-111　偏移矩形

（11）单击"绘图"工具栏中的"直线"按钮，绘制矩形的水平中心线和垂直中心线，如图 13-112 所示。

（12）单击"绘图"工具栏中的"圆"按钮，在中心线交点为圆心，绘制一个半径为 100 的圆，如图 13-113 所示。

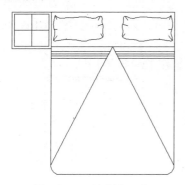

图 13-112　绘制中心线

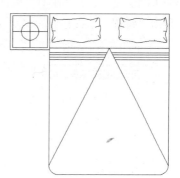

图 13-113　绘制圆

（13）单击"修改"工具栏中的"偏移"按钮，将圆向外偏移，偏移距离为 20，如图 13-114 所示。

（14）单击"修改"工具栏中的"打断"按钮，将绘制的两条直线进行打断处理，如图 13-115 所示。

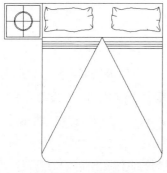

图 13-114　绘制圆

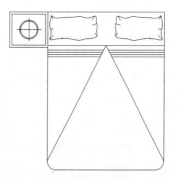

图 13-115　打断线段

注意：AutoCAD 会沿逆时针方向将圆上从第一断点到第二断点之间的那段线段删除。

（15）单击"修改"工具栏中的"镜像"按钮，选取已经绘制完的床头图形，以绘制的床外边矩形中点为镜像线，完成右侧床头柜图形的绘制，如图 13-116 所示。

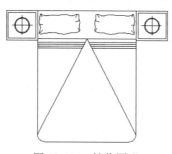

图 13-116　镜像图形

## 13.2.4　绘制衣柜

（1）单击"绘图"工具栏中的"矩形"按钮，绘制一个 520×1460 的矩形，如图 13-117 所示。

（2）单击"修改"工具栏中的"偏移"按钮，选取上步绘制的矩形向内偏移，偏移距离为 30，如图 13-118 所示。

（3）单击"绘图"工具栏中的"矩形"按钮和"修改"工具栏中的"偏移"按钮，然后对各偏移对象做适当的旋转处理，完成衣柜内部图形的绘制，如图 13-119 所示。

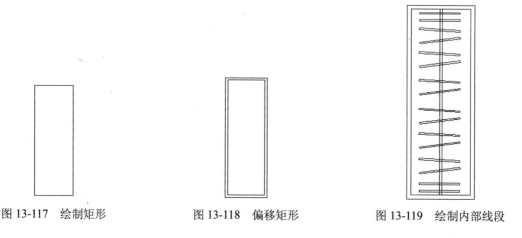

图 13-117　绘制矩形　　　　　图 13-118　偏移矩形　　　　　图 13-119　绘制内部线段

## 13.2.5　绘制电视柜

（1）单击"绘图"工具栏中的"矩形"按钮，绘制一个 1550×800 的矩形，如图 13-120 所示。

（2）单击"绘图"工具栏中的"多段线"按钮，指定起点宽度和端点宽度为 5，绘制一段连续线段，单击"修改"工具栏中的"镜像"按钮，镜像左侧图形，如图 13-121 所示。

（3）单击"绘图"工具栏中的"直线"按钮，在多段线内绘制连续直线，如图 13-122 所示。

（4）单击"绘图"工具栏中的"圆弧"按钮，在上步绘制的直线上绘制一段圆弧，如图 13-123 所示。

图 13-120　绘制矩形

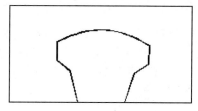

图 13-121　绘制段线

Note

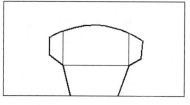

图 13-122　绘制连续直线

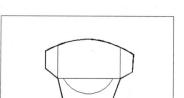

图 13-123　绘制圆弧

## 13.2.6　绘制洗手盆

（1）单击"绘图"工具栏中的"矩形"按钮 ，绘制一个 730×420 的矩形，如图 13-124 所示。

（2）单击"修改"工具栏中的"偏移"按钮 ，选取上步绘制的矩形向内偏移，偏移距离为 15，如图 13-125 所示。

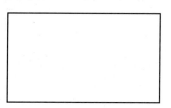

图 13-124　绘制矩形

图 13-125　偏移矩形

（3）单击"绘图"工具栏中的"圆"按钮 ，在矩形上方适当位置绘制两个半径为 30 的圆，如图 13-126 所示。

（4）单击"绘图"工具栏中的"矩形"按钮 ，在上步绘制的两个圆之间绘制一个 35×280 的矩形，如图 13-127 所示。

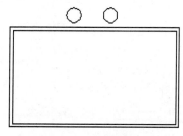

图 13-126　绘制圆

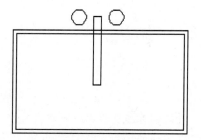

图 13-127　绘制矩形

（5）单击"修改"工具栏中的"修剪"按钮 ，修剪矩形和矩形相交的线段，如图 13-128 所示。

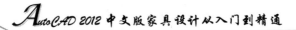

（6）单击"绘图"工具栏中的"圆"按钮 ⊘，在矩形下方适当位置绘制一个半径为 16 的圆，如图 13-129 所示。

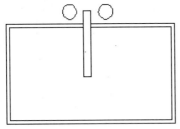

图 13-128　修剪图形

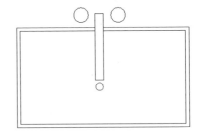

图 13-129　绘制圆图形

## 13.2.7　绘制坐便器

（1）单击"绘图"工具栏中的"多段线"按钮 ⤵，绘制一段连续线段，起点宽度和端点宽度默认为 0，如图 13-130 所示。

（2）单击"修改"工具栏中的"偏移"按钮 ⤴，选取上步绘制的多段线向内偏移，如图 13-131 所示。

图 13-130　绘制连续多段线

图 13-131　偏移多段线

（3）单击"绘图"工具栏中的"椭圆"按钮 ⬭，指定适当起点和端点，指定适当半轴长度，绘制一个椭圆图形，如图 13-132 所示。

（4）单击"修改"工具栏中的"偏移"按钮 ⤴，选取上步绘制的椭圆向内偏移，如图 13-133 所示。

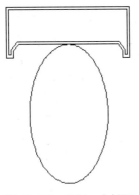

图 13-132　绘制一个椭圆

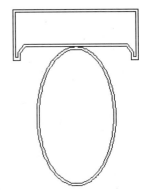

图 13-133　偏移椭圆图形

（5）单击"绘图"工具栏中的"圆弧"按钮 ⌒，绘制一段圆弧连接图 13-133 中绘制的两个图形，如图 13-134 所示。

（6）单击"修改"工具栏中的"镜像"按钮 △，选取上步绘制的圆弧，镜像到另外一侧，如图 13-135 所示。

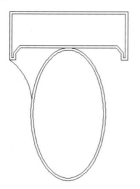

图 13-134 绘制圆弧

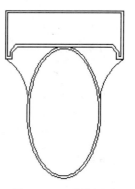

图 13-135 镜像圆弧

（7）单击"修改"工具栏中的"移动"按钮 ✥ 和"复制"按钮 ⊙，选取已经绘制好的图形布置到室内平面图中，如图 13-136 所示。

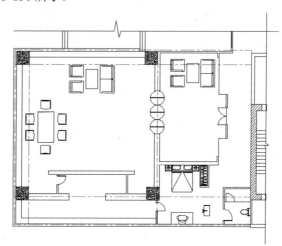

图 13-136 布置图例 1

（8）用同样的方法，绘制此平面图中的其他基本设施模块，如图 13-137 所示。

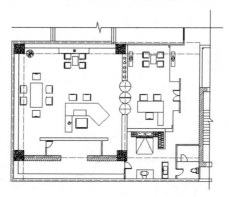

图 13-137 布置图例 2

# 13.3 尺寸、文字标注

## 13.3.1 尺寸标注

（1）在"图层"工具栏的下拉列表中，选择"尺寸标注"图层为当前层，如图 13-138 所示。

图 13-138 设置当前图层

（2）选择菜单栏中的"标注"→"标注样式"命令，弹出"标注样式管理器"对话框，如图 13-139 所示。

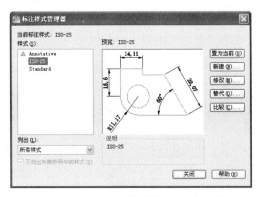

图 13-139 "标注样式管理器"对话框

（3）单击"修改"按钮，弹出"修改标注样式"对话框。选择"线"选项卡，对话框显示如图 13-140 所示，按照图中的参数修改标注样式。选择"符号和箭头"选项卡，按照如图 13-141 所示的设置进行修改，箭头样式选择为"建筑标记"，箭头大小修改为 200。在"文字"选项卡中设置"文字高度"为 250，"从尺寸线偏移"设置为 0.625，如图 13-142 所示。选择"主单位"选项卡，设置"精度"为 0，"比例因子"为 1，如图 13-143 所示。

图 13-140 "线"选项卡

图 13-141 "符号和箭头"选项卡

Note

图 13-142　"文字"选项卡

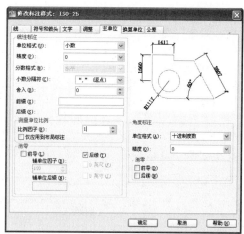

图 13-143　"主单位"选项卡

本实例尺寸分为两道，第一道为轴线间距，第二道是总尺寸。不需要标注轴号。

方法一：DIMSCALE 决定了尺寸标注的比例值为整数，默认为 1。当图形有了一定比例缩放时应**最好**将其改为缩放比例。

方法二：选择格式——标注样式（选择要修改的标注样式）——修改——主单位——比例因子，**修改**即可。

（4）在任意的空白处单击右键，在弹出的快捷菜单中选择"标注"命令，如图 13-144 所示，将"标注"工具栏显示在屏幕上，如图 13-145 所示。

图 13-144　选择"标注"命令

图 13-145　"标注"工具栏

（5）将"尺寸标注"图层设为当前层，单击"标注"工具栏中的"线性"按钮，标注轴线间的距离，命令行提示与操作如下：

命令：DIMLINEAR
指定第一个延伸线原点或 <选择对象>：
指定第二条延伸线原点： <正交 开>
指定尺寸线位置或
[多行文字(M)/文字(T)/角度(A)/水平(H)/垂直(V)/旋转(R)]：
标注文字：

结果如图 13-146 所示。

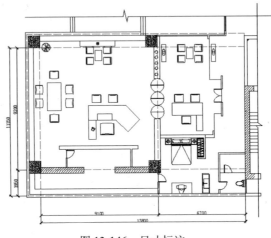

图 13-146  尺寸标注

## 13.3.2  文字标注

（1）在"图层"工具栏的下拉列表中，选择"文字"图层为当前层，如图 13-147 所示。

图 13-147  设置当前图层

（2）选择菜单栏中的"格式"→"文字样式"命令，弹出"文字样式"对话框，如图 13-148 所示。

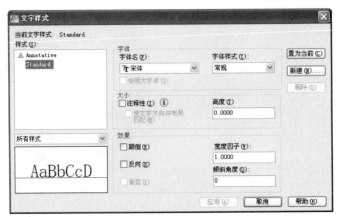

图 13-148  "文字样式"对话框

（3）单击"新建"按钮，弹出"新建文字样式"对话框，将文字样式命名为"说明"，如图 13-149 所示。

（4）单击"确定"按钮，在"文字样式"对话框中取消选中"使用大字体"复选框，然后在"字体名"下拉列表中选择"宋体"，"高度"设置为 150，如图 13-150 所示。

图 13-149　"新建文字样式"对话框　　　　　　　图 13-150　修改文字样式

　　在 AutoCAD 中输入汉字时，可以选择不同的字体，在"字体名"下拉列表中，有些字体前面有"@"标记，如"@仿宋_GB2312"，这说明该字体是为横向输入汉字用的，即输入的汉字逆时针旋转 90°。如果要输入正向的汉字，不能选择前面带"@"标记的字体。

（5）将"文字"图层设为当前层，在图中相应的位置输入需要标注的文字，标注结果如图 13-151 所示。

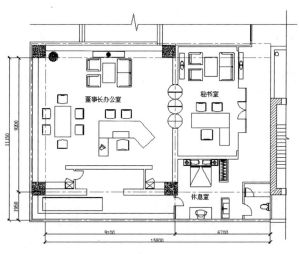

图 13-151　文字标注

## 13.3.3 · 方向索引

（1）在绘制一组室内设计图纸时，为了统一室内方向标识，通常要在平面图中添加方向索引符号。

（2）选择菜单栏中的"绘图"→"矩形"命令，绘制一个边长为 600 的正方形，如图 13-152 所示。单击"修改"工具栏中的"旋转"按钮 ⟳，将所绘制的正方形旋转 45°，如图 13-153 所示。单击"绘图"工具栏中的"直线"按钮 ✎，绘制正方形对角线，如图 13-154 所示。

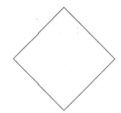

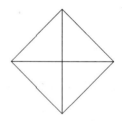

图 13-152　绘制矩形　　　　　　图 13-153　旋转 45°　　　　　　图 13-154　绘制对角线

（3）单击"绘图"工具栏中的"圆"按钮 ⊙，以正方形对角线交点为圆心，绘制半径为 250mm 的圆，如图 13-155 所示。

（4）单击"修改"工具栏中的"分解"按钮 ，将正方形进行分解，并删除正方形下半部的两条边和垂直方向的对角线，剩余图形为等腰直角三角形与圆，如图 13-156 所示。

（5）单击"绘图"工具栏中的"图案填充"按钮 ，在打开的"图案填充和渐变色"对话框中选择填充图案为 SOLID，对等腰三角形中未与圆重叠的部分进行填充，得到如图 13-157 所示的索引符号。

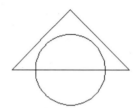

图 13-155　绘制圆　　　　　　图 13-156　修剪图形　　　　　　图 13-157　填充图形

（6）单击"绘图"工具栏中的"创建块"按钮 ，将所绘索引符号定义为图块，命名为"室内索引符号"。

（7）单击"插入点"工具栏中的"插入块"按钮 ，在平面图中插入索引符号，并根据需要调整符号角度。

（8）单击"绘图"工具栏中的"多行文字"按钮 A，在索引符号的圆内添加字母或数字进行标识，如图 13-158 所示。

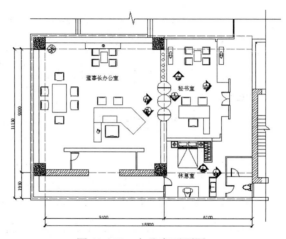

图 13-158　办公室平面图

# 13.4　实践与练习

通过前面的学习，读者对本章知识已经有了大体的了解，本节将通过几个操作练习使读者进一步掌握本章知识要点。

【实践 1】绘制如图 13-159 所示的按摩包房平面布置图。

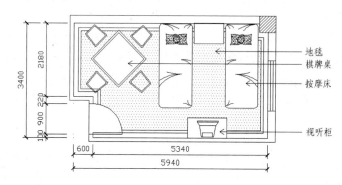

图 13-159　按摩包房平面布置图

## 1．目的要求

通过本实践，要求读者掌握平面布置图的完整绘制过程和方法。

## 2．操作提示

（1）绘制墙体。

（2）绘制家具。

（3）标注尺寸和文字。

【实践 2】绘制如图 13-160 所示的豪华包房平面布置图。

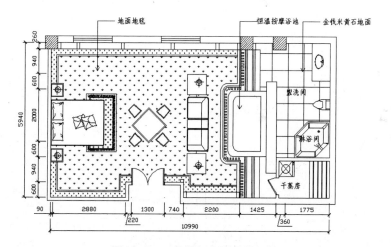

图 13-160　豪华包房平面布置图

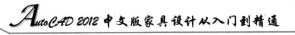

**1. 目的要求**

通过本实例，要求读者进一步掌握二维图形的绘制和编辑操作。

**2. 操作提示**

（1）绘制辅助线。

（2）绘制墙体。

（3）绘制家具。

（4）标注尺寸和文字。

# 附录　国家室内设计家具标准尺寸

## 附录一　家具通用技术与基础标准

GB/T 3324—1995　木家具通用技术条件

GB/T 3325—1995　金属家具通用技术条件

GB/T 3326—1997　家具　桌、椅、凳类主要尺寸

GB/T 3327—1997　家具　柜类主要尺寸

GB/T 3328—1997　家具　床类主要尺寸

GB/T 3976—1983　学校课桌功能尺寸

GB/T 33666—1992　图书用品设备产品型号编制方法

GB/T 13667.1—1992　钢制书架通用技术条件

GB/T 13667.2—1992　积层式钢制书架技术条件

GB/T 13667.3—1992　手动密集书架技术条件

GB/T 13668—1992　钢制书柜、资料柜通用技术条件

GB/T 14530—1993　图书用品设备　木制目录柜技术条件

GB/T 14531—1993　图书用品设备　阅览桌椅技术条件

GB/T 14532—1993　图书用品设备　木制书柜、图纸柜、资料柜技术条件

GB/T 14533—1993　图书用品设备　木制书架、期刊架技术条件

QB/T 1241—1991　家具五金　家具拉手安装尺寸

QB/T 1242—1991　家具五金　杯状暗铰链安装尺寸

QB 1338—1991　家具制图

QB/T 2189—1995　家具五金　杯状暗铰链及其安装底座要求和检验

QB/T 3654—1999　圆榫接合（原 ZB Y80 001—1988）

QB/T 3657.1—1999　木家具涂饰工艺　聚氨酯清漆涂饰工艺规范（原 ZB/TY800 004.1—1989）

QB/T 3657.2—1999　木家具涂饰工艺　醇酸清漆、酚醛清漆涂饰工艺规范（原 ZB/T Y80 004.2—1989）

QB/T 3658—1999　木家具　公差与配合（原 ZB/T Y80 005—1989）

QB/T 3659—1999　木家具　形状和位置公差（原 ZB/T Y80 006—1989）

QB/T 3913—1999　家具用木制零件断面尺寸（原 GB 3330—1982）

QB/T 3914—1999　家具工业常用名词术词（原 GB 3330—1982）

QB/T 3915—1999　家具功能尺寸的标注（原 GB 10166—1988）

## 附录二　家具设计标准尺寸

家具设计的基本尺寸（单位：cm）

衣橱

深度：一般 60～65；衣橱门宽度：40～65。

推拉门

宽度：75～150；高度：190～240。

矮柜

深度：35～45；柜门宽度：30～60。

电视柜

深度：45～60；高度：60～70。

单人床

宽度：90，105，120；长度：180，186，200，210。

双人床

宽度：135，150，180；长度180，186，200，210。

圆床

直径：186，212.5，242.4（常用）。

室内门

宽度：80～95，（医院120）；高度：190，200，210，220，240。

厕所、厨房门

宽度：80，90；高度：190，200，210。

窗帘盒

高度：12～18；深度：单层布12，双层布16～18（实际尺寸）。

单人式沙发

长度：80～95，深度：85～90；坐垫高：35～42；背高：70～90。

双人式沙发

长度：126～150；深度：80～90。

三人式沙发

长度：175～196；深度：80～90。

四人式沙发

长度：232～252；深度：80～90。

小型长方形茶几

长度：60～75，宽度：45～60，高度：38～50（38最佳）。

中型长方形茶几

长度：120～135；宽度：38～50或者60～75。

中型正方形茶几

长度：75～90，高度：43～50。

大型长方形茶几

长度：150～180，宽度：60～80，高度：33～42（33最佳）。

大型圆形茶几

直径：75，90，105，120；高度：33～42。

大型方形茶几

宽度：90，105，120，135，150；高度：33～42。

固定式书桌

深度：45～70（60最佳）；高度：75；下缘离地至少58；长度最少90（150～180最佳）。

活动式书桌

深度：65～80；高度：75～78；下缘离地至少58；长度最少90（150～180最佳）。

方餐桌

一般高度：75～78（西式高度68～72）；宽度：120，90，75。

长方餐桌

一般高度：75～78（西式高度68～72）；宽度：80，90，105，120；长度：150，165，180，210，240。

圆餐桌

一般高度：75～78（西式高度68～72）；直径：90，120，135，150，180。

书架

深度：25～40（每一格），长度：60～120；下大上小型下方深度：35～45，高度：80～90。

活动未及顶高柜

深度：45，高度：180～200；木隔间墙厚：6～10；内角材排距：长度（45～60）×90。

# 附录三　家具布置相关尺寸

一、工地相关尺寸

标准红砖23cm×11cm×6cm；标准入户门洞0.9m×2m，房间门洞0.9m×2m，厨房门洞0.8m×2m，卫生间门洞0.7m×2m，标准水泥50kg/袋。

二、厨房相关尺寸

1. 吊柜和操作台之间的距离应该是多少？

600mm。从操作台到吊柜的底部，应该确保这个距离。这样既可以方便烹饪，还可以在吊柜里放一些小型家用电器。

2. 在厨房两面相对的墙边都摆放各种家具和电器的情况下，中间应该留多大的距离才不会影响在厨房里做家务？

1200mm。为了能方便地打开两边家具的柜门，就一定要保证至少留出这样的距离。

1500mm。这样的距离就可以保证在两边柜门都打开的情况下，中间再站一个人。

3. 要想舒服地坐在早餐桌的周围，凳子的合适高度应该是多少？

800mm。对于一张高1100mm的早餐桌来说，这是摆在它周围凳子的理想高度。因为在桌面和凳子之间还需要300mm的空间容纳双腿。

4. 吊柜应该装在多高的地方？

1450mm～1500mm。这个高度可以使您不用垫起脚尖就能打开吊柜的门。

三、餐厅相关尺寸

1. 一个供6个人使用的餐桌有多大？

1200mm。这是对圆形餐桌的直径要求。

1400mm×700mm。这是对长方形和椭圆形桌子的尺寸要求。

2. 餐桌离墙应该有多远？

800mm。这个距离是把椅子拉出来时，能使就餐的人方便地活动的最小距离。

3. 一张以对角线对墙的正方形桌子所占的面积要有多大？

180cm×180cm。这是一张边长90cm，桌角离墙面最近距离为40cm的正方形桌子所占的最小面积。

4. 桌子的标准高度应是多少？

720mm。这是桌子的中等高度，椅子的通常高度为450mm。

5．一张供 6 个人使用的桌子摆起居室里要占多少面积？

3000mm×3000mm。需要为直径 1200mm 的桌子留出空地，同时还要为在桌子四周就餐的人留出活动空间。这个方案若用于大客厅，房间面积至少达到 6000mm×3500mm。

6．吊灯和桌面之间最合适的距离应该是多少？

700mm。这是能使桌面得到完整的、均匀照射的理想距离。

## 四、卫生间相关尺寸

1．卫生间里的用具要占多大地方？

马桶所占的一般面积：370mm×600mm

悬挂式或圆柱式盥洗池可能占用的面积：700mm×600mm

正方形淋浴间的面积：800mm×800mm

浴缸的标准面积：1600mm×700mm

2．浴缸与对面的墙之间的距离应该是多少？

1000mm。这是在周围活动的合理的距离。即使浴室很窄，也要在安装浴缸时留出走动的空间。总之浴缸和其他墙面或物品之间至少要有 600mm 的距离。

3．安装一个盥洗池，并能方便地使用，需要的空间是多大？

900mm×1050mm 这个尺寸适用于中等大小的盥洗池，并能容纳另一个人在旁边洗漱。

4．两个洗手洁具之间应该预留多少距离？

200mm。这个距离包括马桶和盥洗池之间，或者洁具和墙壁之间的距离。

5．相对摆放的澡盆和马桶之间应该保持多少距离？

60cm。这是能从中间通过的最小距离，所以一个能相向摆放的澡盆和马桶的洗手间应该至少有 180cm 宽。

6．如果要想在里侧墙边安装下一个浴缸，洗手间至少应该有多宽？

180cm。这个距离对于传统浴缸来说是非常合适的。如果浴室比较窄，就要考虑安装小型的带座位的浴缸。

7．镜子应该装多高？

135cm。这个高度可以使镜子正对着人的脸。

## 五、卧室相关尺寸

1．双人主卧室的最标准面积是多少？

$12m^2$。夫妻二人的卧室不能比这个小。在房间里除了床以外，还可以放一个双开门的衣柜（120cm×60cm）和两个床头柜。在一个 3m×4.5m 的房间里可以放更大一点的衣柜；或者选择小一点的双人床，再在抽屉和写字台之间选择其一，就可以在摆放衣柜的地方选择一个带更衣间的衣柜。

2．如果把床斜放在角落里，要留出多大空间？

360cm×360cm。这是适合于较大卧室的摆放方法，可以根据床头后面墙角空地的大小摆放一个储物柜。

3．两张并排摆放的床之间的距离应该有多远？

90cm。两张床之间除了能放下两个床头柜以外，还应该能让两个人自由走动。当然床的外侧也不例外，这样才能方便地清洁地板和整理床上用品。

4．如果衣柜被放在了与床相对的墙边，那么这两件家具间的距离应该是多少？

90cm。按这个距离摆放能方便地打开柜门而不至于被绊倒在床上。

5．衣柜应该有多高？

240cm。采用这个尺寸，可以在衣柜里放下长一些的衣物（160cm），并在上部留出放换季衣物的空间（80cm）。

6．要想容得下一张双人床、两个床头柜和衣柜的侧面，一面墙应该有多大？

420cm×420cm。这个尺寸的墙面可以放下一张160cm宽的双人床和侧面宽度为60cm的衣柜，还包括床两侧的活动空间（两侧60～70cm），以及柜门打开时所占用的空间（60cm）。如果衣柜采用拉门，那么墙面只需要360cm宽就够了。

六、客厅相关尺寸

1．长沙发与摆在它前面的茶几之间的正确距离是多少？

30cm。在一个长沙发（240cm×90cm×75cm）前摆放一个长方形茶几（130cm×70cm×45cm）是非常舒适的。两者之间的理想距离应该能允许一个人通过，同时又便于使用，即不用站起来就可以方便地拿到桌上的杯子或者杂志。

2．一个能摆放电视机的大型组合柜的最小尺寸应该是多少？

200cm×50cm×180cm。这种类型的家具一般都是由大小不同的方格组成，高处部分比较适合用来摆放书籍，柜体厚度至少保持30cm；低处用于摆放电视的柜体厚度至少保持50cm。同时还要保证组合柜整体的高度和横宽与墙壁的面积相协调。

3．如果摆放可容纳三个或四个人的沙发，应该选择多大的茶几来搭配？

140cm×70cm×45cm。在沙发的体积很大或是两个长沙发摆在一起的情况下，矮茶几是很好的选择，茶几高度最好和沙发坐垫的位置持平。

4．在扶手沙发和电视机之间应该预留多大的距离？

3m。这里所指的是一个25in的电视与扶手沙发或长沙发之间最短的距离。此外，摆放电视机的柜面高度应该在40cm～120cm之间，这样才能使观众保持正确的坐姿。

5．摆放在沙发边上茶几的理想尺寸是多少？

方形：70cm×70cm×60cm。

椭圆形：70cm×60cm。

放在沙发边上的茶几应该有一个不是特别大的桌面，但要选那种较高的类型，这样即使坐着的时候也能方便舒适地取到桌上的东西。

6．两个面对面放着的沙发和摆放在中间的茶几总共需要占据多大的空间？

两个双人沙发（规格160cm×90cm×80cm）和茶几（规格100cm×60cm×45cm）之间应相距30cm。

7．长沙发或是扶手沙发的靠背应该有多高？

85cm～90cm。这样的高度可以将头完全放在靠背上，使颈部得到充分的放松。如果沙发的靠背和扶手过低，增加一个靠垫会更舒适。如果空间不是特别宽敞，沙发应该尽量靠墙摆放。

8．如果客厅位于房间的中央，后面想要留出一个走道空间，这个走道应该有多宽？

100cm～120cm。走道的空间应该能让两个成年人迎面走过而不至于相撞，通常给每个人留出60cm的宽度。

9．两个对角摆放的长沙发，它们之间的最小距离应该是多少？

10cm。如果不需要留出走道，这种情况就能再放一个茶几。